U0798208

中国科学院科学出版基金资助出版

现代数学基础丛书·典藏版　84

数据包络分析

（DEA）

魏权龄　著

科学出版社

北　京

内 容 简 介

本书是一本关于数据包络分析(DEA)方法、模型和理论的专著,是作者十几年工作的总结.第一章详细地讨论了 DEA 模型 C^2R;第二章讨论了微观经济学中的效率和生产可能集,为以后各章的讨论做微观经济方面的准备;第三章使用具有取值 0 和 1 的三个参数的综合 DEA 模型,统一形式地讨论了"经典"的 DEA 模型 C^2R,BC^2,FG 和 ST;第四章给出了综合 DEA 模型对应的生产可能集的(弱)生产前沿面的特征、结构及构造方法;第五章研究了决策单元的规模收益和"拥挤"迹象分析;第六章研究了综合 DEA 模型的对策论背景;第七章研究了具有无穷多个决策单元的 DEA 模型;第八章使用 DEA 方法进行技术进步评估;第九章研究非参数的 DEA 最优化模型;第十章和第十一章分别研究了具有"偏好锥"和"偏袒锥"的综合 DEA 模型及其性质和作用.

本书可供与决策、评价和优化有关的经济、管理、数学等领域的科研与应用工作者阅读,也可作为大学高年级学生、研究生和教师的参考书.

图书在版编目(CIP)数据

数据包络分析/魏权龄著. —北京:科学出版社,2006
(现代数学基础丛书·典藏版;84)
ISBN 978-7-03-012980-2

Ⅰ.数… Ⅱ.魏… Ⅲ.包络-系统分析-数学模型 Ⅳ.F224.12

中国版本图书馆 CIP 数据核字(2004)第 020044 号

责任编辑:毕 颖 陈玉琢/责任校对:钟 洋
责任印制:吴兆东/封面设计:陈 敬

科学出版社出版
北京东黄城根北街 16 号
邮政编码:100717
http://www.sciencep.com

北京虎彩文化传播有限公司印刷
科学出版社发行 各地新华书店经销
*
2006 年 3 月第 一 版 开本:B5(720×1000)
2022 年 1 月 印 刷 印张:23 3/4
字数:375 000

定价:138.00 元
(如有印装质量问题,我社负责调换)

前　　言

数据包络分析(data envelopment analysis)简称DEA,是数学、运筹学、数理经济学和管理科学的一个新的交叉领域.它是由A.Charnes和W.W.Cooper等人于1978年开始创建,并被命名为DEA[1].DEA是使用数学规划(包括线性规划、多目标规划、具有锥结构的广义最优化、半无限规划、随机规划等等)模型进行评价具有多个输入、特别是多个输出的"部门"或"单位"(称为决策单元(decision making unit),简记DMU)间的相对有效性(称为DEA有效).根据对各DMU观察的数据判断DMU是否为DEA有效,本质上是判断DMU是否位于生产可能集的"生产前沿面"上.生产前沿面是经济学中生产函数向多产出情况的一种推广.使用DEA方法和模型可以确定生产前沿面的结构、特征和构造方法,因此又可将DEA看做是一种非参数的统计估计方法;由于DEA具有"天然"的经济背景,因此,依据DEA方法、模型和理论,可以直接利用输入和输出数据建立非参数的DEA模型,进行经济分析;同时,使用DEA对DMU进行效率评价时,可得到很多管理信息.因此,DEA领域的研究吸引了众多的学者[2,3].

在科学研究当中,由某个新的"生长点"发展成为一个研究领域(或分支),是需要经过许许多多的人长期共同努力去完成的.就DEA领域来说,25年来众多的学者在以下几方面做了一系列奠基性的工作:

(i) 完成大量应用的成功案例,说明DEA应用的广泛性和适用性.

(ii) DEA模型的扩充和完善.例如C^2R模型[1]之后,最具代表性的"经典"模型:BC^2模型[4],FG模型[5]和ST模型[6];加法模型C^2GS^2[7];具有无穷多个DMU的半无限规划的DEA模型C^2W[8];具有"偏好锥"和"偏袒锥"的DEA模型C^2WH[9]和综合DEA模型[10];Log型的DEA模型[11];随机DEA模型[12~14];具有不可控因素的DEA模型[15];逆DEA模型[16~18],等等.这方面的工作对DEA领域来说尤为重要.

(iii) DEA模型和方法的经济背景和管理背景研究,确立DEA在经济学和管理科学中的地位.

(iv) DEA所依据的数学理论研究.包括凸分析、数学规划、对策论中与DEA有关的基础理论研究.

(v) DEA模型的计算研究和DEA软件的研制.这方面的工作对于DEA方法和模型的实际应用同样是很重要的.

中国学者从事DEA的研究始于1986年.Charnes教授1986年访问中国时曾

在北京、上海等地做过多次 DEA 方面的演讲.随后不久,陈珽教授和他的学生周泽昆发表了中国学者关于 DEA 的第一篇文章[19].当 Charnes 教授在中国访问时,我正在他领导的美国 Texas 大学(Austin)经济控制研究中心(Center for Cybernetic Studies,简称 CCS)访问,并与他合作研究.当时他已近 70 岁高龄,但仍在孜孜不倦地工作着.我亲眼目睹了他对自己从事的事业的执著、对学生父辈般的关爱、对自己及学生和合作者们研究成果的孩童般的喜悦;也目睹过他"脾气"之大.当时 DEA 是他极为重要的研究领域之一,我以从事于非线性规划和多目标规划的研究背景和工作积累有幸参与 DEA 领域的研究,与 Charnes 教授和 Cooper 教授合作研究,于 1986 年底和 1987 年初分别得到了第一个具有无穷多个决策单元的 DEA 模型 C^2W 和第一个具有锥结构的锥比率模型 C^2WH(最后一位作者黄志民是我的硕士毕业生,Charnes 的博士毕业生).1987 年徐利治教授到 Austin 访问,他鼓励我写一本小书作为运筹学小丛书之一出版.当我回国后,我的老师许国志教授也对我计划写 DEA 小书倍加鼓励.1988 年底,我将 DEA 领域的一些代表性的文章内容重新加工整理,用自己当时对 DEA 的理解和认识,大胆地写了 DEA 领域的第一本专著《评价相对有效性的 DEA 方法——运筹学的新领域》(魏权龄著,中国人民大学出版社,1988 年 11 月)[20].该书严格、系统地论述了 DEA 方法和模型,给出了 DEA 的理论框架,其中也包括了作者与 Charnes 教授和 Cooper 教授的合作研究成果.该书以中文出版,深受国内同行欢迎,成为 DEA 文章的广为引用的文献之一.同时我收到台湾学者的信函索取.个别国外指导中国学生的教授也曾向作者"求购".因此,作为作者,我深感欣慰.

对 DEA 领域的深入研究需要经济学背景.幸运的是,自 1981 年开始我由中国科学院系统科学研究所(前身是数学所,现在是数学与系统科学研究院)调到了中国人民大学任教,以人文、社科为主的大学为我提供了接近经济学的良好条件和学习的愿望.经济学的知识使我对 DEA 的理解和认识有很大的提升.1991 年我又到 Texas 大学 CCS 中心,与主任 G.Yu(于刚)教授合作研究 DEA,取得较大进展.自 1997 年开始,我一直与香港理工大学 H.Yan(阎洪)教授等合作,取得颇丰成果.此外,我与很多学者都有接触和合作,在 DEA 领域,他们帮了我,我也帮助了很多人.

在我亲自指导的学生当中,从事 DEA 论文写作和研究的有 27 人,他们是:黄志民、岳明、卢刚、崔宇刚、白薇、陆剑受、肖志杰、庞信帮、李其荣、郎庆红、戚荣、罗庆兴、李淑云、苟文怀、徐春香、韩松、汪俊、熊琳、佟鑫、韩梅、王兵、娄惠兰、史健、马赞甫、李颖、邓明玉、仉小宁.在教与学的过程中,我深深地体会到了"教学相长"的乐趣.

正是由于从事于 DEA 的研究工作积累,加之我的老师、同行、朋友的鼓励和支持,我于今年开始着手准备并完成了全部书稿.

本书是一本关于 DEA 方法、模型和理论的专著,全书近百分之八十都是我们自己的研究工作.与国外已出版的最具代表性的专著相比[21~23],这本书尤其注重DEA的数学理论的严格性和完整性,以及经济背景中数学叙述的准确性和结论证明的严谨性.同时,对有管理背景的某些结果,也给予严格的论证.本书共有11章:第一章DEA模型C^2R.这一章沿袭作者的第一本DEA小书的理论框架[20],详细地讨论了C^2R模型的足够多的性质.这不仅仅是因为它是第一个DEA模型,更为重要的是:对C^2R模型的许多性质和定理,乃至讨论和证明的技巧,在DEA其他模型的研究中极具代表性,甚至某些类似的结论,只要回顾一下C^2R模型,就会不证自明.第二章微观经济学中的效率和生产可能集.该章先汇总讨论生产函数,再讨论多输入、特别是多输出情况下的生产可能集和生产前沿面等.该章将为以后各章涉及微观经济学做必要的准备.第三章综合DEA模型(C^2R,BC^2,FG,ST).该章用统一的观点(引进带有取值0和1的三个参数δ_1,δ_2,δ_3)将最具代表性的"经典"DEA模型C^2R,BC^2,FG和ST统一为综合的DEA模型.进而对综合模型讨论了DEA有效与Pareto解的等价关系;输入和输出DEA模型下的弱DEA有效与弱Pareto之间的关系;关于(弱)DEA有效的恒等式;决策单元的增减对有效性的影响.第四章生产可能集的(弱)生产前沿面的特征、结构与构造方法.该章首先利用把凸多面锥由"交形式"转化成"和形式"的方法,将通常由"和形式"给出的生产可能集转化为"交形式".进而对生产可能集的弱生产前沿面给出了完整的结构和特征;对生产前沿面也讨论了其结构特征.第五章决策单元的规模收益和"拥挤"迹象分析.首先引进了一个新的DEA模型(NEW).在此基础上,给出了使用C^2R模型、FG模型、ST模型和BC^2模型判断决策单元为规模收益递增、不变、递减的充分必要条件;给出了分析决策单元呈现"拥挤"迹象的充分必要条件.并且由新的DEA模型(NEW)对上述三种规模收益状况和呈现"拥挤"迹象,统一给出了判别的充分必要条件.同时,也讨论了呈现弱"拥挤"迹象的充要条件.第六章综合DEA模型的对策论背景.该章针对综合DEA模型给出了(弱)DEA有效的一种对策论的解释,这实际上给出了用DEA模型评价决策单元有效性的对策论背景支持.第七章具有无穷多个决策单元的DEA模型.该章给出的是含有3个参数的具有无穷多个决策单元的DEA模型,由于决策单元个数可以是无穷多,所以DEA模型是一个半无限规划.在此基础上,研究一种特例,给出单一输出的"生产前沿面"与生产函数曲面之间的关系和相关的一些经济特性.该章的结果为利用DEA模型进行技术进步评估(第八章)和建立非参数的DEA最优化模型(第九章),提供了理论依据.第八章DEA方法与技术进步评估.基于第七章的结果,以生产函数为背景,直接使用"企业"(或部门)的投入、产出数据建立DEA模型,通过各"企业"技术进步状况,来评估整个"行业"的技术进步速度.同时对各"企业"给出技术进步速度和相对的超前或滞后年限.就此而言,该章给出的方法不但具有宏观意义,也具有微观意义.第九章非参数的DEA最优化模型.该章同样基于第七章的结果,以微观经济学的生产理论中的优化模型为例,直接使用输入和输出数据建立最优化模型并进行经济分析.可以证明:由这些非参数的最优化模型得到的最佳配置是位于生产可能集的生产前沿面或弱生产前沿面上.同时,该章也讨论了资源配置问题,给出了相应的非参数最优化模型,该模型是一个线性规划,是可计算的,这就从另一个角度应答了经济学历史上关于"社会主义是否可行"的经济学大论战.第十章具有"偏好锥"和"偏袒锥"的综合 DEA 模型.所谓综合 DEA 模型,仍然是指模型中含有三个取值为 0 和 1 的参数,参数的不同取值可以得到 4 个当今最具代表性的 DEA 模型 C^2R,BC^2,FG 和 ST.而且,该章的综合 DEA 模型中含有表明对输入、输出各项指标重要性的"偏好锥",以及表明对某个或某些个决策单元侧重("喜好")的"偏袒锥".该章详尽地讨论了综合 DEA 模型,例如,严格证明了 DEA 有效性与相应的多目标规划的非支配解的等价关系;综合 DEA 模型与相应的具有锥结构的"加法模型"的等价性,等等.第十一章综合 DEA 模型中"偏好锥"和"偏袒锥"的性质和作用.该章研究了"偏好锥"(包括"偏好锥"为多面锥的场合)的一些性质及实际应用.同时对"偏袒锥"的性质和作用进行了深入研究.特别是给出了一种特殊的用"初等偏袒矩阵"构成的"偏袒锥".使用这种"偏袒锥"可以研究决策单元之间的位置关系和生产前沿面的结构,并给出构造方法(由于篇幅所限,该章只用一个具体例子指出了构造方法,一般的讨论见文献[24]).本书最后给出了四个附录,主要是讲述本书讨论中用到的有关凸集、锐锥;线性不等式相容性定理和线性规划对偶理论(包括线性规划的存在性定理、"松紧定理"和"紧松定理"等等);凸多面锥的"交形式"和"和形式"间的相互转化方法;具有锥结构的线性规划对偶定理.统观全书可以看出:数学、经济学和管理科学是 DEA 这一学科形成的柱石,优化是其研究使用的主要方法,而 DEA 的应用是它能得以迅速发展的动力.从中还可以发现,Charnes 和 Cooper 始于 20 世纪 50 年代在运筹学、经济学和管理科学中诸多领域的研究工作对 DEA 的影响和推进.

感谢所有帮助过我的老师、同行、同学、朋友和合作者.我的学生韩松、汪俊、史健、马赞甫、李颖和邓明玉,他们在学习和讨论本书的过程中,对某些内容提出过很好的意见和建议,在此表示感谢.

最后,我要特别感谢我的妻子刘木兰教授对我研究工作的一贯支持.

本书的出版得到中国科学院科学出版基金的资助,深表谢意.同时还要感谢国家自然科学基金 1989~2006 年连续对 DEA 研究的支持,以及国家社科基金、教育部人文社科基金的基金支持.感谢科学出版社对本书的出版给予大力帮助和支持.

作 者

2003 年

目　　录

第一章　DEA 模型 C^2R

1978 年 A.Charnes,W.W.Cooper 和 E.Rhodes 给出了评价决策单元相对有效性的数据包络分析方法(data envelopment analysis)[1],即 DEA.自第一个 DEA 模型 C^2R 出现①,至今已形成关于效率、生产可能集、生产前沿面等概念的完整的理论、方法和模型的 DEA 研究领域.

初始的 DEA 模型 C^2R 是一个分式规划,当使用 1962 年由 Charnes 和 Cooper 给出的 C^2 变换(即 Charnes-Cooper 变换,见文献[25]),可将分式规划化为一个与其等价的线性规划问题.该分式规划是将科学-工程效率的定义推广到多输入、多输出的系统的相对效率的概念;由线性规划的对偶理论,可以得到一个对偶规划,该对偶规划是有其经济含义的,它与生产可能集和相应的生产前沿面相联系.判断一个决策单元是否为 DEA 有效,本质上是判断该决策单元是否落在生产可能集的生产前沿面上.这里的生产前沿面,实际上是指由观察到的决策单元的输入数据和输出数据的包络面的有效部分.这也是称谓数据包络分析的原因所在.从多目标规划的角度看,如果以输入最小、输出最大为目标,那么生产前沿面就是以生产可能集做为约束集合的相应的线性多目标规划的 Pareto 面,也即数据包络面的有效部分.

生产可能集是由关于生产可能集的经济特性所决定,它是由反映经济特性的公理体系惟一确定.C^2R 模型对应的生产可能集的公理体系中,假定生产可能集满足"锥性公理",这就决定了在 C^2R 模型之下的 DEA 有效既为"技术有效",也为"规模有效"(相当于具有一个输出时的生产函数为规模收益不变的状态).在研究多输入、多输出(特别是多输出)的"生产"活动中,当公理系统给定后,往往要研究有效"生产"的特征,给出关于有效性的一些条件.

在经济学界,关于生产、效率和效率度量等方面的研究中,著名经济学家 R.W.Shephard 在研究生产成本的时候,曾引进了被称为"距离函数"的公式(见文献[26],[27]);M.J.Farrell 随后给出的输入型技术有效性度量公式(见文献[28]),都与 C^2R 模型的对偶规划问题有着相似的形式.Charnes 和 Cooper 等人的方法是使用对每个决策单元的输入、输出数据,直接建立 DEA 模型,并利用线性规划的对偶理论和使用非阿基米德无穷小的技巧,用一步计算去判别决策单元的 DEA 有效性,成功地实现了对有效性计算.

---

① C^2R 是用 Charnes, Cooper 和 Rhodes 三位作者的第一个英文字母命名的.

本章取材于本书作者 1988 年公开出版的关于 DEA 的第一本专著《评价相对有效性的 DEA 方法——运筹学的新领域》[20]的第二章.

比较而言,本书第一章的叙述较为详细.这不仅仅是因为 C^2R 模型重要.实际上,对 C^2R 模型的许多性质和定理,以及讨论和证明的技巧,在 DEA 其他模型的研究中极具代表性.甚至某些类似的性质,只要回顾一下 C^2R 模型,就会不证自明.

第一节　C^2R 模型和(弱)DEA 有效性

假设有 n 个部门或单位(称为决策单元,decision making units),这 n 个决策单元都是具有可比性的.每个决策单元都有 m 种类型的输入(表示该决策单元对"资源"的耗费,类似于微观经济学中的生产要素)和 s 种类型的"输出"(它们是决策单元在消耗了"资源"之后,表明"成效"的一些指标,例如经济效益指标及产品质量的指标).我们对输入和输出的理解是:输入越小越好,而输出越大越好.各决策单元的输入数据和输出数据由表 1.1.1 给出.

表 1.1.1

		1	2	⋯	j	⋯	n		
v_1	1 →	x_{11}	x_{12}	⋯	x_{1j}	⋯	x_{1n}		
v_2	2 →	x_{21}	x_{22}	⋯	x_{2j}	⋯	x_{2n}		
⋮	⋮	⋮	⋮		⋮		⋮		
v_m	m →	x_{m1}	x_{m2}	⋯	x_{mj}	⋯	x_{mn}		
		y_{11}	y_{12}	⋯	y_{1j}	⋯	y_{1n}	→ 1	u_1
		y_{21}	y_{22}	⋯	y_{2j}	⋯	y_{2n}	→ 2	u_2
		⋮	⋮		⋮		⋮	⋮	⋮
		y_{s1}	y_{s2}	⋯	y_{sj}	⋯	y_{sn}	→ s	u_s

表中(决策单元 j 记为 DMU_j, $1\leqq j\leqq n$)

x_{ij}=DMU_j对第 i 种输入的投入量, $x_{ij}>0$;

y_{rj}=DMU_j对第 r 种输出的产出量, $y_{rj}>0$;

v_i=对第 i 种输入的一种度量(或称权);

u_r=对第 r 种输出的一种度量(或称权), $i=1,2,\cdots,m$; $j=1,2,\cdots,n$; $r=1,2,\cdots,s$.

为方便,记

$$X_j = (x_{1j}, x_{2j}, \cdots, x_{mj})^T, \quad j = 1, \cdots, n,$$

$$Y_j = (y_{1j}, y_{2j}, \cdots, y_{sj})^T, \quad j = 1, \cdots, n.$$

$$v = (v_1, v_2, \cdots, v_m)^T,$$

$$u = (u_1, u_2, \cdots, u_s)^T.$$

这里，X_j 和 Y_j 分别为 DMU_j 的输入向量和输出向量，$j=1,\cdots,n$，均为已知数据，它可以根据历史资料或统计的数据得到；v 和 u 分别为与 m 种投入和 s 种输出对应的权向量，为变量.表 1.1.2 是以向量形式给出的输入、输出数据表.

表 1.1.2

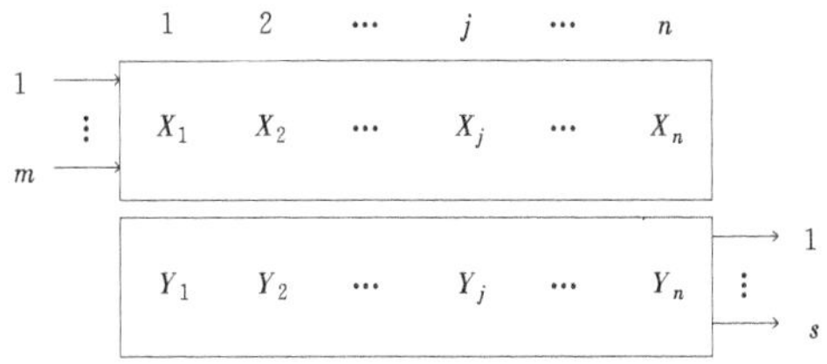

对于权系数 $v\in E^m$ 和 $u\in E^s$，决策单元 j(即 DMU_j，$1\leqslant j\leqslant n$)的效率评价指数

$$h_j = \frac{u^T Y_j}{v^T X_j}, \quad j = 1, \cdots, n,$$

我们总可适当选取权系数 v 和 u，使得

$$h_j \leqq 1, \quad j = 1, \cdots, n.$$

效率评价指数 h_j 的含义是：在权系数 v, u 之下，投入为 $v^T X_j$，产出为 $u^T Y_j$ 时的产出与投入之比.本书中，为书写方便总记($1\leqslant j_0\leqslant n$)

$$X_0 = X_{j_0}, \quad Y_0 = Y_{j_0}.$$

现在，考查 DMU_{j_0} 的效率评价问题：以 DMU_{j_0} 的效率评价指数

$$h_{j_0} = \frac{u^T Y_0}{v^T X_0}$$

为目标，以所有的决策单元($j=1,\cdots,n$)的效率指数(包括 DMU_{j_0})

$$h_j = \frac{u^T Y_j}{v^T X_j} \leqq 1, \quad j = 1, \cdots, n$$

为约束，构成如下的分式规划问题(C^2R 模型)

$$
(C^2R)^I\begin{cases}\max \dfrac{u^T Y_0}{v^T X_0} = V_P^I, \\ \dfrac{u^T Y_j}{v^T X_j} \leqq 1, \quad j=1,\cdots,n, \\ u \geqslant 0^{①}, \quad v \geqslant 0.\end{cases}
$$

分式规划问题$(C^2R)^I$是具有工程方面的背景的,它是将科学-工程效率的定义推广到多输入、多输出系统的场合,下面是文章[1]中给出的例子.

例 1.1.1 考虑由煤经过燃烧产生热量的某种燃烧装置.燃烧装置的效率是用燃烧比 E_r 来刻画:

$$
E_r = \frac{Y_r}{Y_R},
$$

其中

Y_R=燃烧给定数量为 X 吨的煤($X>0$)所能产生的最大热量(所产生热量的理想值);

Y_r=某设计的燃烧装置,燃烧给定数量为 X 吨的煤,所产生的热量(产生热量的实测值).显然有 $Y_r \leqq Y_R$,即 $0 \leqq E_r \leqq 1$.现在用 C^2R 模型研究设计的燃烧装置效率时,可以得出效率指数的含义就是燃烧比 E_r.实际上,我们有

$$
(P)\begin{cases}\max \dfrac{uY_r}{vX} = V_P, \\ \dfrac{uY_R}{vX} \leqq 1, \\ \dfrac{uY_r}{vX} \leqq 1, \\ u > 0, \quad v > 0.\end{cases}
$$

设其最优解为 $\bar{u}, \bar{v}$.由 $Y_r \leqq Y_R$,以及

$$
\frac{\bar{u} Y_R}{\bar{v} X} \leqq 1,
$$

可知

$$
\frac{\bar{u}}{\bar{v}} \leqq \frac{X}{Y_R} \leqq \frac{X}{Y_r}.
$$

因此,(P)的最优解 $\bar{u}, \bar{v}$ 满足

① $u=(u_1, u_2, \cdots, u_m)^T \geqslant 0$ 表示对任意 $i=1,2,\cdots,m$ 均有 $u_i \geqq 0$,并且至少存在 $i_0 (1 \leqq i_0 \leqq m)$,有 $u_{i_0} > 0$.也即 $u \geqslant 0$ 等价于 $u \geqq 0$,且 $u \neq 0$.本书中符号"$\geqslant$"的使用,有相同的含义.

$$\frac{\bar{u}}{\bar{v}}=\frac{X}{Y_R},$$

而最优值为(效率指数)

$$V_P=\frac{\bar{u}\,Y_r}{\bar{v}X}=\frac{X}{Y_R}\cdot\frac{Y_r}{X}=\frac{Y_r}{Y_R}=E_r.$$

原始的 C^2R 模型 $(C^2R)^I$ 是一个分式规划,使用 C^2 变换可将其化为一个等价的线性规划的形式.为此,令(这里由 $v^T X_0>0$,知 $t>0$)

$$t=\frac{1}{v^T X_0},\quad \omega=tv,\quad \mu=tu,$$

则目标函数为

$$\frac{u^T Y_0}{v^T X_0}=\mu^T Y_0,$$

而约束为

$$\frac{\mu^T Y_j}{\omega^T X_j}=\frac{u^T Y_j}{v^T X_j}\leqq 1,\quad j=1,\cdots,n,$$

$$\omega\geqslant 0,\ \mu\geqslant 0.$$

而由

$$t=\frac{1}{v^T X_0},$$

知它化为

$$\omega^T X_0=1.$$

因此,分式规划问题 $(C^2R)^I$ 化为

$$\begin{cases}\max\quad \mu^T Y_0,\\ \omega^T X_j-\mu^T Y_j\geqq 0,\quad j=1,\cdots,n,\\ \omega^T X_0=1,\\ \omega\geqslant 0,\quad \mu\geqslant 0.\end{cases}$$

不难看出:由 $\omega^T X_0=1$,知满足

$$\omega^T X_0=1,\quad \omega\geqq 0$$

的 ω,必有 $\omega\geqslant 0$;此外,由上述规划存在使目标数 $\mu^T Y_0>0$ 的可行解,故上述规划的最优目标值必大于 0,因此可将约束条件中的 $\mu\geqslant 0$ 改写为 $\mu\geqq 0$.这样,可得到如下的线性规划($P^I_{C^2R}$):

$$
(P_{C^2R}^I)\begin{cases}\max \quad \mu^T Y_0 = V_{C^2R}^I, \\ \omega^T X_j - \mu^T Y_j \geqq 0, j = 1, \cdots, n \\ \omega^T X_0 = 1, \\ \omega \geqq 0, \mu \geqq 0 \end{cases}
$$

分式规划$(C^2R)^I$与线性规划$(P_{C^2R}^I)$是等价的.由下面定理给出.

定理 1.1.1　分式规划问题$(C^2R)^I$与线性规划$(P_{C^2R}^I)$在下述意义下等价:

(i)　若 v^0, u^0 为$(C^2R)^I$的最优解,则

$$
\omega^0 = t^0 v^0, \quad \mu^0 = t^0 u^0
$$

为$(P_{C^2R}^I)$的最优解,并且二者的最优值相等,其中

$$
t^0 = \frac{1}{v^{0T} X_0};
$$

(ii)　若 ω^0, μ^0 为$(P_{C^2R}^I)$的最优解,则 ω^0, μ^0 也为$(C^2R)^I$的最优解,并且二者的最优值相等.

证　首先证(i).设 v^0, u^0 为$(C^2R)^I$的最优解.不难看出,$(P_{C^2R}^I)$的任意可行解 $\omega, \mu \neq 0$ 都为问题$(C^2R)^I$的可行解,故(注意 $\omega^T X_0 = 1$)

$$
\frac{u^{0T} Y_0}{v^{0T} X_0} \geqq \frac{\mu^T Y_0}{\omega^T X_0} = \mu^T Y_0,
$$

又由

$$
\frac{u^{0T} Y_0}{v^{0T} X_0} = t^0 (u^{0T} Y_0) = \mu^{0T} Y_0,
$$

故对$(P_{C^2R}^I)$的任意可行解 ω, μ 有(当 $\mu = 0$ 时,下式也成立)

$$
\mu^{0T} Y_0 \geqq \mu^T Y_0.
$$

而

$$
\omega^0 = t^0 v^0 = \frac{v^0}{v^{0T} X_0},
$$

$$
\mu^0 = t^0 u^0 = \frac{u^0}{v^{0T} X_0}
$$

为$(P_{C^2R}^I)$的可行解,因此 ω^0, μ^0 为$(P_{C^2R}^I)$的最优解,并且问题$(C^2R)^I$和$(P_{C^2R}^I)$的最优值相等.

以下证(ii).设 ω^0, μ^0 为$(P_{C^2R}^I)$的最优解.可知 $\omega^0 \geqslant 0, \mu^0 \geqslant 0$,并且 ω^0, μ^0 为问题$(C^2R)^I$的可行解.此外,对于问题$(C^2R)^I$的任意可行解 v, u,令

$$
t = \frac{1}{v^T X_0}, \quad \omega = tv, \quad \mu = tu
$$

不难看出，ω, μ 为($P^I_{C^2R}$)的可行解，于是有

$$\mu^{0T} Y_0 \geqq \mu^T Y_0 = \frac{u^T Y_0}{v^T X_0},$$

因为 $\omega^{0T} X_0 = 1$,故

$$\frac{\mu^{0T} Y_0}{\omega^{0T} X_0} = \mu^{0T} Y_0,$$

所以,对于问题$(C^2R)^I$ 的任意可行解 v, u,有

$$\frac{\mu^{0T} Y_0}{\omega^{0T} X_0} \geqq \frac{u^T Y_0}{v^T X_0},$$

因此,ω^0, μ^0 为问题$(C^2R)^I$ 的最优解,并且问题$(C^2R)^I$ 和($P^I_{C^2R}$)的最优值相等.证毕.

线性规划($P^I_{C^2R}$)的对偶规划为

$$(D^I_{C^2R})\begin{cases} \min\ \theta, \\ \sum_{j=1}^{n} X_j\lambda_j \leqq \theta X_0, \\ \sum_{j=1}^{n} Y_j\lambda_j \geqq Y_0, \\ \lambda_j \geqq 0, \quad j = 1,2,\cdots,n. \end{cases}$$

有如下定理.

定理 1.1.2　线性规划($P^I_{C^2R}$)和对偶规划($D^I_{C^2R}$)都存在最优解,并且最优值

$$V^I_{C^2R} \leqq 1.$$

证　对于线性规划($P^I_{C^2R}$),令

$$\bar{\omega} = \frac{X_0}{\| X_0 \|^2},$$

$$\bar{\mu} = (\bar{\mu}_1, 0, \cdots, 0)^T \in E^s,$$

其中

$$\bar{\mu}_1 = \min_{1 \leqslant j \leqslant n} \frac{\bar{\omega}^T X_j}{y_{1j}} > 0,$$

显然有 $\bar{\omega} \geqslant 0, \bar{\mu} \geqslant 0$,并且

$$\bar{\omega}^T X_0 = 1$$

以及($j=1,2,\cdots,n$)

$$\bar{\omega}^T X_j - \bar{\mu}^T Y_j = \bar{\omega}^T X_j - \bar{\mu}_1 y_{1j} \geqq 0,$$

因此 $\bar{\omega}, \bar{\mu}$ 为($P^I_{C^2R}$)的可行解.

对于线性规划$(D^I_{C^2R})$,令

$$\theta = 1, \quad \lambda = (0,\cdots,0,\overset{j_0}{1},0,\cdots,0)^T \in E^n,$$

显然 θ,λ 为$(D^I_{C^2R})$的可行解.由线性规划最优解存在性定理,知$(P^I_{C^2R})$和$(D^I_{C^2R})$都存在最优解,并且最优值相等.并且由

$$\mu^T Y_0 \leqq \omega^T X_0 = 1,$$

知

$$V^I_{C^2R} \leqq 1.$$

证毕.

由定理 1.1.1 知,当使用效率评价指数

$$h_0 = \frac{u^T Y_0}{v^T X_0}$$

时(即应用分式规划$(C^2R)^I$),与使用线性规划$(P^I_{C^2R})$得到的最优目标函数值是相同的,因此可以用线性规划$(P^I_{C^2R})$和$(D^I_{C^2R})$来定义决策单元的有效性.在文献[8]中,首次给出了决策单元为弱 DEA 有效的定义,这是因为由 Charnes 和 Cooper 等定义的 DEA 有效性与多目标规划的 Pareto 解等价,而弱 DEA 有效则与多目标规划的弱 Pareto 解等价(见第三节).

定义 1.1.1　若线性规划$(P^I_{C^2R})$,$(D^I_{C^2R})$的最优值

$$V^I_{C^2R} = 1,$$

则称 DMU_{j_0}为弱 DEA 有效.

定义 1.1.2　若线性规划$(P^I_{C^2R})$存在最优解 ω^0,μ^0 满足 $\omega^0>0,\mu^0>0$,并且最优目标值

$$V^I_{C^2R} = \mu^{0T} Y_0 = 1,$$

则称 DMU_{j_0}为 DEA 有效.

由定义 1.1.1 和定义 1.1.2 不难看出,若 DMU_{j_0}为 DEA 有效,则 DMU_{j_0}也为弱 DEA 有效.

当输入和输出数据给定后,对 n 个决策单元进行评价,实际上是相对有效性的评价,因为总会存在决策单元是 DEA 有效的.我们先给出一个引理.

引理 1.1.1　设 $\hat{\omega}\geqq 0,\hat{\mu}\geqq 0,(\hat{\omega}^T,\hat{\mu}^T)\neq 0$,满足

$$\hat{\omega}^T X_j - \hat{\mu}^T Y_j \geqq 0, \quad j = 1,\cdots,n.$$

若对某 $j_*(1\leqq j_*\leqq n)$有

$$\hat{\omega}^T X_{j_*} - \hat{\mu}^T Y_{j_*} = 0,$$

则 DMU_{j_*}为弱 DEA 有效.特别地,若 $\hat{\omega}>0,\hat{\mu}>0$,则 DMU_{j_*}为 DEA 有效.

证 令$(\hat{\omega}^T X_{j_*} > 0)$

$$\bar{\omega} = \frac{\hat{\omega}}{\hat{\omega}^T X_{j_*}}, \qquad \bar{\mu} = \frac{\hat{\mu}}{\hat{\omega}^T X_{j_*}},$$

则 $\bar{\omega} \geqq 0$, $\bar{\mu} \geqq 0$, $(\bar{\omega}^T, \bar{\mu}^T)^T \neq 0$,且满足

$$\bar{\omega}^T X_j - \bar{\mu}^T Y_j \geqq 0, \quad j = 1,2,\cdots,n, \quad \bar{\omega}^T X_{j_*} = \bar{\mu}^T Y_{j_*} = 1.$$

由于(P_{C^2R})的目标函数

$$\mu^T Y_{j_*} \leqq 1,$$

故 $\bar{\omega}$, $\bar{\mu}$ 为$(P^I_{C^2R})$的最优解,且

$$V^I_{C^2R} = \bar{\mu}^T Y_{j_*} = 1,$$

由定义 1.1.1,DMU_{j_*}为弱 DEA 有效.

当 $\hat{\omega} > 0$, $\hat{\mu} > 0$ 时,有 $\bar{\omega} > 0$, $\bar{\mu} > 0$,由定义 1.1.2,DMU_{j_*}为 DEA 有效.证毕.

引理 1.1.2 存在 $\bar{\varepsilon} > 0$,对$\forall\, \varepsilon \in (0, \bar{\varepsilon})$,下面的线性规划存在可行解

$$(P_\varepsilon)\begin{cases} \max\ \mu^T Y_0 \\ \omega^T X_j - \mu^T Y_j \geqq 0, \quad j = 1,\cdots,n, \\ \omega^T X_0 = 1 \\ \omega \geqq \varepsilon \hat{e}, \quad \mu \geqq \varepsilon e \end{cases}$$

其中

$$\hat{e} = (1,1,\cdots,1)^T \in E^m,$$
$$e = (1,1,\cdots,1)^T \in E^s.$$

证 令

$$\hat{\omega}_i = \frac{x_{i0}}{\| X_0 \|^2}, \quad i = 1,\cdots,m,$$

$$\hat{\mu}_r = \varepsilon, \quad r = 1,\cdots,s,$$
$$\varepsilon \in (0, \bar{\varepsilon}),$$

其中

$$\bar{\varepsilon} = \min\left\{ \min_{1\leqslant i\leqslant m} \hat{\omega}_i, \min_{1\leqslant r\leqslant s} \frac{\hat{\omega}^T X_j}{e^T Y_j}, 1 \right\}.$$

可知

$$\hat{\omega} \geqq \varepsilon \hat{e}, \quad \hat{\mu} \geqq \varepsilon e,$$

$$\hat{\omega}^T X_j - \hat{\mu}^T Y_j = \hat{\omega}^T X_j - \varepsilon e^T Y_j \geqq 0, \quad j = 1,\cdots,n,$$

$$\hat{\omega}^{\mathrm{T}} X_0 = 1,$$

即 $\hat{\omega}, \hat{\mu}$为上面线性规划的可行解.证毕.

定理 1.1.3(存在性定理)　至少存在一个决策单元,它是 DEA 有效的.

证　考虑线性规划问题

$$(P_\varepsilon^I)\begin{cases}\max\ \mu^{\mathrm{T}} Y_0 \\ \omega^{\mathrm{T}} X_j - \mu^{\mathrm{T}} Y_j \geqq 0, \quad j = 1,2,\cdots,n, \\ \omega^{\mathrm{T}} X_0 = 1, \\ \omega \geqq \varepsilon\hat{e}, \quad \mu \geqq \varepsilon e,\end{cases}$$

其中

$$\hat{e} = (1,1,\cdots,1)^{\mathrm{T}} \in E^m, \quad e = (1,1,\cdots,1)^{\mathrm{T}} \in E^s.$$

由引理 1.1.2,存在 $\varepsilon>0$ 使规划(P_ε)有可行解.由目标函数

$$\mu^{\mathrm{T}} Y_0 \leqq \omega^{\mathrm{T}} X_0 = 1,$$

知(P_ε)存在最优解,设其最优解为 ω^0, μ^0.

(i)　若存在 $j_*(1\leqq j_* \leqq n)$,有

$$\omega^{0\mathrm{T}} X_{j_*} - \mu^{0\mathrm{T}} Y_{j_*} = 0,$$

由引理 1.1.1,DMU_{j_*}为 DEA 有效.

(ii)　若对 $j=1,2,\cdots,n$,均有

$$\omega^{0\mathrm{T}} X_j - \mu^{0\mathrm{T}} Y_j > 0,$$

令

$$\alpha = \min_{1\leqq j\leqq n}\left\{\frac{\omega^{0\mathrm{T}} X_j}{\mu^{0\mathrm{T}} Y_j}\right\} = \frac{\omega^{0\mathrm{T}} X_{j_*}}{\mu^{0\mathrm{T}} Y_{j_*}}$$

则 $\alpha>1$,并有

$$\omega^{0\mathrm{T}} X_j - (\alpha\mu^0)^{\mathrm{T}} Y_j \geqq 0, \quad j = 1,2,\cdots,n,$$

$$\omega^{0\mathrm{T}} X_0 = 1,$$

$$\omega^0 \geqq \hat{e} > 0, \quad \alpha\mu^0 \geqq \alpha e > 0,$$

因此 $\omega^0, \alpha\mu^0$ 为(P)的可行解,但却有

$$(\alpha\mu^0)^{\mathrm{T}} Y_0 > \mu^{0\mathrm{T}} Y_0,$$

此与 ω^0, μ^0 为(P)的最优解相矛盾.故情况(ii)不可能.证毕.

因为 DEA 有效也为弱 DEA 有效,由定理 1.1.3,必存在至少一个决策单元,它是弱 DEA 有效的.

例 1.1.2　考虑具有一种输入和一种输出的情况,其输入数据和输出数据由表 1.1.3 给出.不妨设(这里 $X_j\in E^1$, $Y_j\in E^1$, $j=1,\cdots,n$)

$$\frac{Y_0}{X_0}=\max_{1\leqslant j\leqslant m}\frac{Y_j}{X_j}$$

表 1.1.3

	1	2	…	j	…	n	
$m=1$ →	X_1	X_2	…	X_j	…	X_n	
	Y_1	Y_2	…	Y_j	…	Y_n	→ $s=1$

此时($P^I_{C^2R}$)为($\omega\in E^1$, $\mu\in E^1$)

$$(P^I_{C^2R})\begin{cases}\max\ \mu Y_0,\\ \omega X_j-\mu Y_j\geqq 0,\quad j=1,\cdots,n,\\ \omega X_0=1,\\ \omega\geqq 0,\quad \mu\geqq 0.\end{cases}$$

由于($P^I_{C^2R}$)的最优解 ω^0, μ^0 必满足 $\omega^0>0$, $\mu^0>0$ 故有

$$\frac{Y_j}{X_j}\leqq\frac{Y_0}{X_0}\leqq\frac{\omega^0}{\mu^0},\quad j=1,2,\cdots,n.$$

而 $\omega^0X_0=1$,故知(P_{C^2R})的最优解为

$$\omega^0=\frac{1}{X_0}>0,\quad \mu^0=\frac{1}{Y_0}>0,$$

而且 $\mu^0Y_0=1$,因此 DMU_{j_0} 为 DEA 有效.由本例可以看出,那些产出与投入比最大者(即“利率”最大者)必为 DEA 有效.在几何上,是斜率最大者为 DEA 有效.见图 1.1.1(其中 $j\neq j_0$).

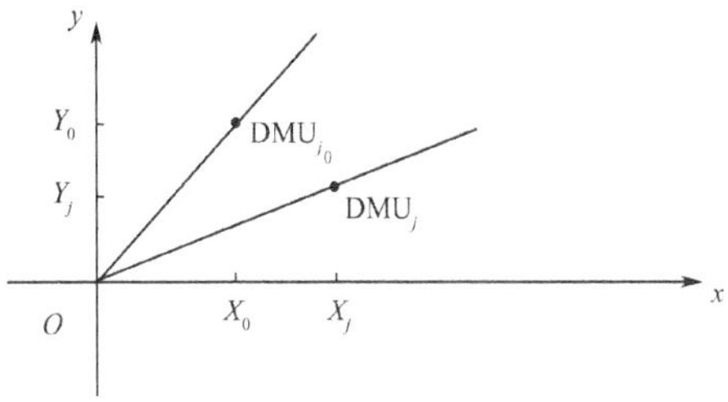

图 1.1.1

如果输入和输出的量纲发生变化,例如数据由表 1.1.4 给出,其中

$$\eta_i>0,\quad i=1,\cdots,m,$$
$$\rho_r>0,\quad r=1,\cdots,s.$$

表 1.1.4

	1	2	…	j	…	n	
1 →	$\eta_1 x_{11}$	$\eta_1 x_{12}$	…	$\eta_1 x_{1j}$	…	$\eta_1 x_{1n}$	
2 →	$\eta_2 x_{21}$	$\eta_2 x_{22}$	…	$\eta_2 x_{2j}$	…	$\eta_2 x_{2n}$	
⋮	⋮	⋮		⋮		⋮	
m →	$\eta_m x_{m1}$	$\eta_m x_{m2}$	…	$\eta_m x_{mj}$	…	$\eta_m x_{mn}$	
	$\rho_1 y_{11}$	$\rho_1 y_{12}$	…	$\rho_1 y_{1j}$	…	$\rho_1 y_{1n}$	→ 1
	$\rho_2 y_{21}$	$\rho_2 y_{22}$	…	$\rho_2 y_{2j}$	…	$\rho_2 y_{2n}$	→ 2
	⋮	⋮		⋮		⋮	⋮
	$\rho_s y_{s1}$	$\rho_s y_{s2}$	…	$\rho_s y_{sj}$	…	$\rho_s y_{sn}$	→ s

此时由表 1.1.4 给出的线性规划为

$$
(\hat{P}^I_{C^2R})\begin{cases}
\max \sum_{r=1}^{s} \mu_r(\rho_r y_{r_0}), \\
\sum_{i=1}^{m} \omega_i(\eta_i x_{i_j}) - \sum_{r=1}^{s} \mu_r(\rho_i y_{r_j}) \geqq 0, \quad j = 1,\cdots,n \\
\sum_{i=1}^{m} \omega_i(\eta_i x_{i_0}) = 1, \\
\omega_i \geqq 0, \quad i = 1,\cdots,m; \quad \mu_r \geqq 0, \quad r = 1,\cdots,s.
\end{cases}
$$

有如下定理.

定理 1.1.4(有效性与量纲选取无关定理)　决策单元的弱 DEA 有效性和 DEA 有效性与输入和输出量纲的选取无关.

证　由$(P^I_{C^2R})$和$(\hat{P}^I_{C^2R})$可知,若 ω^0,μ^0 为$(P^I_{C^2R})$的最优解,令

$$
\hat{\omega} = \left(\frac{\omega_1^0}{\eta_1},\frac{\omega_2^0}{\eta_2},\cdots,\frac{\omega_m^0}{\eta_m}\right)^T,
$$

$$
\hat{\mu} = \left(\frac{\mu_1^0}{\rho_1},\frac{\mu_2^0}{\rho_2},\cdots,\frac{\mu_r^0}{\rho_r}\right)^T,
$$

则 ω^0,μ^0 为$(P^I_{C^2R})$的最优解的充分必要条件是:$\hat{\omega},\hat{\mu}$为$(\hat{P}^I_{C^2R})$的最优解;$\omega^0>0$,$\mu^0>0$ 的充分必要条件是:$\hat{\omega}>0,\hat{\mu}>0$.由弱 DEA 有效和 DEA 有效的定义,知定理结论成立.证毕.

考虑由表 1.1.5 给出的数据,其中 $\alpha_j\in E^1$,$\alpha_j>0$,$j=1,\cdots,n$.表中 DMU_j 由(X_j,Y_j)同倍"增长"为$(\alpha_j X_j,\alpha_j Y_j)$,$j=1,\cdots,n$.

表 1.1.5

	1	2	…	j	…	n	
$1 \to$ ⋮ $m \to$	$\alpha_1 X_1$	$\alpha_2 X_2$	…	$\alpha_j X_j$	…	$\alpha_n X_n$	
	$\alpha_1 Y_1$	$\alpha_2 Y_2$	…	$\alpha_j Y_j$	…	$\alpha_n Y_n$	$\to 1$ ⋮ $\to s$

定理 1.1.5(有效性与DMU同倍“增长”无关定理)　决策单元的弱DEA有效性和DEA有效性与决策单元对应的输入和输出的同倍“增长”无关.

证　由表1.1.5给出的线性规划为($\alpha_0=\alpha_{j_0}$)

$$
\begin{cases}
\max\ \mu^{\mathrm{T}}(\alpha_0 Y_0), \\
\omega^{\mathrm{T}}(\alpha_j X_j)-\mu^{\mathrm{T}}(\alpha_j Y_j)\geqq 0, \quad j=1,\cdots,n, \\
\omega^{\mathrm{T}}(\alpha_0 X_0)=1, \\
\omega\geqq 0, \quad \mu\geqq 0
\end{cases}
$$

由 $\alpha_j\in E^1$, $\alpha_j>0$, $j=1,\cdots,n$,不难看出:上述规划等价于线性规划

$$
(\bar{P}^I_{C^2R})\begin{cases}
\max\ \mu^{\mathrm{T}}(\alpha_0)Y_0, \\
\alpha_0(\omega^{\mathrm{T}}X_j-\mu^{\mathrm{T}}Y_j)\geqq 0, \quad j=1,\cdots,n, \\
\omega^{\mathrm{T}}(\alpha_0 X_0)=1, \\
\omega\geqq 0, \quad \mu\geqq 0.
\end{cases}
$$

由($P^I_{C^2R}$)和($\bar{P}^I_{C^2R}$)可知,若 ω^0, μ^0 为($P^I_{C^2R}$)的最优解,令

$$
\bar{\omega}=\frac{\omega^0}{\alpha_0}, \quad \bar{\mu}=\frac{\mu^0}{\alpha_0},
$$

则 ω^0, μ^0 为($P^I_{C^2R}$)的最优解的充分必要条件是:$\bar{\omega}$, $\bar{\mu}$ 为($\bar{P}^I_{C^2R}$)的最优解;$\bar{\omega}>0$, $\bar{\mu}>0$ 的充分必要条件为:$\bar{\omega}>0$, $\bar{\mu}>0$.由弱DEA有效和DEA有效的定义,知定理结论成立.证毕.

由定理1.1.5,当只有一种输出的时候(即 $s=1$),由表1.1.2给出的数据,可化为表1.1.6的数据形式,由此可以给出关于DEA有效性判别的一种几何解释(见例1.1.3),其中 $Y_j=y_{1j}$, $j=1,\cdots,n$.

表 1.1.6

	1	2	…	j	…	n
输入 $1, \dots, m$	$\dfrac{X_1}{y_{11}}$	$\dfrac{X_2}{y_{12}}$	…	$\dfrac{X_j}{y_{1j}}$	…	$\dfrac{X_n}{y_{1n}}$
输出 ($s=1$)	1	1	…	1	…	1

例 1.1.3　考虑由表 1.1.7 给出例子:

表 1.1.7

	1	2	3
1	2	6	9
2	6	6	3
输出 1	2	1	3

由定理 1.1.5,上面数据等价于由表 1.1.8 给出的数据(见表 1.1.6).

表 1.1.8

	1	2	3
1	1	6	3
2	3	6	1
输出 1	1	1	1

使用对偶线性规划($D^I_{C^2R}$)时,有($1 \leqq j_0 \leqslant 3$)

$$(D^I_{C^2R})\begin{cases} \min\ \theta, \\ \lambda_1 + 6\lambda_2 + 3\lambda_3 \leqq \theta x_{10}, \\ 3\lambda_1 + 6\lambda_2 + \lambda_3 \leqq \theta x_{20}, \\ \lambda_1 + \lambda_2 + \lambda_3 \geqq 1, \\ \lambda_1 \geqq 0, \quad \lambda_2 \geqq 0, \quad \lambda_3 \geqq 0. \end{cases}$$

(i)　集合 T^1 如图 1.1.2 所示,其中

$$T^1 = \left\{ \begin{pmatrix} x_1 \\ x_2 \end{pmatrix} \middle| \begin{array}{ll} \lambda_1 + 6\lambda_2 + 3\lambda_3 = x_1, & \lambda_1 + \lambda_2 + \lambda_3 = 1, \\ 3\lambda_1 + 6\lambda_2 + \lambda_3 = x_2, & \lambda_1 \geqq 0, \lambda_2 \geqq 0, \lambda_3 \geqq 0 \end{array} \right\};$$

(ii)　集合 T^2 如图 1.1.3 所示,其中

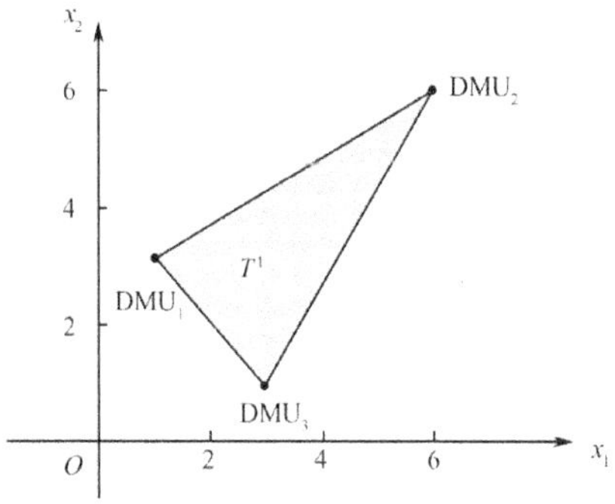

图 1.1.2

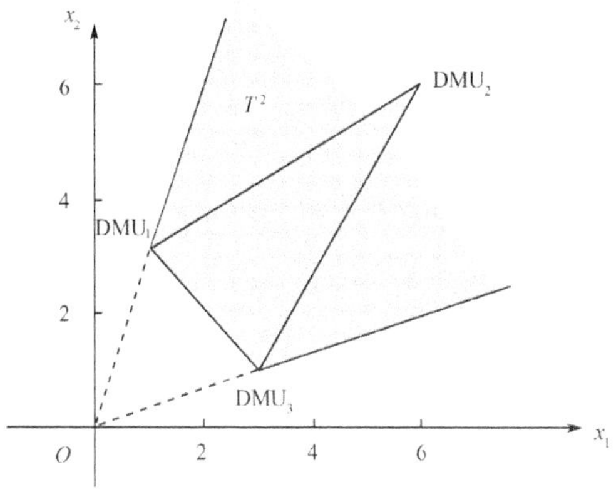

图 1.1.3

$$T^2=\left\{\begin{pmatrix}x_1\\x_2\end{pmatrix}\middle|\begin{array}{ll}\lambda_1+6\lambda_2+3\lambda_3=x_1, & \lambda_1+\lambda_2+\lambda_3\geqq 1,\\ 3\lambda_1+6\lambda_2+\lambda_3=x_2, & \lambda_1\geqq 0,\lambda_2\geqq 0,\lambda_3\geqq 0\end{array}\right\};$$

(iii) 集合 T^3 如图 1.1.4 所示,其中

$$T^3=\left\{\begin{pmatrix}x_1\\x_2\end{pmatrix}\middle|\begin{array}{ll}\lambda_1+6\lambda_2+3\lambda_3\leqq x_1, & \lambda_1+\lambda_2+\lambda_3\geqq 1,\\ 3\lambda_1+6\lambda_2+\lambda_3\leqq x_2, & \lambda_1\geqq 0,\lambda_2\geqq 0,\lambda_3\geqq 0\end{array}\right\}.$$

现在取 $j_0=2$,即 $x_{12}=6$, $x_{22}=6$,对应的线性规划($D_{C^2R}^I$)可表为(θ^0 为($D_{C^2R}^I$)的最优值)

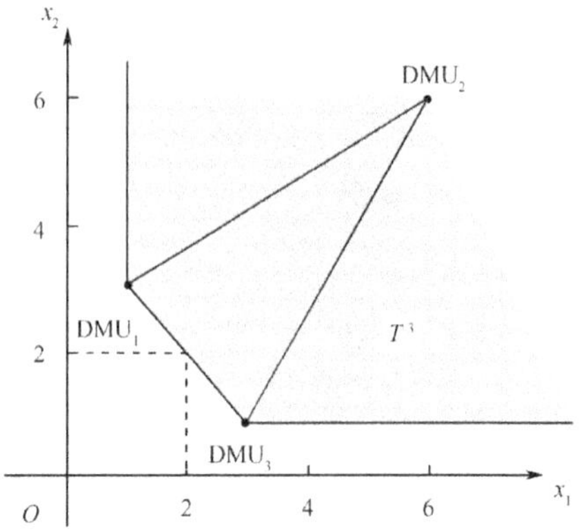

图 1.1.4

$$\begin{cases} \min\ \theta = \theta^0, \\ \theta\begin{pmatrix} 6 \\ 6 \end{pmatrix} \in \boldsymbol{T}^3. \end{cases}$$

由图 1.1.4 可知效率指数

$$V_{C^2R}^I = \theta^0 = \frac{1}{3} < 1,$$

故 DMU_2 不为弱 DEA 有效;类似地,DMU_1 和 DMU_3 相应的效率指数 $V_{C^2R}^I = \theta^0 = 1$(实际上,$DMU_1$ 和 DMU_3 均为 DEA 有效).

以上讨论的都是具有输入倾向的 C^2R 模型(称为 Input-DEA 模型),这由对偶规划($D_{C^2R}^I$)可以看出,决策者追求的倾向是输入的减少,即求 θ 的最小.如果我们将分式规划$(C^2R)^I$ 改写成下面的形式:

$$(C^2R)^0\begin{cases} \min \dfrac{v^T X_0}{u^T Y_0} = V_P^0, \\ \dfrac{v^T X_j}{u^T Y_j} \geqq 1, \quad j = 1,2,\cdots,n, \\ v \geqslant 0, \quad u \geqslant 0. \end{cases}$$

现在使用 C^2 变换

$$t = \frac{1}{u^T Y_0}, \quad \omega = tv, \quad \mu = tu.$$

则可化为如下的等价的线性规划:

$$(P_{C^2R}^0)\begin{cases}\min\ \omega^T X_0 = V_{C^2R}^0\\ \omega^T X_j - \mu^T Y_j \geqq 0, \quad j=1,\cdots,n,\\ \mu^T Y_0 = 1,\\ \omega \geqq 0, \quad \mu \geqq 0,\end{cases}$$

以及它的对偶规划

$$(D_{C^2R}^0)\begin{cases}\max\ z = V_{C^2R}^0\\ \sum_{j=1}^n X_j\lambda_j \leqq X_0,\\ \sum_{j=1}^n Y_j\lambda_j \geqq zY_0,\\ \lambda_j \geqslant 0, \quad j=1,\cdots,n.\end{cases}$$

此时的目标函数值大于或等于 1. 可以看出,决策者追求的是输出的增大,即求 z 的最大. 与 Input-DEA 模型对称地,称($P_{C^2R}^0$)和($D_{C^2R}^0$)为 Output-DEA 模型(输出倾向的 C^2R 模型,简称输出 C^2R 模型). 不难看出,对于输出 C^2R 模型,也有类似于输入 C^2R 模型的一些性质. 特别值得指出的是:输出 DEA 模型在评估决策单元的规模收益状况(returns to scale)和"拥挤现象"(congestion)时是非常有用的(见文献[29], [30]).

对于 C^2R 模型, Input-DEA 模型($P_{C^2R}^I$),($D_{C^2R}^I$)和 Output-DEA 模型($P_{C^2R}^0$),($D_{C^2R}^0$)的最优解之间有如下的关系定理.

定理 1.1.6　考虑 C^2R 的输入模型($P_{C^2R}^I$)和输出模型($P_{C^2R}^0$):

$$(P_{C^2R}^I)\begin{cases}\max\ \mu^T Y_0 = V_{C^2R}^I,\\ \omega^T X_j - \mu^T Y_j \geqq 0, \quad j=1,\cdots,n,\\ \omega^T X_0 = 1,\\ \omega \geqq 0, \quad \mu \geqq 0\end{cases}$$

和

$$(P_{C^2R}^0)\begin{cases}\min\ \omega^T X_0 = V_{C^2R}^0,\\ \omega^T X_j - \mu^T Y_j \geqq 0, \quad j=1,\cdots,n,\\ \mu^T Y_0 = 1,\\ \omega \geqq 0, \quad \mu \geqq 0,\end{cases}$$

则有

(i)　($P_{C^2R}^I$)的($P_{C^2R}^0$)的最优值满足 $V_{C^2R}^I = \dfrac{1}{V_{C^2R}^0}$;

(ii)　ω^0, μ^0 为($P_{C^2R}^I$)的最优解,且 $\mu^{0T} Y_0 = 1$(即 DMU_{j_0} 为弱 DEA 有效)的

充分必要条件是：ω^0,μ^0 也为$(P^0_{C^2R})$的最优解，且 $\omega^{0T}X_0=1$.

证 与$(P^I_{C^2R})$等价的分式规划为

$$(C^2R)^I\begin{cases}\max \dfrac{u^T Y_0}{v^T X_0}=V^I_P,\\ \dfrac{u^T Y_j}{v^T X_j}\leqq 1, \quad j=1,\cdots,n,\\ u\geqslant 0, \quad v\geqslant 0.\end{cases}$$

而与$(P^0_{C^2R})$等价的分式规划为

$$(C^2R)^0\begin{cases}\min \dfrac{v^T X_0}{u^T Y_0}=V^0_P,\\ \dfrac{v^T X_j}{u^T Y_j}\geqq 1, \quad j=1,\cdots,n,\\ u\geqslant 0, \quad v\geqslant 0.\end{cases}$$

不难看出有

$$V^0_{C^2R}=V^0_P=\frac{1}{V_{P^I}}=\frac{1}{V^I_{C^2R}}.$$

结论(i)证毕.

对于结论(ii)，当 DMU_{j_0} 为弱 DEA 有效时，有

$$V^I_{C^2R}=\mu^{0T}Y_0=1,$$

由结论(i)，

$$\omega^{0T}X_0=V^0_{C^2R}=\frac{1}{V^I_{C^2R}}=1.$$

此时，ω^0,μ^0 满足

$$\begin{aligned}&\omega^{0T}X_j-\mu^{0T}Y_j\geqq 0, \quad j=1,\cdots,n,\\ &\omega^{0T}X_0=\mu^{0T}Y_0=1,\\ &\omega^0\geqq 0, \quad \mu^0\geqq 0.\end{aligned}$$

即 ω^0,μ^0 也为$(P^0_{C^2R})$的最优解.反之，若 ω^0,μ^0 为$(P^0_{C^2R})$的最优解，且 $\omega^{0T}X_0=1$，类似可证明 ω^0,μ^0 也为$(P^I_{C^2R})$的最优解，且 $\mu^{0T}Y_0=1$.证毕.

定理 1.1.7 考虑 C^2R 的对偶输入模型和对偶输出模型：

$$(D_{C^2R}^I)\begin{cases}\min\ \theta = V_{C^2R}^I,\\ \sum_{j=1}^{n} X_j\lambda_j \leqq \theta X_0,\\ \sum_{j=1}^{n} Y_j\lambda_j \geqq Y_0,\\ \lambda_j \geqq 0,\quad j=1,\cdots,n\end{cases}$$

和

$$(D_{C^2R}^0)\begin{cases}\max\ z = V_{C^2R}^0,\\ \sum_{j=1}^{n} X_j\lambda_j \leqq X_0,\\ \sum_{j=1}^{n} Y_j\lambda_j \geqq zY_0,\\ \lambda_j \geqq 0,\quad j=1,\cdots,n.\end{cases}$$

则 λ^0,θ^0 为($D_{C^2R}^I$)的最优解的充分必要条件是：$\dfrac{\lambda^0}{\theta^0}$，$z^0=\dfrac{1}{\theta^0}$为($D_{C^2R}^0$)的最优解.

证　若 λ^0,θ^0 为($D_{C^2R}^I$)的最优解，故必有 $\theta^0>0$，且

$$\begin{cases}\sum_{j=1}^{n} X_j\lambda_j^0 \leqq \theta^0 X_0,\\ \sum_{j=1}^{n} Y_j\lambda_j^0 \geqq Y_0,\\ \lambda_j^0 \geqq 0,\quad j=1,2,\cdots,n,\end{cases}$$

也即

$$\begin{cases}\sum_{j=1}^{n} X_j\left(\dfrac{\lambda_j^0}{\theta^0}\right) \leqq X_0,\\ \sum_{j=1}^{n} Y_j\left(\dfrac{\lambda_j^0}{\theta^0}\right) \geqq \dfrac{1}{\theta^0} Y_0,\\ \left(\dfrac{\lambda_j^0}{\theta^0}\right) \geqq 0,\quad j=1,\cdots,n.\end{cases}$$

可知$\dfrac{\lambda^0}{\theta^0}$，$z^0=\dfrac{1}{\theta^0}$为($D_{C^2R}^0$)的可行解.

设 λ,z 为($D_{C^2R}^0$)的任意可行解，不妨设 $z>0$(因为($D_{C^2R}^0$)的最优值 $V_D^0\geqq 1>0$). 不难看出$\dfrac{\lambda}{z}$，$\theta=\dfrac{1}{z}$为($D_{C^2R}^I$)的可行解，因 θ^0 为($D_{C^2R}^I$)的最优值，故 $\theta^0\leqq\theta$，也即有

$$z^0 = \frac{1}{\theta^0} \geqq \frac{1}{\theta} = z.$$

因此$\frac{\lambda^0}{\theta^0}$, $z^0 = \frac{1}{\theta^0}$为$(D^0_{C^2R})$的最优解.

类似地可证:若$\frac{\lambda^0}{\theta^0}$, $z^0 = \frac{1}{\theta^0}$为$(D^0_{C^2R})$的最优解,则 λ^0, θ^0 为$(D^I_{C^2R})$的最优解.

证毕.

第二节　具有非阿基米德无穷小的 C^2R 模型

在评价决策单元是否为 DEA 有效时,如果利用原规划$(P^I_{C^2R})$

$$(P^I_{C^2R})\begin{cases} \max\ \mu^T Y_0 = V^I_{C^2R}, \\ \omega^T X_j - \mu^T Y_j \geqq 0, \quad j = 1, \cdots, n, \\ \omega^T X_0 = 1, \\ \omega \geqq 0, \quad \mu \geqq 0, \end{cases}$$

根据定义 1.1.2,需要判断是否存在最优解 ω^0, μ^0 满足

$$\omega^0 > 0, \mu^0 > 0, V^I_{C^2R} = \mu^{0T} Y_0 = 1.$$

我们注意到$(P^I_{C^2R})$的对偶规划可以写为下面的形式

$$(D^I_{C^2R})\begin{cases} \min\ \theta, \\ \sum\limits_{j=1}^{n} X_j\lambda_j + S^- = \theta X_0, \\ \sum\limits_{j=1}^{n} Y_j\lambda_j - S^+ = Y_0, \\ \lambda_j \geqq 0, \quad j = 1, \cdots, n, \\ S^- \geqq 0, \quad S^+ \geqq 0. \end{cases}$$

根据线性规划对偶理论中的"紧松定理"(实际上是线性规划"松紧定理"的逆定理,有的教课书中也称其为严格的互补条件.见附录 B.),需要判断$(D^I_{C^2R})$所有的最优解 λ^0, S^{-0}, S^{+0}, θ^0 都满足

$$\theta^0 = 1, \quad S^{-0} = 0, \quad S^{+0} = 0.$$

无论利用线性规划$(P^I_{C^2R})$,还是利用线性规划$(D^I_{C^2R})$,直接判断 DEA 有效性都是不容易的.

早在 1952 年,Charnes 在研究线性规划的"退化"情况时(见文献[31]),以及在 Charnes 和 Cooper 的书中(见文献[32]),通过引进非阿基米德无穷小的概念,成功地解决了计算上和技术上的困难.

令 $\varepsilon>0$ 是一个非阿基米德无穷小量(non-Archimedean)，ε 是一个小于任何正数且大于 0 的数[①].考虑具有非阿基米德无穷小 ε 的 C^2R 模型

$$\begin{cases} \max \dfrac{u^{\mathrm{T}} Y_0}{v^{\mathrm{T}} X_0}, \\ \dfrac{u^{\mathrm{T}} Y_j}{v^{\mathrm{T}} X_j} \leqq 1, \quad j = 1, \cdots, n, \\ \dfrac{v}{v^{\mathrm{T}} X_0} \geqq \varepsilon \hat{e}, \\ \dfrac{u}{v^{\mathrm{T}} X_0} \geqq \varepsilon e, \end{cases}$$

其中

$$\hat{e} = (1,1,\cdots,1)^{\mathrm{T}} \in E^m,$$
$$e = (1,1,\cdots,1)^{\mathrm{T}} \in E^s.$$

由 C^2 变换

$$t = \frac{1}{v^{\mathrm{T}} X_0}, \quad \omega = tv, \quad \mu = tu,$$

分式规划等价于下面的线性规划

$$(P_\varepsilon^I)\begin{cases} \max \mu^{\mathrm{T}} Y_0, \\ \omega^{\mathrm{T}} X_j - \mu^{\mathrm{T}} Y_j \geqq 0, \quad j = 1, \cdots, n, \\ \omega^{\mathrm{T}} X_0 = 1, \\ \omega \geqq \varepsilon \hat{e}, \\ \mu \geqq \varepsilon e, \end{cases}$$

它的对偶规划为

$$(D_\varepsilon^I)\begin{cases} \min \left[\theta - \varepsilon(\hat{e}^{\mathrm{T}} S^- + e^{\mathrm{T}} S^+)\right], \\ \sum\limits_{j=1}^{n} X_j \lambda_j + S^- = \theta X_0, \\ \sum\limits_{j=1}^{n} Y_j \lambda_j - S^+ = Y_0, \\ \lambda_j \geqq 0, \quad j = 1, \cdots, n, \\ S^- \geqq 0, \quad S^+ \geqq 0. \end{cases}$$

设 $\lambda^0, S^{-0}, S^{+0}, \theta^0$ 为 (D_ε^I) 的最优解.显然，(D_ε^I) 的最优值具有“复数”形式：a

---

① $\varepsilon>0$ 为阿基米德无穷小量，是说：$\exists N>0$，有 $N \leqslant \varepsilon$.因此，若 $\varepsilon>0$ 为非阿基米德无穷小量，即对 $\forall N>0$，$N \leqslant \varepsilon$ 不能成立，即对 $\forall N>0$，都有 $N>\varepsilon$.

$-\varepsilon b$,其中

$$a = \theta^0, b = \hat{e}^{\mathrm{T}} S^{-0} + e^{\mathrm{T}} S^{+0}.$$

数 a 表示 DMU_{j_0}的效率指数;数 b 表示输入过剩 $\hat{e}^{\mathrm{T}} S^{-0}$与输出不足 $e^{\mathrm{T}} S^{+0}$之和.我们可以根据 a 和 b 来判断 DMU_{j_0}的弱 DEA 有效性和 DEA 有效性.首先证明一个引理(这里的证明借助于 1975 年研究数学规划稳定性时曾用的技巧.见文献[33]).

引理 1.2.1　假设对于任意 $x\in R$,均有 $d^{\mathrm{T}} x \geqq 0$,其中(不失一般性)

$$R = \{ x \mid Ax = b, x \geqq 0\}.$$

考虑线性规划问题

$$\begin{cases} \min\ c^{\mathrm{T}} x, \\ Ax = b, \quad x \geqq 0. \end{cases}$$

若其最优解集合为 R_{opti},则存在 $\bar{\varepsilon}>0$,对于任意 $\varepsilon\in(0, \bar{\varepsilon})$,线性规划问题

$$\begin{cases} \min\ [c^{\mathrm{T}} x - \varepsilon \cdot d^{\mathrm{T}} x], \\ Ax = b, \quad x \geqq 0 \end{cases}$$

的最优解(顶点)也是下面线性规划问题的最优解:

$$\begin{cases} \max\ d^{\mathrm{T}} x, \\ x \in R_{\mathrm{opti}}. \end{cases}$$

证　设约束集合

$$R = \{ x \mid Ax = b, \ x \geqq 0\}$$

的顶点(基础可行解)全体为

$$S = \{ z^1, z^2, \cdots, z^k\}.$$

可以将 S 按目标 $c^{\mathrm{T}} x$ 的值的大小进行分类.设集合 $S_1, S_2, \cdots, S_{k'}, 1\leqslant k'\leqslant k$,具有性质:

(i)　$S= S_1\cup S_2\cup\cdots\cup S_{k'}$;

(ii)　对 $\forall\ x\in S_i, \forall\ y\in S_i, 1\leqslant i\leqslant k'$,有

$$c^{\mathrm{T}} x = c^{\mathrm{T}} y;$$

(iii)　若 $1\leqslant i<j\leqslant k', x\in S_i, y\in S_j$,有

$$c^{\mathrm{T}} x > c^{\mathrm{T}} y.$$

由于线性规划的最优解可以在 R 的顶点达到,故由(i)~(iii),有 $S_{k'}\subset R_{\mathrm{opti}}$.令

$$\bar{\varepsilon} = \begin{cases} \dfrac{c^{\mathrm{T}} y^0 - c^{\mathrm{T}} x^0}{\max\limits_{\substack{y\in S \setminus S_{k'}, \\ 且\ d^{\mathrm{T}} y>0}} (d^{\mathrm{T}} y)}, & 若存在\ y \in S \setminus S_{k'},使\ d^{\mathrm{T}} y > 0; \\ +\infty, & 若对任意\ y \in S \setminus S_{k'},都有\ d^{\mathrm{T}} y = 0, \end{cases}$$

其中 $x^0 \in S_{k'}, y^0 \in S_{k'-1}$.因此,对 $\forall\ \varepsilon\in(0, \bar{\varepsilon})$以及 $\forall\ y\in S \setminus S_{k'}$,有

$$\begin{aligned}\Delta &= (c^T x^0 - \varepsilon \cdot d^T x^0) - (c^T y - \varepsilon \cdot d^T y)\\ &= (c^T x^0 - c^T y) - \varepsilon \cdot d^T x^0 + \varepsilon \cdot d^T y\\ &\leqq (c^T x^0 - c^T y^0) - \varepsilon \cdot d^T x^0 + \varepsilon \cdot d^T y \ (\text{因 } c^T y^0 \leqq c^T y)\\ &\leqq (c^T x^0 - c^T y^0) + \varepsilon \cdot d^T y \ (\text{因 } d^T x^0 \geqq 0)\end{aligned}$$

当 $y \in S \setminus S_{k'}$，且 $d^T y > 0$ 时，有

$$\begin{aligned}\Delta &\leqq (c^T x^0 - c^T y^0) + \varepsilon \cdot d^T y\\ &\leqq (c^T x^0 - c^T y^0) + \frac{c^T y^0 - c^T x^0}{\max\limits_{\substack{y \in S \setminus S_{k'},\\ \text{且 } d^T y > 0.}} (d^T y)} \cdot d^T y\\ &\leqq (c^T x^0 - c^T y^0) + (c^T y^0 - c^T x^0)\\ &= 0;\end{aligned}$$

当 $y \in S \setminus S_{k'}$，且 $d^T y = 0$ 时，有

$$\begin{aligned}\Delta &\leqq (c^T x^0 - c^T y^0) + \varepsilon \cdot d^T y\\ &= c^T x^0 - c^T y^0\\ &< 0 \ (\text{因 } c^T x^0 < c^T y^0)\end{aligned}$$

因此，当 $\varepsilon \in (0, \bar{\varepsilon})$ 时，规划问题

$$\begin{cases}\min\,[c^T x - \varepsilon \cdot d^T x],\\ Ax = b, \quad x \geqq 0\end{cases}$$

存在最优解(顶点)$\bar{x} \in S_{k'}$，并且有

$$\begin{aligned}&c^T \bar{x} - \varepsilon \cdot d^T \bar{x}\\ &\quad = \min_{x \in R} [c^T x - \varepsilon \cdot d^T x]\\ &\quad = \min_{x \in S_{k'}} [c^T x - \varepsilon \cdot d^T x].\end{aligned}$$

再由 $S_{k'} \subset R_{\text{opti}} \subset R$，得到

$$\min_{x \in S_{k'}} [c^T x - \varepsilon \cdot d^T x] = \min_{x \in R_{\text{opti}}} [c^T x - \varepsilon \cdot d^T x].$$

由于 $c^T x$ 在 R_{opti} 上的值为常数 $c^T \bar{x}$，因此

$$\begin{aligned}&c^T \bar{x} - \varepsilon \cdot d^T \bar{x}\\ &\quad = \min_{x \in R_{\text{opti}}} [c^T x - \varepsilon \cdot d^T x]\\ &\quad = c^T \bar{x} + \min_{x \in R_{\text{opti}}} [-\varepsilon \cdot d^T x],\end{aligned}$$

即

$$d^T \bar{x} = \max_{x \in R_{\text{opti}}} d^T x.$$

证毕.

定理 1.2.1　设 ε 为非阿基米德无穷小,对偶规划(D_ε^I)的最优解(顶点)为 $\lambda^0, S^{-0}, S^{+0}, \theta^0$,则有

(i)　若 $\theta^0<1$,则 DMU_{j_0}不为弱 DEA 有效;

(ii)　若 $\theta^0=1, \hat{e}^T S^{-0}+e^T S^{+0}>0$,则 DMU_{j_0}仅为弱 DEA 有效;

(iii)　若 $\theta^0=1, \hat{e}^T S^{-0}+e^T S^{+0}=0$,则 DMU_{j_0}为 DEA 有效.

证　由定理 1.1.2,线性规划

$$
(D_{C^2R}^I)\begin{cases}\min\ \theta, \\ \sum_{j=1}^{n} X_j\lambda_j + S^- = \theta X_0, \\ \sum_{j=1}^{n} Y_j\lambda_j - S^+ = Y_0, \\ \lambda_j \geqq 0, \quad j=1,\cdots,n, \\ S^- \geqq 0, \quad S^+ \geqq 0\end{cases}
$$

存在最优解.再由引理 1.2.1,(D_ε^I)存在最优解,并且最优解(顶点)$\lambda^0, S^{-0}, S^{+0}, \theta^0$ 是线性规划($D_{C^2R}^I$)的最优解中使目标函数 $\hat{e}^T S^- + e^T S^+$ 达到最大的最优解.因此,若 $\theta^0<1$,由定义 1.1.1,DMU_{j_0}不为弱 DEA 有效;若 $\theta^0=1, \hat{e}^T S^{-0}+e^T S^{+0}\neq 0$,由线性规划"松紧定理"知原规划($P_{C^2R}^I$)不存在最优解 ω^0, μ^0 满足 $\omega^0>0, \mu^0>0$.故 DMU_{j_0}仅为弱 DEA 有效;若 $\theta^0=1, \hat{e}^T S^0+e^T S^{+0}=0$,由线性规划"紧松定理",知原规划($P_{C^2R}^I$)存在最优解 ω^0, μ^0 满足 $\omega^0>0, \mu^0>0$,由定义 1.1.2,DMU_{j_0}为 DEA 有效.证毕.

由引理 1.2.1 和定理 1.2.1,当使用对偶规划(D_ε^I)评价决策单元的有效性时,只要取 $\varepsilon>0$ 为足够小的正数,用其最优解 $\lambda^0, S^{-0}, S^{+0}, \theta^0$ 去判断有效性是可行的;另一种办法,如同单纯形方法中的"大 *M* 方法",将 ε 看做一个非阿基米德无穷小的符号,像"复数"运算那样进行单纯形式迭代;然而,由引理 1.2.1,可以用 2-阶段的方法去求解.

2-阶段方法(阶段Ⅰ和阶段Ⅱ):

Ⅰ.求对偶规划($D_{C^2R}^I$)的最优解 $\lambda^0, S^{-0}, S^{+0}, \theta^0$.若 $\theta^0<1$,DMU_{j_0}不为弱 DEA 有效;若 $\theta^0=1$,转到第Ⅱ阶段(注意:将最优值 $\theta^0=1$ 代入($D_{C^2R}^I$)中得到($D_{C^2R}^I$)的最优解集合);

Ⅱ.求下面问题的最优解 $\hat{\lambda}, \hat{S}^-, \hat{S}^+$:

$$
\begin{cases}
\max\,(\hat{e}^{\mathrm{T}} S^{-} + e^{\mathrm{T}} S^{+}),\\
\sum_{j=1}^{n} X_j\lambda_j + S^{-} = X_0,\\
\sum_{j=1}^{n} Y_j\lambda_j - S^{+} = Y_0,\\
\lambda_j \geqq 0, \quad j = 1,2,\cdots,n,\\
S^{-} \geqq 0, \quad S^{+} \geqq 0.
\end{cases}
$$

若 $\hat{e}^{\mathrm{T}}\hat{S}^{-} + e^{\mathrm{T}}\hat{S}^{+} \neq 0$，$\mathrm{DMU}_{j_0}$ 仅为弱 DEA 有效；若 $\hat{e}^{\mathrm{T}}\hat{S}^{-} + e^{\mathrm{T}}\hat{S}^{+} = 0$，$\mathrm{DMU}_{j_0}$ 为 DEA 有效.

例 1.2.1　考虑具有 4 个决策单元，2 个输入和 1 个输出，相应的输入数据和输出数据由表 1.2.1 给出.现用具有非阿基米德无穷小量 ε 的模型.

表 1.2.1

	1	2	3	4	
1 →	1	3	3	4	
2 →	3	1	3	2	
	1	1	2	1	→ 1

考查 DMU_1，所对应的线性规划(D_ε)，取 $\varepsilon = 10^{-5}$：

$$
(D_\varepsilon^I)\begin{cases}
\min\,[\theta - \varepsilon(s_1^{-} + s_2^{-} + s_1^{+})],\\
\lambda_1 + 3\lambda_2 + 3\lambda_3 + 4\lambda_4 + s_1^{-} = \theta,\\
3\lambda_1 + \lambda_2 + 3\lambda_3 + 2\lambda_4 + s_2^{-} = 3\theta,\\
\lambda_1 + \lambda_2 + 2\lambda_3 + \lambda_4 - s_1^{+} = 1,\\
\lambda_1 \geqq 0, \quad \lambda_2 \geqq 0, \quad \lambda_3 \geqq 0, \quad \lambda_4 \geqq 0,\\
s_1^{-} \geqq 0, \quad s_2^{-} \geqq 0, \quad s_1^{+} \geqq 0.
\end{cases}
$$

最优解为

$$
\lambda^0 = (1,0,0,0)^{\mathrm{T}}, \quad s_1^{-0} = s_2^{-0} = s_1^{+0} = 0, \quad \theta^0 = 1,
$$

因此 DMU_1 为 DEA 有效.

类似地，对 DMU_2 和 DMU_3 进行判断，都为 DEA 有效.

现在对 DMU_4 进行判断，对应的线性规划为

$$
(D_\varepsilon^I)\begin{cases}\min\left[\theta-\varepsilon(s_1^-+s_2^-+s_1^+)\right],\\ \lambda_1+3\lambda_2+3\lambda_3+4\lambda_4+s_1^-=4\theta,\\ 3\lambda_1+\lambda_2+3\lambda_3+2\lambda_4+s_2^-=2\theta,\\ \lambda_1+\lambda_2+2\lambda_3+\lambda_4-s_1^+=1,\\ \lambda_1\geqq 0,\lambda_2\geqq 0,\lambda_3\geqq 0,\lambda_4\geqq 0,\\ s_1^-\geqq 0,s_2^-\geqq 0,s_1^+\geqq 0\end{cases}
$$

最优解为

$$
\lambda^0=\left(0,\frac{3}{4},\frac{1}{4},0\right)^{\mathrm{T}},\quad s_1^{-0}=s_2^{-0}=s_1^{+0}=0,\quad \theta^0=\frac{3}{4}.
$$

因为 $\theta^0=\dfrac{3}{5}<1$,故 DMU_4 不为弱 DEA 有效,当然也不为 DEA 有效.

第三节　(弱)DEA有效与(弱)Pareto最优

对于具有 m 种输入和 s 种输出的 n 个决策单元的评价问题,可以从多目标决策的角度来描述.记 n 个决策单元的输入数据和输出数据的集合为

$$
\hat{T}=\{(X_j,Y_j)\mid j=1,2,\cdots,n\},
$$

称 $\hat{T}$为参考集.一个理想的决策单元应该是以较少的投入获得较多产出的状态.若

$$
X=(x_1,x_2,\cdots,x_m)^{\mathrm{T}},
$$
$$
Y=(y_1,y_2,\cdots,y_s)^{\mathrm{T}}
$$

分别表示输入变量和输出变量,那么构成了 $m+s$ 个以追求最小为目标的函数:

$$
\begin{gathered}
f_1(X,Y)=x_1,\\
f_2(X,Y)=x_2,\\
\vdots\\
f_m(X,Y)=x_m,\\
f_{m+1}(X,Y)=-y_1,\\
f_{m+2}(X,Y)=-y_2,\\
\vdots\\
f_{m+s}(X,Y)=-y_s.
\end{gathered}
$$

为方便起见,记

$$
F(X,Y)=(f_1(X,Y),f_2(X,Y),\cdots,f_{m+s}(X,Y))^{\mathrm{T}}
$$

而约束集合(称为生产可能集)为

$$T=\left\{(X,Y)\left|\sum_{j=1}^{n}X_j\lambda_j\leqq X,\sum_{j=1}^{n}Y_j\lambda_j\geqq Y,\lambda_j\geqq 0,j=1,\cdots,n\right.\right\},$$

这样构成多目标规划(VP):

$$(VP)\begin{cases}V-\min F(X,Y),\\(X,Y)\in T\end{cases}$$

其中

$$X=(x_1,x_2,\cdots,x_m)^{\mathrm{T}},Y=(y_1,y_2,\cdots,y_s)^{\mathrm{T}},$$

$$F(X,Y)=\begin{pmatrix}X\\-Y\end{pmatrix}.$$

定义 1.3.1 设$(\hat{X},\hat{Y})\in T$,若不存在$(X,Y)\in T$满足

$$F(X,Y)<F(\hat{X},\hat{Y}),$$

称$(\hat{X},\hat{Y})$为(VP)的弱 Pareto 解.

定义 1.3.2 设$(\hat{X},\hat{Y})\in T$,若不存在$(X,Y)\in T$满足

$$F(X,Y)\leqslant F(\hat{X},\hat{Y}),$$

称$(\hat{X},\hat{Y})$为(VP)的 Pareto 解.

引理 1.3.1 若规划问题

$$(P_{C^2R}^{I})\begin{cases}\max\ \mu^{\mathrm{T}}Y_0\\\omega^{\mathrm{T}}X_j-\mu^{\mathrm{T}}Y_j\geqq 0,\quad j=1,\cdots,n,\\\omega^{\mathrm{T}}X_0=1,\\\omega\geqq 0,\quad \mu\geqq 0,\end{cases}$$

的最优解 ω^0,μ^0 满足(最优值)

$$\mu^0Y_0<1,$$

则必存在 $j_*(1\leqq j_*\leqq n)$,有

$$\omega^{0\mathrm{T}}X_{j_*}-\mu^{0\mathrm{T}}Y_{j_*}=0.$$

证 假设对 $j=1,2,\cdots,n$ 均有

$$\omega^{0\mathrm{T}}X_j-\mu^{0\mathrm{T}}Y_j>0.$$

令

$$\Delta\mu_1^0=\min_{1\leqslant j\leqslant n}\frac{\omega^{0\mathrm{T}}X_j-\mu^{0\mathrm{T}}Y_j}{y_{1j}}$$

其中

$$Y_j=(y_{1j},y_{2j},\cdots,y_{sj})^{\mathrm{T}}$$

则 $\Delta\mu_1^0>0$,并且对 $j=1,\cdots,n$ 均有

$$\begin{aligned}&\omega^{0\mathrm{T}}X_j-(\mu_1^0+\Delta\mu_1)y_{1j}+\sum_{r=2}^{s}\mu_r^0 y_{rj}\\&=\omega^{0\mathrm{T}}X_j-\mu^{0\mathrm{T}}Y_j-(\Delta\mu_1^0)y_{1j}\\&\geqq 0.\end{aligned}$$

由 $\omega^0\geqq 0,\omega^{0\mathrm{T}}X_0=1$,以及

$$(\mu_1^0+\Delta\mu_1^0,\mu_2^0,\cdots,\mu_s^0)^{\mathrm{T}}\geqq 0$$

知

$$\omega^0,(\mu_1^0+\Delta\mu_1^0,\mu_2^0,\cdots,\mu_s^0)^{\mathrm{T}}$$

为$(P_{C^2R}^I)$的可行解,但是,却有

$$\begin{aligned}(\mu_1^0+\Delta\mu_1^0,\mu_2^0,\cdots,\mu_s^0)Y_0&=\mu^{0\mathrm{T}}Y_0+\Delta\mu_1^0 y_{10}^0\\&>\mu^{0\mathrm{T}}Y_0,\end{aligned}$$

此与 ω^0,μ^0 为$(P_{C^2R}^I)$的最优解相矛盾.证毕.

引理 1.3.2　设 ω^0,μ^0 为$(P_{C^2R}^I)$的最优解,则 DMU_{j_0} 为弱 DEA 有效(即 $\mu^{0\mathrm{T}}Y_0=1$)的充分必要条件是:(X_0,Y_0)为下面问题的最优解

$$\min_{(X,Y)\in\hat{T}}(\omega^{0\mathrm{T}}X-\mu^{0\mathrm{T}}Y)$$

其中

$$\hat{T}=\{(X_j,Y_j)\mid j=1,2,\cdots,n\}$$

证　设

$$V_{P_{C^2R}^I}=\mu^{0\mathrm{T}}Y_0=1,$$

因此,对 $j=1,2,\cdots,n$ 有

$$\omega^{0\mathrm{T}}X_j-\mu^{0\mathrm{T}}Y_j\geqq 0=\omega^{0\mathrm{T}}X_0-\mu^{0\mathrm{T}}Y_0,$$

必要性得证.

设(X_0,Y_0)为下面问题的最优解

$$\min_{(X,Y)\in\hat{T}}(\omega^{0\mathrm{T}}X-\mu^{0\mathrm{T}}Y).$$

但却有

$$V_{P_{C^2R}^I}=\mu^{0\mathrm{T}}Y_0<1.$$

于是,对 $j=1,\cdots,n$ 有(包括下面的 $j_*,1\leqq j_*\leqq n$)

$$\omega^{0\mathrm{T}}X_j-\mu^{0\mathrm{T}}Y_j\geqq\omega^{0\mathrm{T}}X_0-\mu^{0\mathrm{T}}Y_0>0.$$

由引理 1.3.1,存在 $j_*(1\leqq j_*\leqq n)$,有

$$\omega^{0T}X_{j_*}-\mu^{0T}Y_{j_*}=0.$$

矛盾.故必有

$$V_{P^I_{C^2R}}=\mu^{0T}Y_0=1,$$

证毕.

引理1.3.3 设 ω^0, μ^0 为($P^I_{C^2R}$)的最优解,则 DMU_{j_0} 为弱 DEA 有效(即 $\mu^{0T}Y_0=1$)的充分必要条件是:(X_0, Y_0)为下面问题的最优解

$$\min_{(X,Y)\in T_{C^2R}}(\omega^{0T}X-\mu^{0T}Y)$$

其中

$$T_{C^2R}=\left\{(X,Y)\left|\sum_{j=1}^{n}X_j\lambda_j=X,\sum_{j=1}^{n}Y_j\lambda_j=Y,\lambda_j\geqq 0,j=1,\cdots,n\right.\right\}.$$

证 设

$$V_{P^I_{C^2R}}=\mu^{0T}Y_0=1.$$

由引理1.3.2,对 $j=1,2,\cdots,n$,有

$$\omega^{0T}X_j-\mu^{0T}Y_j\geqq 0=\omega^{0T}X_0-\mu^{0T}Y_0$$

故对 $\forall\ \lambda_j\geqq 0,j=1,\cdots,n$ 有

$$\omega^{0T}(X_j\lambda_j)-\mu^{0T}(Y_j\lambda_j)\geqq 0=\omega^{0T}X_0-\mu^{0T}Y_0,$$

于是

$$\omega^{0T}\left(\sum_{j=1}^{n}X_j\lambda_j\right)-\mu^{0T}\left(\sum_{j=1}^{n}Y_j\lambda_j\right)$$
$$\geqq 0=\omega^{0T}X_0-\mu^{0T}Y_0,$$

必要性得证.

设(X_0, Y_0)为下面问题的最优解

$$\min_{(X,Y)\in T_{C^2R}}(\omega^{0T}X-\mu^{0T}Y),$$

即对任意 $\lambda_j\geqq 0,j=1,\cdots,n$,有

$$\omega^{0T}\left(\sum_{j=1}^{n}X_j\lambda_j\right)-\mu^{0T}\left(\sum_{j=1}^{n}Y_j\lambda_j\right)$$
$$\geqq\omega^{0T}X_0-\mu^{0T}Y_0.$$

若

$$V_P=\mu^{0T}Y_0<1,$$

则有

$$\omega^{0T}\left(\sum_{j=1}^{n}X_j\lambda_j\right)-\mu^{0T}\left(\sum_{j=1}^{n}Y_j\lambda_j\right)$$

$$\geqq \omega^{0T} X_0 - \mu^{0T} Y_0$$
$$> 0.$$

但是,由引理 1.3.1,存在 $j_*(1 \leqq j_* \leqq n)$有

$$\omega^{0T} X_{j_*} - \mu^{0T} Y_{j_*} = 0,$$

而$(X_{j_*}, Y_{j_*}) \in T_{C^2R}$.矛盾.充分性得证.证毕.

定理 1.3.1　设 ω^0, μ^0 为$(P^I_{C^2R})$的最优解,则 DMU_{j_0}为弱 DEA 有效(即 $\mu^{0T} Y_0 = 1$)的充分必要条件是:(X_0, Y_0)为下面问题的最优解

$$\min_{(X, Y) \in T_{C^2R}} (\omega^{0T} X - \mu^{0T} Y)$$

其中 T_{C^2R}为生产可能集

$$T_{C^2R} = \left\{ (X, Y) \,\middle|\, \sum_{j=1}^{n} X_j \lambda_j \leqq X, \sum_{j=1}^{n} Y_j \lambda_j \geqq Y, \lambda_j \geqq 0, j = 1, \cdots, n \right\}.$$

证　注意到,当

$$(X, Y) \in T_{C^2R} \setminus T_{C^2R}$$

时有$(\lambda_j \geqq 0, j = 1, \cdots, n)$

$$\omega^{0T} X - \mu^{0T} Y \geqq \omega^{0T} \left[\sum_{j=1}^{n} X_j \lambda_j \right] - \mu^{0T} \left[\sum_{j=1}^{n} Y_j \lambda_j \right],$$

故

$$\min_{(X, Y) \in T_{C^2R}} (\omega^{0T} X - \mu^{0T} Y) = \min_{(X, Y) \in T_{C^2R}} (\omega^{0T} X - \mu^{0T} Y)$$

由$(X_0, Y_0) \in T_{C^2R} \subset T_{C^2R}$,故$(X_0, Y_0)$为下面问题的最优解

$$\min_{(X, Y) \in T_{C^2R}} (\omega^{0T} X - \mu^{0T} Y)$$

的充分必要条件是:(X_0, Y_0)为下面问题的最优解

$$\min_{(X, Y) \in T_{C^2R}} (\omega^{0T} X - \mu^{0T} Y).$$

再由引理 1.3.3,知本定理的结论成立.证毕.

引理 1.3.4　设(X_0, Y_0)为多目标规划(VP)对应的线性加权和问题

$$\min_{(X, Y) \in T_{C^2R}} (\omega^{0T} X - \mu^{0T} Y)$$

的最优解,则

(i) 若$(\omega^{0T}, \mu^{0T}) \geqslant 0$,则$(X_0, Y_0)$为多目标规划$(VP)$的弱 Pareto 解;

(ii) 若$(\omega^{0T}, \mu^{0T}) > 0$,则$(X_0, Y_0)$为多目标规划$(VP)$的 Pareto 解;

(iii) 若$(\omega^{0T}, \mu^{0T}) \geqslant 0$,并且$(X_0, Y_0)$为线性加权和问题的惟一最优解,则$(X_0, Y_0)$为多目标规划$(VP)$的 Pareto 解.

证　首先证(i).若(X_0, Y_0)不为(VP)的弱 Pareto 解,则存在$(\hat{X}, \hat{Y}) \in T_{C^2R}$,

有

$$\begin{pmatrix} \hat{X} \\ -\hat{Y} \end{pmatrix} < \begin{pmatrix} X_0 \\ -Y_0 \end{pmatrix},$$

由$(\omega^{0T}, \mu^{0T}) \geqq 0$,故

$$(\omega^{0T}, \mu^{0T})\left[\begin{pmatrix} \hat{X} \\ -\hat{Y} \end{pmatrix} - \begin{pmatrix} X_0 \\ -Y_0 \end{pmatrix}\right] < 0,$$

即

$$\omega^{0T}\hat{X} - \mu^{0T}\hat{Y} < \omega^{0T}X_0 - \mu^{0T}Y_0$$

此与(X_0, Y_0)为线性加权和问题的最优解矛盾.结论(i)得证.

现证明结论(ii).若(X_0, Y_0)不为(VP)的Pareto解,则存在$(\hat{X}, \hat{Y}) \in T_{C^2R}$,有

$$\begin{pmatrix} \hat{X} \\ -\hat{Y} \end{pmatrix} \leqslant \begin{pmatrix} X_0 \\ -Y_0 \end{pmatrix},$$

由$(\omega^{0T}, \mu^{0T}) > 0$,故

$$(\omega^{0T}, \mu^{0T})\left[\begin{pmatrix} \hat{X} \\ -\hat{Y} \end{pmatrix} - \begin{pmatrix} X_0 \\ -Y_0 \end{pmatrix}\right] < 0,$$

即

$$\omega^{0T}\hat{X} - \mu^{0T}\hat{Y} < \omega^{0T}X_0 - \mu^{0T}Y_0,$$

矛盾.结论(ii)得证.

最后证明结论(iii).若(X_0, Y_0)不为(VP)的Pareto解,则存在$(\hat{X}, \hat{Y}) \in T_{C^2R}$,有

$$\begin{pmatrix} \hat{X} \\ -\hat{Y} \end{pmatrix} \leqslant \begin{pmatrix} X_0 \\ -Y_0 \end{pmatrix},$$

由$(\omega^{0T}, \mu^{0T}) \geqq 0$,故有

$$(\omega^{0T}, \mu^{0T})\left[\begin{pmatrix} \hat{X} \\ -\hat{Y} \end{pmatrix} - \begin{pmatrix} X_0 \\ -Y_0 \end{pmatrix}\right] \leqq 0,$$

也即

$$\omega^{0T}\hat{X} - \mu^{0T}\hat{Y} \leqq \omega^{0T}X_0 - \mu^{0T}Y_0.$$

由于(X_0, Y_0)为线性加权和问题的最优解,故

$$\omega^{0T}\hat{X}-\mu^{0T}\hat{Y}=\omega^{0T}X_0-\mu^{0T}Y_0 .$$

因此$(\hat{X},\hat{Y})$也为线性加权和问题的最优解,而且$(\hat{X},\hat{Y})\neq(X_0,Y_0)$,此与$(X_0,Y_0)$为线性加权和问题的惟一最优解相矛盾,故结论(iii)成立.证毕.

定理 1.3.2 决策单元DMU_{j_0}为 DEA 有效的充分必要条件是:(X_0,Y_0)为多目标规划(VP)的 Pareto 解.

证 设DMU_{j_0}为 DEA 有效,故$(P^I_{C^2R})$存在最优解 ω^0,μ^0,满足

$$\omega^0>0,\mu^0>0,\quad V^I_{C^2R}=\mu^{0T}Y_0=1.$$

由DMU_{j_0}为 DEA 有效,故也为弱 DEA 有效.由定理 1.3.1,(X_0,Y_0)为线性加权和问题的最优解,即

$$\min_{(X,Y)\in T_{C^2R}}(\omega^{0T}X-\mu^{0T}Y)=\omega^{0T}X_0-\mu^{0T}Y_0 .$$

由引理 1.3.4 的结论(ii),知(X_0,Y_0)为多目标问题(VP)的 Pareto 解.必要性得证.

现证充分性.设(X_0,Y_0)为(VP)的 Pareto 解,故不存在$(\hat{X},\hat{Y})\in T_{C^2R}$,有

$$\begin{pmatrix}\hat{X}\\-\hat{Y}\end{pmatrix}\leqslant\begin{pmatrix}X_0\\-Y_0\end{pmatrix}.$$

由于

$$\left\{\left(\sum_{j=1}^n X_j\lambda_j,\sum_{j=1}^n Y_j\lambda_j\right)\middle|\lambda_j\geqq 0,j=1,\cdots,n\right\}\subset T_{C^2R},$$

故下面不等式组无解:

$$(\text{I})\begin{cases}\begin{pmatrix}\sum_{j=1}^n X_j\lambda_j\\-\sum_{j=1}^n Y_j\lambda_j\end{pmatrix}\leqslant\begin{pmatrix}X_0\\-Y_0\end{pmatrix},\\ \lambda_j\geqq 0,\quad j=1,2,\cdots,n.\end{cases}$$

现在考虑一对对偶规划问题:

$$(P')\begin{cases}\min(\omega^T X_0-\mu^T Y_0)\\ \omega^T X_j-\mu^T Y_j\geqq 0,\quad j=1,\cdots,n,\\ \omega\geqq\hat{e},\\ \mu\geqq e.\end{cases}$$

$$
(D')\begin{cases}\max\ (\hat{e}^{\mathrm{T}}S^{-}+e^{\mathrm{T}}S^{+})\\ \sum_{j=1}^{n}X_j\lambda_j+S^{-}=X_0,\\ \sum_{j=1}^{n}Y_j\lambda_j-S^{+}=-Y_0,\\ \lambda_j\geqq 0,\quad j=1,\cdots,n,\\ S^{-}\geqq 0,\quad S^{+}\geqq 0,\end{cases}
$$

其中

$$
\hat{e}=(1,1,\cdots,1)^{\mathrm{T}}\in E^{m},
$$
$$
e=(1,1,\cdots,1)^{\mathrm{T}}\in E^{S}.
$$

不难看出,线性规划(P')和(D')都存在最优解.设(P')的最优解为 $\hat{\omega}$, $\hat{\mu}$.由于线性不等式组(I)无解,故线性规划(D')的最优值为0,因此(P')的最优值也为0.于是 $\hat{\omega}$, $\hat{\mu}$满足

$$
\begin{aligned}
&\hat{\omega}^{\mathrm{T}}X_j-\hat{\mu}^{\mathrm{T}}Y_j\geqq 0,\quad j=1,\cdots,n\\
&\hat{\omega}\geqq\hat{e}>0,\\
&\hat{\mu}\geqq e>0,\\
&\hat{\omega}^{\mathrm{T}}X_0-\hat{\mu}^{\mathrm{T}}Y_0=0.
\end{aligned}
$$

由引理1.1.1,DMU_{j_0}为DEA有效.

定理1.3.3 决策单元DMU_{j_0}为弱DEA有效的充分必要条件是:(X_0, Y_0)为多目标规划的弱Pareto解.

证 本定理的必要性的证明与定理1.3.2的必要性证明类似,这里只要用到引理1.3.4中的结论(i).

现证明充分性.设(X_0, Y_0)为(VP)的弱Pareto解,故不存在(X, Y)$\in T_{C^2R}$,有

$$
\begin{pmatrix}X\\-Y\end{pmatrix}<\begin{pmatrix}X_0\\-Y_0\end{pmatrix},
$$

因此下面不等式组无解:

$$
(\mathrm{II})\begin{cases}\begin{pmatrix}\sum_{j=1}^{n}X_j\lambda_j\\-\sum_{j=1}^{n}Y_j\lambda_j\end{pmatrix}<\begin{pmatrix}X_0\\-Y_0\end{pmatrix},\\ \lambda_j\geqq 0,\quad j=1,2,\cdots,n.\end{cases}
$$

考虑一对对偶线性规划问题：

$$(P'')\begin{cases}\max\ z\\ \sum_{j=1}^{n} X_j\lambda_j+\hat{e}z\leqq X_0,\\ -\sum_{j=1}^{n} Y_j\lambda_j+ez\leqq -Y_0,\\ \lambda_j\geqq 0,\quad j=1,\cdots,n,\quad z\geqq 0,\end{cases}$$

$$(D'')\begin{cases}\min\ (\omega^{\mathrm{T}}X_0-\mu^{\mathrm{T}}Y_0)\\ \omega^{\mathrm{T}}X_j-\mu^{\mathrm{T}}Y_j\geqq 0,\quad j=1,\cdots,n,\\ \hat{e}^{\mathrm{T}}\omega+\hat{e}^{\mathrm{T}}\mu\geqq 1.\\ \omega\geqq 0,\quad \mu\geqq 0.\end{cases}$$

其中

$$\hat{e}=(1,1,\cdots,1)^{\mathrm{T}}\in E^m,$$
$$e=(1,1,\cdots,1)^{\mathrm{T}}\in E^s.$$

由于线性不等式组(Ⅱ)无解，故(P'')的最优值为0，因此(D'')的最优值也为0.设(D'')的最优解为$\hat{\omega},\hat{\mu}$，故$\hat{\omega},\hat{\mu}$满足

$$\hat{\omega}^{\mathrm{T}}X_j-\hat{\mu}^{\mathrm{T}}Y_j\geqq 0,\quad j=1,\cdots,n$$
$$\hat{e}^{\mathrm{T}}\hat{\omega}+e^{\mathrm{T}}\hat{\mu}\geqq 1,$$
$$\hat{\omega}^{\mathrm{T}}X_0-\hat{\mu}^{\mathrm{T}}Y_0=0,\quad \hat{\omega}\geqq 0,\quad \hat{\mu}\geqq 0.$$

由

$$\hat{e}^{\mathrm{T}}\hat{\omega}+e^{\mathrm{T}}\hat{\mu}\geqq 1,\quad \hat{\omega}\geqq 0,\quad \hat{\mu}\geqq 0,$$

故$(\hat{\omega}^{\mathrm{T}},\hat{\mu}^{\mathrm{T}})\geqslant 0$.由引理1.1.1知$\mathrm{DMU}_{j_0}$为弱DEA有效.充分性得证.证毕.

本节是从多目标数学规划的角度，审视使用DEA方法评估决策单元的有效性时的合理性.试想，如果DEA领域中的DEA有效(或弱DEA有效)的概念，与多目标规划中的Pareto最优(或弱Pareto)相佐，那么DEA有效性的定义、模型、乃至整个DEA领域将是没有依据和基础的了.早在1961年，Charnes和Cooper在研究多目标规划时，曾给出了检验一个可行解为Pareto的充分必要条件，被称为Charnes-Cooper检验(见文献[32])；1985年，Banker和Charnes等人针对BC^2模型(见文献[4])，建立相应的加法模型，使用Charnes-Cooper检验DEA有效(BC^2)与多目标Pareto解之间的等价性(见文献[7]).我们这里是用线性加权和问题直接证明C^2R模型下的(弱)DEA有效性与多目标规划的(弱)Pareto解之间的等价关系.总之，

二者之间等价性的建立,也为DEA提供了多目标数学规划的理论基础支持.在第五节可以进一步看到:生产可能集的相对有效前沿面,实际上就是相应多目标规划的Pareto点构成的面.

另外,由于(弱)DEA有效的充分必要条件是:相应输入和输出为多目标规划(VP)的(弱)Pareto解.一般来说,目标越多(即 $m+s$ 越大),(弱)Pareto解会随之增多,即(弱)DEA有效决策单元的个数会增大.在建立评价系统的时候,取 m, s 和 n 的Charnes的经验公式是

$$n \geqq 2(m+s).$$

第四节 判定(弱)DEA有效性的目标规划法(加法模型)

判定决策单元的DEA有效性、弱DEA有效性,可以通过目标规划(goal programming)方法实现.众所周知,目标规划是1961年由Charnes和Cooper首先提出的(见文献[32]),首次用到DEA上去,即C^2GS^2模型(也称为"加法模型",见文献[7]).

对 m 种输入引进 m 个非负偏差变量

$$s_1^-, s_2^-, \cdots, s_m^-, s_i^- \geqq 0, \quad i=1,\cdots,m;$$

对 s 种输出引进 s 个非负偏差变量

$$s_1^+, s_2^+, \cdots, s_s^+, s_r^+ \geqq 0, \quad r=1,\cdots,s.$$

为方便,记

$$S^- = (s_1^-, s_2^-, \cdots, s_m^-)^{\mathrm{T}},$$
$$S^+ = (s_1^+, s_2^+, \cdots, s_s^+)^{\mathrm{T}}.$$

1. 当判定 DMU_{j_0} 的DEA有效性,约束为

$$\begin{cases} \sum_{j=1}^{n} X_j \lambda_j + S^- = X_0, \\ -\sum_{j=1}^{n} Y_j \lambda_j + S^+ = -Y_0, \\ \lambda_j \geqq 0, \quad j=1,\cdots,n, \\ S^+ \geqq 0, \quad S^- \geqq 0 \end{cases}$$

对应地,判定 DMU_{j_0} 的DEA有效性,取目标函数为

$$\max(\hat{e}^{\mathrm{T}} S^- + e^{\mathrm{T}} S^+),$$

构成线性规划问题

$$
(D_{(\mathrm{I})})\begin{cases}\max\ (\hat{e}^{\mathrm{T}}S^{-}+e^{\mathrm{T}}S^{+})=V_{D_{(\mathrm{I})}}\\ \sum\limits_{j=1}^{n}X_j\lambda_j+S^{-}=X_0,\\ -\sum\limits_{j=1}^{n}Y_j\lambda_j+S^{+}=-Y_0,\\ \lambda_j\geqq 0,\quad j=1,\cdots,n,\\ S^{+}\geqq 0,\quad S^{-}\geqq 0.\end{cases}
$$

定理 1.4.1　决策单元 DMU_{j_0} 为 DEA 有效的充分必要条件是:线性规划 $(D_{(\mathrm{I})})$的最优值 $V_{D_{(\mathrm{I})}}=0$.

证　由定理 1.3.2,DMU_{j_0}为 DEA 有效的充分必要条件是:(X_0, Y_0)为多目标规划(VP)的 Pareto 解,其中

$$
(VP)\begin{cases}V-\min(X,-Y),\\ (X,Y)\in T_{C^2R}.\end{cases}
$$

而

$$
T_{C^2R}=\left\{(X,Y)\,\middle|\,\sum_{j=1}^{n}X_j\lambda_j\leqq X,\sum_{j=1}^{n}Y_j\lambda_j\geqq Y,\lambda_j\geqq 0,j=1,\cdots,n\right\},
$$

记

$$
T_{C^2R}=\left\{(X,Y)\,\middle|\,\sum_{j=1}^{n}X_j\lambda_j=X,\sum_{j=1}^{n}Y_j\lambda_j=Y,\lambda_j\geqq 0,j=1,\cdots,n\right\}.
$$

我们注意到:当$(X, Y)\in T_{C^2R}\setminus T_{C^2R}$时有

$$
\begin{pmatrix}\sum\limits_{j=1}^{n}X_j\lambda_j\\ -\sum\limits_{j=1}^{n}Y_j\lambda_j\end{pmatrix}\leqslant\begin{pmatrix}X\\ -Y\end{pmatrix},
$$

故(X_0, Y_0)为(VP)的 Pareto 解的充分必要条件是:不存在$(X, Y)\in T_{C^2R}$,有

$$
\begin{pmatrix}X\\ -Y\end{pmatrix}\leqslant\begin{pmatrix}X_0\\ -Y_0\end{pmatrix}.
$$

也即下面的不等式组没有解

$$
\begin{cases}\begin{pmatrix}\sum\limits_{j=1}^{n}X_j\lambda_j\\ -\sum\limits_{j=1}^{n}Y_j\lambda_j\end{pmatrix}\leqslant\begin{pmatrix}X_0\\ -Y_0\end{pmatrix},\\ \lambda_j\geqq 0,\quad j=1,\cdots,n,\end{cases}
$$

它等价于下面不等式组没有解

$$\begin{cases} \sum_{j=1}^{n} X_j\lambda_j + S^- = X_0, \\ -\sum_{j=1}^{n} Y_j\lambda_j + S^+ = -Y_0, \\ \lambda_j \geqq 0, \quad j = 1,\cdots,n, \\ \begin{bmatrix} S^+ \\ S^- \end{bmatrix} \geqslant 0. \end{cases}$$

即线性规划(D_{I})的最优值 $V_{D_{\mathrm{I}}}=0$.证毕.

2. 当判定 DMU_{j_0}的弱 DEA 有效性,约束为

$$\begin{cases} \sum_{j=1}^{n} X_j\lambda_j + z\hat{e} \leqq X_0, \\ -\sum_{j=1}^{n} Y_j\lambda_j + ze \leqq -Y_0, \\ \lambda_j \geqq 0, \quad j = 1,\cdots,n, \quad z \geqq 0, \end{cases}$$

对应的目标函数为

$$\max\ z,$$

构成线性规划问题

$$(D_{(\mathrm{II})})\begin{cases} \max\ z = V_{D_{(\mathrm{II})}}, \\ \sum_{j=1}^{n} X_j\lambda_j + z\hat{e} \leqq X_0, \\ -\sum_{j=1}^{n} Y_j\lambda_j + ze \leqq -Y_0, \\ \lambda_j \geqq 0, \quad j = 1,\cdots,n, z \geqq 0, \end{cases}$$

其中

$$\hat{e} = (1,1,\cdots,1)^{\mathrm{T}} \in E^m, \quad e = (1,1,\cdots,1)^{\mathrm{T}} \in E^s.$$

定理 1.4.2　决策单元 DMU_{j_0}为弱 DEA 有效的充分必要条件是:线性规划($D_{(\mathrm{II})}$)的最优值 $V_{D_{(\mathrm{II})}}=0$.

证　由定理 1.3.3,DMU_{j_0}为弱 DEA 有效的充分必要条件是:(X_0, Y_0)为多目标(VP)的弱 Pareto 解.它等价于下面线性不等式组没有解

$$\begin{cases} \begin{bmatrix} \sum_{j=1}^{n} X_j\lambda_j \\ -\sum_{j=1}^{n} Y_j\lambda_j \end{bmatrix} \leqq \begin{bmatrix} X \\ -Y \end{bmatrix} < \begin{bmatrix} X_0 \\ -Y_0 \end{bmatrix}, \\ \lambda_j \geqq 0, \quad j = 1,\cdots,n. \end{cases}$$

也即下面不等式组没有解

$$\begin{cases} \begin{pmatrix} \sum_{j=1}^{n} X_j\lambda_j \\ -\sum_{j=1}^{n} Y_j\lambda_j \end{pmatrix} + \begin{pmatrix} \hat{e} \\ e \end{pmatrix} z \leqq \begin{pmatrix} X_0 \\ -Y_0 \end{pmatrix}, \\ \lambda_j \geqq 0, \quad j = 1, \cdots, n, \quad z > 0, \end{cases}$$

即线性规划问题($D_{(\text{II})}$)的最优值 $V_{D_{(\text{II})}}=0$.证毕.

这里给出判定决策单元为(弱)DEA 有效的方法不需要引进非阿基米德无穷小 ε 的概念.但是,当我们使用具有非阿基米德无穷小的 C^2R 模型(D_ε^{I})时,可以同时判断出决策单元是 DEA 有效,或仅为弱 DEA 有效,或不为弱 DEA 有效(见定理 1.2.1).

需指出:关于 DEA 模型的求解,使用单纯形方法不但能求得最优解,而且利用原规划和对偶规划可以得到很多其他的信息,充分利用这些信息可获得对决策单元进行指导性的决策意见,这也是 DEA(数据包络分析)不像有些评价方法那样,旨在评价和"排名";而 DEA 方法是重在使用多输入、多输出的数据,建立各种 DEA 模型(C^2R 模型只是一个而已),通过计算求解,获大量管理信息,进行分析.然而,利用单纯形方法求解,并不像国内有些人说的那样:"由于 DEA 模型可化为线性规划问题,因此一般通用的线性规划软件包均可直接被运用,但必须注意几点……就够了".值得指出的是,DEA 模型中的线性规划的最优解是严重退化的,因此舍入误差的影响必须着重考虑,更何况在利用具有非阿基米德无穷小量 ε 的 DEA 模型中,舍入误差的影响将更严重.难怪,像 A.I.Ali 这样的教授曾花费很长时间和精力在研究 DEA 模型的计算和程序研制上(见文献[34]);我们也有类似的研制 DEA 通用软件的切身体会和经验,研制的 DEA 软件见文献[35].

第五节　C^2R 的生产可能集和生产前沿面

考虑由 m 项输入、s 项输出和 n 个决策单元组成的评价系统,其中参考集为

$$\hat{T} = \{(X_j, Y_j) \mid j = 1,2,\cdots,n\},$$

生产可能集为

$$T_{C^2R} = \left\{ (X, Y) \,\middle|\, \sum_{j=1}^{n} X_j\lambda_j \leq X, \sum_{j=1}^{n} Y_j\lambda_j \geqq Y, \lambda_j \geqq 0, j = 1,\cdots,n \right\}.$$

上述的生产可能集形式是与 DEA 模型 C^2R 对应的.实际上,生产可能集的形式和确定是根据不同的公理惟一确定的.公理体系的不同,生产可能集也不同,因而生产前沿面也不同;DEA 有效的决策单元,它的判定方法本质上是检验是否落在生

产可能集的生产前沿面上．不难理解，不同公理体系之下的 DEA 模型和 DEA 有效性的含义是不同的．

生产可能集 T_{C^2R}是由以下的公理体系确定：

(i)　平凡公理．$(X_j, Y_j)\in T_{C^2R}, j=1,2,\cdots,n$；

(ii)　凸性公理．对任意$(X, Y)\in T_{C^2R}$和$(\hat{X}, \hat{Y})\in T_{C^2R}$，以及任意 $\alpha\in[0,1]$，均有

$$\begin{aligned}&\alpha(X, Y)+(1-\alpha)(\hat{X}, \hat{Y})\\&=(\alpha X+(1-\alpha)\hat{X}, \alpha Y+(1-\alpha)\hat{Y})\in T_{C^2R}.\end{aligned}$$

这就是说，若分别以 X 与 $\hat{X}$的 α 和$(1-\alpha)$倍之和投入，可以产生分别以 Y 和 $\hat{Y}$的相同比例之和的输出；

(iii)　锥性公理．对任意$(X, Y)\in T_{C^2R}$，及数 $\alpha\geqq 0$，均有

$$\alpha(X, Y)=(\alpha X, \alpha Y)\in T_{C^2R}.$$

这就是说，若以投入量 X 的 α 倍进行投入，那么可以产生原来产出量 Y 的 α 倍的输出；

(iv)　无效性公理．对任意$(X, Y)\in T_{C^2R}$，若 $\hat{X}\geqq X$，$\hat{Y}\leqq Y$，均有

$$(\hat{X}, \hat{Y})\in T_{C^2R}.$$

这就是说，以较多的投入和较少的输出进行生产是可能的．

(v)　最小性公理．生产可能集 T_{C^2R}是所有满足上述公理(i)～(iv)的最小者．

不难看出：T_{C^2R}为凸集和锥的充要条件是 T_{C^2R}为凸锥．即对任意$(X, Y)\in T_{C^2R}$，$(\hat{X}, \hat{Y})\in T_{C^2R}$，以及任意 $\alpha\geqq 0$，$\beta\geqq 0$，均有

$$\begin{aligned}&\alpha(X, Y)+\beta(\hat{X}, \hat{Y})\\&=(\alpha X+\beta\hat{X}, \alpha Y+\beta\hat{Y})\in T_{C^2R}.\end{aligned}$$

定理 1.5.1　满足公理(i)～(v)的生产可能集 T_{C^2R}由下式惟一确定(可见，T_{C^2R}为凸多面锥)

$$T_{C^2R}=\left\{(X, Y)\,\middle|\,\sum_{j=1}^{n}X_j\lambda_j\leqq X, \sum_{j=1}^{n}Y_j\lambda_j\geqq Y, \lambda_j\geqq 0, j=1,\cdots,n\right\}.$$

证　由公理(i)～(iii)，对于 $\lambda_j\geqq 0, j=1,\cdots,n$ 有

$$\left(\sum_{j=1}^{n}X_j\lambda_j, \sum_{j=1}^{n}Y_j\lambda_j\right)=\sum_{j=1}^{n}(X_jY_j)\lambda_j\in T_{C^2R},$$

再由(iv)，若

$$\sum_{j=1}^{n}X_j\lambda_j\leqq X,\quad \sum_{j=1}^{n}Y_j\lambda_j\geqq Y,$$

有

$$(X, Y) \in T_{C^2R},$$

即

$$\left\{(X, Y) \middle| \sum_{j=1}^{n} X_j\lambda_j \leqq X, \sum_{j=1}^{n} Y_j\lambda_j \geqq Y, \lambda_j \geqq 0, j=1,\cdots,n\right\} \subset T_{C^2R}.$$

另一方面,若能证明集合

$$R = \left\{(X, Y) \middle| \sum_{j=1}^{n} X_j\lambda_j \leqq X, \sum_{j=1}^{n} Y_j\lambda_j \geqq Y, \lambda_j \geqq 0, j=1,\cdots,n\right\}$$

具有性质(i)~(iv),则由最小性公理,有

$$\left\{(X, Y) \middle| \sum_{j=1}^{n} X_j\lambda_j \leqq X, \sum_{j=1}^{n} Y_j\lambda_j \geqq Y, \lambda_j \geqq 0, j=1,\cdots,n\right\} \supset T_{C^2R}.$$

现在证明集合 R 满足性质(i)~(iv).实际上取($j=1,\cdots,n$)

$$\lambda = (0,\cdots,0,\overset{j}{1},0,\cdots,0)^{\mathrm{T}} \in E^n,$$

$$X = \sum_{j=1}^{n} X_j\lambda_j = X_j, \quad Y = \sum_{j=1}^{n} Y_j\lambda_j = Y_j,$$

则

$$(X_j, Y_j) \in R.$$

即(i)成立.

要证性质(ii),(iii)成立,只要证 R 为凸锥.为此,设 $\alpha \geqq 0, \beta \geqq 0$,以及

$$(X, Y) \in R, \quad (\hat{X}, \hat{Y}) \in R,$$

则存在 $\lambda = (\lambda_1,\cdots,\lambda_n)^{\mathrm{T}} \geqq 0$, $\hat{\lambda} = (\hat{\lambda}_1,\cdots,\hat{\lambda}_n)^{\mathrm{T}} \geqq 0$,有

$$\sum_{j=1}^{n} X_j\lambda_j \leqq X, \quad \sum_{j=1}^{n} Y_j\lambda_j \geqq Y,$$

$$\sum_{j=1}^{n} X_j\hat{\lambda}_j \leqq \hat{X}, \quad \sum_{j=1}^{n} Y_j\hat{\lambda}_j \geqq \hat{Y}.$$

故

$$\alpha\sum_{j=1}^{n} X_j\lambda_j \leqq \alpha X, \quad \alpha\sum_{j=1}^{n} Y_j\lambda_j \geqq \alpha Y,$$

$$\beta\sum_{j=1}^{n} X_j\hat{\lambda}_j \leqq \beta\hat{X}, \quad \beta\sum_{j=1}^{n} Y_j\hat{\lambda}_j \geqq \beta\hat{Y},$$

于是

$$\sum_{j=1}^{n} X_j(\alpha\lambda_j + \beta\hat{\lambda}_j) \leqq \alpha X + \beta\hat{X},$$

$$\sum_{j=1}^{n} Y_j(\alpha\lambda_j + \beta\hat{\lambda}_j) \geqq \alpha Y + \beta\hat{Y}.$$

因为

$$\alpha\lambda_j + \beta\hat{\lambda}_j \geqq 0, \quad j = 1, \cdots, n.$$

故

$$\alpha(X, Y) + \beta(\hat{X}, \hat{Y})$$
$$= (\alpha X + \beta\hat{X}, \alpha Y + \beta\hat{Y}) \in R.$$

即 R 为凸锥(即性质(ii)和(iii)成立).

设$(X, Y) \in R$, $\hat{X} \geqq X$, $\hat{Y} \leqq Y$,要证性质(iv)成立,即要证

$$(\hat{X}, \hat{Y}) \in R.$$

实际上,由$(X, Y) \in R$,故存在 $\lambda_j \geqq 0$, $j=1,2,\cdots,n$,有

$$\sum_{j=1}^{n} X_j\lambda_j \leqq X, \quad \sum_{j=1}^{n} Y_j\lambda_j \geqq Y,$$

现在 $\hat{X} \geqq X$, $\hat{Y} \leqq Y$,故有

$$\sum_{j=1}^{n} X_j\lambda_j \leqq \hat{X}, \quad \sum_{j=1}^{n} Y_j\lambda_j \geqq \hat{Y},$$

故

$$(\hat{X}, \hat{Y}) \in R.$$

证毕.

例 1.5.1　考虑由表 1.5.1 给出的具有一个输入、一个输出和 4 个决策单元的例子,即

$$m = s = 1, \quad n = 4$$

表 1.5.1

	1	2	3	4	
1 →	1	2	3	4	
	3	1	4	2	→ 1

此时,生产可能集为

$$T_{C^2R} = \left\{ (X, Y) \,\middle|\, \begin{array}{l} \lambda_1 + 2\lambda_2 + 3\lambda_3 + 4\lambda_4 \leqq X, \\ 3\lambda_1 + \lambda_2 + 4\lambda_3 + 2\lambda_4 \geqq Y, \lambda_j \geqq 0, j = 1, \cdots, 4 \end{array} \right\},$$

由图 1.5.1 给出(图中决策单元对应的(X_j, Y_j), $j=1,2,3,4$,用黑点标出).

例 1.5.2　考虑由表 1.5.2 给出的具有 2 个输入和 1 个输出,4 个决策单元的例子,即

$$m = 2, \quad s = 1, \quad n = 4.$$

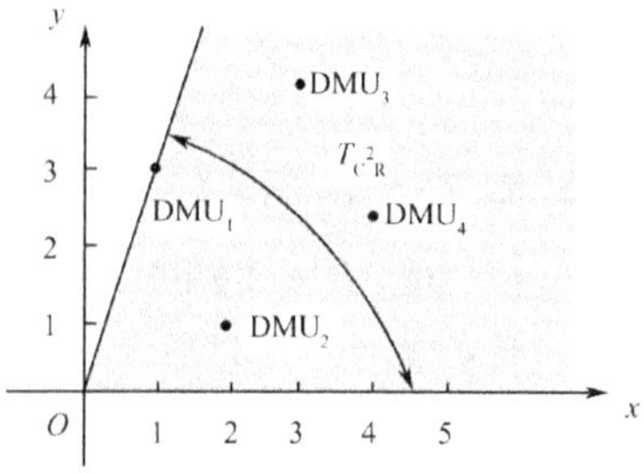

图 1.5.1

表 1.5.2

	1	2	3	4	5	
1 →	1	3	3	4	1	
2 →	3	1	3	2	4	
	1	1	2	1	1	→ 1

此时参考集 $\hat{T}$和 T_{C^2R}以及 T_{C^2R}为

$$\hat{T}=\left\{\begin{pmatrix}1\\3\\1\end{pmatrix},\begin{pmatrix}3\\1\\1\end{pmatrix},\begin{pmatrix}3\\3\\2\end{pmatrix},\begin{pmatrix}4\\2\\1\end{pmatrix},\begin{pmatrix}1\\4\\1\end{pmatrix}\right\},$$

$$T_{C^2R}=\left\{\begin{pmatrix}1\\3\\1\end{pmatrix}\lambda_1+\begin{pmatrix}3\\1\\1\end{pmatrix}\lambda_2+\begin{pmatrix}3\\3\\2\end{pmatrix}\lambda_3+\begin{pmatrix}4\\2\\1\end{pmatrix}\lambda_4+\begin{pmatrix}1\\4\\1\end{pmatrix}\lambda_5\ \middle|\ \lambda_j\geqq 0,j=1,\cdots,5\right\},$$

$$T_{C^2R}=\left\{(X,Y)\ \middle|\ \begin{array}{l}\begin{pmatrix}1\\3\end{pmatrix}\lambda_1+\begin{pmatrix}3\\1\end{pmatrix}\lambda_2+\begin{pmatrix}3\\3\end{pmatrix}\lambda_3+\begin{pmatrix}4\\2\end{pmatrix}\lambda_4+\begin{pmatrix}1\\4\\1\end{pmatrix}\lambda_5\leqq X,\\ \lambda_1+\lambda_2+2\lambda_3+\lambda_4+\lambda_5\geqq Y,\lambda_j\geqq 0,j=1,\cdots,5\end{array}\right\}.$$

T_{C^2R}由图 1.5.2 给出，其中 A:DMU_1，B:DMU_2，C:DMU_3，D:DMU_4，E:DMU_5．而 T_{C^2R}由 5 个锥面组成：锥面 AOC，锥面 COB，锥面 EOA，锥面 EOD 和锥面 DOB．为了描述生产可能集，可以用截面（即“等产出线”）．图 1.5.3 和图 1.5.4 分别给出当 $Y=1$ 和 $Y=2$ 的断面图形．

由图 1.5.2 或由图 1.5.3 和图 1.5.4 可以看出：DMU_1，DMU_2 和 DMU_3 是多目标规划（VP）的 Pareto 解；DMU_5 为（VP）的弱 Pareto 解；DMU_4 不为（VP）的弱

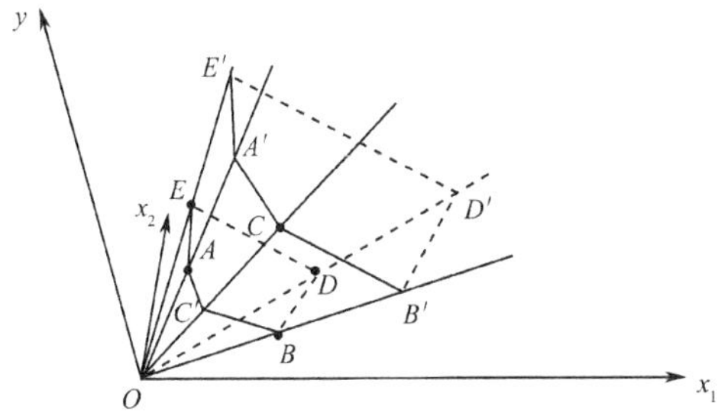

图 1.5.2

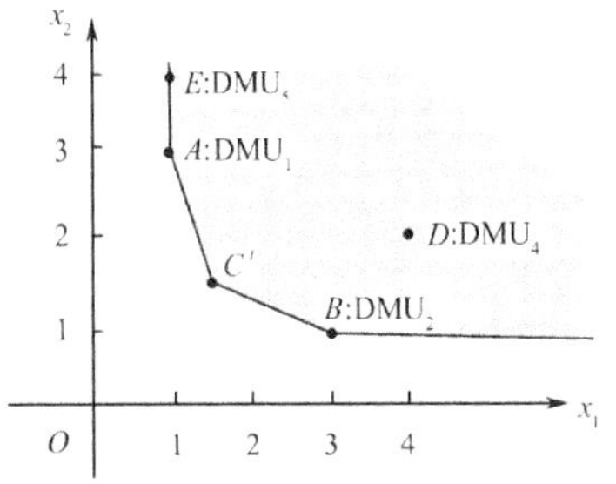

图 1.5.3(Y=1)

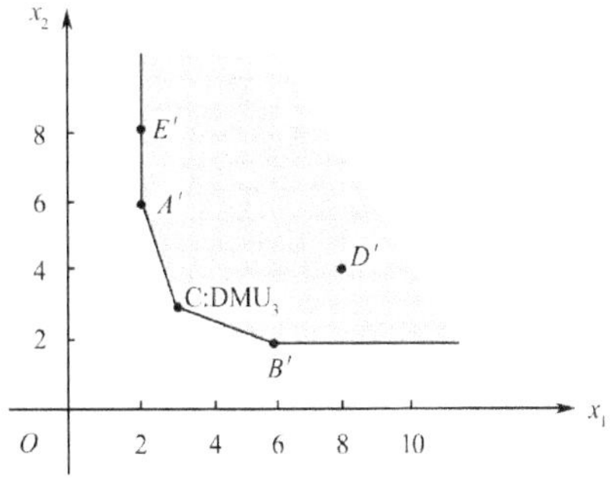

图 1.5.4(Y=2)

Pareto 解.由定理 1.3.2 和定理 1.3.3,知

DMU_1,DMU_2,DMU_3 为 DEA 有效;

DMU_5 为弱 DEA 有效;

DMU_4 不为弱 DEA 有效(因而也不为 DEA 有效).

现在讨论生产可能集 T_{C^2R}的生产前沿面、弱生产前沿面、有效面和弱有效面的概念及描述方法.Charnes 和 Cooper 等人关于 DEA 的第一篇文章(见文献[1])中就提出了“生产前沿面”(production surface),有时也称“相对有效前沿面”(relative efficient frontier);1996 年 G.Yu 和 Q.L.Wei 等人在研究综合 DEA 模型(具有偏好锥结构的 DEA 模型)之下的 DEA 有效前沿面的构造和结构时,曾称其为“真有效前沿面”(properly-efficient surface),见文献[24];2000 年,Q.L.Wei,H.Yan 和 G.Hao 在研究生产前沿面的另一构造方法时,又给出了“弱前沿面”的概念(见文献[36]).本节给出的(弱)有效面的定义,实际上是指生产可能集 T_{C^2R}的一个支撑超平面,在其上的 T_{C^2R}的点为 DEA 有效(或弱 DEA 有效),称为(弱)生产前沿面.

定义 1.5.1[①]　设 $\hat{\omega} \geqslant 0, \hat{\mu} \geqq 0$,以及

$$L = \{(X, Y) \mid \hat{\omega}^{\mathrm{T}} X - \hat{\mu}^{\mathrm{T}} Y = 0\}$$

满足

$$T_{C^2R} \subset \{(X, Y) \mid \hat{\omega}^{\mathrm{T}} X - \hat{\mu}^{\mathrm{T}} Y \geqq 0\},$$
$$L \cap T_{C^2R} \neq \varnothing,$$

则称 L 为生产可能集 T_{C^2R} 的弱有效面,称 $L \cap T_{C^2R}$ 为生产可能集 T_{C^2R} 的弱生产前沿面.特别,若 $\hat{\omega} > 0, \hat{\mu} > 0$,则称 L 为 T_{C^2R} 的有效面,称 $L \cap T_{C^2R}$ 的生产前沿面.

在例 1.5.1 中,生产可能集 T_{C^2R} 只有一个生产前沿面 $L = \{(X, Y) \mid 3X - Y = 0\}$, 见图 1.5.5.

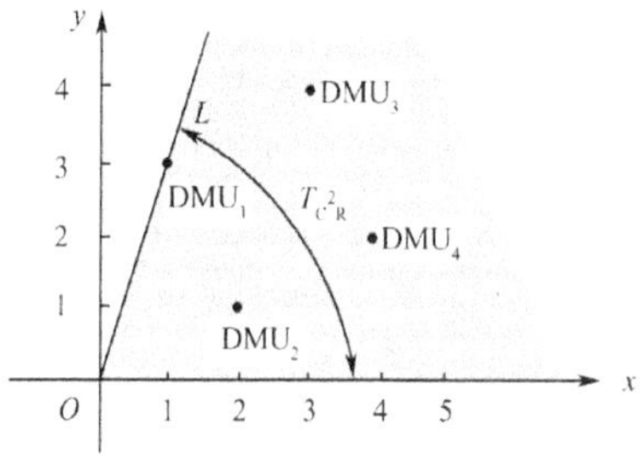

图 1.5.5

在例 1.5.2 中,生产可能集 T_{C^2R} 的生产前沿面有 5 个:锥面 AOC,锥面 COB,以及射线 OA, OC 和 OB; T_{C^2R} 的弱生产前沿面,除上述 5 个生产前沿面外,还有两个,这里只用截面的形式给出,例如在 $Y=1$ 时,有(见图 1.5.6 中的 T_1, T_2)

$$T_1 = \{(X, Y) \mid x_1 = 1, x_2 \geqq 3, Y = 1\},$$
$$T_2 = \{(X, Y) \mid x_1 \geqq 3, x_2 = 1, Y = 1\}.$$

对 $(\hat{X}, \hat{Y}) \in T_{C^2R}$,有如下有效性的定义.

定义 1.5.2[②]　设 $\hat{X} > 0, \hat{Y} > 0, (\hat{X}, \hat{Y}) \in T_{C^2R}$,考虑线性规划

---

① 这里定义的生产前沿面,可以有不同的维数.见以下关于例 1.5.2 的解说.

② 不难看出,对于任意 $(\hat{X}, \hat{Y}) \in T_{C^2R}$, $\hat{X} > 0$, $\hat{Y} > 0$,判断决策单元 $(\hat{X}, \hat{Y})$ 是否为(弱)DEA 有效,相当于对第 $(n+1)$ 个决策单元进行评价 $(X_{n+1} = \hat{X}, Y_{n+1} = \hat{Y})$,因此前几节中的相关定理仍然成立.

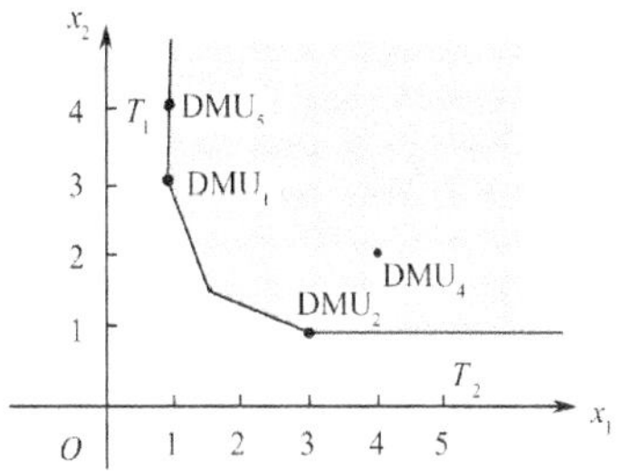

图 1.5.6($Y=1$)

$$
(\hat{P}^I_{C^2R})\begin{cases} \max\ \mu^T\hat{Y} = \hat{V}^I_{C^2R} \\ \omega^T X_j - \mu^T Y_j \geqq 0, \quad j=1,\cdots,n, \\ \omega^T\hat{X} - \mu^T\hat{Y} \geqq 0, \\ \omega^T\hat{X} = 1, \\ \omega \geqq 0, \quad \mu \geqq 0. \end{cases}
$$

若($\hat{P}_{C^2R}$)存在最优解 $\hat{\omega}$, $\hat{\mu}$使最优值

$$\hat{V}^I_{C^2R} = \hat{\mu}^T\hat{Y} = 1,$$

称($\hat{X}$, $\hat{Y}$)对应的点为弱 DEA 有效;特别,若

$$\hat{\omega} > 0, \quad \hat{\mu} > 0, \quad \hat{V}^I_{C^2R} = \hat{\mu}^T\hat{Y} = 1,$$

则称($\hat{X}$, $\hat{Y}$)对应的点为 DEA 有效(为方便,也称($\hat{X}$, $\hat{Y}$)为弱 DEA 有效或 DEA 有效)。

定理 1.5.2　设($\hat{X}$, $\hat{Y}$)$\in T_{C^2R}$,则有

(i)　($\hat{X}$, $\hat{Y}$)为弱 DEA 有效的充分必要条件是:($\hat{X}$, $\hat{Y}$)为多目标规划(VP)的弱 Pareto 解;

(ii)　($\hat{X}$, $\hat{Y}$)为 DEA 有效的充分必要条件是:($\hat{X}$, $\hat{Y}$)为多目标规划(VP)的 Pareto 解.

其中

$$
(VP)\begin{cases} V-\min\ (X, -Y) \\ (X, Y) \in T_{C^2R} \end{cases}
$$

证　由定理 1.3.2 和定理 1.3.3 得到.证毕.

定理 1.5.3　假设 T^D 为生产可能集 T_{C^2R}的生产前沿面,即(见定义 1.5.1)

$$T^D = L \cap T_{C^2R} \neq \varnothing$$

且有

$$T_{C^2R} \subset \{(X, Y) \mid \hat{\omega}^T X - \hat{\mu}^T Y \geqq 0\},$$

其中

$$L = \{(X, Y) \mid \hat{\omega}^T X - \hat{\mu}^T Y = 0\}, \quad \omega > 0, \quad \mu > 0,$$

则对 $\forall(\hat{X}, \hat{Y}) \in T^D$,$(\hat{X}, \hat{Y})$为 DEA 有效.

证 由$(X_j, Y_j) \in T_{C^2R}$, $j=1,\cdots,n$,以及

$$T_{C^2R} \subset \{(X, Y) \mid \hat{\omega}^T X - \hat{\mu}^T Y \geqq 0\},$$

知

$$\hat{\omega}^T X_j - \hat{\mu}^T Y_j \geqq 0, \quad j = 1,\cdots, n;$$

又由

$$(\hat{X}, \hat{Y}) \in T^D = L \cap T_{C^2R} \subset T_{C^2R} \subset \{(X, Y) \mid \hat{\omega}^T X - \hat{\mu}^T Y \geqq 0\},$$

故

$$\hat{\omega}^T \hat{X} - \hat{\mu}^T \hat{Y} \geqq 0.$$

并且

$$\hat{\omega}^T \hat{X} - \hat{\mu}^T \hat{Y} = 0.$$

再由 $\hat{\omega}>0$, $\hat{\mu}>0$,以及引理 1.1.1,知$(\hat{X}, \hat{Y})$为 DEA 有效.证毕.

定理 1.5.4 假设 T^D 为生产可能集 T_{C^2R}的弱生产前沿面,则对 $\forall(\hat{X}, \hat{Y}) \in T^D$,$(\hat{X}, \hat{Y})$为弱 DEA 有效.

证 这里与定理 1.5.3 中的条件不同之处是 $\hat{\omega}$, $\hat{\mu}$满足

$$\hat{\omega} \geqslant 0, \quad \hat{\mu} \geqq 0.$$

本定理的证明与定理 1.5.3 雷同.证毕.

定理 1.5.5 若$(\hat{X}, \hat{Y}) \in T_{C^2R}$为(弱)DEA 有效,则$(\hat{X}, \hat{Y})$位在生产可能集 T_{C^2R}的某个(弱)生产前沿面上.

证 考虑

$$(\hat{P}^I_{C^2R})\begin{cases} \max \ \mu^T \hat{Y} \\ \omega^T X_j - \mu^T Y_j \geqq 0, \quad j = 1,\cdots, n, \\ \omega^T \hat{X} - \mu^T \hat{Y} \geqq 0, \\ \omega^T \hat{X} = 1, \\ \omega \geqq 0, \quad \mu \geqq 0. \end{cases}$$

这里只证当$(\hat{X},\hat{Y})$为DEA有效时的结论(对于弱DEA有效的情况,证明类似).因$(\hat{X},\hat{Y})$为DEA有效,故存在$(\bar{P}^{I}_{C^2R})$的最优解$\hat{\omega},\hat{\mu}$,满足

$$\hat{\mu}^{\mathrm{T}}Y_0=1,\quad \hat{\omega}>0,\quad \hat{\mu}>0.$$

因此,对$j=1,\cdots,n$,有

$$\hat{\omega}^{\mathrm{T}}X_j-\hat{\mu}^{\mathrm{T}}Y_j\geqq 0,$$

于是,对$\forall(X,Y)\in T_{C^2R}$,有

$$\sum_{j=1}^{n}X_j\lambda_j\leqq X,\quad \sum_{j=1}^{n}Y_j\lambda_j\geqq Y,$$

其中

$$\lambda_j\geqq 0,\quad j=1,\cdots,n.$$

故

$$\begin{aligned}\hat{\omega}^{\mathrm{T}}X-\hat{\mu}^{\mathrm{T}}Y&\geqq\hat{\omega}^{\mathrm{T}}\sum_{j=1}^{n}X_j\lambda_j-\hat{\mu}^{\mathrm{T}}\sum_{j=1}^{n}Y_j\lambda_j\\&=\sum_{j=1}^{n}(\hat{\omega}^{\mathrm{T}}X_j-\hat{\mu}^{\mathrm{T}}Y_j)\lambda_j\\&\geqq 0=\hat{\omega}^{\mathrm{T}}\hat{X}-\hat{\mu}^{\mathrm{T}}\hat{Y}.\end{aligned}$$

即

$$T_{C^2R}\subset\{(X,Y)\mid\hat{\omega}^{\mathrm{T}}X-\hat{\mu}^{\mathrm{T}}Y\geqq 0\}.$$

记$L=\{(X,Y)\mid\hat{\omega}^{\mathrm{T}}X-\hat{\mu}^{\mathrm{T}}Y=0\}$,显然有

$$(\hat{X},\hat{Y})\in L\cap T_{C^2R},$$

因此

$$L\cap T_{C^2R}$$

为生产可能集T_{C^2R}的生产前沿面.证毕.

由定理1.5.2,有

(弱)DEA有效 ⇔(弱)Pareto;

由定理1.5.3和1.5.4,有

位在(弱)生产前沿面上 ⇒(弱)DEA有效;

由定理1.5.5,有

(弱)DEA有效 ⇒ 位在(弱)生产前沿面上.

于是可得到如下结论.

结论1.5.1　对C^2R模型,有

(弱)DEA有效⇔(弱)Pareto

$\Leftrightarrow$ 位在(弱)生产前沿面上.

定理 1.5.6　设 λ^0,θ_0 为规划($D^I_{C^2R}$)的最优解

$$(D^I_{C^2R})\begin{cases}\min\ \theta\\ \sum_{j=1}^{n}X_j\lambda_j\leqq\theta X_0,\\ \sum_{j=1}^{n}Y_j\lambda_j\geqq Y_0,\\ \lambda_j\geqq 0,\quad j=1,\cdots,n\end{cases}$$

记

$$J=\{j\mid\lambda_j^0>0,\quad 1\leqslant j\leqslant n\}.$$

则由集合

$$\{(X_j,Y_j)\mid j\in J\}$$

生成的凸多面锥

$$\left\{\sum_{j\in J}(X_j,Y_j)\lambda_j\,\middle|\,\lambda_j\geqq 0,j\in J\right\}$$

都在同一个弱生产前沿面 $T^W=L\cap T_{C^2R}$上,其中

$$L=\{(X,Y)\mid\omega^{0T}X-\mu^{0T}Y=0\},$$

而 ω^0,μ^0 为($P^I_{C^2R}$)的最优解:

$$(P^I_{C^2R})\begin{cases}\max\ \mu^TY_0\\ \omega^TX_j-\mu^TY_j\geqq 0,\quad j=1,\cdots,n,\\ \omega^TX_0=1,\\ \omega\geqq 0,\quad\mu\geqq 0.\end{cases}$$

证　当 $j\in J$ 时,由线性规划松紧定理,有

$$\omega^{0T}X_j-\mu^{0T}Y_j=0,\quad j\in J.$$

因此

$$\omega^{0T}\left(\sum_{j\in J}X_j\lambda_j\right)-\mu^{0T}\left(\sum_{j\in J}Y_j\lambda_j\right)=0,$$

即

$$\left(\sum_{j\in J}X_j\lambda_j,\sum_{j\in J}Y_j\lambda_j\right)\in L.$$

而

$$\left(\sum_{j\in J}X_j\lambda_j\sum_{j\in J}Y_j\lambda_j\right)\in T_{C^2R}.$$

故 $\left(\sum_{j\in J}X_j\lambda_j,\sum_{j\in J}Y_j\lambda_j\right)\in T^W=L\cap T_{C^2R}$. 证毕.

现在,我们继续讨论由例 1.5.2 中给出的数据的例子.对 DMU_1,有如下的线

性规划

$$\begin{cases} \max\ \mu_1 = V^I_{C^2R}, \\ \omega_1 + 3\omega_2 - \mu_1 \geqq 0, \\ 3\omega_1 + \omega_2 - \mu_1 \geqq 0, \\ 3\omega_1 + 3\omega_2 - 2\mu_1 \geqq 0, \\ 4\omega_1 + 2\omega_2 - \mu_1 \geqq 0, \\ \omega_1 + 4\omega_2 - \mu_1 \geqq 0, \\ \omega_1 + 3\omega_2 = 1, \\ \omega_1 \geqq 0, \quad \omega_2 \geqq 0, \quad \mu_1 \geqq 0 \end{cases}$$

知最优解和最优值为

$$\omega^0 = \left(\frac{1}{2}, \frac{1}{6}\right)^{\mathrm{T}} > 0, \quad \mu_1^0 = 1, \quad V^I_{C^2R} = 1,$$

因此，DMU_1 为 DEA 有效.平面

$$L_1 = \left\{ (X, Y) \,\middle|\, \frac{1}{2}x_1 + \frac{1}{6}x_2 - Y = 0 \right\}$$

是 T_{C^2R}的有效面，且点 A:((1,3),1)和点 C:((3,3),2)都在 L_1 上，而

$$T_{C^2R} \cap L_1 = T_1^D$$

为锥面 AOC，它为 T_{C^2R}的生产前沿面，法向为

$$(\omega^{0\mathrm{T}}, -\mu_1^0) = \left(\frac{1}{2}, \frac{1}{6}, -1\right).$$

对 DMU_2，有如下的线性规划问题

$$\begin{cases} \max\ \mu_1 = V^I_{C^2R}, \\ \omega_1 + 3\omega_2 - \mu_1 \geqq 0, \\ 3\omega_1 + \omega_2 - \mu_1 \geqq 0, \\ 3\omega_1 + 3\omega_2 - 2\mu_1 \geqq 0, \\ 4\omega_1 + 2\omega_2 - \mu_1 \geqq 0, \\ \omega_1 + 4\omega_2 - \mu_1 \geqq 0, \\ 3\omega_1 + \omega_2 = 1, \\ \omega_1 \geqq 0, \quad \omega_2 \geqq 0, \quad \mu_1 \geqq 0. \end{cases}$$

最优解和最优值为

$$\omega^0 = \left(\frac{1}{6}, \quad \frac{1}{2}\right)^{\mathrm{T}}, \quad \mu_1^0 = 1, V^I_{C^2R} = 1.$$

故 DMU_2 为 DEA 有效.平面

$$L_2=\left\{(X,Y)\ \middle|\ \frac{1}{6}x_1+\frac{1}{2}x_2-Y=0\right\}$$

是 T_{C^2R}的有效面,且点 B:((3,1),1)和点 C:((3,3),2)都在 L_2 上,而

$$T_{C^2R}\cap L_2=T_2^D$$

为锥面 COB,它为 T_{C^2R}的生产前沿面,法向为

$$(\omega^{0T},-\mu_1^0)=\left(\frac{1}{6},\frac{1}{2},-1\right).$$

对 DMU_3,有如下线性规划问题:

$$\begin{cases}\max 2\mu_2=V_{C^2R}^I,\\ \omega_1+3\omega_2-\mu_1\geqq 0,\\ 3\omega_1+\omega_2-\mu_1\geqq 0,\\ 3\omega_1+3\omega_2-2\mu_1\geqq 0,\\ 4\omega_1+2\omega_2-\mu_1\geqq 0,\\ \omega_1+4\omega_2-\mu_1\geqq 0,\\ 3\omega_1+3\omega_2=1,\\ \omega_1\geqq 0,\quad \omega_2\geqq 0,\quad \mu_1\geqq 0.\end{cases}$$

最优解和最优值为

$$\omega^0=\left(\frac{1}{4},\frac{1}{12}\right)^{T},\quad \mu_1^0=\frac{1}{2},\quad V_{C^2R}^I=1,$$

故 DMU_3 为 DEA 有效.记平面

$$L_3=\left\{(X,Y)\ \middle|\ \frac{1}{4}x_1+\frac{1}{12}x_2-\frac{1}{2}Y=0\right\}.$$

可见 $L_3=L_1$,它是有效面,对应的 T_{C^2R}的生产前沿面即为 T_2^D.

对 DMU_4,有如下的线性规划问题:

$$\begin{cases}\max \mu_1=V_{C^2R}^I,\\ \omega_1+3\omega_2-\mu_1\geqq 0,\\ 3\omega_1+\omega_2-\mu_1\geqq 0,\\ 3\omega_1+3\omega_2-2\mu_1\geqq 0,\\ 4\omega_1+2\omega_2-\mu_1\geqq 0,\\ \omega_1+4\omega_2-\mu_1\geqq 0,\\ 4\omega_1+2\omega_2=1,\\ \omega_1\geqq 0,\quad \omega_2\geqq 0,\quad \mu_1\geqq 0.\end{cases}$$

最优解和最优值为

$$\omega^0=\left(\frac{1}{10},\frac{3}{10}\right)^{\mathrm{T}},\quad \mu_1^0=\frac{3}{5},\quad V_{\mathrm{C^2R}}^I=\frac{3}{5}.$$

因此，DMU_4 不为弱 DEA 有效.实际上，由图 1.5.2，DMU_4 不位于生产可能集 $T_{\mathrm{C^2R}}$的有效面 S_1 和 S_2 上.

对 DMU_5，有如下的线性规划问题：

$$\begin{cases}\max\ \mu_1=V_{\mathrm{C^2R}}^I,\\ \omega_1+3\omega_2-\mu_1\geqq 0,\\ 3\omega_1+\omega_2-\mu_1\geqq 0,\\ 3\omega_1+3\omega_2-2\mu_1\geqq 0,\\ 4\omega_1+2\omega_2-\mu_1\geqq 0,\\ \omega_1+4\omega_2-\mu_1\geqq 0,\\ \omega_1+4\omega_2=1,\\ \omega_1\geqq 0,\quad \omega_2\geqq 0,\quad \mu_1\geqq 0.\end{cases}$$

最优解(惟一)和最优值为

$$\omega^0=(1,0)^{\mathrm{T}},\quad \mu_1^0=1,\quad V_{\mathrm{C^2R}}^I=1.$$

故 DMU_5 仅为弱 DEA 有效.而平面

$$L_4=\{(X,Y)\mid X_1-Y=0\}$$

为弱有效面，而

$$T_{\mathrm{C^2R}}\cap L_4=T_3^W$$

为 $T_{\mathrm{C^2R}}$的弱生产前沿面.

第六节　决策单元在生产前沿面上的“投影”

判断决策单元的有效性，本质上是判断它是否位在生产可能集 $T_{\mathrm{C^2R}}$的生产前沿面上.如果决策单元不为 DEA 有效，通过计算、求解，可以对原有的投入向量和产出向量进行调整，使其成为 DEA 有效.我们称经过调整后的点为决策单元在生产前沿面上的“投影”.

考虑具有非阿基米德无穷小量 ε 的 DEA 模型

$$(D_\varepsilon^I)\begin{cases}\min\left[\theta-\varepsilon(\hat{e}^T S^- + e^T S^+)\right],\\ \sum_{j=1}^n X_j\lambda_j + S^- = \theta X_0,\\ \sum_{j=1}^n Y_j\lambda_j - S^+ = Y_0,\\ \lambda_j \geqq 0,\quad j=1,\cdots,n,\\ S^-\geqq 0,\quad S^+\geqq 0.\end{cases}$$

设其最优解为

$$\lambda^0, S^{-0}, S^{+0}, \theta^0.$$

可知(D_ε^I)的最优解也可以用2-阶段方法得到:

第Ⅰ阶段:求(D_{C^2R})的最优值 θ^0:

$$(D_{C^2R}^I)\begin{cases}\min\ \theta,\\ \sum_{j=1}^n X_j\lambda_j \leqq \theta X_0,\\ \sum_{j=1}^n Y_j\lambda_j \geqq Y_0,\\ \lambda_j \geqq 0,\quad j=1,\cdots,n,\quad \theta\in E^1.\end{cases}$$

第Ⅱ阶段:求下面问题的最优解 $\lambda^0, S^{-0}, S^{+0}$:

$$\begin{cases}\max\ (\hat{e}^T S^- + e^T S^+),\\ \sum_{j=1}^n X_j\lambda_j + S^- = \theta^0 X_0,\\ \sum_{j=1}^n Y_j\lambda_j - S^+ = Y_0,\\ \lambda_j \geqq 0,\quad j=1,\cdots,n,\\ S^-\geqq 0,\quad S^+\geqq 0.\end{cases}$$

定义 1.6.1 设 $\lambda^0, S^{-0}, S^{+0}, \theta^0$ 为(D_ε^I)的最优解(或由2-阶段方法得到),令

$$\hat{X}_0 = \theta^0 X_0 - S^{-0},$$

$$\hat{Y}_0 = Y_0 + S^{+0}.$$

称($\hat{X}_0, \hat{Y}_0$)为DMU_{j_0}在生产可能集 T_{C^2R}的生产前沿面上的"投影".

可以看出:

(i) $\hat{X}_0 = \sum_{j=1}^n X_j\lambda_j^0$, $\hat{Y}_0 == \sum_{j=1}^n Y_j\lambda_j^0$;

(ii)　若 DMU_{j_0} 为弱 DEA 有效,则

$$\hat{X}_0 = X_0 - S^{-0}, \quad \hat{Y}_0 = Y_0 + S^{+0}.$$

(iii)　若 DMU_{j_0} 为 DEA 有效,则

$$\hat{X}_0 = X_0, \hat{Y}_0 = Y_0.$$

进一步,我们看出,DMU_{j_0} 的投影

$$(\hat{X}_0, \hat{Y}_0) \in T_{C^2R} = \left\{ (X, Y) \middle| \sum_{j=1}^{n} X_j\lambda_j = X, \sum_{j=1}^{n} Y_j\lambda_j = Y, \lambda_j \geqq 0, j = 1,\cdots, n \right\}.$$

而且$(\hat{X}_0, \hat{Y}_0)$为 DEA 有效,也即(X_0, Y_0)的投影是位于生产可能集 T_{C^2R}的生产前沿面上.从中也可以看出,数据包络分析(DEA)方法有助于估计未知的经验生产函数(由投入 X_0,去估计在生产前沿面上的产出).

定理 1.6.1(投影定理)　决策单元 j_0 的投影$(\hat{X}_0, \hat{Y}_0)$:

$$\hat{X}_0 = \theta^0 X_0 - S^{-0} = \sum_{j=1}^{n} X_j\lambda_j^0,$$

$$\hat{Y}_0 = Y_0 + S^{+0} = \sum_{j=1}^{n} Y_j\lambda_j^0,$$

为 DEA 有效(见定义 1.5.2).

证　(D_ε^I)的对偶规划为

$$(P_\varepsilon^I)\begin{cases} \max \mu^T Y_0, \\ \omega^T X_j - \mu^T Y_j \geqq 0, \quad j = 1,\cdots, n, \\ \omega^T X_0 = 1, \\ \omega \geqq \varepsilon \hat{e}, \\ \mu \geqq \varepsilon e. \end{cases}$$

设其最优解为 ω^0, μ^0,则有

$$\omega^0 > 0, \quad \mu^0 > 0.$$

由线性规划互补条件,有

$$(\omega^{0T} X_j - \mu^{0T} Y_j)\lambda_j^0 = 0, \quad j = 1,\cdots, n.$$

因此

$$\begin{aligned} \omega^{0T} \hat{X}_0 - \mu^{0T} \hat{Y}_0 &= \omega^{0T}\left(\sum_{j=1}^{n} X_j\lambda_j^0\right) - \mu^{0T}\left(\sum_{j=1}^{n} Y_j\lambda_j\right) \\ &= \sum_{j=1}^{n}\left(\omega^{0T} X_j - \mu^{0T} Y_j\right) \lambda_j^0 \\ &= 0. \end{aligned}$$

现在,对 $\forall (X, Y) \in T_{C^2R}$ 有

$$\sum_{j=1}^{n} X_j\lambda_j \leqq X,\quad \sum_{j=1}^{n} Y_j\lambda_j \geqq Y,$$

其中

$$\lambda_j \geqq 0, j = 1,\cdots, n.$$

故

$$\begin{aligned}\omega^{0T} X - \mu^{0T} Y &\geqq \omega^{0T}\left(\sum_{j=1}^{n} X_j\lambda_j\right) - \mu^{0T}\left(\sum_{j=1}^{n} Y_j\lambda_j\right)\\ &= \sum_{j=1}^{n}\left(\omega^{0T} X_j - \mu^{0T} Y_j\right)\lambda_j\\ &\geqq 0.\end{aligned}$$

即 $(\hat{X}_0, \hat{Y}_0)$ 为下面问题的最优解:

$$\min_{(X, Y)\in T_{C^2R}} (\omega^{0T} X - \mu^{0T} Y) = \omega^{0T} \hat{X}_0 - \mu^{0T} \hat{Y}_0.$$

由引理 1.3.4 的结论(ii),知 $(\hat{X}_0, \hat{Y}_0)$ 为 (VP) 的 Pareto 解,再由定理 1.5.2,$(\hat{X}_0, \hat{Y}_0)$ 为 DEA 有效.证毕.

推论 1.6.1　决策单元 DMU_{j_0} 为 DEA 有效的充分必要条件是

$$\hat{X}_0 = X_0, \hat{Y}_0 = Y_0,$$

其中 $(\hat{X}_0, \hat{Y}_0)$ 为 DMU_{j_0} 在生产可能集 T_{C^2R} 的生产前沿面上的投影.

证　由

$$\hat{X}_0 = \theta^0 X_0 - s^{-0},$$

$$\hat{Y}_0 = Y_0 + s^{-0},$$

其中 $\lambda^0, s^{-0}, s^{+0}, \theta^0$ 为 (D_ε) 的最优解.若 DMU_{j_0} 为 DEA 有效,则

$$\theta^0 = 1,\quad s^{-0} = 0,\quad s^{+0} = 0.$$

故

$$\hat{X}_0 = X_0,\quad \hat{Y}_0 = Y_0.$$

反之,若

$$\hat{X}_0 = X_0,\quad \hat{Y}_0 = Y_0.$$

由定理 1.6.1,$(\hat{X}_0, \hat{Y}_0)$ 为 DEA 有效,即 DMU_{j_0} 为 DEA 有效.证毕.

记

$$\Delta X_0 = X_0 - \hat{X}_0,$$

$$\Delta Y_0 = \hat{Y}_0 - Y_0,$$

显然有

$$\Delta X_0 = (1 - \theta^0) X_0 + S^{-0} \geqq 0,$$
$$\Delta Y_0 = S^{+0} \geqq 0.$$

ΔX_0 称为输入剩余，ΔY_0 称为输出亏空.由定理 1.6.1，知$(\hat{X}_0, \hat{Y}_0)$为 DEA 有效，其中

$$\hat{X}_0 = X_0 - \Delta X_0,$$

$$\hat{Y}_0 = Y_0 + \Delta Y_0.$$

ΔX_0 和 ΔY_0 分别表示当决策单元 j_0 要想改变为 DEA 有效时，输入与输出的变化的估计量.由推论 1.6.1，当 $\Delta X_0 = 0$，$\Delta Y_0 = 0$ 时，DMU_{j_0} 已经是 DEA 有效了；反之，若 DMU_{j_0} 为 DEA 有效时，有 $\Delta X_0 = 0$，$\Delta Y_0 = 0$，即输入和输出无须变化和调整.

当我们使用目标规划模型去判定决策单元的 DEA 有效性时，也同样可定义“投影”.考虑目标规划

$$(D_{(\mathrm{I})}) \begin{cases} \max\ (\hat{e}^{\mathrm{T}} S^- + e^{\mathrm{T}} S^+), \\ \sum_{j=1}^{n} X_j\lambda_j + S^- = X_0 \\ \sum_{j=1}^{n} Y_j\lambda_j - S^+ = Y_0 \\ \lambda_j \geqq 0, \quad j = 1, \cdots, n, \\ S^- \geqq 0, \quad S^+ \geqq 0. \end{cases}$$

设最优解为 $\lambda^0, S^{-0}, S^{+0}$，令

$$\bar{X}_0 = X_0 - S^{-0} = \sum_{j=1}^{n} X_j\lambda_j^0,$$

$$\bar{Y}_0 = Y_0 + S^{+0} = \sum_{j=1}^{n} Y_j\lambda_j^0.$$

定义 1.6.2 设 $\lambda^0, S^{-0}, S^{+0}$为$(D_{(\mathrm{I})})$的最优解，令

$$\bar{X}_0 = X_0 - S^{-0},$$
$$\bar{Y}_0 = Y_0 + S^{+0}.$$

称$(\bar{X}_0, \bar{Y}_0)$为 DMU_{j_0} 由目标规划法确定的在生产可能集 T_{C^2R} 的生产前沿面上的“投影”.

定理 1.6.2(目标规划法投影定理) 决策单元 DMU_{j_0} 的投影$(\bar{X}_0, \bar{Y}_0)$为

DEA 有效,其中

$$\bar{X}_0 = X_0 - S^{-0}, \quad \bar{Y}_0 = Y_0 + S^{+0}.$$

证 ($D_{(\mathrm{I})}$)的对偶规划为

$$(P_{(\mathrm{I})})\begin{cases} \min\ (\omega^{\mathrm{T}} \bar{X}_0 - \mu^{\mathrm{T}} \bar{Y}_0), \\ \omega^{\mathrm{T}} X_j - \mu^{\mathrm{T}} Y_j \geqq 0, \quad j = 1,\cdots,n, \\ \omega \geqq \hat{e}, \\ \mu \geqq e. \end{cases}$$

设($P_{(\mathrm{I})}$)的最优解为 ω^0, μ^0,则

$$\omega^0 > 0, \quad \mu^0 > 0.$$

由线性规划互补性条件,有

$$(\omega^{0\mathrm{T}} X_j - \mu^{0\mathrm{T}} Y_j)\lambda_j^0 = 0, \quad j = 1,\cdots,n.$$

故

$$\begin{aligned} \omega^{0\mathrm{T}} \bar{X}_0 - \mu^{0\mathrm{T}} \bar{Y}_0 &= \omega^{0\mathrm{T}}\left(\sum_{j=1}^{n} X_j\lambda_j^0\right) - \mu^{0\mathrm{T}}\left(\sum_{j=1}^{n} Y_j\lambda_j^0\right) \\ &= \sum_{j=1}^{n}(\omega^{0\mathrm{T}} X_j - \mu^{0\mathrm{T}} Y_j)\lambda_j^0 \\ &= 0. \end{aligned}$$

现在,对 $\forall (X, Y) \in T_{C^2R}$,有

$$\sum_{j=1}^{n} X_j\lambda_j \leqq X, \quad \sum_{j=1}^{n} Y_j\lambda_j \leqq Y,$$

其中

$$\lambda_j \geqq 0, \quad j = 1,\cdots,n.$$

故

$$\begin{aligned} \omega^{0\mathrm{T}} X - \mu^{0\mathrm{T}} Y &\geqq \omega^{0\mathrm{T}}\left(\sum_{j=1}^{n} X_j\lambda_j\right) - \mu^{0\mathrm{T}}\left(\sum_{j=1}^{n} Y_j\lambda_j\right) \\ &= \sum_{j=1}^{n}\left(\omega^{0\mathrm{T}} X_j - \mu^{0\mathrm{T}} Y_j\right)\lambda_j \\ &\geqq 0. \end{aligned}$$

即($\bar{X}_0, \bar{Y}_0$)为下面问题的最优解:

$$\min_{(X, Y) \in T_{C^2R}} (\omega^{0\mathrm{T}} X - \mu^{0\mathrm{T}} Y) = \omega^{0\mathrm{T}} \bar{X}_0 - \mu^{0\mathrm{T}} \bar{Y}_0.$$

由引理 1.3.4 的结论(ii)知($\bar{X}_0, \bar{Y}_0$)为(VP)的 Pareto 解,再由定理 1.5.2,($\bar{X}_0$, $\bar{Y}_0$)为 DEA 有效.证毕.

当使用目标规划($D_{(\mathrm{II})}$)去判定决策单元的弱 DEA 有效性时,也可定义“投

影”，其中($D_{(\text{II})}$)为

$$
(D_{(\text{II})})\begin{cases}\max\ z,\\ \sum_{j=1}^{n}X_j\lambda_j+z\hat{e}\leqq X_0,\\ -\sum_{j=1}^{n}Y_j\lambda_j+ze\leqq -Y_0,\\ \lambda_j\geqq 0,\quad j=1,\cdots,n,\quad z\geqq 0.\end{cases}
$$

设最优解为 λ^0,z^0，令

$$
\bar{X}_0=X_0-z^0\hat{e},
$$
$$
\bar{Y}_0=Y_0+z^0e.
$$

定义 1.6.3　设 λ^0,z^0，为($D_{(\text{II})}$)的最优解，令

$$
\bar{X}_0=X_0-z^0\hat{e},
$$
$$
\bar{Y}_0=Y_0+z^0e.
$$

称($\bar{X}_0,\bar{Y}_0$)为 DMU_{j_0} 由目标规划法确定的在生产可能集 T_{C^2R} 的弱生产前沿面上的“投影”.

定理 1.6.3(弱投影定理)　决策单元 DMU_{j_0} 的投影($\bar{X}_0,\bar{Y}_0$)为弱 DEA 有效，其中

$$
\bar{X}_0=X_0-z^0\hat{e},
$$
$$
\bar{Y}_0=Y_0+z^0e.
$$

证　($D_{(\text{II})}$)的对偶规划为

$$
(P_{(\text{II})})\begin{cases}\min\ (\omega^{\mathrm{T}}X_0-\mu^{\mathrm{T}}Y_0),\\ \omega^{\mathrm{T}}X_j-\mu^{\mathrm{T}}Y_j\geqq 0,\quad j=1,\cdots,n,\\ \hat{e}^{\mathrm{T}}\omega+e^{\mathrm{T}}\mu\geqq 1\\ \omega\geqq 0,\quad \mu\geqq 0\end{cases}
$$

设($P_{(\text{II})}$)的最优解为 ω^0,μ^0.由

$$
\hat{e}^{\mathrm{T}}\omega^0+e^{\mathrm{T}}\mu^0\geqq 1,
$$

故

$$
(\omega^{0\mathrm{T}},\mu^{0\mathrm{T}})\geqslant 0.
$$

由线性规划互补条件，有

$$
\omega^{0\mathrm{T}}\left[\sum_{j=1}^{n}X_j\lambda_j^0+z^0\hat{e}-X_0\right]=0,
$$
$$
\mu^{0\mathrm{T}}\left[-\sum_{j=1}^{n}Y_j\lambda_j^0+z^0e+Y_0\right]=0,
$$

$$(\omega^{0\mathrm{T}} X_j - \mu^{0\mathrm{T}} Y_j)\lambda_j^0 = 0, \quad j = 1, \cdots, n,$$

$$\hat{e}^{\mathrm{T}} \omega^0 + e^{\mathrm{T}} \mu^0 - 1) z^0 = 0.$$

故

$$\begin{aligned}
\omega^{0\mathrm{T}} \bar{X}_0 - \mu^{0\mathrm{T}} \bar{Y}_0 &= \omega^{0\mathrm{T}}(X_0 - z^0 \hat{e}) - \mu^{0\mathrm{T}}(Y_0 + z^0 e) \\
&= (\omega^{0\mathrm{T}} X_0 - \mu^{0\mathrm{T}} Y_0) - z^0(\hat{e}^{\mathrm{T}} \omega^0 + e^{\mathrm{T}} \mu^0) \\
&= \omega^{0\mathrm{T}} X_0 - \mu^{0\mathrm{T}} Y_0 - z^0 \\
&= \omega^{0\mathrm{T}}\left(\sum_{j=1}^{n} X_j \lambda_j^0 + z^0 \hat{e}\right) - \mu^{0\mathrm{T}}\left(\sum_{j=1}^{n} Y_j \lambda_j^0 - z^0 e\right) - z^0 \\
&= \sum_{j=1}^{n}(\omega^{0\mathrm{T}} X_j - \mu^{0\mathrm{T}} Y_j)\lambda_j^0 + z^0(\omega^{0\mathrm{T}} \hat{e} + \mu^{0\mathrm{T}} e) - z^0 \\
&= 0.
\end{aligned}$$

而对 $\forall (X, Y) \in T_{\mathrm{C^2R}}$ 有

$$\begin{aligned}
\omega^{0\mathrm{T}} X - \mu^{0\mathrm{T}} Y &\geqq \omega^{0\mathrm{T}}\left(\sum_{j=1}^{n} X_j \lambda_j\right) - \mu^{0\mathrm{T}}\left(\sum_{j=1}^{n} Y_j \lambda_j\right) \\
&= \sum_{j=1}^{n}(\omega^{0\mathrm{T}} X_j - \mu^{0\mathrm{T}} Y_j)\lambda_j \\
&\geqq 0,
\end{aligned}$$

即$(\bar{X}_0, \bar{Y}_0)$为下面问题的最优解

$$\min_{(X, Y) \in T_{\mathrm{C^2R}}} (\omega^{0\mathrm{T}} X - \mu^{0\mathrm{T}} Y) = \omega^{0\mathrm{T}} \bar{X}_0 - \mu^{0\mathrm{T}} \bar{Y}_0.$$

由引理 1.3.4 的结论(i)知$(\bar{X}_0, \bar{Y}_0)$为(VP)的弱 Pareto 解,再由定理 1.5.2,$(\bar{X}_0, \bar{Y}_0)$为弱 DEA 有效.证毕.

第二章　微观经济学中的效率和生产可能集

在西方经济学中，生产者亦称为厂商，厂商拥有生产要素（表明在组织生产过程中的投入（或称为输入），例如劳动的投入、资本的投入、土地的投入等等），并能做出生产决策．若厂商生产要素的投入有 m 种，数量分别为

$$x_1, x_2, \cdots, x_m,$$

在一定技术条件下，当生产处于最佳状态时，所能生产（产出）的最大"产量"为 y（可以是产量或产值）．可见，变量

$$X=(x_1, x_2, \cdots, x_m)^{\mathrm{T}}$$

与最大产量 y 之间的关系可用函数来描述，即生产函数

$$y=f(X)=f(x_1, x_2, \cdots, x_m).$$

如果对于 m 种投入，产出并非是一种，例如 s 种（$s\geqq 2$），那么描述多种投入和多种产出之间关系及其生产有效性的特征时，需要在首先确定生产可能集的前提下，给出"最佳生产状态"（即投入、产出的一对 (X, Y)，$X\in E_+^m$，$Y\in E_+^s$）的描述，这就是生产可能集的"前沿面"．

经济学中，很少有哪个概念应用得比"效率"这一概念更广泛．在对 n 个决策单元（可看做更为一般化的"厂商"）的 m 种投入和 s 种产出状态进行相对有效性评价时，利用第一章中的 $\mathrm{C^2R}$ 模型，实际上"效率"的概念是指产出与投入之比（加权意义之下的产出投入比）．

数据包络分析（即 DEA）是通过观察到的 n 个决策单元的 m 种投入、s 种产出数据

$$(X_j, Y_j), \quad j=1, \cdots, n,$$

其中

$$X_j>0, \quad X_j\in E^m; \quad Y_j>0, \quad Y_j\in E^s,$$

由公理假设建立相应的生产可能集（例如第一章中的 $T_{\mathrm{C^2R}}$），而"最佳生产状态"的决策单元为 DEA 有效，也即相应于生产可能集而言，以投入最小、产出最大为目标的 Pareto 最优．因此，生产前沿面即为 Pareto 面（Pareto 最优点构成的面）．

DEA 有很强的经济背景，其中"技术有效"（technical efficiency）和"规模有效"（scale efficiency）概念，分别是生产函数和生产函数的规模收益不变性质的推广．更为重要的是，利用 DEA 模型和方法，可以利用生产可能集研究在多输入、特别是多输出情况下，各决策单元的规模收益状况（return to scale）：规模收益递增

(increasing return to scale),规模收益不变(constant return to scale)和规模收益递减(decreasing return to scale),等等.

本章先讨论生产函数,再讨论生产可能集及生产前沿面.利用不同的关于生产可能集的公理体系,可以得到具有不同特性的生产可能集和它的生产前沿面.由此可以得到几个具有代表性的、经典的DEA模型,将在第三章详细讨论.关于微观经济可参考文献[37～40].

第一节 生产函数

生产函数表示在技术水平不变的情况下,生产要素

$$X=(x_1, x_2, \cdots, x_m)^{\mathrm{T}}$$

与所能生产的量大"产量"y之间的一种技术关系,记做

$$y=f(X)=f(x_1, x_2, \cdots, x_m).$$

一般假设:

1. $f(X)=f(x_1, \cdots, x_m)$为具有一阶连续偏导数的严格增函数(即$\hat{X}\geqslant X$,有$f(\hat{X})>f(X)$);

2. $X=(x_1, x_2, \cdots, x_m)^{\mathrm{T}}\in E_+^m$,且若存在某$j_0(1\leqslant j_0\leqslant m)$有$x_{j_0}=0$,则

$$f(X)=f(x_1, x_2, \cdots, x_m)=0.$$

关于生产函数有如下一些概念:

(i) **边际产出**① 当第j种生产要素由x_j增加1个单位时,有(由中值定理)

$$\begin{aligned}
&f(x_1, \cdots, x_{j-1}, x_j+1, x_{j+1}, \cdots, x_m)-f(x_1, \cdots, x_{j-1}, x_j, x_{j+1}, \cdots, x_m)\\
&=\left.\frac{\partial f(X)}{\partial x_j}\right|_{x_j=\xi}\cdot[(x_j+1)-x_j]\\
&=\frac{\partial f(x_1, \cdots, x_{j-1}, \xi, x_{j+1}, \cdots, x_m)}{\partial x_j}\\
&\approx\frac{\partial f(X)}{\partial x_j}, \quad \xi\in(x_j, x_j+1).
\end{aligned}$$

我们称$\frac{\partial f(X)}{\partial x_j}$为生产函数对第$j$种生产要素的边际产出.不难看出:它表示当第$j$

---

① 对于离散情况,有时称$f(x_1, \cdots, x_{j-1}, x_j+1, x_{j+1}, \cdots, x_m)-f(x_1, \cdots, x_j, \cdots, x_m)$为生产函数对第$j$种生产要素的边际;当$f(X)$具有一阶连续偏导数时,有时也称$\frac{\partial f(X)}{\partial x_j}$为生产函数对第$j$种生产要素的边际.

种生产要素由 x_j 增加到 x_j+1，而其他生产要素投入不变时，总产值的增加值（近似值）.

(ii) 产出弹性 当投入由

$$X=(x_1, x_2, \cdots, x_{j-1}, x_j, x_{j+1}, \cdots, x_m)^{\mathrm{T}}$$

变为

$$\hat{X}=(x_1, x_2, \cdots, x_{j-1}, x_j+\Delta, x_{j+1}, \cdots, x_m)^{\mathrm{T}}$$

时，产出相对变化与投入的相对变化之比为

$$\Delta_j=\frac{f(\hat{X})-f(X)}{f(X)}\Big/\left(\frac{\Delta}{x_j}\right).$$

令 $\Delta\to 0$，则有

$$\varepsilon_j=\lim_{\Delta\to 0}\Delta_j=\frac{\partial f(X)}{\partial x_j}\cdot\frac{x_j}{f(X)}.$$

称 ε_j 为生产函数 $f(x)$ 对第 j 种生产要素的产出弹性（简称弹性）.

由弹性的定义可知，弹性与量纲无关.弹性 ε_j 表示总产量对第 j 种生产要素 x_j 变动的反应程度，由 $f(X)$ 的增函数性质，知 $\varepsilon_j>0$.一般来说，当第 j 种生产要素增加（或减少）1%，而其他生产要素不变时，总产量增加（或减少）ε_j%.因而有

若 $\varepsilon_j=1$，称为单位弹性.表明产出对第 j 种生产要素变动的百分比相等；

若 $\varepsilon_j<1$，称为低弹性.表明产出变动的百分比低于第 j 种生产要素变动的百分比.即第 j 种生产要素的变动对总产量的影响不大；

若 $\varepsilon_j>1$，称为高弹性.表明产出变动的百分比高于第 j 种生产要素变动的百分比.即第 j 种生产要素的变动对总产量的影响较大.

(iii) 边际技术替代率 在技术水平不变的条件下，如果保持总产量不变，若第 i 种生产要素的投入增加一个单位，可以减少的第 j 种生产要素的投入量，称之为生产要素 i 对生产要素 j 的边际技术替代率，它可以为厂商的技术选择提供依据.由

$$0=\mathrm{d}y=\frac{\partial f(X)}{\partial x_i}\mathrm{d}x_i+\frac{\partial f(X)}{\partial x_j}\mathrm{d}x_j,$$

知

$$\frac{\mathrm{d}x_j}{\mathrm{d}x_i}=-\frac{\dfrac{\partial f(X)}{\partial x_i}}{\dfrac{\partial f(X)}{\partial x_j}}=-\varepsilon_{ij},$$

因此，ε_{ij} 为用第 i 种生产要素替代第 j 种要素的边际技术替代率（$\varepsilon_{ij}>0$）.

例 2.1.1 考虑 Cobb-Douglas 函数（也称 C-D 函数）

$$y=A\prod_{j=1}^{m}x_j^{\alpha_j},\ A>0,\ \alpha_j>0,\ j=1,\cdots,m.$$

边际产出为($1\leqslant j_0\leqslant m$)

$$\begin{aligned}\frac{\partial y}{\partial x_{j_0}}&=\frac{\partial\left(A\prod_{j=1}^{m}x_j^{\alpha_j}\right)}{\partial x_{j_0}}\\&=A\left(\prod_{\substack{j=1\\j\neq j_0}}^{m}x_j^{\alpha_j}\right)\left(\alpha_{j_0}x_{j_0}^{\alpha_{j_0}-1}\right)\\&=\frac{\alpha_{j_0}}{x_{j_0}}y.\end{aligned}$$

弹性为($1\leqslant j_0\leqslant m$)

$$\varepsilon_{j_0}=\frac{\partial y}{\partial x_{j_0}}\cdot\frac{x_{j_0}}{y}=x_{j_0}.$$

边际技术替代率为($1\leqslant i_0\leqslant m,1\leqslant j_0\leqslant m$)

$$\varepsilon_{i_0j_0}=-\frac{\dfrac{\partial y}{\partial x_{i_0}}}{\dfrac{\partial y}{\partial x_{j_0}}}=\frac{\dfrac{\alpha_{i_0}}{x_{i_0}}y}{\dfrac{\alpha_{j_0}}{x_{j_0}}y}=\frac{\alpha_{i_0}x_{j_0}}{\alpha_{j_0}x_{i_0}}.$$

第二节　生产函数之下的规模收益分析

考虑生产函数

$$y=f(X)=f(x_1,x_2,\cdots,x_m).$$

在生产理论中,生产规模的变化是指:由生产要素的最初投入量

$$X=(x_1,x_2,\cdots,x_m)^{\mathrm{T}}$$

以 k 倍($k>1$)进行投入,即由 x 变为

$$kX=(kx_1,kx_2,\cdots,kx_m)^{\mathrm{T}};$$

规模收益或规模报酬(return to scale)是指企业内部的生产规模发生变化时(即投入由 X 变成 kX)所带来的产量变化,即产出由

$$f(X)=f(x_1,x_2,\cdots,x_m)$$

变为

$$f(kX)=f(kx_1,kx_2,\cdots,kx_m).$$

分析投入增大 k 倍后,产出是否同倍(k 倍)增长,即比较 $f(kX)$和 $kf(X)$.有三种

情况：

情况(i) $f(kX)>kf(X)$，称规模收益是递增的.即规模增大 k 倍后，厂商的收益大于原来收益的 k 倍；

情况(ii) $f(kX)=kf(X)$，称规模收益是不变的.即规模增大 k 倍后，厂商的收益与原来收益的 k 倍相等；

情况(iii) $f(kX)<kf(X)$，称规模收益是递减的.即规模增大 k 倍后，厂商的收益小于原来收益的 k 倍.

对于

$$f(kX)\begin{cases}>kf(X) & \text{(即规模收益递增)},\\ =kf(X) & \text{(即规模收益不变)},\\ <kf(X) & \text{(即规模收益递减)},\end{cases}$$

一般来说，当生产处于规模收益递增状态时，厂商应该扩大生产规模；但生产规模的扩大应该在一定限度之内，超过一定的限度后，规模收益状态经由规模收益不变，成为规模收益递减状态.当生产处于规模收益递减状态时，厂商应采取缩小规模的策略；规模收益不变状态是一种理想的生产规模.

现在考虑一种较为特殊的生产函数

$$y=f(x_1,x_2,\cdots,x_m)=f(X),$$

具有性质：对任意 $k\geqq0$，均有

$$f(kX)=k^rf(X),$$

其中 r 为固定的数，$r>0$，此时称 $f(X)$ 为 r 阶齐次生产函数. r 阶齐次的含义是：当生产要素由 X 增大或缩小 k 倍时，收益将是原来产出的 k^r 倍.不难看出，此时比较 $f(kX)$ 与 $kf(X)$ 的大小，等价于比较 k^r 与 k 的大小.由图 2.2.1 可见有以下三种情况：

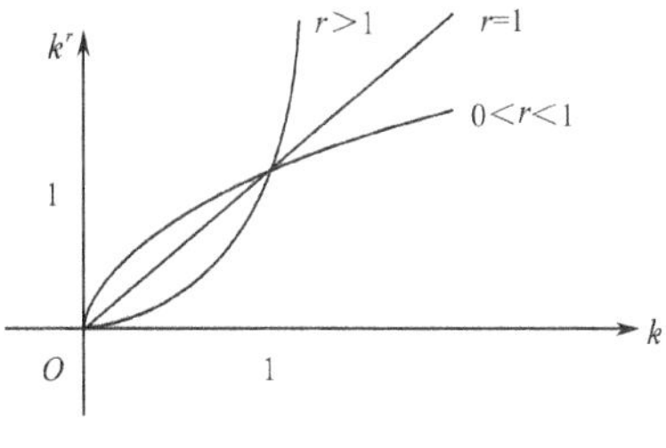

图 2.2.1

$$r=\begin{cases}>1, & \text{此时为规模收益递增};\\ =1, & \text{此时为规模收益不变};\\ <1, & \text{此时为规模收益递减}.\end{cases}$$

例 2.2.1 考虑 C-D 生产函数

$$y=A\prod_{i=1}^{m}x_i^{\alpha_i}.$$

由

$$A\prod_{i=1}^{m}(kx_i)^{\alpha_i}=k^{\sum_{i=1}^{m}\alpha_i}\left(A\prod_{i=1}^{m}x_i^{\alpha_i}\right)$$

知 C-D 函数为 $\sum_{i=1}^{m}\alpha_i$ 阶齐次函数.故

$$\sum_{i=1}^{\alpha}\alpha_i=\begin{cases}>1, & \text{此时为规模收益递增;}\\ =1, & \text{此时为规模收益不变;}\\ <1, & \text{此时为规模收益递减.}\end{cases}$$

定理 2.2.1(Euler 定理)① 若 $f(X)$为 r 阶齐次生产函数,则有

$$f_x(X)X=rf(X).$$

证 由 $f(kX)=k^rf(X)$,对 k 求导,有

$$f_x(kX)X=rk^{r-1}f(X).$$

令 $k=1$,则有

$$f_x(X)X=rf(X).$$

证毕.

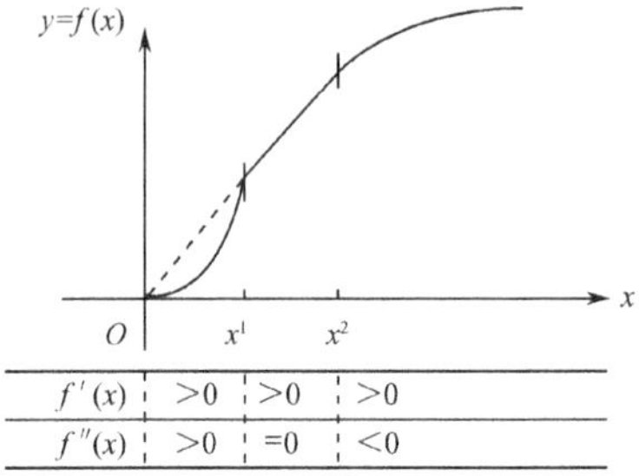

图 2.2.2

现在考虑只有一个生产要素的场合(即微观经济学中的短期的生产函数."短期"是指厂商短期内来不及调整全部生产要素的数量),设生产函数为 $y=f(x)$, $x\in E_+^1$.一般来说,由图 2.2.2 描述.

由图 2.2.2 可知:$f(x)$为严格增函数;而

$$f''(x)\begin{cases}>0, \text{当 } x\in[0,x^1),\text{即为凸函数;}\\ =0, \text{当 } x\in(x^1,x^2),\text{即为线性函数;}\\ <0, \text{当 } x\in(x^2,+\infty),\text{即为凹函数.}\end{cases}$$

边际报酬递减规律 边际产出 $f'(x)$表现出先上升而后下降的规律,这一规律称为边际报酬递减规律.这一规律是生产中普遍存在的一种现象.如果用二阶导数来描述,由

$$f''(x)=(f'(x))',$$

可以认为 $f(x)$的二阶导数是边际产出函数 $f'(x)$的变化率(可理解生产函数 $f(x)$变化的"加速度").于是有:

当 $x\in[0,x_1)$时,投入增加时,产量 $f(x)$是增加的,且增加的速度也是增加

① Euler 定理将在第七章用到(见引理 7.3.1).

的，即$f''(x)>0$；

当 $x\in(x_1,x_2)$时，投入增加时，产量 $f(x)$是增加的，但增加的速度为 0，即$f''(x)=0$；

当 $x\in(x_2,+\infty)$时，虽然投入增加时，产量 $f(x)$是增加的，但增加的速度却是减小的，即 $f''(x)<0$.

上述三种情况，与规模收益分别为规模收益递增、规模收益不变和规模收益递减的三种状态相类似.

在结束本节之前，我们来研究一下 C^2R 模型之下的 DEA 有效性的经济含义. 由第一章，线性规划问题($D_{C^2R}^I$)为

$$(D_{C^2R}^I)\begin{cases}\min\ \theta,\\ \sum\limits_{j=1}^{n}X_j\lambda_j\leqq\theta X_0,\\ \sum\limits_{j=1}^{n}Y_j\lambda_j\geqq Y_0,\\ \lambda_j\geqq 0,\ j=1,\cdots,n,\ \theta\in E'.\end{cases}$$

由于生产可能集

$$T_{C^2R}=\left\{(X,Y)\left|\ \sum_{j=1}^{n}X_j\lambda_j\leqq X,\sum_{j=1}^{n}Y_j\lambda_j\geqq Y,\ \lambda_j\geqq 0,\ j=1,\cdots,n\right.\right\}.$$

故($D_{C^2R}^I$)可改写成

$$(D_{C^2R}^I)\begin{cases}\min\ \theta,\\ (\theta X_0,Y_0)\in T_{C^2R}.\end{cases}$$

利用($D_{C^2R}^I$)检验 DMU_{j_0}的 DEA 有效性，它表示在生产可能集 T_{C^2R}内，当产出 Y_0 保持不变的情况下，尽量将投入 X_0 按同一比例 θ 减少. 如果投入量 X_0 不能按同一比例减少，即线性规划($D_{C^2R}^I$)的最优值 $\theta^0=1$，在单输入和单输出的情况下，DMU_{j_0}为 DEA 有效；如果投入量 X_0 能按同一比例减少，即线性规划($D_{C^2R}^I$)的最优值 $\theta^0<1$.

现在用图 2.2.3 说明在 C^2R 模型下，DEA 有效的经济含义."技术有效"是指：输出相对投入而言已达最大，即该决策单元位于生产函数的曲线上；所谓"规模有效"，是指投入量既不偏大，也不过小，是介于规模收益由递增到递减之间的状态，即处于规模收益不变的最佳状态. 图 2.2.3 中 DMU_1，DMU_2，DMU_3 是处于

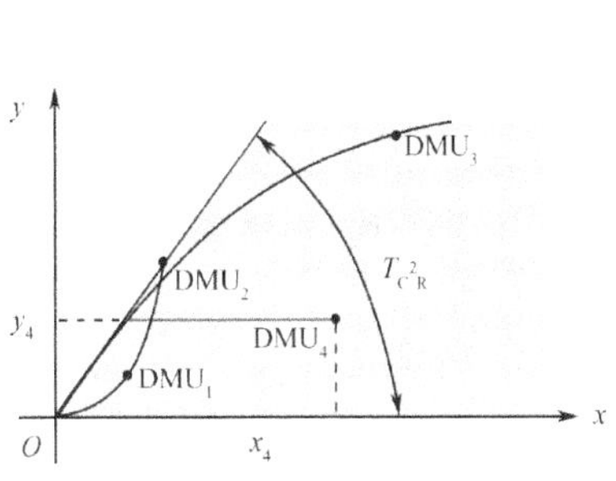

图 2.2.3

“技术有效”状态，因为它们位于生产函数的曲线上；DMU_1 不为规模有效，实际上它是处于规模收益递增状态；DMU_3 也不为规模有效，是处于规模收益递减状态；DMU_4 既不是“技术有效”，也不是“规模有效”；只有 DMU_2 是“规模有效”的.如果用 DEA 模型（$D^I_{C^2R}$）来判定 DEA 有效性，只有 DMU_2 对应的最优值 $\theta^0=1$，而其他的 DMU 对应的最优值都小于 1.可见，在 C^2R 模型之下的 DEA 有效，其经济含义是：既为“技术有效”，也为“规模有效”.

第三节 多产出之下的生产可能集

当具有一个输出的情况下，投入与产出之间的关系用生产函数来描述，即

$$y=f(X)=f(x_1,x_2,\cdots,x_m),$$

其中

$$X=(x_1,x_2,\cdots,x_m)^{\mathrm{T}}\in E^m_+.$$

于是可得到生产函数的“下图”（hypograph.图 2.3.1）

$$P(f)=\{(X,y)\mid f(X)\geqq y,X\in E^m_+\}$$

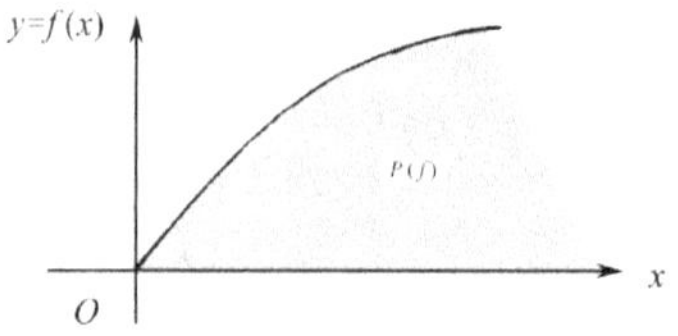

图 2.3.1

实际上，这里的 $P(f)$就是生产可能集.而且

$$f(X)=\max_{(X,y)\in P(f)} y.$$

如果产出不是一种，例如 s 种（$s\geqq 1$），当投入为

$$X=(x_1,x_2,\cdots,x_m)^{\mathrm{T}}\in E^m_+$$

时，可以定义集值映象

$$X\rightrightarrows S(X)\subset E^s_+,$$

其中

$$S(X)=\{Y\in E^s_+\mid \text{投入 } X, \text{可产出 } Y\}.$$

于是可定义生产可能集

$$T=\{(X,Y)\mid Y\in S(X),X\in E^m_+\}.$$

不难看出，上面用集值映象定义的生产可能集与当 $s=1$ 时用生产函数定义的生产可能集是一致的.

对于生产可能集

$$T=\{(X,Y)\mid Y\in S(X),X\in E^m_+\},$$

其中

$$S(X)=\{Y\in E^s_+\mid \text{投入 } X, \text{可产出 } Y\},$$

可定义生产可能集 T 的 Pareto 最优点(有时也称为 Pareto 解,或有效点).

定义 2.3.1[①]　设$(\hat{X}, \hat{Y})\in T$,若不存在$(X, Y)\in T$,有

$$X\leqslant \hat{X},\ Y\geq \hat{Y}\text{或}\ X\leqq \hat{X},\ Y\geqslant \hat{Y},$$

称$(\hat{X}, \hat{Y})$为生产可能集 T 的 Pareto 解.

类似地,可以定义生产可能集 T 的弱 Pareto 最优点(或称弱 Pareto 解).

定义 2.3.2　设$(\hat{X}, \hat{Y})\in T$,若不存在$(X, Y)\in T$,有

$$X< \hat{X},\ Y> \hat{Y},$$

称$(\hat{X}, \hat{Y})$为生产可能集 T 的弱 Pareto 解.

有如下定理.

定理 2.3.1　设$(\hat{X}, \hat{Y})\in T$,若对某 $\hat{\omega}$, $\hat{\mu}$,使得$(\hat{X}, \hat{Y})$是下面问题的最优解

$$\min_{(X, Y)\in T}(\hat{\omega}^{\mathrm{T}} X-\hat{\mu}^{\mathrm{T}} Y).$$

则有

(i)　若 $\hat{\omega}>0$, $\hat{\mu}>0$,则$(\hat{X}, \hat{Y})$为 Pareto 解;

(ii)　若$(\hat{\omega}^{\mathrm{T}}, \hat{\mu}^{\mathrm{T}})^{\mathrm{T}}\geqslant 0$,则$(\hat{X}, \hat{Y})$为弱 Pareto 解;

(iii)　若$(\hat{\omega}^{\mathrm{T}}, \hat{\mu}^{\mathrm{T}})^{\mathrm{T}}\geqslant 0$,且$(\hat{X}, \hat{Y})$为惟一最优解,则$(\hat{X}, \hat{Y})$为 Pareto 解.

证　实际上,本定理也即引理 1.3.4(这里,多目标问题的约束集合为 T).证毕.

上面定理中的 $\hat{\omega}$, $\hat{\mu}$可以分别看做是对生产要素和产出的“价格”,于是

$$\hat{\mu}^{\mathrm{T}} Y-\hat{\omega}^{\mathrm{T}} Y$$

可以看做是净产值.

定理 2.3.2　设生产可能集 T 为凸集,若$(\hat{X}, \hat{Y})$为弱 Pareto 解,则存在 $\hat{\omega}$, $\hat{\mu}$,满足

$$(\hat{\omega}^{\mathrm{T}}, \hat{\mu}^{\mathrm{T}})\geqslant 0,$$

使得$(\hat{X}, \hat{Y})$为下面问题的最优解

$$\min_{(X, Y)\in T}(\hat{\omega}^{\mathrm{T}} X-\hat{\mu}^{\mathrm{T}} Y).$$

---

①　$X\leqslant \hat{X}, Y\geqq \hat{Y}$或 $X\leqq X, Y\geqslant \hat{Y}$即$\begin{pmatrix} X \\ -Y \end{pmatrix}\leqslant\begin{pmatrix} \hat{X} \\ -\hat{Y} \end{pmatrix}$.

证　记

$$E_{-}^{m+s}=\{(X, Y) \mid X\in E^m, X<0, Y\in E^s, Y<0\}$$

$$R=\{(X-\hat{X}, -Y+\hat{Y}) \mid (X, Y)\in T\}$$

由于$(\hat{X}, \hat{Y})$为弱 Pareto 解,不难看出

$$R\cap E_{-}^{m+s}=\varnothing.$$

先证明集合 R 为凸集.设

$$(X^1-\hat{X}, -Y^1+\hat{Y})\in R, (X^1, Y^1)\in T,$$

$$(X^2-\hat{X}, -Y^2+\hat{Y})\in R, (X^2, Y^2)\in T,$$

则对$\forall\ \alpha\in[0,1]$有

$$\alpha(X^1-\hat{X}, -Y^1+\hat{Y})+(1-\alpha)(X^2-\hat{X}, -Y^2+\hat{Y})$$
$$=[(\alpha X^1+(1-\alpha)X^2)-\hat{X}, -(\alpha Y^1+(1-\alpha)Y^2)+\hat{Y}],$$

由 T 为凸集,故

$$(\alpha X^1+(1-\alpha)X^2, \alpha Y^1+(1-\alpha)Y^2)\in T,$$

因此

$$\alpha(X^1-\hat{X}, -Y^1+\hat{Y})+(1-\alpha)(X^2-X, -Y^2+\hat{Y})\in R,$$

即 R 为凸集.

又因 E_{-}^{m+s}为凸集.由凸集分离定理,存在 $\hat{\omega}\in E^m$, $\hat{\mu}\in E^s$,及数 $\alpha\in E^1$,满足

$$(\hat{\omega}^{\mathrm{T}}, \hat{\mu}^{\mathrm{T}})^{\mathrm{T}}\neq 0,$$

使得对$\forall\,(X-\hat{X}, -Y+\hat{Y})\in R$ 和$\forall\,(\underset{\sim}{X}, \underset{\sim}{Y})\in E_{-}^{m+s}$,有

$$(\hat{\omega}^{\mathrm{T}}, \hat{\mu}^{\mathrm{T}})\begin{pmatrix} X-\hat{X} \\ -Y+\hat{Y} \end{pmatrix}\geqq\alpha\geqq(\hat{\omega}^{\mathrm{T}}, \hat{\mu}^{\mathrm{T}})\begin{pmatrix} \underset{\sim}{X} \\ \underset{\sim}{Y} \end{pmatrix},$$

由于$\forall\,(\underset{\sim}{X}, \underset{\sim}{Y})\in E_{-}^{m+s}$有(即$\forall\ \underset{\sim}{X}<0$, $\forall\ \underset{\sim}{Y}<0$)

$$(\hat{\omega}^{\mathrm{T}}, \hat{\mu}^{\mathrm{T}})\begin{pmatrix} \underset{\sim}{X} \\ \underset{\sim}{Y} \end{pmatrix}\leqq\alpha.$$

故必有

$$\hat{\omega}\geqq 0, \hat{\mu}\geqq 0,$$

即(由$(\hat{\omega}^{\mathrm{T}}, \hat{\mu}^{\mathrm{T}})\neq 0$)

$$(\hat{\omega}^{\mathrm{T}}, \hat{\mu}^{\mathrm{T}})\geq 0.$$

取 $k=1,2,\cdots$,

$$X^k=\left(-\frac{1}{k}, -\frac{1}{k}, \cdots, -\frac{1}{k}\right)^{\mathrm{T}}\in E_{-}^{m},$$

$$Y^k=\left(-\frac{1}{k},-\frac{1}{k},\cdots,-\frac{1}{k}\right)^{\mathrm{T}}\in E_-^s.$$

则$(X^k, Y^k)\in E_-^{m+s}$,故

$$(\hat{\omega}^{\mathrm{T}}, \hat{\mu}^{\mathrm{T}})\begin{pmatrix}X^k\\ Y^k\end{pmatrix}\leqq\alpha,$$

令 $k\to\infty$,则有 $\alpha\geqq 0$. 故对 $\forall (X, Y)\in T$ 有

$$(\hat{\omega}^{\mathrm{T}}, \hat{\mu}^{\mathrm{T}})\begin{pmatrix}X-\hat{X}\\ -Y+\hat{Y}\end{pmatrix}\geqq 0,$$

即对 $\forall (X, Y)\in T$ 有

$$\hat{\omega}^{\mathrm{T}} X-\hat{\mu}^{\mathrm{T}} Y\geqq\hat{\omega}^{\mathrm{T}} \hat{X}-\hat{\mu}^{\mathrm{T}} \hat{Y},$$

也即$(\hat{X}, \hat{Y})$为下面问题的最优解

$$\min_{(X, Y)\in T}(\hat{\omega}^{\mathrm{T}} X-\hat{\mu}^{\mathrm{T}} \hat{Y}).$$

证毕.

推论 2.3.1　$(\hat{X}, \hat{Y})\in T$ 为弱 Pareto 解的充分必要条件是:存在 $\hat{\omega}\geqq 0$, $\hat{\mu}\geqq 0$,且

$$(\hat{\omega}^{\mathrm{T}}, \hat{\mu}^{\mathrm{T}})\neq 0,$$

使得

$$\min_{(X, Y)\in T}(\hat{\omega}^{\mathrm{T}} X-\hat{\mu}^{\mathrm{T}} Y)=\hat{\omega}^{\mathrm{T}} \hat{X}-\hat{\mu}^{\mathrm{T}} \hat{Y}.$$

证　由定理 2.3.1 和定理 2.3.2 得到.证毕.

由第一章第五节,C^2R 模型对应的生产可能集

$$T_{C^2R}=\left\{(X, Y)\,\middle|\,\sum_{j=1}^{n} X_j\lambda_j\leqq X,\sum_{j=1}^{n} Y_j\lambda_j\geqq Y,\ \lambda_j\geqq 0,\ j=1,\cdots,n\right\}.$$

对照推论 2.3.1 和定理 1.3.1 可知,弱 DEA 有效的决策单元即为生产可能集的弱 Pareto 解.从经济分析角度看,数据包络分析提供了对有效性计算和分析的具体理论、模型和方法,也是研究生产可能集的生产前沿面的一种强有力的工具.

利用生产可能集,可以类似于用生产函数那样研究规模收益状态.设

$$T=\{(X, Y)\mid Y\in S(X), X\in E_+^m\},$$

其中

$$S(X)=\{Y\mid 投入\ X,可产出\ Y\},\quad X\in E_+^m.$$

记(见图 2.3.2)

$$T^0=\{(X, Y)\mid \exists\, z>1,使(X, zY)\in T\}.$$

(或 $T^0=\mathrm{Int}\ T$,见图 2.3.3),有如下定义(见[29],[30]).

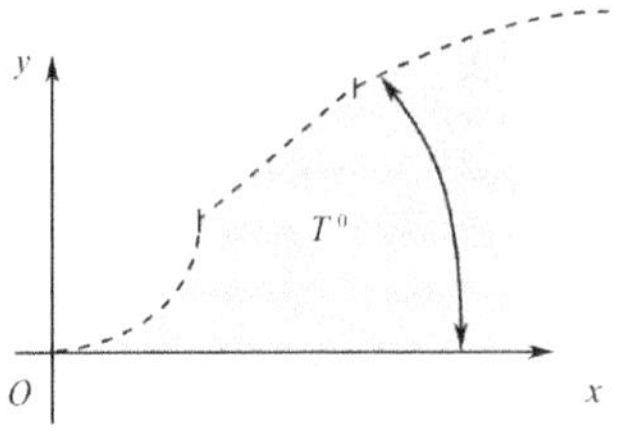

图 2.3.2

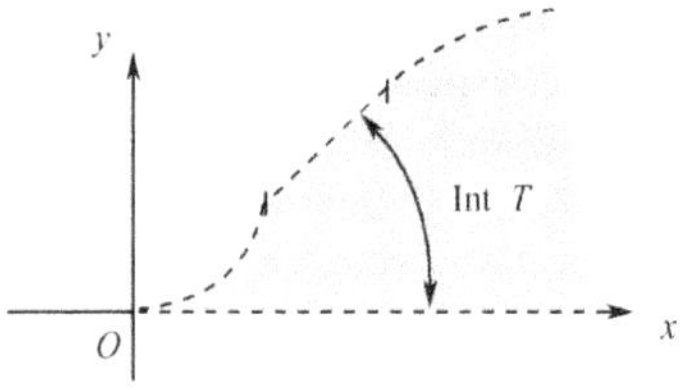

图 2.3.3

定义 2.3.3[①]　设$(\hat{X}, \hat{Y})$为生产可能集 T 的弱有效点.有如下定义：

(i) 如果对$\forall\ k\in(0,1), k(\hat{X}, \hat{Y})\notin T^0$,并存在 $\bar{k}>1, \bar{k}(\hat{X}, \hat{Y})\in T^0$,则称$(\hat{X}, \hat{Y})$为规模收益递增；

(ii) 如果对$\forall\ k>0, k(\hat{X}, \hat{Y})\notin T^0$,则称$(X, \hat{Y})$为规模收益不变；

(iii) 如果存在 $\bar{k}\in(0,1), \bar{k}(\hat{X}, \hat{Y})\in T^0$,并且对$\forall\ k>1, k(\hat{X}, \hat{Y})\notin T^0$,则称$(\hat{X}, \hat{Y})$为规模收益递减.

在上面的定义中,如果 T^0 为凸集,不难证明定义中有两个等价的条件：

关于规模收益递增的条件

$$\text{存在 } \bar{k}>1, \bar{k}(\hat{X}, \hat{Y})\in T^0,$$

等价于：

$$\text{存在 } \bar{k}>1, \text{对} \forall\ k\in(1,\bar{k}], k(X, \hat{Y})\in T^0;$$

关于规模收益递减的条件

$$\text{存在 } \bar{k}\in(0,1), \bar{k}(\hat{X}, \hat{Y})\in T^0,$$

等价于：

$$\text{存在 } \bar{k}\in(0,1), \text{对} \forall\ k\in[\bar{k},1), k(X, \hat{Y})\in T^0.$$

由定义 2.3.3 给出的规模收益递增、不变和递减的定义与通常在微观经济学中用生产函数给出的定义是一致的.例如生产函数

$$y=f(X),\quad X\in E_+^m,$$

若 $y=f(X)$为 r 阶齐次的,记

$$\hat{y}=f(\hat{X}),\quad \hat{X}\in E_+^m,$$

① 这里的生产活动正像图 2.3.2 所描述的那样,其规模收益是由递增、不变,到递减.

则

$$f(k\hat{X})=k^r f(\hat{X})=k^r\hat{Y}.$$

为了比较 $f(k\hat{X})=k^r\hat{Y}$与 $kf(\hat{X})=k\hat{Y}$的大小,有

$$f(k\hat{X})-k\hat{Y}=(k^r-k)\hat{Y}$$

分三种情况(注意生产函数的定义,投入为$(k\hat{X})$,产出最大为 $f(k\hat{X})$):

设 $r<1$,则

$$f(k\hat{X})-k\hat{Y}=(k^r-k)\hat{Y}=\begin{cases}<0, & 当\ k\in(0,1);\\ >0, & 当\ k>1.\end{cases}$$

即对$\forall\, k\in(0,1)$时,$k(\hat{X},\hat{Y})\notin T^0$;存在 $\bar{k}>1$,$\bar{k}(X,\hat{Y})\in T^0$;

设 $r=1$,则对$\forall\, k>0$,有

$$f(k\hat{X})-k\hat{Y}=(k^r-k)\hat{Y}=0,$$

即对$\forall\, k>0$,$k(\hat{X},\hat{Y})\notin T^0$;

设 $r<1$,则

$$f(k\hat{X})-k\hat{Y}=(k^r-k)\hat{Y}=\begin{cases}>0, & 当\ k\in(0,1);\\ <0, & 当\ k>1.\end{cases}$$

即存在 $\bar{k}\in(0,1)$,$\bar{k}(\hat{X},\hat{Y})\in T^0$;对$\forall\, k>1$,$k(\hat{X},\hat{Y})\notin T^0$.

第四节　生产可能集的公理体系

在上一节定义的生产可能集

$$T=\{(X,Y)\mid Y\in S(X),X\in E_+^m\},$$

其中

$$S(X)=\{Y\in E_+^s\mid 投入\ X,可产出\ Y\}.$$

在实际应用中,往往根据特定经济环境和经济特性,以及用生产可能集去刻画的具体事物和用来表述的特征的不同,采取各种关于生产可能集的公理体系,惟一形式地确定出生产可能集的结构(也即数学的表示式).众所周知,数理经济学研究的一种手法,就是利用公理体系,经过数学推理和证明,确定出经济系统的结构. 一旦结构确定,一些经济特性就往往一目了然,因为从数学上看,结构往往是最为深刻的.

关于生产可能集

$$T=\{(X,Y)\mid 投入\ X\in E_+^m,可产出\ Y\in E_+^s\}$$

有以下的一些公理(见文献[4],[41],[24]).

(i) 平凡公理 $(X_j, Y_j) \in T_{C^2R}$, $j=1,\cdots,n$.平凡公理是说:对于投入 X_j,产出 Y_j 的基本活动(X_j, Y_j),理所当然是一种生产方式,故有$(X_j, Y_j) \in T_{C^2R}$, $j=1,\cdots,n$.

(ii) 凸性公理 对任意$(X, Y) \in T$ 和任意$(\hat{X}, \hat{Y}) \in T$,以及任意 $\alpha \in [0,1]$,均有

$$\alpha(X, Y)+(1-\alpha)(\hat{X}, \hat{Y})$$
$$=(\alpha X+(1-\alpha)\hat{X}, \alpha Y+(1-\alpha)\hat{Y}) \in T.$$

凸性公理是说:对于两种生产方式(X, Y)和$(\hat{X}, \hat{Y})$,若分别以 X 与$\hat{X}$的 α 和$(1-\alpha)$倍之和投入,可以产生分别以 Y 和$\hat{Y}$的 α 和$(1-\alpha)$比例之和的输出;

(iii) 无效性公理(经济学中也称其为自由处置性公理) 若$(X, Y) \in T$,并且$\hat{X} \geqq X$, $\hat{Y} \leqq Y$,均有

$$(\hat{X}, \hat{Y}) \in T.$$

无效性公理是说:以较多的投入(即 $\hat{X} \geqq X$)和较少的产出(即 $\hat{Y} \leqq Y$)进行生产是可能的.

(iv)-(a) 锥性公理(经济学界称为可加性公理) 对任意$(X, Y) \in T$ 及任意 $\alpha \geqq 0$,均有

$$\alpha(X, Y)=(\alpha X, \alpha Y) \in T.$$

锥性公理是说:若以投入 X 的 α 倍进行投入,那么可以产生以原来产出量 Y 的 α 倍的输出.

(iv)-(b) 收缩性公理(经济学界也称为非递增的规模收益) 对任意$(X, Y) \in T$,及任意 $\alpha \in (0,1]$,均有

$$\alpha(X, Y)=(\alpha X, \alpha Y) \in T$$

收缩性公理是说:生产方式(X, Y)是可以缩小规模的.

(iv)-(c) 扩张性公理 (经济学界称其为非递减的规模收益) 对任意$(X, Y) \in T$,及任意 $\alpha \geqq 1$,均有

$$\alpha(X, Y)=(\alpha X, \alpha Y) \in T.$$

扩张性公理是说:生产方式(X, Y)是可以扩大规模的。

(v) 最小性公理 T 是所有满足公理(i)~(iii),或者公理(i)~(iii)以及公理(iv)-(a),(iv)-(b)和(iv)-(c)三者之一的所有集合的交.

最小公理是说: T 是满足公理(i)~(iii),或者公理(i)~(iii)以及公理(iv)的

(a),(b),(c)之一的所有集合的最小者.这条公理是很重要的,正因为“最小性”,使得满足公理假设的生产可能集才能惟一确定,并给出数学的表示式.

在 DEA 模型中,以下四种生产可能集是最基本的：T_{C^2R}，T_{BC^2}，T_{FG}和 T_{ST},它们分别与 DEA 模型 C^2R(见文献[1]),DEA 模型 BC^2(见文献[4]),DEA 模型 FG(见文献[5])和 DEA 模型 ST(见文献[6])相对应.有以下定理.

定理 2.4.1　满足“平凡公理”,“凸性公理”,“无效性公理”,“锥性公理”和最小性公理的生产可能集 T_{C^2R}由下式惟一确定：

$$T_{C^2R}=\left\{(X,Y)\,\middle|\,\sum_{j=1}^{n}X_j\lambda_j\leqq X,\sum_{j=1}^{n}Y_j\lambda_j\geqq Y,\ \lambda_j\geqq 0,\ j=1,\cdots,n\right\}.$$

证　见定理 1.5.1.证毕.

定理 2.4.2　满足“平凡公理”,“凸性公理”,“无效性公理”和“最小性公理”的生产可能集 T_{BC^2}由下式惟一确定：

$$T_{BC^2}=\left\{(X,Y)\,\middle|\,\sum_{j=1}^{n}X_j\lambda_j\leqq X,\sum_{j=1}^{n}Y_j\lambda_j\geqq Y,\sum_{j=1}^{n}\lambda_j=1,\ \lambda_j\geqq 0,\ j=1,\cdots,n\right\}.$$

证　证明方法与定理 1.5.1 类似.证毕.

定理 2.4.3　满足“平凡公理”,“凸性公理”,“无效性公理”,“压缩性公理”和“最小性公理”的生产可能集 T_{FG}由下式惟一确定：

$$T_{FG}=\left\{(X,Y)\,\middle|\,\sum_{j=1}^{n}X_j\lambda_j\leqq X,\sum_{j=1}^{n}Y_j\lambda_j\geqq Y,\sum_{j=1}^{n}\lambda_j\leqq 1,\ \lambda_j\geqq 0,\ j=1,\cdots,n\right\}.$$

证　证明方法与定理 1.5.1 类似.证毕.

定理 2.4.4　满足“平凡公理”,“凸性公理”,“无效性公理”,“扩张性公理”和“最小性公理”的生产可能集 T_{ST}由下式惟一确定：

$$T_{ST}=\left\{(X,Y)\,\middle|\,\sum_{j=1}^{n}X_j\lambda_j\leqq X,\sum_{j=1}^{n}Y_j\lambda_j\geqq Y,\sum_{j=1}^{n}\lambda_j\geqq 1,\ \lambda_j\geqq 0,\ j=1,\cdots,n\right\}.$$

证　证明方法与定理 1.5.1 类似.证毕.

不难看出,有以下推论.

推论 2.4.1　对于生产可能集 T_{C^2R}，T_{BC^2}，T_{FG}和 T_{ST}之间有如下关系：

(a) $T_{BC^2}=T_{FG}\cap T_{ST}$；

(b) $T_{BC^2}\subset T_{FG}\subset T_{C^2R}$；

(c) $T_{BC^2}\subset T_{ST}\subset T_{C^2R}$；

(d) $T_{C^2R}=T_{FG}\cup T_{ST}$.

例 2.4.1　考虑具有一个输入、一个输出和 4 个决策单元的系统,其由图 2.4.1 给出.生产可能集 T_{C^2R}，T_{BC^2}，T_{FG}和 T_{ST}分别由图 2.4.2,图 2.4.3,图 2.4.4 和图 2.4.5 给出.

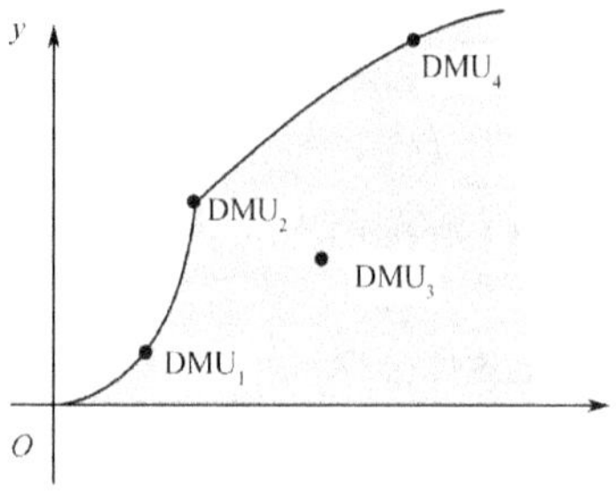

图 2.4.1

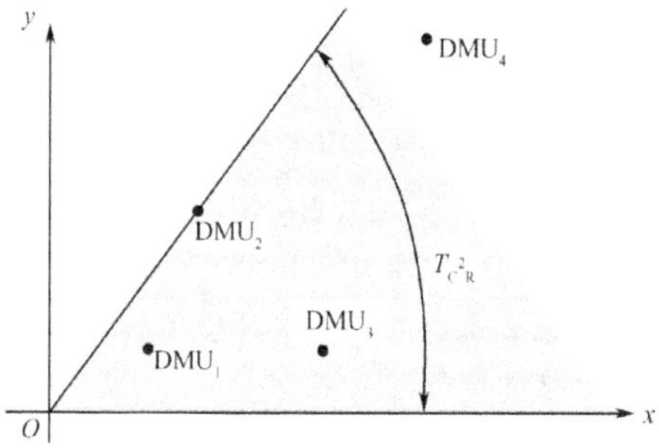

图 2.4.2

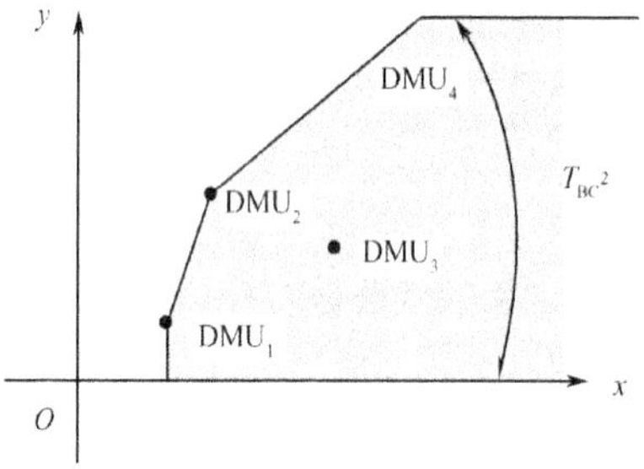

图 2.4.3

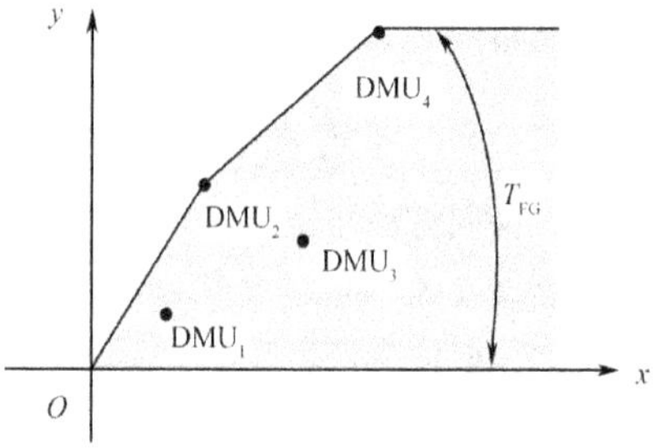

图 2.4.4

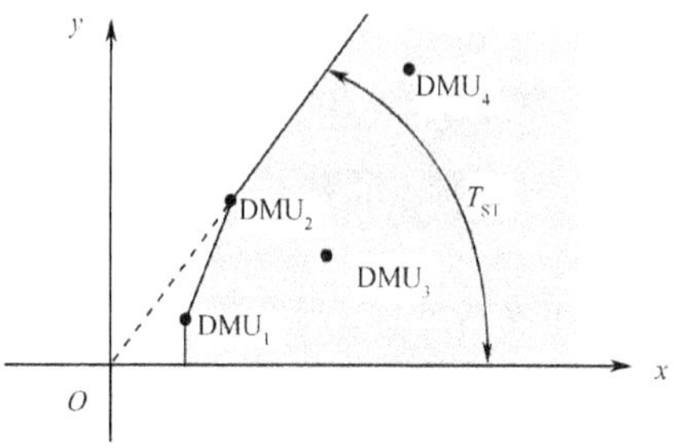

图 2.4.5

第三章 综合 DEA 模型(C^2R,BC^2,FG,ST)

当今最具代表性的“经典”DEA 模型,有 C^2R 模型,BC^2 模型,FG 模型和 ST 模型,其中 C^2R 模型(输入 DEA 模型)已在第一章中详细讨论过.这 4 个 DEA 模型之下的(弱)DEA 有效性具有各自的经济含义;而且,交替的使用这些模型,可以得到更多的管理信息.本章首先叙述上述 4 个 DEA 模型;随后研究它们之间的关系.在引进三个具有 0—1 变量的参数之后,将它们写成统一的综合模型,再对综合 DEA 模型证明:DEA 有效性与相应多目标规划问题的 Pareto 解之间的等价关系;弱 DEA 有效性与相应的多目标问题的弱 Pareto 解之间的联系;关于(弱)DEA 有效决策单元的几个恒等式;决策单元的增减对 DEA 有效性的影响等.本章取材于文献[10],[42]~[47].

第一节 BC^2 模型、FG 模型和 ST 模型

设 n 个决策单元的输入、输出数据由下表给出(表 3.1.1).

表 3.1.1

	1	2	…	j	…	n	
1 → ⋮ m →	X_1	X_2	…	X_j	…	X_n	
	Y_1	Y_2	…	Y_j	…	Y_n	⋮ → 1 → s

1984 年 Banker,Charnes 和 Cooper 给出了 BC^2 模型(Input-BC^2 模型)

$$
(P_{BC^2}^I)\begin{cases}\max(\mu^T Y_0-\mu_0),\\ \omega^T X_j-\mu^T Y_j+\mu_0\geqq 0,\quad j=1,\cdots,n,\\ \omega^T X_0=1,\\ \omega\geqq 0,\quad \mu\geqq 0,\quad \mu_0\in E^1\end{cases}
$$

和

$$
(D_{BC^2}^I)\begin{cases}\min\ \theta,\\ \sum_{j=1}^{n} X_j\lambda_j \leqq \theta X_0,\\ \sum_{j=1}^{n} Y_j\lambda_j \geqq Y_0,\\ \sum_{j=1}^{n}\lambda_j = 1,\\ \lambda_j \geqq 0,\quad j=1,\cdots,n,\quad \theta\in E^1.\end{cases}
$$

相应的生产可能集为

$$
T_{BC^2}=\left\{(X,Y)\,\middle|\,\sum_{j=1}^{n}X_j\lambda_j\leqq X,\sum_{j=1}^{n}Y_j\lambda_j\geqq Y,\sum_{j=1}^{n}\lambda_j=1,\lambda_j\geqq 0,j=1,\cdots,n\right\}
$$

T_{BC^2}是由生产可能集的公理体系(见第二章第四节):“平凡公理”,“凸性公理”,“无效性公理”,“最小性公理”而惟一确定的.此时线性规划($D_{BC^2}^I$)可以写为

$$
(D_{BC^2}^I)\begin{cases}\min\ \theta,\\ (\theta X_0,\ Y_0)\in T_{BC^2}.\end{cases}
$$

1985 年 Färe 和 Grosskopf 在使用非参数的费用方法研究规模效益时,实际上使用了 DEA 模型,我们记作 FG 模型(Input-FG 模型[5])

$$
(P_{FG}^I)\begin{cases}\max\ (\mu^T Y_0-\mu_0)\\ \omega^T X_j-\mu^T Y_j+\mu_0\geqq 0,\quad j=1,\cdots,n,\\ \omega^T X_0=1,\\ \omega\geqq 0,\quad \mu\geqq 0,\quad \mu_0\geqq 0\end{cases}
$$

和

$$
(D_{FG}^I)\begin{cases}\min\ \theta,\\ \sum_{j=1}^{n} X_j\lambda_j \leqq \theta X_0,\\ \sum_{j=1}^{n} Y_j\lambda_j \geqq Y_0,\\ \sum_{j=1}^{n}\lambda_j \leqq 1,\\ \lambda_j \geqq 0,\quad j=1,\cdots,n,\quad \theta\in E^1.\end{cases}
$$

相应的生产可能集为

$$
T_{FG}=\left\{(X,Y)\,\middle|\,\sum_{j=1}^{n}X_j\lambda_j\leqq X,\sum_{j=1}^{n}Y_j\lambda_j\geqq Y,\sum_{j=1}^{n}\lambda_j\leqq 1,\ \lambda_j\geqq 0,\ j=1,\cdots,n\right\}.
$$

T_{FG}是由关于生产可能集的公理体系："平凡公理"，"凸性公理"，"无效性公理"，"压缩性公理"和"最小性公理"而惟一确定的．此时线性规划(D_{FG}^I)改写为

$$\begin{cases} \min \ \theta, \\ (\theta X_0, \ Y_0) \in T_{FG}. \end{cases}$$

1990 年 Seiford 和 Thrall 提出了 ST 模型(Input-ST 模型[6])

$$(P_{ST}^I)\begin{cases} \max \ (\mu^T Y_0 - \mu_0), \\ \omega^T X_j - \mu^T Y_j + \mu_0 \geqq 0, \quad j = 1, \cdots, n, \\ \omega^T X_0 = 1, \\ \omega \geqq 0, \quad \mu \geqq 0, \quad \mu_0 \leqq 0 \end{cases}$$

和

$$(D_{ST}^I)\begin{cases} \min \ \theta, \\ \sum_{j=1}^n X_j\lambda_j \leqq \theta X_0, \\ \sum_{j=1}^n Y_j\lambda_j \geqq Y_0, \\ \sum_{j=1}^n \lambda_j \geqq 1, \\ \lambda_j \geqq 0, \quad j = 1, \cdots, n, \quad \theta \in E^1. \end{cases}$$

相应的生产可能集为

$$T_{ST} = \left\{ (X, \ Y) \,\middle|\, \sum_{j=1}^n X_j\lambda_j \leqq X, \ \sum_{j=1}^n Y_j\lambda_j \geqq Y, \sum_{j=1}^n \lambda_j \geqq 1, \ \lambda_j \geqq 0, \ j = 1, \cdots, n \right\}.$$

生产可能集 T_{ST}是由公理体系："平凡公理"，"凸性公理"，"无效性公理"，"扩张性公理"和"最小性公理"惟一确定．此时的线性规划(D_{ST}^I)改写为

$$(D_{ST}^I)\begin{cases} \min \ \theta, \\ (\theta X_0, \ Y_0) \in T_{ST}. \end{cases}$$

连同 C^2R 模型，上述 4 个模型可以写成统一的形式：Input-综合 DEA 模型(这里的形式是 Yu, Wei 和 Brockett 更一般模型的一种特例，见文献[10])：

$$(P^I)\begin{cases} \max \ (\mu^T Y_0 - \delta_1 \mu_0) = V_{P^I}, \\ \omega^T X_j - \mu^T Y_j + \delta_1 \mu_0 \geqq 0, \quad j = 1, \cdots, n, \\ \omega^T X_0 = 1, \\ \omega \geqq 0, \quad \mu \geqq 0, \quad \delta_1 \delta_2 (-1)^{\delta_3} \mu_0 \geqq 0 \end{cases}$$

和

$$(D^I)\begin{cases}\min\ \theta = V_{D^I}, \\ \sum_{j=1}^{n} X_j\lambda_j \leqq \theta X_0, \\ \sum_{j=1}^{n} Y_j\lambda_j \geqq Y_0, \\ \delta_1\left(\sum_{j=1}^{n}\lambda_j + \delta_2(-1)^{\delta_3}\lambda_{n+1}\right) = \delta_1, \\ \lambda_j \geqq 0,\quad j=1,2,\cdots,n,n+1.\end{cases}$$

相应的生产可能集为

$$T=\left\{(X,Y)\,\middle|\,\sum_{j=1}^{n}X_j\lambda_j \leqq X,\ \sum_{j=1}^{n}Y_j\lambda_j \geqq Y,\right.$$
$$\left.\delta_1\left(\sum_{j=1}^{n}\lambda_j+\delta_2(-1)^{\delta_3}\lambda_{n+1}\right)=\delta_1,\ \lambda_j\geqq 0,\quad j=1,\cdots,n,n+1\right\},$$

其中 $\delta_1,\delta_2,\delta_3$ 为取值 0 或 1 的参数.

不难看出:

当取 $\delta_1=0$ 时,(P^I),(D^I)即为$(P^I_{C^2R})$,$(D^I_{C^2R})$,而 T 为 T_{C^2R}.即为输入 C^2R 模型;

当取 $\delta_1=1,\delta_2=0$ 时,(P^I),(D^I)即为$(P^I_{BC^2})$,$(D^I_{BC^2})$,而 T 为 T_{BC^2},即输入 BC^2 模型;

当取 $\delta_1=1,\delta_2=1,\delta_3=0$ 时,(P^I),(D^I)即为(P^I_{FG}),(D^I_{FG}),而 T 为 T_{FG},即输入 FG 模型;

当取 $\delta_1=1,\delta_2=1,\ \delta_3=1$ 时,(P^I),(D^I)即为(P^I_{ST}),(D^I_{ST}),而 T 为 T_{ST},即输入 ST 模型.

定义 3.1.1　若(P^I),(D^I)的最优值

$$V_{P^I} = V_{D^I} = 1,$$

则称 DMU_{j_0}为弱 DEA 有效(输入弱 DEA 有效).

定义 3.1.2　若线性规划(P^I)存在最优解 ω^0, μ^0, μ_0^0,满足 $\omega^0>0$, $\mu^0>0$, μ_0^0, 并最优值

$$V_{P^I} = \mu^{0T}Y_0 - \delta_1\mu_0^0 = 1,$$

称 DMU_{j_0}为 DEA 有效(输入 DEA 有效).

线性规划(D^I)等价于

$$
(D^I)'\begin{cases}
\min\ \theta,\\
\sum_{j=1}^{n} X_j\lambda_j + S^- = \theta X_0,\\
\sum_{j=1}^{n} Y_j\lambda_j - S^+ = Y_0,\\
\delta_1\left[\sum_{j=1}^{n}\lambda_j + \delta_2(-1)^{\delta_3}\lambda_{n+1}\right] = \delta_1,\\
\lambda_j \geqq 0,\quad j=1,\cdots,n,n+1,\\
S^- \geqq 0,\quad S^+ \geqq 0.
\end{cases}
$$

由线性规划的“紧松定理”,可知对 DEA 有效性有如下的等价定义.

定义 3.1.3　若$(D^I)'$的任意最优解

$$
\lambda^0 = (\lambda_1^0,\cdots,\lambda_n^0)^{\mathrm{T}},\ \lambda_{n+1}^0,\ S^{-0},\ S^{+0},\theta^0
$$

都有

$$
\theta^0 = 1,\quad S^{-0} = 0,\quad S^{+0} = 0,
$$

则称 DMU_{j_0}为 DEA 有效.

类似于在第一章对 C^2R 模型的讨论,可知有相应的具有非阿基米德无穷小量 ε 的综合 DEA 模型:

$$
(P_\varepsilon^I)\begin{cases}
\max\ (\mu^{\mathrm{T}} Y_0 - \delta_1\mu_0),\\
\omega^{\mathrm{T}} X_j - \mu^{\mathrm{T}} Y_j + \delta_1\mu_0 \geqq 0,\quad j=1,\cdots,n,\\
\omega^{\mathrm{T}} X_0 = 1,\\
\omega \geqq \varepsilon\hat{e},\\
\mu \geqq \varepsilon e,\\
\delta_1\delta_2(-1)^{\delta_3}\mu_0 \geqq 0
\end{cases}
$$

和

$$
(D_\varepsilon^I)\begin{cases}
\min\left[\theta - \varepsilon(\hat{e}^{\mathrm{T}} S^- + e^{\mathrm{T}} S^+)\right],\\
\sum_{j=1}^{n} X_j\lambda_j + S^- = \theta X_0,\\
\sum_{j=1}^{n} Y_j\lambda_j - S^+ = Y_0,\\
\delta_1\left[\sum_{j=1}^{n}\lambda_j + \delta_2(-1)^{\delta_3}\lambda_{n+1}\right] = \delta_1,\\
\lambda_j \geqq 0,\quad j=1,\cdots,n,n+1.
\end{cases}
$$

有如下定理.

定理 3.1.1　设 ε 为非阿基米德无穷小,对偶问题(D_ε^I)的最优解(顶点)为

$$
\lambda^0 = (\lambda_1^0,\cdots,\lambda_n^0)^{\mathrm{T}},\ \lambda_{n+1}^0,S^{-0},\ S^{+0},\ \theta^0,
$$

则有

(i) 若 $\theta^0<1$,则 DMU_{j_0}不为弱 DEA 有效;

(ii) 若 $\theta^0=1$,$\hat{e}^T S^{-0}+e^T S^{+0}>0$, 则 DMU_{j_0}仅为弱 DEA 有效;

(iii) 若 $\theta^0=1$,且 $\hat{e}^T S^{-0}+e^T S^{+0}=0$,则 DMU_{j_0}为 DEA 有效.

证　与定理 1.2.1 类似.证毕.

在上面的关于有效性的定义,是针对统一形式的综合 DEA 模型给出的.当对 $\delta_1,\delta_2,\delta_3$ 取不同的 0 或 1 时,可以得到关于 C^2R 模型,BC^2 模型,FG 模型,ST 模型之下的弱 DEA 有效和 DEA 有效的定义.为方便,若 DMU_{j_0}在 C^2R 模型之下为(弱)DEA 有效,则记作:“DMU_{j_0}为(弱)DEA 有效(C^2R)”;对于其他三个模型 BC^2,FG 和 ST,类似地,也分别记作“(弱)DEA 有效(BC^2)”,“(弱)DEA 有效(FG)”,“(弱)DEA 有效(ST)”.

各模型之下的(弱)DEA 有效之间的关系,由以下一些定理给出.

定理 3.1.2

$$\text{(弱)DEA 有效}(C^2R) \;\begin{matrix} \nearrow\!\!\!\!\nearrow\; \text{(弱)DEA 有效(FG)} \;\searrow\!\!\!\!\searrow \\ \searrow\!\!\!\!\searrow\; \text{(弱)DEA 有效(ST)} \;\nearrow\!\!\!\!\nearrow \end{matrix}\; \text{(弱)DEA 有效}(BC^2)$$

其中,例如“(弱)DEA 有效(C^2R)⇒(弱)DEA 有效(FG)”表示:若 DMU_{j_0}在 DEA 模型 C^2R 下为弱 DEA 有效(或 DEA 有效),则 DMU_{j_0}在 DEA 模型 FG 下也为弱 DEA 有效(或 DEA 有效),其他类似.

证　在线性规划问题(P)中,目标函数

$$\mu^T Y_0-\delta_1\mu_0\leqq\omega^T X_0=1,$$

因此,以 $\mu^T Y_0-\delta_1\mu_0$ 为目标函数求最大时,如果存在(P)的一个可行解,使目标函数为 1 时,可知该可行解必为最优解(因为它已达到了目标函数的上界 1).

考虑($P^I_{C^2R}$),(P^I_{FG}),(P^I_{ST})和($P^I_{BC^2}$),当我们注意到($P^I_{C^2R}$)中不包含变量 μ_0(等价于($P^I_{C^2R}$)的最优解中 μ_0 恒为 0);(P^I_{FG})中的变量 $\mu_0\geqq0$;(P^I_{ST})中的变量 $\mu_0\leqq0$;($P^I_{BC^2}$)中对变量 μ_0 没有符号限制时,本定理的结论很容易得出.证毕.

定理 3.1.3　DMU_{j_0}为(弱)DEA 有效(FG),并且(P^I_{FG})存在最优解 ω^0, μ^0, μ_0^0,使 $\mu_0^0=0$,则 DMU_{j_0}为(弱)DEA 有效(C^2R).

证　设 DMU_{j_0}为 DEA 有效(FG),且存在最优解 $\omega^0>0$, $\mu^0>0$, $\mu_0^0=0$,则

$$\omega^{0T}X_j-\mu^{0T}Y_j=\omega^{0T}X_j-\mu^{0T}Y_j+\mu_0^0\geqq0,\quad j=1,\cdots,n,$$

$$\omega^{0T}X_0=1,$$

$$\mu^{0T}Y_0=\mu^{0T}Y_0-\mu_0^0=1,$$

故 ω^0, μ^0 为($P^I_{C^2R}$)的最优解,由 $\omega^0>0$, $\mu^0>0$, $\mu^{0T}Y_0=1$,故 DMU_{j_0}为 DEA 有效(C^2R).

当 DMU_{j_0}为弱 DEA 有效,且(P^I_{FG})存在有使 $\mu_0^0=0$ 的最优解 ω^0, μ^0, μ_0^0 时,类似的证明可知 DMU_{j_0}为弱 DEA 有效(C^2R).证毕.

定理 3.1.4 设 DMU_{j_0}为(弱)DEA 有效(ST),并且(P^I_{ST})存在最优解 ω^0, μ^0, μ_0^0,使 $\mu_0^0=0$,则 DMU_{j_0}为(弱)DEA 有效(C^2R).

证 与定理 3.1.3 的证明类似.证毕.

定理 3.1.5 设 DMU_{j_0}为(弱)DEA 有效(BC^2),如果($P^I_{BC^2}$)存在最优解 ω^0, μ^0, μ_0^0,则有

(i) 如果 $\mu_0^0=0$,则 DMU_{j_0}为(弱)DEA 有效(C^2R);

(ii) 如果 $\mu_0^0\geqq 0$,则 DMU_{j_0}为(弱)DEA 有效(FG);

(iii) 如果 $\mu_0^0\leqq 0$,则 DMU_{j_0}为(弱)DEA 有效(ST).

证 与定理 3.1.3 的证明类似.证毕.

定理 3.1.6 设 DMU_{j_0}同时为(弱)DEA 有效(FG)和(弱)DEA 有效(ST),则 DMU_{j_0}为(弱)DEA 有效(C^2R).

证 设 DMU_{j_0}为 DEA 有效(FG),则(P_{FG})存在最优解 ω^*, μ^*, μ_0^*,满足

$$\omega^{*T}X_j-\mu^{*T}Y_j+\mu_0^*\geqq 0,\quad j=1,\cdots,n,$$
$$\omega^{*T}X_0=1,$$
$$\omega^*>0,\quad \mu^*>0,\quad \mu_0^*\geqq 0$$

且目标函数(最优值)

$$\mu^{*T}Y_0-\mu_0^*=1.$$

又 DMU_{j_0}为 DEA 有效(ST),则(P^I_{ST})存在最优解 ω^{**}, μ^{**}, μ_0^{**},满足

$$\omega^{**T}X_j-\mu^{**T}Y_j+\mu_0^{**}\geqq 0,\quad j=1,\cdots,n,$$
$$\omega^{**T}X_0=1,$$
$$\omega^{**}>0,\quad \mu^{**}>0,\quad \mu_0^{**}\leqq 0$$

且目标函数(最优值)

$$\mu^{**T}Y_0-\mu_0^{**}=1.$$

不失一般性,设

$$\mu_0^*>0,\quad \mu_0^{**}<0$$

(因为若 $\mu_0^*=0$,由定理 3.1.3,知 DMU_{j_0}为 DEA 有效(C^2R);若 $\mu_0^{**}=0$,由定理 3.1.4,知 DMU_{j_0}为 DEA 有效(C^2R)),令

$$\omega^0=\alpha\omega^*+(1-\alpha)\omega^{**},$$

$$\mu^0 = \alpha\mu^* + (1-\alpha)\mu^{**},$$
$$\mu_0^0 = \alpha\mu_0^* + (1-\alpha)\mu_0^{**},$$

其中

$$\alpha = \frac{-\mu_0^{**}}{\mu_0^* - \mu_0^{**}}.$$

这样,$0<\alpha<1$, $\mu_0^0=0$,并且

$$\mu^{0\mathrm{T}} Y_0 = \mu^{0\mathrm{T}} Y_0 - \mu_0^0 = 1,$$
$$\omega^{0\mathrm{T}} X_j - \mu^{0\mathrm{T}} Y_j \geqq 0, \quad j = 1,2,\cdots,n,$$
$$\omega^{0\mathrm{T}} X_0 = 1,$$
$$\omega^0 > 0, \quad \mu^0 > 0$$

因此,DMU_{j_0}为 DEA 有效(C^2R).

当DMU_{j_0}同时为弱 DEA 有效(FG)和弱 DEA 有效(ST)时,类似方法可知DMU_{j_0}为弱 DEA 有效(C^2R).证毕.

推论 3.1.1 决策单元 DMU_{j_0}为(弱)DEA 有效(C^2R)的充分必要条件是:DMU_{j_0}同时为(弱)DEA 有效(FG)和(弱)DEA 有效(ST).

证 这是定理 3.1.2 和定理 3.1.6 的直接推论.证毕.

推论 3.1.2 决策单元 DMU_{j_0}不为(弱)DEA 有效(BC^2)的充分必要条件是:DMU_{j_0}同时不为(弱)DEA 有效(FG)和(弱)DEA 有效 (ST).

证 这是定理 3.1.2 和定理 3.1.5 的直接推论.证毕.

综上所述,在 C^2R 模型,BC^2 模型,FG 模型和 ST 模型之下的(弱)DEA 有效之间的关系由图 3.1.1 给出,其中“⇒”的含义见定理 3.1.2 中的说明.

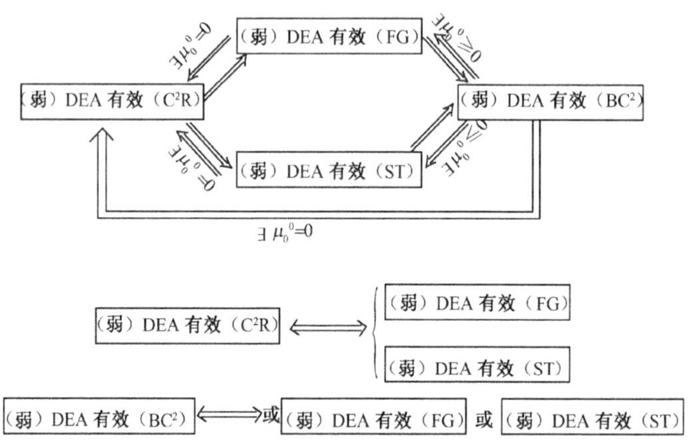

图 3.1.1

第二节　综合 DEA 模型下的 DEA 有效与 Pareto 解的等价性

考虑综合 DEA 模型(Input-综合 DEA 模型)

$$
(P^I)\begin{cases}
\max\ (\mu^{\mathrm{T}} Y_0 - \delta_1 \mu_0) = V_{P^I}, \\
\omega^{\mathrm{T}} X_j - \mu^{\mathrm{T}} Y_j + \delta_1 \mu_0 \geqq 0, \quad j = 1, \cdots, n, \\
\omega^{\mathrm{T}} X_0 = 1, \\
\omega \geqq 0, \quad \mu \geqq 0, \\
\delta_1 \delta_2 (-1)^{\delta_3} \mu_0 \geqq 0
\end{cases}
$$

和

$$
(D^I)\begin{cases}
\min\ \theta = V_{P^I}, \\
\sum_{j=1}^{n} X_j \lambda_j \leqq \theta X_0, \\
\sum_{j=1}^{n} Y_j \lambda_j \geqq Y_0, \\
\delta_1 \left[\sum_{j=1}^{n} \lambda_j + \delta_2 (-1)^{\delta_3} \lambda_{n+1} \right] = \delta_1, \\
\lambda_j \geqq 0, \quad j = 1, \cdots, n, n+1
\end{cases}
$$

相应的多目标规划为

$$
(VP)\begin{cases}
v - \min\ (X, -Y), \\
(X, Y) \in T,
\end{cases}
$$

其中

$$
X = (x_1, x_2, \cdots, x_m)^{\mathrm{T}},
$$
$$
Y = (y_1, y_2, \cdots, y_s)^{\mathrm{T}},
$$

T 为生产可能集,其中

$$
T = \left\{ (X, Y) \,\middle|\, \sum_{j=1}^{n} X_j \lambda_j \leqq X, \sum_{j=1}^{n} Y_j \lambda_j \geqq Y, \delta_1 \left[\sum_{j=1}^{n} \lambda_j + \delta_2 (-1)^{\delta_3} \lambda_{n+1} \right] = \delta_1, \right.
$$
$$
\left. \lambda_j \geqq 0, \quad j = 1, \cdots, n, n+1 \right\}.
$$

定理 3.2.1　若 DMU_{j_0} 为 DEA 有效,则 (X_0, Y_0) 为多目标规划 (VP) 的 Pareto 解.

证　因 DMU_{j_0} 为 DEA 有效,故线性规划 (P^I) 存在最优解 ω^0, μ^0, μ_0^0,满足

$$
\omega^{0\mathrm{T}} X_j - \mu^{0\mathrm{T}} Y_j + \delta_1 \mu_0^0 \geqq 0, \quad j = 1, \cdots, n, \quad \omega^{0\mathrm{T}} X_0 = 1,
$$
$$
\omega^0 > 0, \quad \mu^0 > 0, \quad \delta_1 \delta_2 (-1)^{\delta_3} \mu_0^0 \geqq 0,
$$

并且目标函数值(最优值)

$$\mu^{0T}Y_0-\delta_1\mu_0^0=1.$$

于是对 $j=1,2,\cdots,n$,有

$$\omega^{0T}X_j-\mu^{0T}Y_j+\delta_1\mu_0^0\geqq 0.$$

设 $\lambda_1,\lambda_2,\cdots,\lambda_n,\lambda_{n+1}$满足

$$\delta_1\left(\sum_{j=1}^n\lambda_j+\delta_2(-1)^{\delta_3}\lambda_{n+1}\right)=\delta_1,$$

$$\lambda_j\geqq 0,\quad j=1,\cdots,n,n+1,$$

故

$$(\omega^{0T}X_j-\mu^{0T}Y_j+\delta_1\mu_0^0)\lambda_j\geqq 0,\quad j=1,\cdots,n,$$

将上式对 $j=1,\cdots,n$ 求和,有

$$\omega^{0T}\left(\sum_{j=1}^n X_j\lambda_j\right)-\mu^{0T}\left(\sum_{j=1}^n Y_j\lambda_j\right)+\delta_1\mu_0^0\left(\sum_{j=1}^n\lambda_j\right)\geqq 0,$$

将

$$\delta_1\sum_{j=1}^n\lambda_j=\delta_1-\delta_1\delta_2(-1)^{\delta_3}\lambda_{n+1}$$

代入上式,得到

$$\omega^{0T}\left(\sum_{j=1}^n X_j\lambda_j\right)-\mu^{0T}\left(\sum_{j=1}^n Y_j\lambda_j\right)+\delta_1\mu_0^0(1-\delta_2(-1)^{\delta_3}\lambda_{n+1})\geqq 0,$$

因此

$$\omega^{0}\left(\sum_{j=1}^n X_j\lambda_j\right)-\mu^{0T}\left(\sum_{j=1}^n Y_j\lambda_j\right)+\delta_1\mu_0^0\geqq\delta_1\delta_2(-1)^{\delta_3}\lambda_{n+1}\mu_0^0\geqq 0,$$

注意到

$$\omega^{0T}X_0-\mu^{0T}Y_0+\delta_1\mu_0^0=0,$$

有

$$\omega^{0T}\left(\sum_{j=1}^n X_j\lambda_j\right)-\mu^{0T}\left(\sum_{j=1}^n Y_j\lambda_j\right)\geqq\omega^{0T}X_0-\mu^{0T}Y_0.$$

现在,设$(X,Y)\in T$,故

$$\sum_{j=1}^n X_j\lambda_j\leqq X,\quad\sum_{j=1}^n Y_j\lambda_j\geqq Y,$$

于是对任意$(X,Y)\in T$有

$$\begin{aligned}&\omega^{0T}X-\mu^{0T}Y\\&\geqq\omega^{0T}\left(\sum_{j=1}^n X_j\lambda_j\right)-\mu^{0T}\left(\sum_{j=1}^n Y_j\lambda_j\right)\\&\geqq\omega^{0T}X_0-\mu^{0T}Y_0\end{aligned}$$

因此，(X_0, Y_0)为下面线性加权和问题的最优解：

$$\min(\omega^{0\mathrm{T}} X - \mu^{0\mathrm{T}} Y)$$

由定理 2.3.1 的结论(i)，知(X_0, Y_0)为多目标规划(VP)的 Pareto 解.证毕.

定理 3.2.2　若(X_0, Y_0)为多目标规划(VP)的 Pareto 解，则 DMU_{j_0} 为 DEA 有效.

证　因(X_0, Y_0)为多目标规划(VP)的 Pareto 解，因此下列不等式组无解：

$$\begin{cases} \begin{pmatrix} X \\ -Y \end{pmatrix} \leqslant \begin{pmatrix} X_0 \\ -Y_0 \end{pmatrix}, \\ \sum_{j=1}^{n} X_j \lambda_j \leqq X, \\ -\sum_{j=1}^{n} Y_j \lambda_j \leqq -Y, \\ \delta_1 \left(\sum_{j=1}^{n} \lambda_j + \delta_2 (-1)^{\delta_3} \lambda_{n+1} \right) = \delta_1, \\ \lambda_j \geqq 0, \quad j = 1, \cdots, n, n+1. \end{cases}$$

于是，下列不等式组无解

$$(*)\begin{cases} \begin{pmatrix} \sum_{j=1}^{n} X_j \lambda_j \\ -\sum_{j=1}^{n} Y_j \lambda_j \end{pmatrix} \leqslant \begin{pmatrix} X_0 \\ -Y_0 \end{pmatrix}, \\ \delta_1 \left(\sum_{j=1}^{n} \lambda_j + \delta_2 (-1)^{\delta_3} \lambda_{n+1} \right) = \delta_1, \\ \lambda_j \geqq 0, \quad j = 1, \cdots, n, n+1. \end{cases}$$

考虑线性规划问题

$$(\hat{D}^I)\begin{cases} \max\ (\hat{e}^{\mathrm{T}} S^- + e^{\mathrm{T}} S^+), \\ \sum_{j=1}^{n} X_j \lambda_j + S^- = X_0, \\ \sum_{j=1}^{n} Y_j \lambda_j - S^+ = Y_0, \\ \delta_1 \left(\sum_{j=1}^{n} \lambda_j + \delta_2 (-1)^{\delta_3} \lambda_{n+1} \right) = \delta_1, \\ \lambda_j \geqq 0, \quad j = 1, \cdots, n, n+1, \\ S^+ \geqq 0, S^- \geqq 0. \end{cases}$$

以及($\hat{D}^I$)的对偶规划问题

$$
(\hat{P}^I)\begin{cases}
\min\,(\omega^{\mathrm{T}}X_0-\mu^{\mathrm{T}}Y_0+\delta_1\mu_0),\\
\omega^{\mathrm{T}}X_j-\mu^{\mathrm{T}}Y_j+\delta_1\mu_0\geqq 0, \quad j=1,\cdots,n,\\
\omega\geqq\hat{e},\\
\mu\geqq e,\\
\delta_1\delta_2(-1)^{\delta_3}\mu_0\geqq 0
\end{cases}
$$

其中

$$
\hat{e}=(1,1,\cdots,1)^{\mathrm{T}}\in E^m,
$$
$$
e=(1,1,\cdots,1)^{\mathrm{T}}\in E^s.
$$

因为(*)无解,故线性规划($\hat{D}^I$)的最优值为0.由线性规划对偶定理,知线性规划($\hat{P}^I$)的最优值也为0.设($\hat{P}^I$)的最优解为 ω^*, μ^*, μ_0^*,则有

$$
\omega^{*\mathrm{T}}X_j-\mu^{*\mathrm{T}}Y_j+\delta_1\mu_0^*\geqq 0, \quad j=1,\cdots,n,
$$
$$
\omega^*\geqq\hat{e}>0,
$$
$$
\mu^*\geqq e>0,
$$
$$
\delta_1\delta_2(-1)^{\delta_3}\mu_0^*\geqq 0,
$$

并且最优值

$$
\omega^{*\mathrm{T}}X_0-\mu^{*\mathrm{T}}Y_0+\delta_1\mu_0^*=0.
$$

令

$$
\omega^0=\frac{\omega^*}{\omega^{*\mathrm{T}}X_0},
$$
$$
\mu^0=\frac{\mu^*}{\omega^{*\mathrm{T}}X_0},
$$
$$
\mu_0^0=\frac{\mu_0^*}{\omega^{*\mathrm{T}}X_0},
$$

则有

$$
\omega^{0\mathrm{T}}X_j-\mu^{0\mathrm{T}}Y_j+\delta_1\mu_0^0\geqq 0, \quad j=1,\cdots,n,
$$
$$
\omega^0>0,
$$
$$
\mu^0>0,
$$
$$
\delta_1\delta_2(-1)^{\delta_3}\mu_0^0\geqq 0,
$$

并且

$$
\omega^{0\mathrm{T}}X_0-\mu^{0\mathrm{T}}Y_0+\delta_1\mu_0^0=0,
$$

由

$$\omega^{0T}X_0=1,$$

故

$$\mu^{0T}Y_0-\delta_1\mu_0^0=1.$$

又因线性规划问题

$$(P^I)\begin{cases}\max(\mu^T Y_0-\delta_1\mu_0)=V_{P^I},\\ \omega^T X_j-\mu^T Y_j+\delta_1\mu_0\geqq 0,\quad j=1,\cdots,n,\\ \omega^T X_0=1,\\ \omega\geqq 0,\quad \mu\geqq 0,\\ \delta_1\delta_2(-1)^{\delta_3}\mu_0\geqq 0\end{cases}$$

的目标函数

$$\mu^T Y_0-\delta_1\mu_0\leqq\omega^T X_0=1,$$

故 ω^0, μ^0, μ_0^0 为(P^I)的最优解.由

$$V_{P^I}=\mu^{0T}Y_0-\delta_1\mu_0^0=1,$$

$$\omega^0>0,\quad \mu^0>0,$$

知 DMU_{j_0}为 DEA 有效.证毕.

由以上的讨论可知,DEA 有效性与线性加权和问题

$$(LP)\begin{cases}\min(\omega^{0T}X-\mu^{0T}Y),\\ (X,Y)\in T\end{cases}$$

之间也存在着等价关系.由以下定理给出.

定理 3.2.3

(i) 若 DMU_{j_0}为 DEA 有效,则存在 $\omega^0>0$, $\mu^0>0$,使得(X_0,Y_0)为线性加权和问题(LP)的最优解;

(ii) 若 $\omega^0>0$, $\mu^0>0$,并且(X_0,Y_0)为线性加权和问题(LP)的最优解,则 DMU_{j_0}为 DEA 有效.

其中

$$(LP)\begin{cases}\min(\omega^{0T}X-\mu^{0T}Y),\\ (X,Y)\in T.\end{cases}$$

证 由定理 3.2.1 的证明可知,若 DMU_{j_0}为 DEA 有效,则存在 $\omega^0>0$, $\mu^0>0$,使得(X_0,Y_0)为(LP)的最优解,即(i);若(X_0,Y_0)为(LP)的最优解,由定理 2.3.1,知(X_0,Y_0)为多目标问题(VP)的 Pareto 解,再由定理 3.2.2,知 DMU_{j_0}为 DEA 有效.证毕.

正像 Input-综合 DEA 模型那样,也可以考虑 Output-综合 DEA 模型(输出-综合模型):

$$
(P^0)\begin{cases}
\min\,(\omega^T X_0+\delta_1\mu_0)=V_{P^0},\\
\omega^T X_j-\mu^T Y_j+\delta_1\mu_0\geqq 0,\quad j=1,\cdots,n,\\
\mu^T Y_0=1,\\
\omega\geqq 0,\quad \mu\geqq 0,\\
\delta_1\delta_2(-1)^{\delta_3}\mu_0\geqq 0
\end{cases}
$$

和

$$
(D^0)\begin{cases}
\max\ z=V_{D^0},\\
\sum_{j=1}^{n}X_j\lambda_j\leqq X_0,\\
\sum_{j=1}^{n}Y_j\lambda_j\geqq zY_0,\\
\delta_1\left[\sum_{j=1}^{n}\lambda_j+\delta_2(-1)^{\delta_3}\lambda_{n+1}\right]=\delta_1,\\
\lambda_j\geqq 0,\quad j=1,\cdots,n,n+1,
\end{cases}
$$

其中 $\delta_1,\delta_2,\delta_3$ 为取值为 0 或 1 的参数,类似于 Input-DEA 模型,对 $\delta_1,\delta_2,\delta_3$ 的不同取值,可得到相应的 C^2R 的输出 DEA 模型($P^0_{C^2R}$),($D^0_{C^2R}$);BC^2 的输出 DEA 模型($P^0_{BC^2}$),($D^0_{BC^2}$);FG 的输出 DEA 模型(P^0_{FG}),(P^0_{FG});ST 的输出 DEA 模型(P^0_{ST}),(D^0_{ST}).其具体形式将在下一节给出.

对 Output-DEA 模型(P^0)和(D^0)有如下定义(类似于定义 3.1.1 和定义 3.1.2).

定义 3.2.1　若(P^0),(D^0)的最优值

$$V_{P^0}=V_{D^0}=1,$$

称 DMU_{j_0}为 Output 弱 DEA 有效①.

定义 3.2.2　若线性规划(P^0)存在最优解 ω^0, μ^0, μ_0^0 满足 $\omega^0>0$, $\mu^0>0$,并且最优值

$$\omega^{0T}X_0+\delta_1\mu_0^0=1,$$

称 DMU_{j_0}为 Output DEA 有效.

---

①　为了与输出 DEA 模型(P^0)和(D^0)之下的 Output(弱)DEA 有效的概念相应,对于输入 DEA 模型(P^I)和(D^I)之下的(弱)DEA 有效(见定义 3.1.1 和定义 3.1.2),称其为 Input(弱)DEA 有效.

不难看出,对 Output - DEA 模型,有与 input - DEA 模型类似的一些结论(例如:定理 3.1.1～定理 3.1.6 和定理 3.2.1～定理 3.2.3 的结论,以及图 3.1.1 等).特别有如下结论.

结论 3.2.1[①] 对综合 DEA 模型,有:决策单元 DMU_{j_0} 为 Input-DEA 有⇔ Pareto 解⇔Output-DEA 有效⇔存在 $\omega^0>0$, $\mu^0>0$,使(X_0, Y_0)为线性加权和问题(LP)的最优解.

第三节 输入和输出 DEA 模型下的弱 DEA 有效与弱 Pareto 解之间的关系

为了讨论方便,我们使用矩阵的形式描述各种 DEA 模型.记

$$\boldsymbol{X}=(X_1, X_2, \cdots, X_n) \text{ 为 } m\times n \text{ 输入矩阵},$$

$$\boldsymbol{Y}=(Y_1, Y_2, \cdots, Y_n) \text{ 为 } s\times n \text{ 输出矩阵},$$

其中

$$(X_j, Y_j)=\mathrm{DMU}_j \text{ 的输入、输出数据}, \quad j=1,\cdots,n.$$

Input -综合 DEA 模型(输入- DEA 模型)为

$$(P^I)\begin{cases}\max\ (\mu^{\mathrm{T}} Y_0-\delta_1\mu_0)=V_{P^I},\\ \omega^{\mathrm{T}}\boldsymbol{X}-\mu^{\mathrm{T}}\boldsymbol{Y}+\delta_1\mu_0\tilde{e}^{\mathrm{T}}\geqq 0,\\ \omega^{\mathrm{T}}X_0=1,\\ \omega\geqq 0,\quad \mu\geqq 0,\\ \delta_1\delta_2(-1)^{\delta_3}\mu_0\geqq 0\end{cases}$$

和

$$(D^I)\begin{cases}\min\ \theta,\\ \boldsymbol{X}\lambda\leqq \theta X_0,\\ \boldsymbol{Y}\lambda\geqq Y_0,\\ \delta_1(\tilde{e}^{\mathrm{T}}\lambda+\delta_2(-1)^{\delta_3}\lambda_{n+1})=\delta_1,\\ \lambda\geqq 0,\quad \lambda_{n+1}\geqq 0.\end{cases}$$

其中 $\delta_1, \delta_2, \delta_3$ 为取值 0 或 1 的参数,并且

$$\tilde{e}=(1,1,\cdots,1)^{\mathrm{T}}\in E^n.$$

---

① 关于输出 DEA 模型之下的输出 DEA 有效的讨论,可见第七章第二节.

1. Input-C²R 模型($\delta_1=0$)

$$(P^I_{C^2R})\begin{cases}\max\ \mu^T Y_0 = V^I_{C^2R},\\ \omega^T X - \mu^T Y \geqq 0,\\ \omega^T X_0 = 1,\\ \omega \geqq 0,\quad \mu \geqq 0,\end{cases}\qquad (D^I_{C^2R})\begin{cases}\min\ \theta = V^I_{C^2R},\\ X\lambda \leqq \theta X_0,\\ Y\lambda \geqq Y_0,\\ \lambda \geqq 0.\end{cases}$$

2. Input-BC² 模型($\delta_1=1,\delta_2=0$)

$$(P^I_{BC^2})\begin{cases}\max\ (\mu^T Y_0 - \mu_0) = V^I_{BC^2},\\ \omega^T X - \mu^T Y + \mu_0 \tilde{e}^T \geqq 0,\\ \omega^T X_0 = 1,\\ \omega \geqq 0,\quad \mu \geqq 0,\quad \mu_0 \in E^1.\end{cases}\qquad (D^I_{BC^2})\begin{cases}\min\ \theta = V^I_{BC^2},\\ X\lambda \leqq \theta X_0,\\ Y\lambda \geqq Y_0,\\ \tilde{e}^T\lambda = 1,\\ \lambda \geqq 0.\end{cases}$$

3. Input-FG 模型($\delta_1=1,\delta_2=1,\delta_3=0$)

$$(P^I_{FG})\begin{cases}\max\ (\mu^T Y_0 - \mu_0) = V^I_{FG},\\ \omega^T X - \mu^T Y + \mu_0 \tilde{e}^T \geqq 0,\\ \omega^T X_0 = 1,\\ \omega \geqq 0,\quad \mu \geqq 0,\quad \mu_0 \geqq 0.\end{cases}\qquad (D^I_{FG})\begin{cases}\min\ \theta = V^I_{FG},\\ X\lambda \leqq \theta X_0,\\ Y\lambda \geqq Y_0,\\ \tilde{e}^T\lambda \leqq 1,\\ \lambda \geqq 0.\end{cases}$$

4. Input-ST 模型($\delta_1=1,\delta_2=1,\delta_3=1$)

$$(P^I_{ST})\begin{cases}\max\ (\mu^T Y_0 - \mu_0) = V^I_{ST},\\ \omega^T X - \mu^T Y + \mu_0 \tilde{e}^T \geqq 0,\\ \omega^T X_0 = 1,\\ \omega \geqq 0,\quad \mu \geqq 0,\quad \mu_0 \leqq 0.\end{cases}\qquad (D^I_{ST})\begin{cases}\min\ \theta = V^I_{ST},\\ X\lambda \leqq \theta X_0,\\ Y\lambda \geqq Y_0,\\ \tilde{e}^T\lambda \geqq 1,\\ \lambda \geqq 0.\end{cases}$$

记:$R^I_{C^2R}$,$R^I_{BC^2}$,R^I_{FG},R^I_{ST}分别为 Input 模型($D^I_{C^2R}$),($D^I_{BC^2}$),(D^I_{FG}),(D^I_{ST})的可行解集合,则有

$$R^I_{BC^2} = R^I_{C^2R} \cap \{(\lambda,\theta) \mid \tilde{e}^T\lambda = 1, \theta \in E^1\},$$
$$R^I_{FG} = R^I_{C^2R} \cap \{(\lambda,\theta) \mid \tilde{e}^T\lambda \leqq 1, \theta \in E^1\},$$
$$R^I_{ST} = R^I_{C^2R} \cap \{(\lambda,\theta) \mid \tilde{e}^T\lambda \geqq 1, \theta \in E^1\}.$$

不难看出,它们之间有如下关系:

(a) $R^I_{C^2R} = R^I_{FG} \cup R^I_{ST}$;

(b) $R^I_{BC^2} = R^I_{FG} \cap R^I_{ST}$;

(c) $R^I_{C^2R} \supset R^I_{FG} \supset R^I_{BC^2}$;

(d) $R^I_{C^2R} \supset R^I_{ST} \supset R^I_{BC^2}$.

记：$V^I_{C^2R}$，$V^I_{BC^2}$，V^I_{FG}，V^I_{ST}分别为$(D^I_{C^2R})$，$(D^I_{BC^2})$，(D^I_{FG})，(D^I_{ST})的最优值，则有(由(a)～(d))：

(e) $V^I_{C^2R} = \min\{V^I_{FG}, V^I_{ST}\}$

$$\leqq \max\{V^I_{FG}, V^I_{ST}\}$$

$$\leqq V^I_{BC^2}$$

$$\leqq 1.$$

由(e)可直接得到(这里的结论即第三章第一节关于弱 DEA 有关的关系定理，见图 3.1.1.注意，在那里是使用原规划证明的，这里是用对偶规划)，见图 3.3.1.

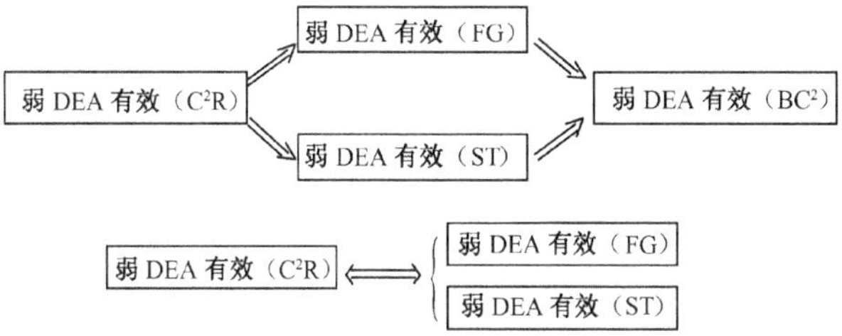

图 3.3.1

Output-综合 DEA 模型(输出-DEA 模型)为

$$(P^0)\begin{cases}\min(\omega^T X_0 + \delta_1\mu_0) = V_{P^0},\\ \omega^T X - \mu^T Y + \delta_1\mu_0\tilde{e}^T \geqq 0,\\ \mu^T Y_0 = 1,\\ \omega \geqq 0,\quad \mu \geqq 0,\\ \delta_1\delta_2(-1)^{\delta_3}\mu_0 \geqq 0\end{cases}$$

和

$$(D^0)\begin{cases}\max\ z,\\ X\lambda \leqq X_0,\\ Y\lambda \geqq zY_0,\\ \delta_1(\tilde{e}^T\lambda + \delta_2(-1)^{\delta_3}\lambda_{n+1}) = \delta_1,\\ \lambda \geqq 0,\quad \lambda_{n+1} \geqq 0,\end{cases}$$

其中 $\delta_1, \delta_2, \delta_3$ 为取值 0 或 1 的参数，并且

$$\tilde{e} = (1,1,\cdots,1)^T \in E^n$$

1′. Output-C^2R 模型($\delta_1=0$)

$$(P^0_{C^2R})\begin{cases}\min\ \omega^T X_0 = V^0_{C^2R},\\ \omega^T X - \mu^T Y \geqq 0,\\ \mu^T Y_0 = 1,\\ \omega \geqq 0,\quad \mu \geqq 0.\end{cases}\qquad (D^0_{C^2R})\begin{cases}\max\ z = V^0_{C^2R},\\ X\lambda \leqq X_0,\\ Y\lambda \geqq zY_0,\\ \lambda \geqq 0.\end{cases}$$

2′. Output-BC^2 模型($\delta_1=1,\delta_2=0$)

$$(P^0_{BC^2})\begin{cases}\min\ (\omega^T X_0 + \mu_0) = V^0_{BC^2},\\ \omega^T X - \mu^T Y + \mu_0\tilde{e}^T \geqq 0,\\ \mu^T Y_0 = 1,\\ \omega \geqq 0,\quad \mu \geqq 0,\quad \mu_0 \in E^1\end{cases}\qquad (D^0_{BC^2})\begin{cases}\max\ z = V^0_{BC^2},\\ X\lambda \leqq X_0,\\ Y\lambda \geqq zY_0,\\ \tilde{e}^T\lambda = 1,\\ \lambda \geqq 0.\end{cases}$$

3′. Output-FG 模型($\delta_1=1,\delta_2,=1,\delta_3=0$)

$$(P^0_{FG})\begin{cases}\min\ (\omega^T X_0 + \mu_0) = V^0_{FG},\\ \omega^T X - \mu^T Y + \mu_0\tilde{e}^T \geqq 0,\\ \mu^T Y_0 = 1,\\ \omega \geqq 0,\quad \mu \geqq 0,\quad \mu_0 \geqq 0.\end{cases}\qquad (D^0_{FG})\begin{cases}\max\ z = V^0_{FG},\\ X\lambda \leqq X_0,\\ Y\lambda \geqq zY_0,\\ \tilde{e}^T\lambda \leqq 1,\\ \lambda \geqq 0.\end{cases}$$

4′. Output-ST 模型($\delta_1=1,\delta_2,=1,\delta_3=1$)

$$(P^0_{ST})\begin{cases}\min\ (\omega^T X_0 + \mu_0) = V^0_{ST},\\ \omega^T X - \mu^T Y + \mu_0\tilde{e}^T \geqq 0,\\ \mu^T Y_0 = 1,\\ \omega \geqq 0,\quad \mu \geqq 0,\quad \mu_0 \leqq 0.\end{cases}\qquad (D^0_{ST})\begin{cases}\max\ z = V^0_{ST},\\ X\lambda \leqq X_0,\\ Y\lambda \geqq zY_0,\\ \tilde{e}^T\lambda \geqq 1,\\ \lambda \geqq 0.\end{cases}$$

记:$R^0_{C^2R}$,$R^0_{BC^2}$,R^0_{FG},R^0_{ST}分别为($D^0_{C^2R}$),($D^0_{BC^2}$),(D^0_{FG}),(D^0_{ST})的可行解集合,则有

$$R^0_{BC^2} = R^0_{C^2R} \cap \{(\lambda,\ z) \mid \tilde{e}^T\lambda = 1,\ z \in E^1\},$$
$$R^0_{FG} = R^0_{C^2R} \cap \{(\lambda,\ z) \mid \tilde{e}^T\lambda \leqq 1,\ z \in E^1\},$$
$$R^0_{ST} = R^0_{C^2R} \cap \{(\lambda,\ z) \mid \tilde{e}^T\lambda \geqq 1,\ z \in E^1\}.$$

不难看出,它们之间有如下关系:

(a′) $R^0_{C^2R} = R^0_{FG} \cup R^0_{ST}$;

(b′) $R^0_{BC^2} = R^0_{FG} \cap R^0_{ST}$;

(c′) $R^0_{C^2R} \supset R^0_{FG} \supset R^0_{BC^2}$;

(d′) $R^0_{C^2R} \supset R^0_{ST} \supset R_{BC^2}$.

记:$V^0_{C^2R}$, $V^0_{BC^2}$, V^0_{FG}, V^0_{ST}分别为($D^0_{C^2R}$),($D^0_{BC^2}$),(D^0_{FG}),(D^0_{ST})的最优值,则有(由(a′)~(d′)):

$$
\begin{aligned}
(e')\quad V^0_{C^2R} &= \max\{V^0_{FG}, V^0_{ST}\}\\
&\geqq \min\{V^0_{FG}, V^0_{ST}\}\\
&\geqq V^0_{BC^2}\\
&\geqq 1.
\end{aligned}
$$

由(e′)可直接得到:关于输出DEA模型之下的弱DEA有效的关系定理.这里的结论与输入DEA模型完全相同,见图3.3.1.

对综合DEA模型(P^I),(D^I)和(P^0),(D^0),对应的生产可能集都为

$T=\{(X, Y) \mid X\lambda \leqq X, Y\lambda \geqq Y, \delta_1(\tilde{e}^T\lambda+\delta_2(-1)^{\delta_3}\lambda_{n+1})=\delta_1, \lambda \geqq 0, \lambda_{n+1} \geqq 0\}$.

相应的多目标规划为

$$
(VP)\begin{cases} V-\min(X, -Y),\\ (X, Y)\in T.\end{cases}
$$

对于Input-综合DEA模型和Output-综合DEA模型,弱DEA有效都意味着弱Pareto解,有以下定理.

定理3.3.1 若决策单元DMU_{j_0}为Input-弱DEA有效,则(X_0, Y_0)为多目标规划(VP)的弱Pareto解.

证 与定理3.2.1的证明类似.证毕.

定理3.3.2 若决策单元DMU_{j_0}为Output-弱DEA有效,则(X_0, Y_0)为多目标规划(VP)的弱Pareto解.

证 证明与定理3.2.1类似.证毕.

设(X_0, Y_0)为弱Pareto解.用相应的DEA模型(Input-DEA模型,或Output-DEA模型,以及输入、输出的各类型的DEA模型)去判定决策单元的有效性时,并不总是弱DEA有效.也就是说,对某些模型下的弱DEA有效与弱Pareto等价;对另外一些DEA模型,弱DEA有效与弱Pareto不等价.实际上,有以下的一些定理.

定理3.3.3 对于Output-C^2R模型($\delta_1=0$)和Output-FG($\delta_1=1$, $\delta_2=1$, $\delta_3=0$),若(X_0, Y_0)为多目标规划(VP)的弱Pareto解,则DMU_{j_0}为Output-弱有效(即当$\delta_1=0$时,DMU_{j_0}为Output-C^2R模型下的弱DEA有效;当$\delta_1=1$, $\delta_2=1$, $\delta_3=0$时,DMU_{j_0}为Output-FG模型下的弱DEA有效).

证 设(X_0, Y_0)为(VP)的弱Pareto解(即$\delta_1=0$,或$\delta_1=1$, $\delta_2=1$, $\delta_3=0$时对应的多目标规划(VP)的弱Pareto解).由弱Pareto解的定义,不存在$(X, Y)\in$

T,有

$$\begin{pmatrix} X \\ -Y \end{pmatrix} < \begin{pmatrix} X_0 \\ -Y_0 \end{pmatrix},$$

知下面不等式组无解

$$(I)\begin{cases} \bar{X}\lambda < X_0, \\ -\bar{Y}\lambda < -Y_0, \\ \delta_1(\tilde{e}^{\mathrm{T}}\lambda + \delta_2(-1)^{\delta_3}\lambda_{n+1}) = \delta_1, \\ \lambda \geqq 0,\ \lambda_{n+1} \geqq 0 \end{cases}$$

现在考虑一对线性规划

$$(P)\begin{cases} \max\ z, \\ \bar{X}\lambda + z\hat{e} \leqq X_0, \\ -\bar{Y}\lambda + ze \leqq -Y_0, \\ \delta_1(\tilde{e}^{\mathrm{T}}\lambda + \delta_2(-1)^{\delta_3}\lambda_{n+1}) = \delta_1, \\ \lambda \geqq 0, \quad \lambda_{n+1} \geqq 0, \quad z \geqq 0 \end{cases}$$

和

$$(D)\begin{cases} \min\ (\omega^{\mathrm{T}} X_0 - \mu^{\mathrm{T}} Y_0 + \delta_1 \mu_0), \\ \omega^{\mathrm{T}} \bar{X} - \mu^{\mathrm{T}} \bar{Y} + \delta_1 \mu_0 \tilde{e}^{\mathrm{T}} \geqq 0, \\ \hat{e}^{\mathrm{T}} \omega + e^{\mathrm{T}} \mu \geqq 1, \\ \omega \geqq 0, \quad \mu \geqq 0, \\ \delta_1 \delta_2 (-1)^{\delta_3} \mu_0 \geqq 0, \end{cases}$$

其中

$$\hat{e} = (1,1,\cdots,1)^{\mathrm{T}} \in E^m,$$
$$e = (1,1,\cdots,1)^{\mathrm{T}} \in E^s,$$
$$\tilde{e} = (1,1,\cdots,1)^{\mathrm{T}} \in E^n.$$

因不等式组(I)无解,故(P)和(D)的最优值为 0.设 ω^*, μ^*, μ_0^* 为(D)的最优解,则有

$$\omega^{*\mathrm{T}} \bar{X} - \mu^{*\mathrm{T}} \bar{Y} + \delta_1 \mu_0^* \tilde{e}^{\mathrm{T}} \geqq 0,$$

$$\hat{e}^{\mathrm{T}} \omega^* + e^{\mathrm{T}} \mu^* \geqq 1,$$
$$\omega^* \geqq 0, \quad \mu^* \geqq 0,$$
$$\delta_1 \delta_2 (-1)^{\delta_3} \mu_0^* \geqq 0,$$

并且最优值为

$$\omega^{*T}X_0 - \mu^{*T}Y_0 + \delta_1\mu_0^* = 0.$$

对于 Output-C^2R 模型($\delta_1=0$),由

$$\omega^{*T}X_0 = \mu^{*T}Y_0,$$

$$\hat{e}^T\omega^* + e^T\mu^* \geqq 1,$$

知 $\mu^{*T}Y_0 \neq 0$(此时, $\mu^{*T}Y_0 > 0$);

对于 Output-FG 模型($\delta_1=1, \delta_2=1, \delta_3=0$),由

$$\mu_0^* = \delta_1\delta_2(-1)^{\delta_3}\mu_0^* \geqq 0,$$

$$\mu^{*T}Y_0 = \omega^{*T}X_0 + \delta_1\mu_0^* = \omega^{*T}X_0 + \mu_0^* \geqq 0,$$

$$\hat{e}^T\omega^* + e^T\mu^* \geqq 1$$

知 $\mu^{*T}Y_0 \neq 0$(因为若 $\mu^{*T}Y_0 = 0$,则 $\omega^{*T}X_0 + \mu_0^* = 0$.再由 $\omega^{*T}X_0 \geqq 0$, $\mu_0^* \geqq 0$,知 $\omega^{*T}X_0 = 0$,此与

$$\hat{e}^T\omega^* + e^T\mu^* \geqq 1$$

相矛盾.故 $\mu^{*T}Y_0 \neq 0$.并且 $\mu^{*T}Y_0 > 0$).

对于 Output-C^2R 模型和 Output-FG 模型,令

$$\omega^0 = \frac{\omega^*}{\mu^{*T}Y_0},$$

$$\mu^0 = \frac{\mu^*}{\mu^{*T}Y_0},$$

$$\mu_0^0 = \frac{\mu_0^*}{\mu^* Y_0},$$

则有

$$\omega^{0T}X - \mu^{0T}Y + \delta_1\mu_0^0\tilde{e}^T \geqq 0,$$

$$\omega^0 \geqq 0, \ \mu^0 \geqq 0,$$

$$\delta_1\delta_2(-1)^{\delta_3}\mu_0^0 \geqq 0.$$

并且

$$\omega^{0T}X_0 - \mu^{0T}Y_0 + \delta_1\mu_0^0 = 0.$$

因此

$$\omega^{0T}X_0 + \delta_1\mu_0^0 = \mu^{0T}Y_0 = 1.$$

当我们注意到(P^0)的目标函数值

$$V_{P^0} = \min(\omega^T X_0 + \delta_1\mu_0) \geqq 1$$

时,知 ω^{0T}, μ^{0T}, μ_0^0 为(P^0)的最优解.故 DMU_{j_0} 为弱 DEA 有效(当 $\delta_1=0$ 时,DMU_{j_0} 为输出弱 DEA 有效(C^2R);当 $\delta_1=1, \delta_2=1, \delta_3=0$ 时,DMU_{j_0} 为输出弱

DEA 有效(FG)).证毕.

定理 3.3.4 对于 Input-C^2R 模型($\delta_1=0$)和 Input-ST 模型($\delta_1=1,\delta_2=1,\delta_3=1$),若($X_0, Y_0$)为弱 Pareto 解,则 DMU_{j_0} 为 Input-弱 DEA 有效(即当 $\delta_1=0$ 时,DMU_{j_0} 为 Input-C^2R 模型下的弱 DEA 有效;当 $\delta_1=1,\delta_2=1,\delta_3=1$ 时,DMU_{j_0} 为 Input-ST 模型下的弱 DEA 有效).

证 类似于定理 3.3.3,若(X_0, Y_0)为(VP)的弱 Pareto 解,则存在 ω^*, μ^*, μ_0^*,满足

$$\omega^{*T}X-\mu^{*T}Y+\delta_1\mu_0^*\tilde{e}^T\geqq 0,$$

$$\hat{e}^T\omega^*+e^T\mu^*\geqq 1,$$

$$\omega^*\geqq 0,\quad \mu^*\geqq 0,$$

$$\delta_1\delta_2(-1)^{\delta_3}\mu_0^*\geqq 0.$$

且

$$\omega^{*T}X_0-\mu^{*T}Y_0+\delta_1\mu_0^*=0.$$

对于 Input-C^2R 模型($\delta_1=0$),由

$$\omega^{*T}X_0=\mu^{*T}Y_0$$

$$\hat{e}^T\omega^*+e^T\mu^*\geqq 1.$$

故 $\omega^{*T}X_0\neq 0$(此时,$\omega^{*T}X_0>0$);

对于 Input-ST 模型($\delta_1=1,\delta_2=1,\delta_3=1$),由

$$-\mu_0^*=\delta_1\delta_2(-1)^{\delta_3}\mu_0^*\geqq 0,$$

$$\omega^{*T}X_0=\mu^{*T}Y_0-\delta_1\mu_0^*=\mu^{*T}Y_0-\mu_0^*\geqq 0,$$

$$\hat{e}^T\omega^*+e^T\mu^*\geqq 1,$$

知 $\omega^{*T}X_0\neq 0$(因为若 $\omega^{*T}X_0=0$,则可得出 $\mu^{*T}Y_0=0$ 之矛盾.故 $\omega^{*T}X_0\neq 0$,并且有 $\omega^{*T}X_0>0$).

对于 Input-C^2R 模型和 Input-ST 模型,令

$$\omega^0=\frac{\omega^*}{\omega^{*T}X_0},$$

$$\mu^0=\frac{\mu^*}{\omega^{*T}X_0},$$

$$\mu_0^0=\frac{\mu_0^*}{\omega^{*T}X_0},$$

类似于定理 3.3.3 的证明,知 ω^0, μ^0, μ_0^0 为(P^I)的最优解,且最优值为

$$V_{P^I}=\mu^{0T}Y_0-\delta_1\mu_0^0=1.$$

知 DMU_{j_0} 为 Input-弱 DEA 有效(当 $\delta_1=0$ 时,DMU_{j_0} 为输入弱 DEA 有效;当 $\delta_1=1$, $\delta_2=1$, $\delta_3=1$ 时,DMU_{j_0} 为输入弱 DEA 有效(ST)).证毕.

定理 3.3.5 对于 BC^2 模型($\delta_1=1$, $\delta_2=0$),若(X_0, Y_0)为(VP)的弱 Pareto 解,则或 DMU_{j_0} 为 Input-弱 DEA 有效(BC^2),或 DMU_{j_0} 为 Output-弱 DEA 有效(BC^2).

证 (X_0, Y_0)为 $\delta_1=1$, $\delta_2=0$ 时(VP)的弱 Pareto 解,但 DMU_{j_0}既不为 Input-弱 DEA 有效(BC^2),也不为 Output-弱 DEA 有效(BC^2).于是,对于$(D^I_{\mathrm{BC}^2})$的最优解 λ^I, θ^I,以及$(D^0_{\mathrm{BC}^2})$的最优解 λ^0, z^0,有

$$\theta^I<1,\quad z^0>1.$$

因此,

$$\begin{aligned}&X\lambda^I \leqq \theta^I X_0 < X_0,\\&Y\lambda^I \geqq Y_0,\\&\tilde{e}^{\mathrm{T}}\lambda^I=1,\\&\lambda^I \geqq 0,\end{aligned}$$

以及

$$\begin{aligned}&X\lambda^0 \leqq X_0,\\&Y\lambda^0 \geqq z^0 Y_0 > Y_0,\\&\tilde{e}^{\mathrm{T}}\lambda^0=1,\\&\lambda^0 \geqq 0.\end{aligned}$$

令

$$\bar{\lambda}=\alpha\lambda^I+(1-\alpha)\lambda^0, 0<\alpha<1.$$

则有

$$\begin{aligned}&X\bar{\lambda}<X_0,\\&Y\bar{\lambda}>Y_0,\\&\tilde{e}^{\mathrm{T}}\bar{\lambda}=1,\\&\bar{\lambda}\geqq 0.\end{aligned}$$

即(当 $\delta_1=1$, $\delta_2=0$)

$$(X\bar{\lambda}, Y\bar{\lambda})\in T,$$

但却有

$$\begin{pmatrix}X\bar{\lambda}\\-Y\bar{\lambda}\end{pmatrix}<\begin{pmatrix}X_0\\-Y_0\end{pmatrix}.$$

此与(X_0, Y_0)为(VP)的弱 Pareto 解相矛盾.证毕.

综上所述,在 C^2R 模型,BC^2 模型,FG 模型,ST 模型之下的弱 Pareto 与相应的多目标规划(VP)的弱 Pareto 解之间的关系归纳如下:

结论 3.3.1 对所有 DEA 模型,有

$$\text{弱 DEA 有效} \Rightarrow \text{弱 Pareto}.$$

结论 3.3.2 对 C^2R 模型($\delta_1=0$),有

$$\text{弱 Pareto} \Leftrightarrow \text{Input -弱 DEA 有效}(C^2R)$$
$$\Leftrightarrow \text{Output -弱 DEA 有效}(C^2R).$$

结论 3.3.3 对 BC^2 模型($\delta_1=1,\delta_2=0$),有

$$\text{弱 Pareto} \Leftrightarrow \text{或 Input- 弱 DEA 有效}(BC^2),$$
$$\text{或 Output- 弱 DEA 有效}(BC^2).$$

结论 3.3.4 对 FG 模型($\delta_1=1,\delta_2=1,\delta_3=0$),有

$$\text{Input- 弱 DEA 有效(FG)} \Rightarrow \text{弱 Pareto} \Leftrightarrow \text{Output- 弱 DEA 有效(FG)}.$$

结论 3.3.5 对 ST 模型($\delta_1=1,\delta_2=1,\delta_3=1$),有

$$\text{Output- 弱 DEA 有效(ST)} \Rightarrow \text{弱 Pareto} \Leftrightarrow \text{Input- 弱 DEA 有效(ST)}.$$

这里,例如"弱 DEA 有效⇒弱 Pareto"表示:若 DMU_{j_0} 为弱 DEA 有效,则(X_0,Y_0)为(VP)的弱 Pareto 解.其他的含义类似.

例 3.3.1 考虑由表 3.3.1 给出的数字例子,其中 $m=s=1$,$n=4$.

表 3.3.1

	1	2	3	4	
1 →	1	1	3	5	
	2	1	4	4	→ 1

C^2R 模型($\delta_1=1$),见图 3.3.2.

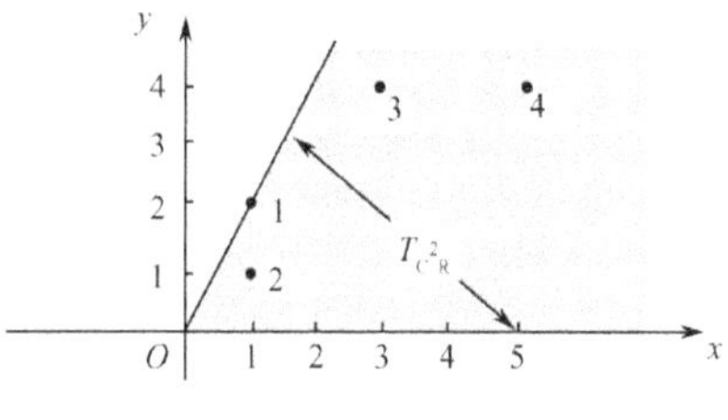

图 3.3.2

弱 Pareto：DMU_1；

Input-弱 DEA 有效(C^2R)：DMU_1；

Output-弱 DEA 有效(C^2R)：DMU_1.

BC^2 模型($\delta_1=1,\delta_2=0$)，见图 3.3.3.

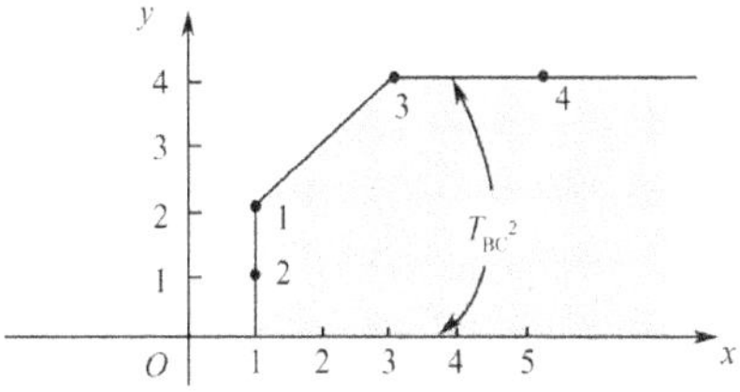

图 3.3.3

弱 Pareto：DMU_1，DMU_2，DMU_3，DMU_4；

Input-弱 DEA 有效(BC^2)：DMU_1，DMU_2，DMU_3；

Output-弱 DEA 有效(BC^2)：DMU_1，DMU_3，DMU_4.

FG 模型($\delta_1=1,\delta_2=1,\delta_3=0$)，见图 3.3.4.

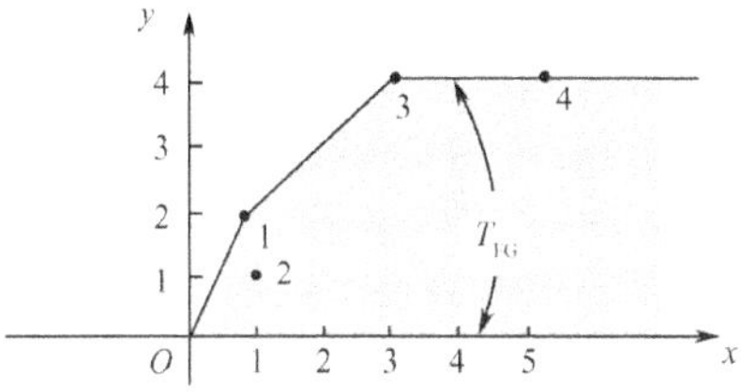

图 3.3.4

弱 Pareto：DMU_1，DMU_3，DMU_4；

Input-弱 DEA 有效(FG)：DMU_1，DMU_3；

Output-弱 DEA 有效(FG)：DMU_1，DMU_3，DMU_4.

ST 模型($\delta_1=1,\delta_2=1,\delta_3=1$)，见图 3.3.5.

弱 Pareto：DMU_1，DMU_2；

Input-弱 DEA 有效(ST)：DMU_1，DMU_2；

Output-弱 DEA 有效(ST)：DMU_1.

由图 3.3.2～3.3.5，可以看出结论 3.3.1～3.3.5 成立.

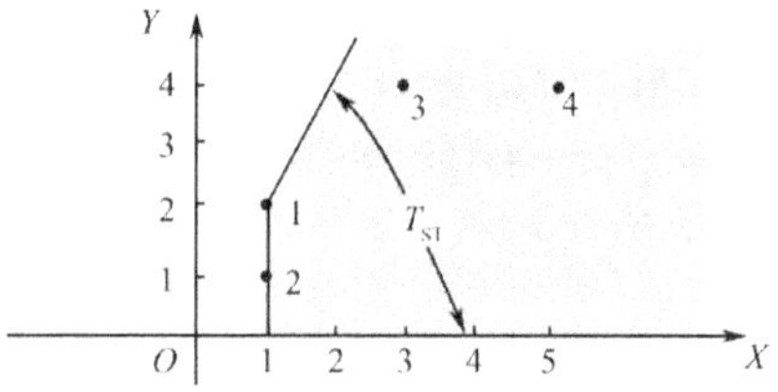

图 3.3.5

第四节 关于(弱)DEA 有效决策单元的恒等式

首先针对综合 DEA 模型(Input-综合 DEA 模型)给出关于(弱)DEA 有效决策单元的几个恒等式,其中(P^I)和(D^I)为

$$
(P^I)\begin{cases}\max\ (\mu^T Y_0 - \delta_1 \mu_0),\\ \omega^T X_j - \mu^T Y_j + \delta_1 \mu_0 \geqq 0, \quad j = 1,\cdots, n,\\ \omega^T X_0 = 1,\\ \omega \geqq 0, \quad \mu \geqq 0, \quad \delta_1 \delta_2 (-1)^{\delta_3} \mu_0 \geqq 0\end{cases}
$$

和

$$
(D^I)\begin{cases}\min\ \theta,\\ \sum_{j=1}^{n} X_j \lambda_j \leqq \theta X_0,\\ \sum_{j=1}^{n} Y_j \lambda_j \geqq Y_0,\\ \delta_1\left[\sum_{j=1}^{n}\lambda_j + \delta_2(-1)^{\delta_3}\lambda_{n+1}\right] = \delta_1,\\ \lambda_j \geqq 0, \quad j = 1,2,\cdots, n; \quad \theta \in E^1,\end{cases}
$$

这里,δ_1,δ_2,δ_3 为取值 0 或 1 的参数.本节关于(弱)DEA 有效决策单元的恒等式表明,在评价决策单元的(弱)有效性时,可以将决策单元进行分组,先评价组内决策单元的相对有效性,再利用得到的各组的(弱)DEA 有效的决策单元,放在一起进行第二次评价,如此等等.这种分组逐一进行评价的方法,将最终得到全部(弱)DEA 有效的决策单元.上述方法在对部门进行分区或分级管理的体制下,确定(弱)DEA 有效决策单元是十分有效的.这种方法实质上可看做是一种“分解算法”.当决策单元的个数很多时,可将检验决策单元是否为(弱)DEA 有效的大规模

的规划问题化为若干个规模较小问题，不但能进行并行计算，更能提高计算的精度.

设

$S=\{1,2,\cdots,n\}$，

S^W =对集合 S 中的所有决策单元进行弱 DEA 有效性评价，得到的弱 DEA 有效决策单元的集合，

S^D =对集合 S 中的所有决策单元进行 DEA 有效性评价，得到的 DEA 有效决策单元的集合.

记

$$S=S_1\cup S_2\cup\cdots\cup S_k,\quad 1\leqq k\leqq n,$$

其中

$$S_i\cap S_j=\varnothing,\quad 1\leqq i<j\leqq n.$$

一般地，设①

$$j_0\in\hat{S}\subset\{1,2,\cdots,n\}$$

考虑线性规划(注意，目标函数 $\mu^T Y_0-\delta_1\mu_0\leqq 1$)

$$\begin{cases}\max\ (\mu^T Y_0-\delta_1\mu_0),\\ \mu^T X_j-\mu^T Y_j+\delta_1\mu_0\geqq 0,\ j\in\hat{S},\\ \omega^T X_0=1,\\ \omega\geqq 0,\quad \mu\geqq 0,\\ \delta_1\delta_2(-1)^{\delta_3}\mu_0\geqq 0.\end{cases}$$

若上面规划的最优值为 1，知 DMU_{j_0} 相对于集合 $\hat{S}$ 中的决策单元来说为弱 DEA 有效，记 $j_0\in\hat{S}^W$；若上面规划存在最优解 ω^0，μ^0，μ_0^0 满足 $\omega^0>0$，$\mu^0>0$，且最优值

$$\mu^{0T}Y_0-\delta_1\mu_0^0=1,$$

DMU_{j_0} 相对于 $\hat{S}$ 中决策单元来说为 DEA 有效，记 $j_0\in\hat{S}^D$.

引理 3.4.1　设 $\bar{\omega},\bar{\mu},\bar{\mu}_0$ 满足

$$\bar{\omega}^T X_j-\bar{\mu}^T Y_j+\delta_1\bar{\mu}_0\geqq 0,\quad j\in \bar{S},$$

$$\bar{\omega}^T X_0-\bar{\mu}^T Y_0+\delta_1\bar{\mu}_0=0,$$

$$\delta_1\delta_2(-1)^{\delta_3}\bar{\mu}_0\geqq 0,$$

① 对集合 $\hat{S}$ 中所有决策单元进行相对效率评价时，得到的弱 DEA 有效集合和 DEA 有效集合分别记为 $\hat{S}^W$ 和 $\hat{S}^D$. 类似的表示方法不另述.

其中

$$j_0 \in \bar{S} \subset S = \{1,2,\cdots,n\}.$$

则

(i) 若 $\bar{\omega}>0,\bar{\mu}>0$,则 $j_0 \in \bar{S}^D$;

(ii) 若 $\bar{\omega}\geqq 0,\bar{\mu}\geqq 0$,则 $j_0 \in \bar{S}^W$;

证　只证结论(i),结论(ii)的证明类似.令

$$\omega^0 = \frac{\bar{\omega}}{\bar{\omega}^T X_0},$$

$$\mu^0 = \frac{\bar{\mu}}{\bar{\omega}^T X_0},$$

$$\mu_0^0 = \frac{\bar{\mu}_0}{\bar{\omega}^T X_0},$$

则

$$\omega^0 > 0, \quad \mu^0 > 0, \delta_1 \delta_2 (-1)^{\delta_3} \mu_0^0 \geqq 0,$$

并且有

$$\omega^{0T} X_j - \mu^{0T} Y_j + \delta_1 \mu_0^0 \geqq 0, \quad j \in \bar{S},$$
$$\omega^{0T} X_0 = 1,$$
$$\mu^{0T} Y_0 - \delta_1 \mu_0^0 = 1.$$

因此,ω^0, μ^0, μ_0^0 为下面问题的最优解

$$\begin{cases} \max\ (\mu^T Y_0 - \delta_1 \mu_0), \\ \mu^T X_j - \mu^T Y_j + \delta_1 \mu_0 \geqq 0, \quad j \in \bar{S}, \\ \omega^T X_0 = 1, \\ \omega \geqq 0, \quad \mu \geqq 0, \\ \delta_1 \delta_2 (-1)^{\delta_3} \mu_0 \geqq 0. \end{cases}$$

故 $j_0 \in \bar{S}^D$.证毕.

定理 3.4.1　设

$$S = \{1,2,\cdots,n\} = \bigcup_{i=1}^{k} S_i,$$

其中

$$S_i \cap S_j = \varnothing, \quad 1 \leqq i < j \leqq n.$$

则有

(i) $S^D = (S_1^D \cup S_2^D \cup \cdots \cup S_k^D)^D$;

(ii) $S^W = (S_1^W \cup S_2^W \cup \cdots \cup S_k^W)^W$.

证 只证结论(i),结论(ii)的证明类似.设 $j_0\in S^D$,即存在 ω^0, μ^0, μ_0^0,有

$$\omega^{0\mathrm{T}}X_j-\mu^{0\mathrm{T}}Y_j+\delta_1\mu_0^0\geqq 0,\quad j\in S=\{1,\cdots,n\},$$
$$\omega^{0\mathrm{T}}X_0=1,$$
$$\omega^0>0,\quad \mu^0>0,$$
$$\delta_1\delta_2(-1)^{\delta_3}\mu_0^0\geqq 0,$$

并且(P^I)的最优值为

$$\mu^{0\mathrm{T}}Y_0-\delta_1\mu_0^0=1.$$

由于

$$j_0\in S^D\subset S=S_1\cup S_2\cup\cdots\cup S_k,$$

不妨设 $j_0\in S_1$,于是有

$$\omega^{0\mathrm{T}}X_j-\mu^{0\mathrm{T}}Y_j+\delta_1\mu_0^0\geqq 0,\quad j\in S_1,$$
$$\omega^{0\mathrm{T}}X_0-\mu^{0\mathrm{T}}Y_0+\delta_1\mu_0^0=0,$$
$$\omega^0>0,\quad \mu^0>0,$$
$$\delta_1\delta_2(-1)^{\delta_3}\mu_0^0\geqq 0.$$

由引理 3.4.1, $j_0\in S_1^D$.

由

$$j_0\in S_1^D\subset S_1^D\cup S_2^D\cup\cdots\cup S_k^D\subset S.$$

故

$$\begin{cases}\omega^{0\mathrm{T}}X_j-\mu^{0\mathrm{T}}Y_j+\delta_1\mu_0^0\geqq 0,\quad j\in S_1^D\cup S_2^D\cup\cdots\cup S_k^D,\\ \omega^{0\mathrm{T}}X_0-\mu^{0\mathrm{T}}Y_0+\delta_1\mu_0^0=0,\\ \omega^0>0,\quad \mu^0>0,\\ \delta_1\delta_2(-1)^{\delta_3}\mu_0^0\geqq 0.\end{cases}$$

再由引理 3.4.1,有

$$j_0\in(S_1^D\cup S_2^D\cup\cdots\cup S_k^D)^D.$$

另一方面,设

$$j_0\in(S_1^D\cup S_2^D\cup\cdots\cup S_k^D)^D.$$

于是,存在 $\omega^0>0$, $\mu^0>0$, μ_0^0, ω^0, μ^0, μ_0^0 为下面线性规划的最优解

$$\begin{cases}\max\ (\mu^{\mathrm{T}}Y_0-\delta_1\mu_0),\\ \omega^{\mathrm{T}}X_j-\mu^{\mathrm{T}}Y_j+\delta_1\mu_0\geqq 0,\quad j\in S_1^D\cup S_2^D\cup\cdots\cup S_k^D,\\ \omega^{\mathrm{T}}X_0=1,\\ \omega\geqq 0,\quad \mu\geqq 0,\\ \delta_1\delta_2(-1)^{\delta_3}\mu_0\geqq 0\end{cases}$$

并且最优值

$$\mu^{0T}Y_0-\delta_1\mu_0^0=1.$$

于是有

$$\begin{cases}\omega^{0T}X_j-\mu^{0T}Y_j+\delta_1\mu_0^0\geqq 0, & j\in S_1^D\cup S_2^D\cup\cdots\cup S_k^D,\\ \omega^{0T}X_0-\mu^{0T}Y_0+\delta_1\mu_0^0=0,\\ \omega^0>0,\quad \mu^0>0,\\ \delta_1\delta_2(-1)^{\delta_3}\mu_0^0\geqq 0.\end{cases}$$

由引理 3.4.1,只须证

$$\omega^{0T}X_j-\mu^{0T}Y_j+\delta_1\mu_0^0\geqq 0,\quad j\in S\setminus(S_1^D\cup S_2^D\cup\cdots\cup S_k^D).$$

现用反证法证之,设

$$\bar{S}=\{j\mid \omega^{0T}X_j-\mu^{0T}Y_j+\delta_1\mu_0^0<0,\ j\in S\}\neq\varnothing.$$

则

$$\bar{S}\subset S\setminus(S_1^D\cup S_2^D\cup\cdots\cup S_k^D)$$

令

$$\alpha_0=\max_{j\in\bar{S}}\frac{\mu^{0T}Y_j-\delta_1\mu_0^0}{\omega^{0T}X_j}=\frac{\mu^{0T}Y_{j_*}-\delta_1\mu_0^0}{\omega^{0T}X_{j_*}}$$

由 $j_*\in\bar{S}$,故

$$\mu^{0T}Y_{j_*}-\delta_1\mu_0^0>\omega^{0T}X_{j_*}>0,$$

因此 $\alpha_0>1$.令

$$\bar{\omega}=\alpha_0\omega^0,$$
$$\bar{\mu}=\mu^0,$$
$$\bar{\mu}_0=\mu_0^0,$$

故 $\bar{\omega},\bar{\mu},\bar{\mu}_0$ 满足

$$\bar{\omega}^TX_j-\bar{\mu}^TY_j+\delta_1\bar{\mu}_0\geqq 0,\quad j\in\bar{S},$$
$$\bar{\omega}^TX_{j_*}-\bar{\mu}^TY_{j_*}+\delta_1\bar{\mu}_0=0,$$
$$\bar{\omega}>0,\quad\bar{\mu}>0,$$
$$\delta_1\delta_2(-1)^{\delta_3}\bar{\mu}_0\geqq 0.$$

而当 $j\notin\bar{S}$ 时,由

$$\omega^{0T}X_j-\mu^{0T}Y_j+\delta_1\mu_0^0\geqq 0,$$

故也有(因 $\alpha_0>1$,知 $\bar{\omega}^TX_j>\omega^{0T}X_j$)

$$\bar{\omega}^TX_j-\bar{\mu}^TY_j+\delta_1\bar{\mu}_0\geqq 0,\quad j\notin\bar{S}.$$

因此 $\bar{\omega},\bar{\mu},\bar{\mu}_0$ 满足

$$\bar{\omega}^{\mathrm{T}} X_j - \bar{\mu}^{\mathrm{T}} Y_j + \delta_1 \bar{\mu}_0 \geqq 0,\ j \in S = \{1,2,\cdots,n\}$$

$$\bar{\omega}^{\mathrm{T}} X_{j_*} - \bar{\mu}^{\mathrm{T}} Y_{j_*} + \delta_1 \bar{\mu}_0 = 0,$$

$$\bar{\omega} > 0,\ \bar{\mu} > 0,$$

$$\delta_1 \delta_2 (-1)^{\delta_3} \bar{\mu}_0 \geqq 0.$$

由引理 3.4.1 知 $j_* \in S^D$.由于 $j_* \in \bar{S}$,并且已证

$$S^D \subset (S_1^D \cup S_2^D \cup \cdots \cup S_k^D)^D,$$

故 $j_* \in S_1^D \cup S_2^D \cup \cdots \cup S_k^D$.此与 $j_* \in \bar{S}$ 相矛盾.证毕.

推论 3.4.1 对于 $S=\{1,2,\cdots,n\}$,则有

$$(S^W)^W = S^W;\ (S^D)^D = S^D.$$

证 在定理 3.4.1 中取

$$S_2 = S_3 = S_4 = \cdots = S_k = \varnothing.$$

则有(此时 $S=S_1$)

$$S^D = (S_1^D \cup S_2^D \cup \cdots \cup S_k^D)^D = (S_1^D)^D = (S^D)^D,$$

$$S^W = (S_1^W \cup S_2^W \cup \cdots \cup S_k^W)^W = (S_1^W)^W = (S^W)^W.$$

证毕.

不难看出,若

$$S = S_1 \cup S_2 \cup \cdots \cup S_k,$$

对每个 $S_i, i=1,\cdots,k$,均有

$$(S_i^W)^W = S_i^W;\ (S_i^D)^D = S_i^D.$$

由此可得到下面的定理.

定理 3.4.2 以 $k=4$ 为例,有

(i)
$$\begin{aligned} S^D &= (S_1^D \cup S_2^D \cup S_3^D \cup S_4^D)^D \\ &= ((S_1^D \cup S_2^D)^D \cup S_3^D \cup S_4)^D \\ &= (S_1^D \cup S_2 \cup S_3 \cup S_4^D)^D \\ &= ((S_1^D \cup S_2^D)^D \cup (S_3^D \cup S_4^D))^D \\ &= \cdots; \end{aligned}$$

(ii) 关于弱 DEA 有效决策单元集合之间也有类似的恒等式,不另述.

证 由定理 3.4.1 及性质$(S_i^D)^D = S_i^D, i=1,\cdots,4$.不难得到结论(i)和(ii).实际上,例如证明

$$S^D = (S_1 \cup S_2 \cup S_3 \cup S_4)^D = ((S_1^D \cup S_2^D)^D \cup (S_3^D \cup S_4^D))^D.$$

实际上,有

$$((S_1^D \cup S_2^D)^D \cup (S_3^D \cup S_4^D))^D$$
$$= ((S_1 \cup S_2)^D \cup S_3^D \cup S_4^D)^D \quad (由定理 3.4.1)$$
$$= ((S_1 \cup S_2) \cup S_3 \cup S_4)^D \quad (由定理 3.4.1)$$
$$= (S_1 \cup S_2 \cup S_3 \cup S_4)^D.$$

证毕.

注　对于 Output-综合 DEA 模型,也有相应的关于输出(弱)DEA 有效的恒等式.

例 3.4.1　考虑由表 3.4.1 给出的具有 1 个输入、1 个输出、6 个决策单元的例子,并且使用输出的 DEA 模型($D_{BC^2}^0$).图 3.4.1 中给出了关于利用恒等式的图例.其中

$$S = \{1,2,\cdots,6\} = S_1 \cup S_2,$$
$$S_1 = \{1,2,3\}, \quad S_2 = \{4,5,6\}.$$

表 3.4.1

1	2	3	4	5	6
1	2	5	3	4	6
2	4	4	3	5	5

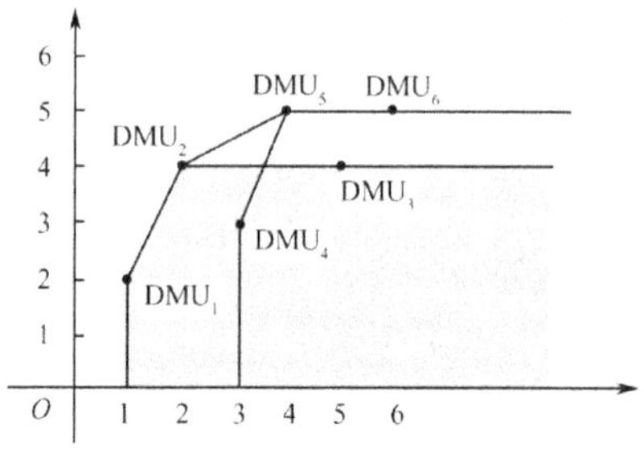

图 3.4.1

由图可知

$$S_1^D = \{1,2\}, \quad S_2^D = \{4,5\},$$
$$S_1^W = \{1,2,3\}, \quad S_2^W = \{4,5,6\},$$
$$S_1^D \cup S_2^D = \{1,2,4,5\},$$
$$S_1^W \cup S_2^W = \{1,2,3,4,5,6\},$$

$$(S_1^D \cup S_2^D)^D = \{1,2,5\} = S^D,$$
$$(S_1^W \cup S_2^W)^W = \{1,2,5,6\} = S^W.$$

第五节　决策单元的增减对决策单元有效性的影响

首先针对综合 DEA 模型(Input-综合 DEA 模型)讨论当增加(或减少)一个决策单元时,DEA 有效决策单元集合的变化.这里,充分利用在研究没有增加(或减少)决策单元之前,评价原有决策单元有效性时得到的信息,给出了 DEA 有效性变化的一些充分条件、必要条件,以及决策单元的 DEA 有效性没有变化的充分必要条件.本节的全部结论对于弱 DEA 有效性也成立,无须另述.

设评价 DMU_{j_0} 时对应的线性规划为

$$(P^{j_0})\begin{cases} \max(\mu^T Y_0 - \delta_1 \mu_0) = V, \\ \omega^T X_j - \mu^T Y_j + \delta_1 \mu_0 \geqq 0, \quad j = 1, \cdots, n, \\ \omega^T X_0 = 1, \\ \omega \geqq 0, \quad \mu \geqq 0, \\ \delta_1 \delta_2 (-1)^{\delta_3} \mu_0 \geqq 0. \end{cases}$$

设问题(P^{j_0})的最优解为 ω^{j_0}, μ^{j_0}, $\mu_0^{j_0}$;并且约定:当 DMU_{j_0} 为 DEA 有效时,有 $\omega^{j_0}>0$, $\mu^{j_0}>0$.

本节中记

$$\hat{T} = \{(X_j, Y_j) \mid j = 1, \cdots, n\},$$
$$S = \{DMU_1, \cdots, DMU_{n-1}, DMU_n\},$$
$$S^D = \left\{ DMU_j \,\middle|\, \begin{array}{l} DMU_j \text{ 相对于 } S \text{ 中所有决策单元进行} \\ \text{评价}, DMU_j \text{ 为 DEA 有效}, \ j \in S \end{array} \right\},$$
$$R = \text{线性规划}(P^{j_0})\text{的约束集合}.$$

若增加一个决策单元 DMU_{n+1},相应输入、输出数据为(X_{n+1}, Y_{n+1}),记

$$\hat{T}_+ = \{(X_j, Y_j) \mid j = 1, \cdots, n, n+1\} = \hat{T} \cup \{(X_{n+1}, Y_{n+1})\},$$
$$S_+ = \{DMU_1, \cdots, DMU_n, DMU_{n+1}\} = S \cup \{DMU_{n+1}\},$$

相应的 DEA 有效决策单元集合为

$$S_+^D = \left\{ DMU_j \,\middle|\, \begin{array}{l} DMU_j \text{ 相对于 } S_+ \text{ 中所有决策单元进行} \\ \text{评价}, DMU_j \text{ 为 DEA 有效}, \ j \in S_+ \end{array} \right\},$$

$$R_+ = \text{线性规划}(P_+^{j_0})\text{的约束集合},$$

其中

$$(P_+^{j_0})\begin{cases}\max(\mu^T Y_0 - \delta_1\mu_0) = V_+,\\ \omega^T X_j - \mu^T Y_j + \delta_1\mu_0 \geqq 0, \quad j = 1,2,\cdots,n,n+1.\\ \omega^T X_0 = 1,\\ \omega \geqq 0, \quad \mu \geqq 0,\\ \delta_1\delta_2(-1)^{\delta_3}\mu_0 \geqq 0.\end{cases}$$

若减少一个决策单元 DMU_n,相应的输入、输出数据为(X_n, Y_n),记

$$\hat{T}_- = \{(X_j, Y_j) \mid j = 1,\cdots,n-1\} = \hat{T} \setminus \{(X_n, Y_n)\},$$

$$S_- = \{DMU_1,\cdots,DMU_{n-1}\} = S \setminus \{DMU_n\}.$$

相应的 DEA 有效决策单元集合为

$$S_-^D = \left\{ DMU_j \,\middle|\, \begin{array}{l} DMU_j \text{ 相对于 } S_- \text{ 中所有决策单元进行} \\ \text{评价}, DMU_j \text{ 为 DEA 有效}, j \in S_- \end{array} \right\}$$

$$R_- = \text{线性规划}(P_-^{j_0})\text{的约束集合},$$

其中($j_0 \neq n$)

$$(P_-^{j_0})\begin{cases}\max(\mu^T Y_0 - \delta_1\mu_0) = V_-,\\ \omega^T X_j - \mu^T Y_j + \delta_1\mu_0 \geqq 0, \quad j = 1,\cdots,n-1,\\ \omega^T X_0 = 1,\\ \omega \geqq 0, \quad \mu \geqq 0,\\ \delta_1\delta_2(-1)^{\delta_3}\mu_0 \geqq 0.\end{cases}$$

不难看出,有

(a) $R_+ \subset R \subset R_-$;

(b) $V_+ \leqq V \leqq V_- \leqq 1$.

新增加决策单元 DMU_{n+1} 后,DEA 有效性的变化.

定理 3.5.1　$S \setminus S^D \subset S_+ \setminus S_+^D$

证　设 $DMU_{j_0} \in S \setminus S^D$,故 $DMU_{j_0} \in S_+$;由 $DMU_{j_0} \notin S^D$,故 $V<1$.由(b),有

$$V_+ \leqq V < 1,$$

知 $DMU_{j_0} \notin S_+^D$.证毕.

推论 3.5.1　$S_+^D \subset S^D \cup \{DMU_{n+1}\}$

证　由

$$S_+ = S \cup \{DMU_{n+1}\},$$

根据定理 3.5.1,有

$$S_+^D \subset S^D \cup \{DMU_{n+1}\}.$$

证毕.

以上定理 3.5.1 和推论 3.5.1 的含义分别为:增加决策单元 DMU_{n+1}后,原来不为 DEA 有效的决策单元仍然不为 DEA 有效;增加决策单元 DMU_{n+1}后,新的 DEA 有效的决策单元或为原来的决策单元,或为决策单元 DMU_{n+1}.

以下的定理 3.5.2,给出了原来 DEA 有效决策单元仍为 DEA 有效的一个充分条件;推论 3.5.2 给出了原来 DEA 有效决策单元变为非 DEA 有效的一个必要条件.

定理 3.5.2　设 $DMU_{j_0} \in S^D$,若(X_{n+1}, Y_{n+1})满足

$$(\omega^{j_0})^T X_{n+1} - (\mu^{j_0})^T Y_{n+1} + \delta_1 \mu_0^{j_0} \geqq 0,$$

则 $DMU_{j_0} \in S_+^D$.

证　由

$$(\omega^{j_0})^T X_{n+1} - (\mu^{j_0})^T Y_{n+1} + \delta_1 \mu_0^{j_0} \geqq 0,$$

知 $\omega^{j_0}, \mu^{j_0}, \mu_0^{j_0}$ 满足$(P_+^{j_0})$的约束条件,即

$$(\omega^{j_0})^T X_j - (\mu^{j_0})^T Y_j + \delta_1 \mu_0^{j_0} \geqq 0, \ j = 1, \cdots, n+1,$$

$$(\omega^{j_0})^T X_0 = 1,$$

$$\omega^{j_0} \geqq 0, \ \mu^{j_0} \geqq 0,$$

$$\delta_1 \delta_2 (-1)^{\delta_3} \mu_0^{j_0} \geqq 0.$$

又由 $DMU_{j_0} \in S^D$,故 $\omega^{j_0} > 0, \ \mu^{j_0} > 0$,且

$$(\mu^{j_0})^T Y_0 - \delta_1 \mu_0^{j_0} = 1.$$

由 DEA 有效的定义,知 $DMU_{j_0} \in S_+^D$.证毕.

推论 3.5.2　若 $DMU_{j_0} \in S^D$,但 $DMU_{j_0} \notin S_+^D$,则有

$$(\omega^{j_0})^T X_{n+1} - (\mu^{j_0})^T Y_{n+1} + \delta_1 \mu_0^{j_0} < 0.$$

证　由定理 3.5.2 得到,证毕.

引理 3.5.1　若 $DMU_{n+1} \notin S_+^D$,则对任意 $DMU_j \in S^D$,都有

$$(\omega^j)^T X_{n+1} - (\mu^j)^T Y_{n+1} + \delta_1 \mu_0^j > 0.$$

证　用反证法证明之.设存在 $DMU_{j_0} \in S^D$,有

$$(\omega^{j_0})^T X_{n+1} - (\mu^{j_0})^T Y_{n+1} + \delta_1 \mu_0^{j_0} \leqq 0.$$

分两种情况讨论:

(i) 若

$$(\omega^{j_0})^{\mathrm T}X_{n+1}-(\mu^{j_0})^{\mathrm T}Y_{n+1}+\delta_1\mu_0^{j_0}=0,$$

由引理 3.4.1(此时,引理 3.4.1 中的 $\bar{S}=S_+=\{1,\cdots,n,n+1\}$),有 $\mathrm{DMU}_{n+1}\in S_+^D$,矛盾;

(ii) 若

$$(\omega^{j_0})^{\mathrm T}X_{n+1}-(\mu^{j_0})^{\mathrm T}Y_{n+1}+\delta_1\mu_0^{j_0}<0.$$

令

$$\omega^{n+1}=\omega^{j_0}+(\Delta_1,0,\cdots,0)^{\mathrm T},$$
$$\mu^{n+1}=\mu^{j_0},$$
$$\mu_0^{n+1}=\mu_0^{j_0},$$

其中

$$\Delta_1=\frac{-((\omega^{j_0})^{\mathrm T}X_{n+1}-(\mu^{j_0})^{\mathrm T}Y_{n+1}+\delta_1\mu_0^{j_0})}{x_{1\,n+1}}>0,$$

而 $x_{1\,n+1}$为 X_{n+1}的第一个分量,即

$$X_{n+1}=(x_{1\,n+1},x_{2\,n+1},\cdots,x_{m\,n+1})^{\mathrm T}.$$

则有

$$(\omega^{n+1})^{\mathrm T}X_j-(\mu^{n+1})^{\mathrm T}Y_j+\delta_1\mu_0^{n+1}\geqq 0,\quad j=1,\cdots,n,$$
$$(\omega^{n+1})^{\mathrm T}X_{n+1}-(\mu^{n+1})^{\mathrm T}Y_{n+1}+\delta_1\mu_0^{n+1}=0,$$
$$\omega^{n+1}>0,\quad \mu^{n+1}>0,$$
$$\delta_1\delta_2(-1)^{\delta_3}\mu_0^{n+1}\geqq 0.$$

由引理 3.4.1(此时 $\bar{S}=S_+=\{1,2,\cdots,n,n+1\}$),知 $\mathrm{DMU}_{n+1}\in S_+^D$,矛盾.证毕.

定理 3.5.3 若存在 $\mathrm{DMU}_{j_0}\in S^D$,$(X_{n+1},Y_{n+1})$有

$$(\omega^{j_0})^{\mathrm T}X_{n+1}-(\mu^{j_0})^{\mathrm T}Y_{n+1}+\delta_1\mu_0^{j_0}\leqq 0,$$

则 $\mathrm{DMU}_{n+1}\in S_+^D$.

证 由引理 3.5.1 得到.证毕.

在定理 3.5.3 中,实际上给出了新增加的决策单元 DMU_{n+1}是 DEA 有效的一个充分条件.

以下讨论集合 S^D 与集合 S_+^D之间的关系.

定理 3.5.4 若对任意 $\mathrm{DMU}_j\in S^D$,均有

$$(\omega^j)^{\mathrm T}X_{n+1}-(\mu^j)^{\mathrm T}Y_{n+1}+\delta_1\mu_0^j\geqq 0,$$

则有

$$S^D \subset S_+^D.$$

进而,若存在 $DMU_{j_*} \in S^D$,有

$$(\omega^{j_*})^T X_{n+1} - (\mu^{j_*})^T Y_{n+1} + \delta_1 \mu_0^{j_*} = 0,$$

则

$$S^D \cup \{DMU_{n+1}\} = S_+^D.$$

证　由定理 3.5.2 有

$$S^D \subset S_+^D.$$

现证定理的第二个结论.因为

$$(\omega^{j_*})^T X_{n+1} - (\mu^{j_*})^T Y_{n+1} + \delta_1 \mu_0^{j_*} = 0,$$

再由 $DMU_{j_*} \in S^D$,故

$$(\omega^{j_*})^T X_j - (\mu^{j_*})^T Y_j + \delta_1 \mu_0^{j_*} \geqq 0, \quad j = 1, \cdots, n,$$

$$\omega^{j_*} > 0, \quad \mu^{j_*} > 0,$$

由引理 3.4.1(此时 $\bar{S} = S_+ = \{1, 2, \cdots, n, n+1\}$)知 $DMU_{n+1} \in S_+^D$,于是

$$S^D \cup \{DMU_{n+1}\} \subset S_+^D.$$

另一方面,由推论 3.5.1 有

$$S_+^D \subset S^D \cup \{DMU_{n+1}\}.$$

因此

$$S^D \cup \{DMU_{n+1}\} = S_+^D.$$

证毕.

定理 3.5.5　设 $(X_{n+1}, Y_{n+1}) \in T$,则

$$S_+^D = S^D$$

或

$$S_+^D = S^D \cup \{DMU_{n+1}\},$$

其中

$$T = \Big\{ (X, Y) \Big| \sum_{j=1}^n X_j \lambda_j \leqq X, \sum_{j=1}^n Y_j \lambda_j \geqq Y,$$
$$\delta_1 \Big[\sum_{j=1}^n \lambda_j + \delta_2 (-1)^{\delta_3} \lambda_{n+1} \Big] = \delta_1, \ \lambda_j \geqq 0, \ j = 1, \cdots, n+1 \Big\}.$$

证　任取 $DMU_{j_0} \in S^D$,由 $(X_{n+1}, Y_{n+1}) \in T$,故存在 $\lambda_j \geqq 0$, $j = 1, 2, \cdots, n, n+1$,满足

$$\delta_1 \Big[\sum_{j=1}^n \lambda_j + \delta_2 (-1)^{\delta_3} \lambda_{n+1} \Big] = \delta_1,$$

有

$$\sum_{j=1}^{n} X_j\lambda_j \leqq X_{n+1},$$

$$\sum_{j=1}^{n} Y_j\lambda_j \geqq Y_{n+1}.$$

于是,

$$\begin{aligned}
&(\omega^{j_0})^{\mathrm{T}} X_{n+1} - (\mu^{j_0})^{\mathrm{T}} Y_{n+1} + \delta_1 \mu_0^{j_0} \\
&\geqq (\omega^{j_0})^{\mathrm{T}}\left[\sum_{j=1}^{n} X_j\lambda_j\right] - (\mu^{j_0})^{\mathrm{T}}\left[\sum_{j=1}^{n} Y_j\lambda_j\right] + \delta_1 \mu_0^{j_0} \\
&= \sum_{j=1}^{n}((\omega^{j_0})^{\mathrm{T}} X_j - (\mu^{j_0})^{\mathrm{T}} Y_j)\lambda_j + \delta_1 \mu_0^{j_0} \\
&= \sum_{j=1}^{n}((\omega^{j_0})^{\mathrm{T}} X_j - (\mu^{j_0})^{\mathrm{T}} Y_j)\lambda_j + \mu_0^{j_0}\left[\delta_1 \sum_{j=1}^{n}\lambda_j + \delta_1\delta_2(-1)^{\delta_3}\lambda_{n+1}\right] \\
&= \sum_{j=1}^{n}((\omega^{j_0})^{\mathrm{T}} X_j - (\mu^{j_0})^{\mathrm{T}} Y_j + \delta_1 \mu_0^{j})\lambda_j + \delta_1\delta_2(-1)^{\delta_3}\mu_0^{j_0}\lambda_{n+1} \\
&\geqq 0.
\end{aligned}$$

由定理 3.5.2,知

$$\mathrm{DMU}_{j_0} \in S_+^D.$$

故

$$S^D \subset S_+^D.$$

(i) 若 $\mathrm{DMU}_{n+1} \in S_+^D$,则有

$$S^D \cup \{\mathrm{DMU}_{n+1}\} \subset S_+^D;$$

另一方面,由推论 3.5.1,有

$$S_+^D \subset S^D \cup \{\mathrm{DMU}_{n+1}\}.$$

于是

$$S_+^D = S^D \cup \{\mathrm{DMU}_{n+1}\}.$$

(ii) 若 $\mathrm{DMU}_{n+1} \notin S_+^D$,由推论 3.5.1

$$S_+^D \subset S^D \cup \{\mathrm{DMU}_{n+1}\},$$

因此

$$S_+^D \subset S^D.$$

最后得到

$$S_+^D = S^D.$$

证毕.

注意　定理 3.5.5 中的条件

$$(X_{n+1}, Y_{n+1}) \in T$$

是可以检验的.实际上,$(X_{n+1}, Y_{n+1}) \in T$ 等价于下面不等式组有解

$$\begin{cases} \sum_{j=1}^{n} \begin{bmatrix} X_j \\ -Y_j \end{bmatrix} \lambda_j \leqq \begin{bmatrix} X_{n+1} \\ -Y_{n+1} \end{bmatrix}, \\ \delta_1 \left[\sum_{j=1}^{n} \lambda_j + \delta_2 (-1)^{\delta_3} \lambda_{n+1} \right] = \delta_1, \\ \lambda_j \geqq 0, \quad j = 1, \cdots, n, n+1. \end{cases}$$

由 Farkas 型线性不等式组相容性定理(见文献[48]),上面不等式组有解的充分必要条件是:对所有满足

$$\omega^{\mathrm{T}} X_j - \mu^{\mathrm{T}} Y_j + \delta_1 \mu_0 \geqq 0, \quad j = 1, \cdots, n,$$
$$\omega \geqq 0, \quad \mu \geqq 0,$$
$$\delta_1 \delta_2 (-1)^{\delta_3} \mu_0 \geqq 0$$

的 ω, μ, μ_0 均有

$$\omega^{\mathrm{T}} X_{n+1} - \mu^{\mathrm{T}} Y_{n+1} + \delta_1 \mu_0 \geqq 0.$$

这等价于下面线性规划问题的最优值大于或等于 0:

$$\begin{cases} \min(\omega^{\mathrm{T}} X_{n+1} - \mu^{\mathrm{T}} Y_{n+1} + \delta_1 \mu_0), \\ \omega^{\mathrm{T}} X_j - \mu^{\mathrm{T}} Y_j + \delta_1 \mu_0 \geqq 0, \ j = 1, \cdots, n, \\ \omega \geqq 0, \ \mu \geqq 0, \\ \delta_1 \delta_2 (-1)^{\delta_3} \mu_0 \geqq 0. \end{cases}$$

由定理 3.5.5 可以看出:当增加的决策单元 DMU_{n+1} 在由 DMU_1, DMU_2, …, DMU_n 给出的生产可能集 T 中时(即 $(X_{n+1}, Y_{n+1}) \in T$),原来为 DEA 有效的决策单元仍为 DEA 有效;当 $\mathrm{DMU}_{n+1} \notin S_+^D$ 时,有 $S_+^D = S^D$(DEA 有效的决策单元没有变化),当 $\mathrm{DMU}_{n+1} \in S_+^D$ 时, $S_+^D = S^D \cup \{\mathrm{DMU}_{n+1}\}$(即新的 DEA 有效决策单元的集合 S_+^D 中,除了原来的 DEA 有效决策单元外,增加了决策单元 DMU_{n+1}).

以下定理说明:当已知新增的决策单元 DMU_{n+1} 不为 DEA 有效时,新的 DEA 有效决策单元没有变化,即 $S_+^D = S^D$;反之亦然.

定理 3.5.6　$\mathrm{DMU}_{n+1} \notin S_+^D$ 的充分必要条件是

$$S_+^D = S^D.$$

证　设 $S_+^D = S^D$.由 $\mathrm{DMU}_{n+1} \notin S$,故 $\mathrm{DMU}_{n+1} \notin S^D$,因此 $\mathrm{DMU}_{n+1} \notin S_+^D$.充分性得证.

设 $\mathrm{DMU}_{n+1} \notin S_+^D$.由推论 3.5.1 知

$$S_+^D \subset S^D \cup \{DMU_{n+1}\}.$$

因为 $DMU_{n+1} \notin S_+^D$,故

$$S_+^D \subset S^D.$$

另一方面,若存在 $DMU_{j_0} \in S^D$,但 $DMU_{j_0} \notin S_+^D$.由推论 3.5.2,必有

$$(\omega^{j_0})^T X_{n+1} - (\mu^{j_0})^T Y_{n+1} + \delta_1 \mu_0^{j_0} < 0.$$

然而,由引理 3.5.1,有

$$(\omega^{j_0})^T X_{n+1} - (\mu^{j_0})^T Y_{n+1} + \delta_1 \mu_0^{j_0} > 0,$$

矛盾.因此,$S^D \subset S_+^D$.

最后得到 $S^D = S_+^D$.证毕.

减少决策单元 $\mathbf{DMU_n}$ 后,DEA 有效性的变化.

由定理 3.5.1 和推论 3.5.1,立刻得到相应的定理 3.5.7 和推论 3.5.3.

定理 3.5.7　$S_- \setminus S_-^D \subset S \setminus S^D$.

推论 3.5.3　$S^D \setminus \{DMU_n\} \subset S_-^D$.

在推论 3.5.3 中的含义是:减少一个决策单元 DMU_n 后,原来为 DEA 有效的决策单元(DMU_n 除外),仍为 DEA 有效.

引理 3.5.2　设 ω^{j_0}, μ^{j_0}, $\mu_0^{j_0}$ 为(P^{j_0})的最优解, $j_0 \neq n$.若

$$(\omega^{j_0})^T X_n - (\mu^{j_0})^T Y_n + \delta_1 \mu_0^{j_0} > 0,$$

则 ω^{j_0}, μ^{j_0}, $\mu_0^{j_0}$ 也为($P_-^{j_0}$)的最优解.

证　用反证法证明之.设 ω^{j_0}, μ^{j_0}, $\mu_0^{j_0}$ 不为($P_-^{j_0}$)的最优解,则存在 $\bar{\omega}$, $\bar{\mu}$, $\bar{\mu}_0$ 满足

$$\begin{aligned}
&\bar{\omega}^T X_j - \bar{\mu}^T Y_j + \delta_1 \bar{\mu}_0 \geqq 0, \quad j = 1, \cdots, n-1,\\
&\bar{\omega}^T X_0 = 1,\\
&\bar{\omega} \geqq 0, \quad \bar{\mu} \geqq 0,\\
&\delta_1 \delta_2 (-1)^{\delta_3} \bar{\mu}_0 \geqq 0.
\end{aligned}$$

但有

$$\bar{\mu}^T Y_0 - \delta_1 \bar{\mu}_0 > (\mu^{j_0})^T Y_0 - \delta_1 \mu_0^{j_0}.$$

令

$$\begin{pmatrix} \omega^\alpha \\ \mu^\alpha \\ \mu_0^\alpha \end{pmatrix} = \alpha \begin{pmatrix} \bar{\omega} \\ \bar{\mu} \\ \bar{\mu}_0 \end{pmatrix} + (1-\alpha) \begin{pmatrix} \omega^{j_0} \\ \mu^{j_0} \\ \mu_0^{j_0} \end{pmatrix}, \quad \alpha \in (0,1).$$

则有

$$(\omega^{\alpha})^{\mathrm{T}} X_j - (\mu^{\alpha})^{\mathrm{T}} Y_j + \delta_1 \mu_0^{\alpha} \geqq 0, \quad j = 1, \cdots, n-1$$

$$\omega^{\alpha} \geqq 0,$$

$$\mu^{\alpha} \geqq 0,$$

$$\delta_1 \delta_2 (-1)^{\delta_3} \mu_0^{\alpha} \geqq 0,$$

并且为 $\alpha \in (0,1)$ 且 α 足够小时,有

$$\begin{aligned}&(\omega^{\alpha})^{\mathrm{T}} X_n - (\mu^{\alpha})^{\mathrm{T}} Y_n + \delta_1 \mu_0^{\alpha} \\ &= \alpha(\bar{\omega}^{\mathrm{T}} X_n - \bar{\mu}^{\mathrm{T}} Y_n + \delta_1 \bar{\mu}_0) + (1-\alpha)[(\omega^{j_0})^{\mathrm{T}} X_n - (\mu^{j_0})^{\mathrm{T}} Y_n + \delta_1 \mu_0^{j_0}] \\ &\geqq 0.\end{aligned}$$

然而,却有

$$\begin{aligned}&(\mu^{\alpha})^{\mathrm{T}} Y_0 - \delta_1 \mu_0^{\alpha} \\ &= \alpha(\bar{\mu}^{\mathrm{T}} Y_0 - \delta_1 \bar{\mu}_0) + (1-\alpha)[(\mu^{j_0})^{\mathrm{T}} Y_0 - \delta_1 \mu_0^{j_0}] \\ &> (\mu^{j_0})^{\mathrm{T}} Y_0 - \delta_1 \mu_0^{j_0}.\end{aligned}$$

此与 ω^{j_0}, μ^{j_0}, $\mu_0^{j_0}$ 为(P^{j_0})的最优解相矛盾.证毕.

定理 3.5.8 设 $\mathrm{DMU}_{j_0} \notin S^D$, $j_0 \neq n$,且(X_n, Y_n)满足

$$(\omega^{j_0})^{\mathrm{T}} X_n - (\mu^{j_0})^{\mathrm{T}} Y_n + \delta_1 \mu_0^{j_0} > 0,$$

则 $\mathrm{DMU}_{j_0} \notin S_-^D$.

证 由 $\mathrm{DMU}_{j_0} \notin S^D$,则($P^{j_0}$)的最优值

$$V = (\mu^{j_0})^{\mathrm{T}} Y_0 - \delta_1 \mu_0^{j_0} < 1.$$

由于

$$(\omega^{j_0})^{\mathrm{T}} X_n - (\mu^{j_0})^{\mathrm{T}} Y_n + \delta_1 \mu_0^{j_0} > 0,$$

由引理 3.5.2,知 ω^{j_0}, μ^{j_0}, $\mu_0^{j_0}$ 也为($P_-^{j_0}$)的最优解,且最优值

$$V_- = (\mu^{j_0})^{\mathrm{T}} Y_0 - \delta_1 \mu_0^{j_0} < 1.$$

因此,$\mathrm{DMU}_{j_0} \notin S_-^D$.

在定理 3.5.8 中的条件,实际上是当决策单元减少后,原来不为 DEA 有效仍不为 DEA 有效的一个充分条件.

推论 3.5.4 若 $\mathrm{DMU}_{j_0} \notin S^D$,但 $\mathrm{DMU}_{j_0} \in S_-^D$,则有

$$(\omega^{j_0})^{\mathrm{T}} X_n - (\mu^{j_0})^{\mathrm{T}} Y_n + \delta_1 \mu_0^{j_0} = 0.$$

证 因为

$$(\omega^{j_0})^{\mathrm{T}} X_n - (\mu^{j_0})^{\mathrm{T}} Y_n + \delta_1 \mu_0^{j_0} \geqq 0,$$

若

$$(\omega^{j_0})^T X_n - (\mu^{j_0})^T Y_n + \delta_1 \mu_0^{j_0} > 0,$$

由定理 3.5.8, $DMU_{j_0} \notin S_-^D$. 矛盾, 故必有

$$(\omega^{j_0})^T X_n - (\mu^{j_0})^T Y_n + \delta_1 \mu_0^{j_0} = 0.$$

证毕.

如果 $DMU_{j_0} \notin S^D$, 并且有

$$(\omega^{j_0})^T X_n - (\mu^{j_0})^T Y_n + \delta_1 \mu_0^{j_0} = 0,$$

并不能得出: $DMU_{j_0} \in S_-^D$. 也即推论 3.5.4 中只给出了 DMU_{j_0} 由不为 DEA 有效变为 DEA 有效的一个必要条件而已. 见例 3.5.1.

例 3.5.1(一个反例)　考虑具有一个输入、一个输出和 4 个决策单元的例子 ($n=4$). 其数据由表 3.5.1 给出, 减少 DMU_4, $j_0=1$.

表 3.5.1

	1	2	3	4	
1 →	3	1	2	3	
	1	1	2	3	→ 1

评价 DMU_1 的线性规划为(使用 BC^2 模型)

$$(P^1)\begin{cases} \max(\mu - \mu_0) = V, \\ 3\omega - \mu + \mu_0 \geqq 0, \\ \omega - \mu + \mu_0 \geqq 0, \\ 2\omega - 2\mu + \mu_0 \geqq 0, \\ 3\omega - 3\mu + \mu_0 \geqq 0, \\ 3\omega = 1 \\ \omega \geqq 0, \quad \mu \geqq 0, \quad \mu_0 \in E^1 \end{cases}$$

知最优解

$$\omega^{j_0} = \omega^1 = \frac{1}{3}, \quad \mu^{j_0} = \mu^1 = \frac{1}{3}, \quad \mu_0^{j_0} = \mu_0^1 = 0.$$

最优值

$$V = \mu^{j_0} - \mu_0^{j_0} = \frac{1}{3} < 1.$$

故 $DMU_{j_0} = DMU_1 \notin S^D$.

决策单元 $n=4$, 满足

$$(\omega^{j_0})^{\mathrm{T}} X_n - (\mu^{j_0})^{\mathrm{T}} Y_n + \delta_1 \mu_0^{j_0} = 0.$$

当将 $\mathrm{DMU}_n = \mathrm{DMU}_4$ 去掉后，相应于 $\mathrm{DMU}_{j_0} = \mathrm{DMU}_1$ 的线性规划问题为

$$(P_-^1)\begin{cases}\max(\mu - \mu_0) = V_-,\\ 3\omega - \mu + \mu_0 \geqq 0,\\ \omega - \mu + \mu_0 \geqq 0,\\ 2\omega - 2\mu + \mu_0 \geqq 0,\\ 3\omega = 1,\\ \omega \geqq 0,\quad \mu \geqq 0,\quad \mu_0 \in E^1,\end{cases}$$

其最优解为

$$\bar{\omega} = \frac{1}{3},\quad \bar{\mu} = \frac{1}{3},\quad \bar{\mu}_0 = 0,$$

最优值

$$V_- = \bar{\mu} - \bar{\mu}_0 = \frac{1}{3} < 1.$$

即 $\mathrm{DMU}_{j_0} = \mathrm{DMU}_1 \notin S_-^D$. 实际上，由图 3.5.1 也可以看出.

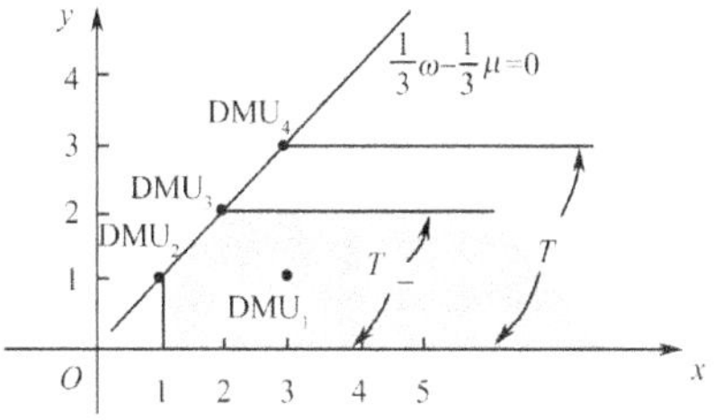

图 3.5.1

定理 3.5.9　若对任意 $\mathrm{DMU}_j \notin S^D$，$j \neq n$，都有

$$(\omega^j)^{\mathrm{T}} X_n - (\mu^j)^{\mathrm{T}} Y_n + \delta_1 \mu_0^j > 0,$$

则

$$S_-^D \subset S^D.$$

进而可得到

$$S_-^D = S^D \quad 或 \quad S_-^D \cup \{\mathrm{DMU}_n\} = S^D.$$

证　由定理 3.5.8，对任意 $\mathrm{DMU}_j \notin S^D$，都有 $\mathrm{DMU}_j \notin S_-^D$，故

$$S_-^D \subset S^D.$$

由推论 3.5.3，有

$$S^D \subset S_-^D \cup \{DMU_n\}.$$

因此

$$S_-^D \subset S^D \subset S_-^D \cup \{DMU_n\}. \tag{1}$$

当注意到

$$S = S_- \cup \{DMU_n\}$$

时有：

(i) 若 $DMU_n \notin S^D$,由(1),有 $S^D \subset S_-^D$,因此

$$S^D = S_-^D;$$

(ii) 若 $DMU_n \in S^D$,由(1),有

$$S_-^D \cup \{DMU_n\} \subset S^D \subset S_-^D \cup \{DMU_n\},$$

故

$$S_-^D \cup \{DMU_n\} = S^D.$$

证毕.

以下两个定理将进一步给出 S^D 和 S_-^D 之间的关系.实际上,它们就是定理 3.5.5 和定理 3.5.6 在减少决策单元 DMU_n 时的重新描述.

定理 3.5.10　如果$(X_n, Y_n) \in T_-$,则

$$S^D = S_-^D \quad 或 \quad S^D = S_-^D \cup \{DMU_n\},$$

其中

$$T_- = \left\{ (X, Y) \,\middle|\, \sum_{j=1}^{n-1} X_j \lambda_j \leqq X, \sum_{j=1}^{n-1} Y_j \lambda_j \geqq Y, \right.$$
$$\left. \delta_1 \left[\sum_{j=1}^{n-1} \lambda_j + \delta_2 (-1)^{\delta_3} \lambda_n \right] = \delta_1,\ \lambda_j \geqq 0,\ j = 1, \cdots, n \right\}.$$

定理 3.5.11　$DMU_n \notin S^D$ 的充分必要条件是

$$S^D = S_-^D$$

在定理 3.5.11 中,说明当减少不为 DEA 有效的决策单元时,对决策单元的有效性没有影响.

注　对于 Output-综合 DEA 模型,也有类似的一些结果,无须另述.

第四章　生产可能集的(弱)生产前沿面的特征、结构与构造方法

对于综合 DEA 模型(输入模型或输出模型)的生产可能集为($T\subset E_{+}^{m+s}$)

$$T=\{(X,\ Y)\mid \bar{X}\lambda\leqq X,\bar{Y}\lambda\geqq Y,\delta_1(\tilde{e}^T\lambda+\delta_2(-1)^{\delta_3}\lambda_{n+1})=\delta_1,\lambda\geqq 0,\lambda_{n+1}\geqq 0\}.$$

其中

$$\bar{X}\lambda=\sum_{j=1}^{n}X_j\lambda_j,$$

$$\bar{Y}\lambda=\sum_{j=1}^{n}Y_j\lambda_j.$$

上述形式的生产可能集 T 是用“和形式”给出的.本章使用将“和形式”的凸多面锥转化为“交形式”的方法(见文献[49]),将它表示为用有限多个超平面的“交形式”(实际上,每个超平面即为生产可能集 T 的有效面).在此基础上,我们给出生产可能集的(弱)有效面和(弱)生产前沿面的结构特征和构造方法.本章取材于我们自己的工作,见文献[36].

关于生产可能集 T 的生产前沿面的结构研究的另一途径是利用具有“偏袒锥”的方法(即所谓 K 锥).1996 年 Yu, Wei 等人,针对更为一般的具有锥结构的综合 DEA 模型进行了研究.在本书第十一章例 11.4.6 中,通过例子给出了生产前沿面的构造方法.一般性的研究,见文献[24],[50].

第一节　生产可能集的“交形式”表示

考虑综合 DEA 模型对应的生产可能集

$$T=\left\{(X,\ Y)\ \middle|\ \begin{array}{l}\sum_{j=1}^{n}X_j\lambda_j\leqq X,\ \delta_1\left[\sum_{j=1}^{n}\lambda_j+\delta_2(-1)^{\delta_3}\lambda_{n+1}\right]=\delta_1,\\ \sum_{j=1}^{n}Y_j\lambda_j\geqq Y,\ \lambda_j\geqq 0,\ j=1,2,\cdots,n,\ n+1\end{array}\right\}.\tag{4.1.1}$$

由输入、输出数据(X_j, Y_j), $j=1$, …, n, 给出一个多面锥(由“交形式”给出,并且 $Q\neq\{0\}$).

$$Q=\left\{(\omega,\ \mu,\ \mu_0)\ \middle|\ \begin{array}{l}\omega^{\mathrm{T}}X_j-\mu^{\mathrm{T}}Y_j+\delta_1\mu_0\geqq 0,\ j=1,\cdots,n,\\ \omega\geqq 0,\ \mu\geqq 0,\ \delta_1\delta_2(-1)^{\delta_3}\mu_0\geqq 0\end{array}\right\}\tag{4.1.2}$$

当我们使用 2001 年 Wei 和 Yan 给出的将凸面锥由“交形式”转化为“和形式”的方法(见文献[49], [51], [52]①,存在$(\omega^k, \mu^k, \mu_0^k)$, $k=1, 2, \cdots, l$,满足

$$(\omega^k, \mu^k) \geqslant 0, \qquad k = 1, \cdots, l, \tag{4.1.3}$$

$$\delta_1 \delta_2 (-1)^{\delta_3} \mu_0^k \geqq 0, \qquad k = 1, \cdots, l, \tag{4.1.4}$$

$$\omega^{kT} X_j - \mu^{kT} Y_j + \delta_1 \mu_0^k \geqq 0, \qquad k = 1, \cdots, l \tag{4.1.5}$$

有

$$Q = \left\{ \sum_{k=1}^{l} (\omega^k, \mu^k, \delta_1 \mu_0^k) \alpha_k \,\middle|\, \alpha_k \geqq 0, k = 1, \cdots, l \right\} \tag{4.1.6}$$

令

$$T' = \left\{ (X, Y) \,\middle|\, \begin{array}{l} \omega^{kT} X - \mu^{kT} Y + \delta_1 \mu_0^k \geqq 0, k = 1, \cdots, l, \\ X \geqq 0, Y \geqq 0. \end{array} \right\} \tag{4.1.7}$$

我们可以证明 $T = T'$,由以下定理给出.

定理 4.1.1　设生产可能集为 T.而 T'由式(4.1.2)~(4.1.7)给出,则

$$T = T'.$$

证　先证 $T \subset T'$.设$(X, Y) \in T$,则存在 $\lambda_1, \lambda_2, \cdots, \lambda_n, \lambda_{n+1}$,满足

$$\delta_1 \left[\sum_{j=1}^{n} \lambda_j + \delta_2 (-1)^{\delta_3} \lambda_{n+1} \right] = \delta_1,$$

$$\lambda_j \geqq 0, j = 1, \cdots, n, n+1,$$

使

$$\sum_{j=1}^{n} X_j \lambda_j \leqq X, \quad \sum_{j=1}^{n} Y_j \lambda_j \geqq Y, \quad Y \geqq 0,$$

于是,对 $k=1, 2, \cdots, l$ 有(由(4.1.3)~(4.1.5))

$$\begin{aligned} \omega^{kT} X - \mu^{kT} Y + \delta_1 \mu_0^k &\geqq \omega^{kT} \sum_{j=1}^{n} X_j \lambda_j - \mu^{kT} \sum_{j=1}^{n} Y_j \lambda_j + \delta_1 \mu_0^k \\ &= \sum_{j=1}^{n} (\omega^{kT} X_j - \mu^{kT} Y_j + \delta_1 \mu_0^k) \lambda_j - \delta_1 \sum_{j=1}^{n} \mu_0^k \lambda_j + \delta_1 \mu_0^k \\ &\geqq \delta_1 \left[1 - \sum_{j=1}^{n} \lambda_j \right] \mu_0^k \\ &= \delta_1 \delta_2 (-1)^{\delta_3} \mu_0^k \lambda_{n+1} \\ &\geqq 0, \end{aligned}$$

因此,$T \subset T'$.

以下证明 $T' \subset T$.令

① 或见附录 C.

$$T=\left\{(X,\ Y)\left|\begin{array}{l}\sum_{j=1}^{n}X_j\lambda_j\leqq X,\ \sum_{j=1}^{n}Y_j\lambda_j\geqq Y,\ Y\in E^s,\\ \delta_1\left[\sum_{j=1}^{n}\lambda_j+\delta_2(-1)^{\delta_3}\lambda_{n+1}\right]=\delta_1,\lambda_j\geqq 0,j=1,\cdots,n,n+1\end{array}\right.\right\},$$

$$T'=\{(X,Y)\mid \omega^{k\mathrm{T}}X-\mu^{k\mathrm{T}}Y+\delta_1\mu_0^k\geqq 0,k=1,\cdots,l,X\geqq 0,Y\in E^s\}.$$

注意，在 T 中和 T' 中都不要求 $Y\geqq 0$. 可见，若能证明 $T'\subset T$，则由

$$T=T\cap\{(X,\ Y)\mid X\geqq 0,\ Y\geqq 0\}=T\cap E_+^{m+s},$$

$$T'=T'\cap\{(X,\ Y)\mid X\geqq 0,\ Y\geqq 0\}=T'\cap E_+^{m+s},$$

可得 $T'\subset T$.

现在用反证法证明 $T'\subset T$. 为此设

$$(\hat{X},\hat{Y})\in T',\quad(\hat{X},\hat{Y})\notin T.$$

因为 T 为闭凸集(当 $\delta_1=0$ 时，T 为闭凸锥)，由分离定理，存在 $(\hat{\omega},\ \hat{\mu})\neq 0$，及 $-\delta_1\hat{\mu}_0\in E^1$(当 $\delta_1=0$ 时，使用关于点与闭凸锥的分离定理，自然有 $-\delta_1\hat{\mu}_0=0$)，对 $\forall(X,\ Y)\in T$ 有

$$\hat{\omega}^{\mathrm{T}}\hat{X}-\hat{\mu}^{\mathrm{T}}\hat{Y}<-\delta_1\hat{\mu}_0\leqq\hat{\omega}^{\mathrm{T}}X-\hat{\mu}^{\mathrm{T}}Y \tag{4.1.8}$$

且存在 $(X^0,\ Y^0)\in T$，满足

$$\hat{\omega}^{\mathrm{T}}X^0-\hat{\mu}^{\mathrm{T}}Y^0=-\delta_1\hat{\mu}_0. \tag{4.1.9}$$

由于对 $\forall(X,\ Y)\in T$ 有

$$\sum_{j=1}^{n}X_j\lambda_j\leqq X,\quad\sum_{j=1}^{n}Y_j\lambda_j\geqq Y,$$

并且在 T 中对 Y 没有要求 $Y\geqq 0$，故必有

$$\hat{\omega}\geqq 0,\quad\hat{\mu}\geqq 0. \tag{4.1.10}$$

此外，因为 $(X_j,\ Y_j)\in T$，$j=1,\ \cdots,\ n$，由(4.1.8)，有

$$\hat{\omega}^{\mathrm{T}}X_j-\hat{\mu}^{\mathrm{T}}Y_j+\delta_1\hat{\mu}_0\geqq 0,\quad j=1,\ \cdots,\ n, \tag{4.1.11}$$

下面证明

$$\delta_1\delta_2(-1)^{\delta_3}\hat{\mu}_0\geqq 0. \tag{4.1.12}$$

分别对 δ_1，δ_2 和 δ_3 的不同取值进行讨论：

(i) 当 $\delta_1=0$(即 $T=T_{\mathrm{C^2R}}$)，显然(4.1.12)式成立；

(ii) 当 $\delta_1=1$，$\delta_2=0$(即 $T=T_{\mathrm{BC^2}}$)，显然(4.1.12)式成立；

(iii) 当 $\delta_1=1$，$\delta_2=1$，$\delta_3=0$(即 $T=T_{\mathrm{FG}}$). 由(4.1.9)式，有

$$\hat{\omega}^{\mathrm{T}} X^0 - \hat{\mu}^{\mathrm{T}} Y^0 = -\delta_1 \hat{\mu}_0 .$$

如果

$$\delta_1 \delta_2 (-1)^{\delta_3} \hat{\mu}_0 = \hat{\mu}_0 < 0,$$

则

$$\hat{\omega}^{\mathrm{T}} X^0 - \hat{\mu}^{\mathrm{T}} Y^0 = -\delta_1 \hat{\mu}_0 = -\hat{\mu}_0 > 0,$$

因对 $\forall\ \alpha \in (0, 1)$，有

$$\alpha (X^0, Y^0) \in T,$$

故对 $\forall\ \alpha \in (0, 1)$，有

$$\hat{\omega}^{\mathrm{T}} (\alpha X^0) - \hat{\mu}^{\mathrm{T}} (\alpha Y^0) < \hat{\omega}^{\mathrm{T}} X^0 - \hat{\mu}^{\mathrm{T}} Y^0 = -\delta_1 \hat{\mu}_0 ,$$

此与(4.1.8)式相矛盾.因此必有

$$\delta_1 \delta_2 (-1)^{\delta_3} \hat{\mu}_0 = \hat{\mu}_0 \geqq 0.$$

(iv) 当 $\delta_1 = 1$，$\delta_2 = 1$，$\delta_3 = 1$(即 $T = T_{\mathrm{ST}}$)，由(4.1.9)式，有

$$\hat{\omega}^{\mathrm{T}} X^0 - \hat{\mu}^{\mathrm{T}} Y^0 = -\hat{\mu}_0 .$$

如果

$$\delta_1 \delta_2 (-1)^{\delta_3} \hat{\mu}_0 = -\hat{\mu}_0 < 0,$$

则

$$\hat{\omega}^{\mathrm{T}} X^0 - \hat{\mu}^{\mathrm{T}} Y^0 = -\delta_1 \hat{\mu}_0 = -\hat{\mu}_0 < 0.$$

因对 $\forall\ \alpha > 1$，有

$$\alpha (X^0, Y^0) \in T,$$

故对 $\forall\ \alpha > 1$，有

$$\hat{\omega}^{\mathrm{T}} (\alpha X^0) - \hat{\mu}^{\mathrm{T}} (\alpha Y^0) < \hat{\omega}^{\mathrm{T}} X^0 - \hat{\mu}^{\mathrm{T}} Y^0 = -\delta_1 \hat{\mu}_0 ,$$

此与(4.1.8)相矛盾.因此必有

$$\delta_1 \delta_2 (-1)^{\delta_3} \hat{\mu}_0 = -\hat{\mu}_0 \geqq 0.$$

由(i)～(iv)，知

$$\delta_1 \delta_2 (-1)^{\delta_3} \hat{\mu}_0 \geqq 0.$$

由(4.1.10)，(4.1.11)，(4.1.12)和(4.1.2)，知

$$(\hat{\omega}, \hat{\mu}, \delta_1 \hat{\mu}_0) \in Q.$$

再由(4.1.6)，存在 $\hat{\alpha}_k \geqq 0$，$k = 1, \cdots, l$，有

$$(\hat{\omega}, \hat{\mu}, \delta_1 \hat{\mu}_0) = \sum_{k=1}^{l} (\omega^k, \mu^k, \delta_1 \mu_0^k) \hat{\alpha}_k ,$$

即

$$\hat{\omega}=\sum_{k=1}^{l}\omega^k\hat{\alpha}_k,\ \hat{\mu}=\sum_{k=1}^{l}\mu^k\hat{\alpha}_k,\ \delta_1\hat{\mu}_0=\sum_{k=1}^{l}\delta_1\hat{\mu}_0^k\hat{\alpha}_k.$$

因此

$$\begin{aligned}&\hat{\omega}^{\mathrm{T}}\hat{X}-\hat{\mu}^{\mathrm{T}}\hat{Y}+\delta_1\hat{\mu}_0\\&=\sum_{k=1}^{l}(\omega^{k\mathrm{T}}\hat{\alpha}_k)\hat{X}-\sum_{k=1}^{l}(\mu^{k\mathrm{T}}\hat{\alpha}_k)\hat{Y}+\delta_1\left[\sum_{k=1}^{l}\mu_0^k\hat{\alpha}_k\right]\\&=\sum_{k=1}^{l}(\omega^{k\mathrm{T}}\hat{X}-\mu^{k\mathrm{T}}\hat{Y}+\delta_1\mu_0^k)\hat{\alpha}_k\\&\geqq 0\quad(\text{因为}(\hat{X},\hat{Y})\in T,\ \hat{\alpha}_k\geqq 0,\ k=1,\cdots,l).\end{aligned}$$

此与(4.1.8)式相矛盾,因此必有

$$T'\subset T.$$

于是

$$T'\subset T.$$

最后得到 $T'=T$.证毕.

第二节 生产可能集 T 的(弱)生产前沿面

由第一节知生产可能集可以有“和形式”和“交形式”两种表示,即

$$T=\left\{(X,\ Y)\ \middle|\ \begin{array}{l}\sum_{j=1}^{n}X_j\lambda_j\leqq X,\ \delta_1\left[\sum_{j=1}^{n}\lambda_j+\delta_2(-1)^{\delta_3}\lambda_{n+1}\right]=\delta_1,\\ \sum_{j=1}^{n}Y_j\lambda_j\geqq Y,\ \lambda_j\geqq 0,\ j=1,\cdots,n,\ n+1.\end{array}\right\}$$

$$=\left\{(X,\ Y)\ \middle|\ \begin{array}{l}\omega^{k\mathrm{T}}X-\mu^{k\mathrm{T}}Y+\delta_1\mu_0^k\geqq 0,\ k=1,\cdots,l,\\ X\geqq 0,\ Y\geqq 0.\end{array}\right\}\tag{4.2.1}$$

其中 $(\omega^k,\ \mu^k,\ \mu_0^k)$, $k=1,\cdots,l$, 满足

$$(\omega^k,\ \mu^k)\geqslant 0,\ \delta_1\delta_2(-1)^{\delta_3}\mu_0^k\geqq 0,\tag{4.2.2}$$

并且由 $(\omega^k,\ \mu^k,\ \mu_0^k)$, $k=1,\cdots,l$, 表成凸多面锥 Q 的“和形式”,即

$$Q=\left\{\sum_{k=1}^{l}(\omega^k,\ \mu^k,\ \mu_0^k)\alpha_k\ \middle|\ \alpha_k\geqq 0,\ k=1,\cdots,l\right\},\tag{4.2.3}$$

而 Q 的原始“交形式”为

$$Q=\left\{(\omega,\ \mu,\ \delta_1\mu_0)\ \middle|\ \begin{array}{l}\omega^{\mathrm{T}}X_j-\mu^{\mathrm{T}}Y_j+\delta_1\mu_0\geqq 0,\ j=1,\cdots,n,\\ \omega\geqq 0,\ \mu\geqq 0,\ \delta_1\delta_2(-1)^{\delta_3}\mu_0\geqq 0.\end{array}\right\}.\tag{4.2.4}$$

先对综合 DEA 模型给出生产可能集 T 的有效面和(弱)生产前沿面的定义.

定义 4.2.1 设 $\hat{\omega}$, $\hat{\mu}$, $\hat{\mu}_0$ 满足

$$(\hat{\omega}, \hat{\mu}) \geqslant 0, \ \delta_1 \delta_2 (-1)^{\delta_3} \hat{\mu}_0 \geqq 0,$$

以及超平面

$$L = \{(X, Y) \mid \hat{\omega}^{\mathrm{T}} X - \hat{\mu}^{\mathrm{T}} Y + \delta_1 \hat{\mu}_0 = 0\}$$

满足

$$T \subset \{(X, Y) \mid \hat{\omega}^{\mathrm{T}} X - \hat{\mu}^{\mathrm{T}} Y + \delta_1 \hat{\mu}_0 \geqq 0\}$$

$$L \cap T \neq \varnothing,$$

则称 L 为生产可能集 T 的弱有效面,称 $L \cap T$ 为生产可能集 T 的弱生产前沿面.特别,若 $\hat{\omega} > 0$, $\hat{\mu} > 0$,则称 L 为生产可能集 T 的有效面,$L \cap T$ 为生产可能集 T 的生产前沿面.

由以上定义可以看出,生产可能集 T 的有效面和弱有效面,实际上是生产可能集的支撑超平面.而生产可能集的生产前沿面和弱生产前沿面 $L \cap T$ 上的点是生产可能集 T 的边界点.

定理 4.2.1 设$(\omega^k, \mu^k, \mu_0^k)$, $k = 1, \cdots, l$, 由(4.2.1)～(4.2.4)给出,且 $L_k \cap T \neq \varnothing$,其中

$$L_k = \{(X, Y) \mid \omega^{k\mathrm{T}} X - \mu^{k\mathrm{T}} Y + \delta_1 \mu_0^k = 0\},$$

则

(i) L_k 为生产可能集 T 的弱有效面,$L_k \cap T$ 为生产可能集 T 的弱生产前沿面;

(ii) 若 $\omega^k > 0$, $\mu^k > 0$,则 L_k 为 T 的有效面,$L_k \cap T$ 为 T 的生产前沿面.

证 由

$$T = \left\{ (X, Y) \middle| \begin{array}{l} \omega^{k\mathrm{T}} X - \mu^{k\mathrm{T}} Y + \delta_1 \mu_0^k \geqq 0, \ k = 1, \cdots, l, \\ X \geqq 0, \ Y \geqq 0 \end{array} \right\}$$
$$\subset \{ (X, Y) \mid \omega^{k\mathrm{T}} X - \mu^{k\mathrm{T}} Y + \delta_1 \mu_0^k \geqq 0\},$$

以及 $L_k \cap T \neq \varnothing$,由定义 4.2.1,结论(i)和结论(ii)成立.证毕.

引理 4.2.1 设 $J \subset \{1, 2, \cdots, n\}$,并且$(\hat{X}, \hat{Y})$满足

$$\sum_{j \in J} X_j \lambda_j \leqq \hat{X}, \ \sum_{j \in J} Y_j \lambda_j \geqq \hat{Y} \geqq 0,$$

其中 λ_j, $j \in J$ 满足

$$\delta_1 \Big[\sum_{j \in J} \lambda_j + \delta_2 (-1)^{\delta_3} \lambda_{n+1} \Big] = \delta_1,$$

$$\lambda_j \geqq 0, \ j \in J, \ \lambda_{n+1} \geqq 0.$$

则$(1\leqslant k\leqslant l)$

$$(\hat{X},\ \hat{Y})\in L_k=\{(X,\ Y)\mid \omega^{kT}X-\mu^{kT}Y+\delta_1\mu_0^k=0\}$$

当且仅当同时满足下面条件(i),(ii),(iii)和(iv):

(i) $\omega^{kT}\left[\sum_{j\in J}X_j\lambda_j-\hat{X}\right]=0$;

(ii) $\mu^{kT}\left[\sum_{j\in J}Y_j\lambda_j-\hat{Y}\right]=0$;

(iii) $(\omega^{kT}X_j-\mu^{kT}Y_j+\delta_1\mu_0^k)\lambda_j=0,\ j\in J$;

(iv) $\delta_1\delta_2(-1)^{\delta_3}\mu_0^k\lambda_{n+1}=0$.

证　因$(\omega^k,\ \mu^k)\geqq 0$,

$$\sum_{j\in J}X_j\lambda_j\leqq\hat{X},\quad \sum_{j\in J}Y_j\lambda_j\geqq\hat{Y},$$

有

$$\begin{aligned}\omega^{kT}\hat{X}-\mu^{kT}\hat{Y}+\delta_1\mu_0^k&\geqq\omega^{kT}\sum_{j\in J}X_j\lambda_j-\mu^{kT}\sum_{j\in J}Y_j\lambda_j+\delta_1\mu_0^k\\&=\sum_{j\in J}(\omega^{kT}X_j-\mu^{kT}Y_j+\delta_1\mu_0^k)\lambda_j+\delta_1(1-\sum_{j\in J}\lambda_j)\mu_0^k\\&=\sum_{j\in J}(\omega^{kT}X_j-\mu^{kT}Y_j+\delta_1\mu_0^k)\lambda_j+\delta_1\delta_2(-1)^{\delta_3}\mu_0^k\lambda_{n+1}\\&\geqq\delta_1\delta_2(-1)^{\delta_3}\mu_0^k\lambda_{n+1}\\&\geqq 0.\end{aligned}\tag{4.2.5}$$

(上面不等式是因为$(X_j,\ Y_j)\in T$及(4.2.1),有

$$\omega^{kT}X_j-\mu^{kT}Y_j+\delta_1\mu_0^k\geqq 0,\ j\in J,$$

以及 $\lambda_j\geqq 0,\ j\in J$ 和 $\delta_1\delta_2(-1)^{\delta_3}\mu_0^k\geqq 0,\ \lambda_{n+1}\geqq 0$).于是,$(\hat{X},\ \hat{Y})\in L_k=\{(X,\ Y)\mid\omega^{kT}X-\mu^{kT}Y+\delta_1\mu_0^k=0\}$的充分必要条件是:上面(4.2.5)式中三个不等式都同时取为等式.即同时有

$$\omega^{kT}\hat{X}-\mu^{kT}\hat{Y}+\delta_1\mu_0^k=\omega^{kT}\sum_{j\in J}X_j\lambda_j-\mu^{kT}\sum_{j\in J}Y_j\lambda_j+\delta_1\mu_0^k,\tag{4.2.6}$$

$$\sum_{j\in J}(\omega^{kT}X_j-\mu^{kT}Y_j+\delta_1\mu_0^k)\lambda_j+\delta_1\delta_2(-1)^{\delta_3}\mu_0^k\lambda_{n+1}=\delta_1\delta_2(-1)^{\delta_3}\mu_0^k\lambda_{n+1},\tag{4.2.7}$$

$$\delta_1\delta_2(-1)^{\delta_3}\mu_0^k\lambda_{n+1}=0.\tag{4.2.8}$$

而(4.2.6)和(4.2.7)分别等价于

$$\omega^{kT}\left[\sum_{j\in J}X_j\lambda_j-\hat{X}\right]+\mu^{kT}\left[\hat{Y}-\sum_{j\in J}Y_j\lambda_j\right]=0,\tag{4.2.9}$$

$$\sum_{j\in J}(\omega^{kT}X_j-\mu^{kT}Y_j+\delta_1\mu_0^k)\lambda_j=0,\tag{4.2.10}$$

注意到

$$\sum_{j\in J} X_j\lambda_j - \hat{X} \leqq 0,\ \omega^k \geqq 0,$$

$$\hat{Y} - \sum_{j\in J} Y_j\lambda_j \leqq 0,\ \mu^k \geqq 0,$$

知(4.2.9)式等价于同时有

$$\omega^{kT}\Big[\sum_{j\in J} X_j\lambda_j - \hat{X}\Big] = 0. \tag{4.2.11}$$

$$\mu^{kT}\Big[\sum_{j\in J} Y_j\lambda_j - \hat{Y}\Big] = 0. \tag{4.2.12}$$

由(4.2.11),(4.2.12),(4.2.10)和(4.2.8)知$(\hat{X},\ \hat{Y}) \in L_k$ 的充分必要条件是同时有结论(i),(ii),(iii)和(iv)成立.证毕.

下面的定理4.2.2和定理4.2.3分别给出生产可能集 T 的弱生产前沿面和生产前沿面的构造方法.为此,令

$$\begin{aligned} J_k &= \{ j \mid \omega^{kT} X_j - \mu^{kT} Y_j + \delta_1 \mu_0^k = 0,\ 1 \leqslant j \leqslant n\} \\ &= \{ j \mid (X_j,\ Y_j) \in L_k,\ 1 \leqslant j \leqslant n\}. \end{aligned} \tag{4.2.13}$$

其中$(\omega^k,\ \mu^k,\ \mu_0^k)$由(4.2.1)～(4.2.4)给出, $k=1,\ \cdots,\ l$.

定理 4.2.2 设$(\omega^k,\ \mu^k,\ \mu_0^k)$由(4.2.1)～(4.2.4)给出, $k=1,\ \cdots,\ l$,而

$$L_k = \{(X,\ Y) \mid \omega^{kT} X - \mu^{kT} Y + \delta_1 \mu_0^k = 0\}.$$

记

$$T_k^w = \left\{ (X,\ Y) \left| \begin{array}{l} \sum\limits_{j\in J_k} X_j\lambda_j \leqq X,\ \omega^{kT}\Big[\sum\limits_{j\in J_k} X_j\lambda_j - X\Big] = 0, \\ \sum\limits_{j\in J_k} Y_j\lambda_j \geqq Y,\ \mu^{kT}\Big[\sum\limits_{j\in J_k} Y_j\lambda_j - Y\Big] = 0, \\ \delta_1\delta_2(-1)^{\delta_3}\mu_0^k\lambda_{n+1} = 0, \\ \delta_1\Big[\sum\limits_{j\in J_k} \lambda_j + \delta_2(-1)^{\delta_3}\lambda_{n+1}\Big] = \delta_1,\ \lambda_j \geqq 0,\ j \in J_k,\ \lambda_{n+1} \geqq 0 \end{array} \right. \right\}, \tag{4.2.14}$$

则生产可能集 T 的弱生产前沿面

$$T \cap L_k = T_k^w.$$

证 设$(\hat{X},\ \hat{Y}) \in T \cap L_k$,则存在 $\lambda_j \geqq 0,\ j=1,\ \cdots,\ n,\ n+1$,满足

$$\delta_1\Big[\sum_{j=1}^{n} \lambda_j + \delta_2(-1)^{\delta_3}\lambda_{n+1}\Big] = \delta_1,$$

使得

$$\sum_{j=1}^{n} X_j\lambda_j \leqq \hat{X},\quad \sum_{j=1}^{n} Y_j\lambda_j \geqq \hat{Y}.$$

由引理 4.2.1(此时 $J=\{1, 2, \cdots, n\}$),有

$$\omega^{kT}\left[\sum_{j=1}^{n} X_j\lambda_j - \hat{X}\right] = 0,$$

$$\mu^{kT}\left[\sum_{j=1}^{n} Y_j\lambda_j - \hat{Y}\right] = 0,\ (\omega^{kT} X_j - \mu^{kT} Y_j + \delta_1 \mu_0^k)\lambda_j = 0,\ j = 1, \cdots, n,$$

$$\delta_1 \delta_2(-1)^{\delta_3} \mu_0^k \lambda_{n+1} = 0.$$

由于 $j \notin J_k$ 时,有

$$\omega^{kT} X_j - \mu^{kT} Y_j + \delta_1 \mu_0^k > 0,$$

故

$$\lambda_j=0, \forall\ j \notin J_k.$$

于是

$$\delta_1\left[\sum_{j\in J_k} \lambda_j + \delta_2(-1)^{\delta_3}\lambda_{n+1}\right] = \delta_1,$$

$$\sum_{j\in J_k} X_j\lambda_j \leqq \hat{X},\quad \sum_{j\in J_k} Y_j\lambda_j \geqq \hat{Y},$$

$$\omega^{kT}\left[\sum_{j\in J_k} X_j\lambda_j - \hat{X}\right] = 0,$$

$$\mu^{kT}\left[\sum_{j\in J_k} Y_j\lambda_j - \hat{Y}\right] = 0,$$

$$\delta_1 \delta_2(-1)^{\delta_3} \mu_0^k \lambda_{n+1} = 0$$

所以$(\hat{X}, \hat{Y}) \in T_k^w$.

另一方面,设$(\hat{X}, \hat{Y}) \in T_k^w$, $\hat{Y} \geqq 0$, 则存在 $\lambda_j \geqq 0$, $j \in J_k$, 及 λ_{n+1}, 满足

$$\delta_1\left[\sum_{j\in J_k} \lambda_j + \delta_2(-1)^{\delta_3}\lambda_{n+1}\right] = \delta_1,$$

$$\delta_1 \delta_2(-1)^{\delta_3} \mu_0^k \lambda_{n+1} = 0,$$

使得

$$\sum_{j\in J_k} X_j\lambda_j \leqq \hat{X},\ \sum_{j\in J_k} Y_j\lambda_j \geqq \hat{Y},$$

$$\omega^{kT}\left[\sum_{j\in J_k} X_j\lambda_j - \hat{X}\right] = 0,$$

$$\mu^{kT}\left[\sum_{j\in J_k} Y_j\lambda_j - \hat{Y}\right] = 0.$$

也即当取 $J=J_k$ 时,引理 4.2.1 中的条件(i), (ii), (iii)和(iv)满足,故$(\hat{X}, \hat{Y}) \in L_k$.因此

$$(\hat{X},\ \hat{Y}) \in T \cap L_k.$$

证毕.

在定理 4.2.2 中, T_k^w 相应的参数 δ_1, δ_2 和 δ_3 的不同选取,体现了弱生产前沿面的不同结构,这是因为生产可能集是依赖于参数 δ_1, δ_2 和 δ_3 而决定的.对于互补条件

$$\delta_1 \delta_2 (-1)^{\delta_3} \mu_0^k \lambda_{n+1} = 0,$$

当 $\delta_1=0$ 时(此时 $T=T_{C^2R}$), 或 $\delta_1=1$, $\delta_2=0$(此时 $T=T_{BC^2}$),互补条件自动满足,而且 λ_{n+1}不在生产可能集和弱生产前沿面 T_k^w 中出现;当 $\delta_1=1$, $\delta_2=1$ 时(此时 $T=T_{FG}$或 $T=T_{ST}$),此时

$$\delta_1 \delta_2 (-1)^{\delta_3} \mu_0^k \lambda_{n+1} = 0$$

成为

$$\mu_0^k \lambda_{n+1} = 0,$$

因此,若 $\lambda_{n+1}>0$ 时,有 $\mu_0^k=0$,此时弱有效面 $L_k=\{(X,\ Y) \mid w^{kT} X - \mu^{kT} Y=0\}$ 通过原点.若 $\mu_0^k>0$,此时生产有效面 L_k 不通过原点,并有 $\lambda_{n+1}=0$.而

$$\delta_1\left(\sum_{j\in J_k} \lambda_j + \delta_2(-1)^{\delta_3} \lambda_{n+1}\right) = \delta_1$$

成为

$$\sum_{j\in J_k} \lambda_j = 1,$$

故

$$\left(\sum_{\lambda\in J_k} X_j\lambda_j,\ \sum_{j\in J} Y_j\lambda\right) = \sum_{j\in J} (X_j,\ Y_j)\lambda_j$$

是落在弱有效面 L_k 上的那些决策单元$(X_j,\ Y_j)$的凸组合, $j\in J_k$.

类似地,在弱生产前沿面 T_k^w 中的互补条件

$$\omega^{kT}\left(\sum_{j\in J_k} X_j\lambda_j - X\right) = 0,$$

$$\mu^{kT}\left(\sum_{j\in J_k} Y_j\lambda_j - Y\right) = 0.$$

也可在弱生产前沿面 T_k^w 的结构上做出说明.例如,若

$$\omega^k = (\omega_1^k,\ \omega_2^k,\ \cdots,\ \omega_m^k)^T,$$

$$X_j = (x_{1j},\ x_{2j},\ \cdots,\ x_{mj})^T,$$

$$X = (x_1,\ x_2,\ \cdots,\ x_m)^T.$$

则互补条件

$$\omega^{kT}\left(\sum_{j\in J_k} X_j\lambda_j - X\right) = 0$$

等价于

$$\omega_i^k\left[\sum_{j\in J_k} x_{ij}\lambda_j - x_i\right] = 0,\ i = 1, \cdots, m.$$

故若 $\omega_{i_0}^k > 0$，则

$$\sum_{j\in J_k} x_{i_0 j}\lambda_j = x_{i_0}.$$

例 4.2.1 考虑由表 4.2.1 给出的模型 FG 对应的生产可能集 T_{FG}(相应 $\delta_1=1,\ \delta_2=1,\ \delta_3=0$),对应的图 4.2.1.

表 4.2.1

	1	2	3	4	
1 ⟶	1	2	6	8	
	2	4	6	6	⟶ 1

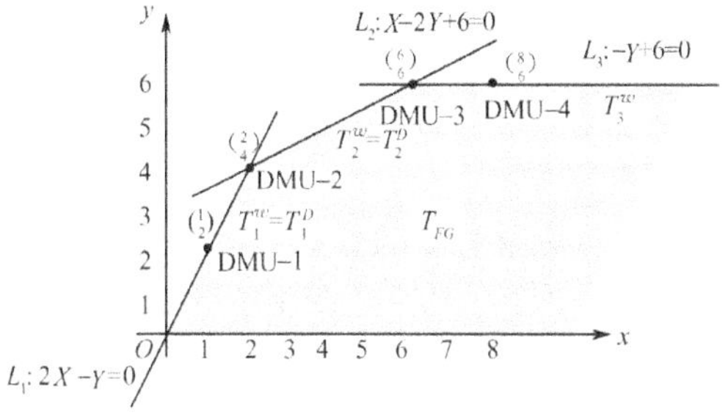

图 4.2.1

生产可能集为

$$T_{FG} = \left\{ (X,\ Y) \left| \begin{array}{l} \lambda_1 + 2\lambda_2 + 6\lambda_3 + 8\lambda_4 \leqq X,\ \lambda_1 + \lambda_2 + \lambda_3 + \lambda_4 + \lambda_5 = 1, \\ 2\lambda_1 + 4\lambda_2 + 6\lambda_3 + 6\lambda_4 \geqq Y,\ \lambda_j \geqq 0,\ j = 1, \cdots, 4, 5 \end{array} \right. \right\}$$

并且("交形式")

$$Q = \left\{ (\omega,\ \mu,\ \mu_0) \left| \begin{array}{l} \omega - 2\mu + \mu_0 \geqq 0, \\ 2\omega - 4\mu + \mu_0 \geqq 0, \\ 6\omega - 6\mu + \mu_0 \geqq 0, \\ 8\omega - 6\mu + \mu_0 \geqq 0, \\ \omega \geqq 0,\ \mu \geqq 0,\ \mu_0 \geqq 0 \end{array} \right. \right\},$$

求 Q 的极方向(见附录 C),有

$(\omega^1,\mu^1,\mu_0^1)=(2,1,0)$,$(\omega^2,\mu^2,\mu_0^2)=(1,2,6)$,$(\omega^3,\mu^3,\mu_0^3)=(0,1,6)$.
因此 Q 的"和形式"为

$$Q=\left\{(2,1,0)\alpha_1+(1,2,6)\alpha_2+(0,1,6)\alpha_3 \;\middle|\; \alpha_1\geqq 0,\ \alpha_2\geqq 0,\ \alpha_3\geqq 0\right\}.$$

于是

$$T_{FG}=\{(X,Y)\mid 2X-Y\geqq 0,\ X-2Y+6\geqq 0,\ -Y+6\geqq 0,\ X\geqq 0,\ Y\geqq 0\}.$$

而弱有效面为(由定理 4.2.1)

$$L_1=\{(X,Y)\mid 2X-Y=0\},$$

$$L_2=\{(X,Y)\mid X-2Y+6=0\},\quad L_3=\{(X,Y)\mid -Y+6=0\}.$$

相应的有

$$J_1=\{(1,2)\},\ J_2=\{(2,3)\},\ J_3=\{(3,4)\}.$$

因此弱生产前沿面为(由定理 4.2.2)

$$T_1^w=\left\{(X,Y)\;\middle|\;\begin{array}{l}\lambda_1+2\lambda_2\leqq X,\ 2\cdot(\lambda_1+2\lambda_2-X)=0,\ \lambda_5\cdot 0=0,\\ 2\lambda_1+4\lambda_2\geqq Y,\ 1\cdot(2\lambda_1+4\lambda_2-Y)=0,\ \lambda_1+\lambda_2+\lambda_5=1,\\ \lambda_1\geqq 0,\ \lambda_2\geqq 0,\ \lambda_5\geqq 0.\end{array}\right\}$$

$$=\left\{(X,Y)\;\middle|\;\begin{pmatrix}X\\Y\end{pmatrix}=\begin{pmatrix}1\\2\end{pmatrix}\lambda_1+\begin{pmatrix}2\\4\end{pmatrix}\lambda_2,\ \lambda_1+\lambda_2\leqq 1,\ \lambda_1\geqq 0,\ \lambda_2\geqq 0\right\}$$

$$=T\cap L_1,$$

$$T_2^w=\left\{(X,Y)\;\middle|\;\begin{array}{l}2\lambda_2+6\lambda_3\leqq X,\ 1\cdot(2\lambda_2+6\lambda_3-X)=0,\ 6\cdot\lambda_5=0,\\ 4\lambda_2+6\lambda_3\geqq Y,\ 2\cdot(4\lambda_2+6\lambda_3-Y)=0,\ \lambda_2+\lambda_3+\lambda_5=1,\\ \lambda_2\geqq 0,\ \lambda_3\geqq 0,\ \lambda_5\geqq 0.\end{array}\right.$$

$$=\left\{(X,Y)\;\middle|\;\begin{pmatrix}X\\Y\end{pmatrix}=\begin{pmatrix}2\\4\end{pmatrix}\lambda_2+\begin{pmatrix}6\\6\end{pmatrix}\lambda_3,\ \lambda_2+\lambda_3=1,\ \lambda_2\geqq 0,\ \lambda_3\geqq 0\right\}$$

$$=T\cap L_2,$$

$$T_3^w=\left\{(X,Y)\;\middle|\;\begin{array}{l}6\lambda_3+8\lambda_4\leqq X,\ 0\cdot(6\lambda_3+8\lambda_4-X)=0,\ 6\cdot\lambda_5=0,\\ 6\lambda_3+6\lambda_4\geqq Y,\ 1\cdot(6\lambda_3+6\lambda_4-Y)=0,\ \lambda_3+\lambda_4+\lambda_5=1,\\ \lambda_3\geqq 0,\ \lambda_4\geqq 0,\ \lambda_5\geqq 0.\end{array}\right.$$

$$=\{(X,Y)\mid 6\lambda_3+8\lambda_4\leqq X,\ Y=6,\ \lambda_3+\lambda_4=1,\ \lambda_3\geqq 0,\ \lambda_4\geqq 0\}$$

$$=T\cap L_3.$$

在定理 4.2.2 中$(\omega^k,\mu^k)\geqq 0$;如果要求$(\omega^k,\mu^k)>0$,有如下关于生产可能集 T 的生产前沿面的结构与构造定理.

定理 4.2.3 设(ω^k,μ^k,μ_0^k)由(4.2.1)~(4.2.4)给出.若$(\omega^k,\mu^k)>0$, $1\leqq k\leqslant l$, 记

$$L_k=\{(X,Y)\mid \omega^{kT}X-\mu^{kT}Y+\delta_1\mu_0^k=0\},$$

$$T_k^D=\left\{\left(\sum_{j\in J_k}X_j\lambda_j,\sum_{j\in J_k}Y_j\lambda_j\right)\middle|\begin{array}{l}\delta_1\left(\sum_{j\in J_k}\lambda_j+\delta_2(-1)^{\delta_3}\lambda_{n+1}\right)=\delta_1,\\ \delta_1\delta_2(-1)^{\delta_3}\mu_0^k\lambda_{n+1}=0,\lambda_j\geqq 0,j\in J_k,\lambda_{n+1}\geqq 0.\end{array}\right\}$$
(4.2.15)

其中

$$J_k=\{j\mid \omega^{kT}X_j-\mu^{kT}Y_j+\delta_1\mu_0^k=0,1\leqq j\leqq n\},$$

则生产可能集 T 的生产前沿面

$$T\cap L_k=T_k^D.$$

证 由定理 4.2.2, $T\cap L_k=T_k^w$.特别当$(\omega^k,\ \mu^k)>0$时,有

$$\sum_{j\in J_k}X_j\lambda_j=X,\quad \sum_{j\in J_k}Y_j\lambda_j=Y.$$

于是,

$$T\cap L_k=T_k^D.$$

证毕.

在例 4.2.1 中,因为

$$(\omega^1,\ \mu^1)=(2,\ 1)>0,\ (\omega^2,\ \mu^2)=(1,\ 2)>0,$$

故

$$T_1^D=\left\{\begin{pmatrix}1\\2\end{pmatrix}\lambda_1+\begin{pmatrix}2\\4\end{pmatrix}\lambda_2\middle|\lambda_1+\lambda_2+\lambda_5=1,\ 0\cdot\lambda_5=0,\ \lambda_j\geqq 0,\ j=1,\ 2,\ 5\right\}$$

$$=\left\{\begin{pmatrix}1\\2\end{pmatrix}\lambda_1+\begin{pmatrix}2\\4\end{pmatrix}\lambda_2\middle|\lambda_1+\lambda_2\leqq 1,\ \lambda_1\geqq 0,\ \lambda_2\geqq 0\right\}$$

$$=T_1^w,$$

$$T_2^D=\left\{\begin{pmatrix}2\\4\end{pmatrix}\lambda_2+\begin{pmatrix}6\\6\end{pmatrix}\lambda_3\middle|\lambda_2+\lambda_3+\lambda_5=1,\ 6\cdot\lambda_5=0,\ \lambda_j\geqq 0,\ j=2,\ 3,\ 5\right\}$$

$$=\left\{\begin{pmatrix}2\\4\end{pmatrix}\lambda_2+\begin{pmatrix}6\\6\end{pmatrix}\lambda_3\middle|\lambda_2+\lambda_3=1,\ \lambda_2\geqq 0,\ \lambda_3\geqq 0\right\}$$

$$=T_2^w.$$

第三节 弱生产前沿面的结构特征

本节讨论综合 DEA 模型对应的生产可能集 T 的弱生产前沿面的结构特征.由第一节,对生产可能集 T 给出了两种表述方法,即“和形式”和“交形式”

$$T=\left\{(X,\ Y)\left|\begin{array}{l}\sum_{j=1}^{n} X_j\lambda_j \leqq x,\ \delta_1\left[\sum_{j=1}^{n}\lambda_j+\delta_2(-1)^{\delta_3}\lambda_{n+1}\right]=\delta_1, \\ \sum_{j=1}^{n} Y_j\lambda_j \geqq y,\ \lambda_j \geqq 0,\ j=1,\cdots,n,\ n+1.\end{array}\right.\right\}$$

$$=\left\{(X,\ Y)\left|\begin{array}{l}\omega^{kT}X-\mu^{kT}Y+\delta_1\mu_0^k \geqq 0,\ k=1,\cdots,l, \\ X\geqq 0,\ Y\geqq 0\end{array}\right.\right\}, \tag{4.3.1}$$

其中$(\omega^k,\ \mu^k,\ \mu_0^k)$满足

$$(\omega^k,\ \mu^k)\geqslant 0,\ \delta_1\delta_2(-1)^{\delta_3}\mu_0^k\geqq 0,\ k=1,\cdots,l. \tag{4.3.2}$$

并且由$(\omega^k,\ \mu^k,\ \mu_0^k)$, $k=1,\cdots,l$,表成凸多面锥 Q 的“和形式”,即

$$Q=\left\{\sum_{k=1}^{l}(\omega^k,\ \mu^k,\ \mu_0^k)\alpha_k \mid \alpha_k\geqq 0,\ k=1,\cdots,l\right\}. \tag{4.3.3}$$

而 Q 的原始“交形式”是

$$Q=\left\{(\omega,\ \mu,\ \mu_0)\left|\begin{array}{l}\omega^T X_j-\mu^T Y_j+\delta_1\mu_0^k\geqq 0,\ j=1,\cdots,n, \\ \omega\geqq 0,\ \mu\geqq 0,\ \delta_1\delta_2(-1)^{\delta_3}\mu_0\geqq 0\end{array}\right.\right\}. \tag{4.3.4}$$

当令$(k=1,\cdots,l)$

$$L_k=\{(X,\ Y)\mid \omega^{kT}X-\mu^{kT}Y+\delta_1\mu_0^k=0\}, \tag{4.3.5}$$

可以给出生产可能集 T 的弱生产前沿面 $T\cap L_k=T_k^w$ 的结构形式和构造方法(见定理 4.2.2).

本节研究弱生产前沿面 T_k^w, $k=1,\cdots,l$, 的特征,指出

$$\bigcup_{k=1}^{l} T_k^w=\bigcup_{k=1}^{l}(T\cap L_k)$$

构成了输入或输出 DEA 模型之下的弱 DEA 有效决策单元,因此它也构成了相应多目标规划的全部弱 Pareto 解.

设

$$(\hat{X},\ \hat{Y})\in T,\ \hat{X}>0,\ \hat{Y}>0.$$

相应决策单元$(\hat{X},\ \hat{Y})$的输入 DEA 模型为

$$(\hat{P}^I)\left\{\begin{array}{l}\max(\mu^T\hat{Y}-\delta_1\mu_0), \\ \omega^T X_j-\mu^T Y_j+\delta_1\mu_0\geqq 0,\quad j=1,\cdots,n, \\ \omega^T\hat{X}-\mu^T\hat{Y}+\delta_1\mu_0\geqq 0, \\ \omega^T\hat{X}=1, \\ \omega\geqq 0,\quad \mu\geqq 0,\quad \delta_1\delta_2(-1)^{\delta_3}\mu_0\geqq 0.\end{array}\right.$$

而输出 DEA 模型为

$$
(\hat{P}^0)\begin{cases}\min\ (\omega^{\mathrm{T}}\hat{X}+\delta_1\mu_0)\\ \omega^{\mathrm{T}}X_j-\mu^{\mathrm{T}}Y_j+\delta_1\mu_0\geqq 0, \quad j=1,\cdots,n,\\ \omega^{\mathrm{T}}\hat{X}-\mu^{\mathrm{T}}\hat{Y}+\delta_1\mu_0\geqq 0,\\ \mu^{\mathrm{T}}\hat{Y}=1,\\ \omega\geqq 0,\quad \mu\geqq 0,\quad \delta_1\delta_2(-1)^{\delta_3}\mu_0\geqq 0.\end{cases}
$$

不难看出,由于$(\hat{X},\hat{Y})\in T$, $\hat{X}>0$, $\hat{Y}>0$, DEA 模型$(\hat{P}^I)$和$(\hat{P}^0)$可看做对决策单元 DMU_{n+1}的评价模型,其中

$$
X_{n+1}=\hat{X},\quad Y_{n+1}=\hat{Y}.
$$

因此,第三章中的相应定理和结论都成立.

定义 4.3.1　若$(\hat{P}^I)$的最优值为 1,则称决策单元$(\hat{X},\hat{Y})$为输入弱 DEA 有效;若$(\hat{P}^0)$的最优值为 1,则称决策单元$(\hat{X},\hat{Y})$为输出弱 DEA 有效.

引理 4.3.1　决策单元$(\hat{X},\hat{Y})$为输入弱 DEA 有效,或为输出弱 DEA 有效的充分必要条件是:$(\hat{X},\hat{Y})$落在 T 的某个弱有效面上.

证　设$(\hat{X},\hat{Y})$在 T 的弱有效面 $\bar{L}$ 上,即

$$
(\hat{X},\hat{Y})\in \bar{L}=\{(X,Y)\mid \bar{\omega}^{\mathrm{T}}X-\bar{\mu}^{\mathrm{T}}Y+\delta_1\bar{\mu}_0=0\},
$$

其中

$$
(\bar{\omega},\bar{\mu})\geqq 0,\quad \delta_1\delta_2(-1)^{\delta_3}\bar{\mu}_0\geqq 0,
$$

由于$(X_j,Y_j)\in T$, $j=1,\cdots,n$,故

$$
\bar{\omega}^{\mathrm{T}}X_j-\bar{\mu}^{\mathrm{T}}Y_j+\delta_1\bar{\mu}_0\geqq 0,\quad j=1,\cdots,n.
$$

由$(\bar{\omega},\bar{\mu})\geqq 0$,不妨设 $\bar{\omega}\neq 0$(若 $\bar{\mu}\neq 0$,可证$(\hat{X},\hat{Y})$为输入弱 DEA 有效),令

$$
(\omega^0,\mu^0,\mu_0^0)=\frac{1}{\bar{\omega}^{\mathrm{T}}\hat{X}}(\bar{\omega},\bar{\mu},\bar{\mu}_0),
$$

则

$$
\omega^{0\mathrm{T}}X_j-\mu^{0\mathrm{T}}Y_j+\delta_1\mu_0^0\geqq 0,\quad j=1,\cdots,n,
$$

$$
\omega^{0\mathrm{T}}\hat{X}-\mu^{0\mathrm{T}}\hat{Y}+\delta_1\mu_0^0=0,
$$

$$
\omega^0\geqq 0,\quad \mu^0\geqq 0,\quad \delta_1\delta_2(-1)^{\delta_3}\mu_0^0\geqq 0.
$$

由于

$$\mu^{0\mathrm{T}}\hat{Y}-\delta_1\mu_0^0=\omega^{0\mathrm{T}}\hat{X}=1.$$

故决策单元$(\hat{X},\hat{Y})$为输出弱 DEA 有效.

另一方面,设$(\hat{X},\hat{Y})$为输入弱 DEA 有效,则$(\hat{P}^I)$存在最优解 ω^0, μ^0, μ_0^0,满足

$$\omega^{0\mathrm{T}}X_j-\mu^{0\mathrm{T}}Y_j+\delta_1\mu_0^0\geqq 0,\quad j=1,\cdots,n,$$

$$\omega^{0\mathrm{T}}\hat{X}-\mu^{0\mathrm{T}}\hat{Y}+\delta_1\mu_0^0\geqq 0,$$

$$\omega^{0\mathrm{T}}\hat{X}=1,$$

$$\omega^0\geqq 0,\quad \mu^0\geqq 0,\quad \delta_1\delta_2(-1)^{\delta_3}\mu_0^0\geqq 0.$$

且最优值

$$\mu^{0\mathrm{T}}\hat{Y}-\delta_1\mu_0^0=1.$$

令

$$L^I=\{(X,Y)\mid \omega^{0\mathrm{T}}X-\mu^{0\mathrm{T}}Y+\delta_1\mu_0^0=0\}$$

则对$\forall(X,Y)\in T$有

$$\begin{aligned}\omega^{0\mathrm{T}}X-\mu^{0\mathrm{T}}Y+\delta_1\mu_0^0&\geqq \omega^{0\mathrm{T}}\sum_{j=1}^{n}X_j\lambda_j-\mu^{0\mathrm{T}}\sum_{j=1}^{n}Y_j\lambda_j+\delta_1\mu_0^0\\&=\sum_{j=1}^{n}(\omega^{0\mathrm{T}}X_j-\mu^{0\mathrm{T}}Y_j+\delta_1\mu_0^0)\lambda_j-\sum_{j=1}^{n}\delta_1\mu_0^0\lambda_j+\delta_1\mu_0^0\\&\geqq \delta_1(1-\sum_{j=1}^{n}\lambda_j)\mu_0^0\\&=\delta_1\delta_2(-1)^{\delta_3}\mu_0^0\lambda_{n+1}\\&\geqq 0.\end{aligned}$$

因此

$$T\subset\{(X,Y)\mid \omega^{0\mathrm{T}}X-\mu^{0\mathrm{T}}Y+\delta_1\mu_0^0\geqq 0\}.$$

故 L^I 为 T 的弱有效面,且$(\hat{X},\hat{Y})\in L^I$.

若$(\hat{X},\hat{Y})$为输出弱 DEA 有效时,可以类似地证明:$(\hat{X},\hat{Y})$落在 T 的某个弱有效面上,证毕.

以下定理 4.3.1 将给出生产可能集的弱生产前沿面 T_k^w 与输入 DEA 模型$(\hat{P}^I)$或输出 DEA 模型$(\hat{P}^O)$下的弱 DEA 有效之间的关系.

定理 4.3.1 设(ω^k,μ^k,μ_0^k), $k=1,\cdots,l$, 由(4.3.1)~(4.3.4)给出,且$(k=1,\cdots,l)$

$$L_k=\{(X,Y)\mid \omega^{k\mathrm{T}}X-\mu^{k\mathrm{T}}Y+\delta_1\mu_0^k=0\},$$

则存在 $k_0(1\leqq k_0\leqq l)$,使得

$$(\hat{X},\ \hat{Y})\in L_{k_0}=\{(X,\ Y)\mid \omega^{k_0\mathrm{T}}X-\mu^{k_0\mathrm{T}}Y+\delta_1\mu_0^{k_0}=0\}$$

的充分必要条件是:决策单元$(\hat{X},\ \hat{Y})$或为输入弱 DEA 有效,或为输出弱 DEA 有效.

证 必要性由引理 4.3.1 得证.现证充分性.设决策单元$(\hat{X},\ \hat{Y})$为输入弱 DEA 有效,则$(\hat{P}^I)$存在最优解 $\bar{\omega},\bar{\mu},\bar{\mu}_0$,满足

$$\begin{aligned}
&\bar{\omega}^{\mathrm{T}}X_j-\bar{\mu}^{\mathrm{T}}Y_j+\delta_1\bar{\mu}_0\geqq 0,\ j=1,\ \cdots,\ n,\\
&\bar{\omega}^{\mathrm{T}}\hat{X}-\bar{\mu}^{\mathrm{T}}\hat{Y}+\delta_1\bar{\mu}_0\geqq 0,\\
&\bar{\omega}^{\mathrm{T}}\hat{X}=1,\\
&\bar{\omega}\geqq 0,\quad \bar{\mu}\geqq 0,\quad \delta_1\delta_2(-1)^{\delta_3}\bar{\mu}_0\geqq 0,
\end{aligned}$$

并且最优值

$$\bar{\mu}^{\mathrm{T}}\hat{Y}-\delta_1\bar{\mu}_0=1.$$

因此(由(4.3.4)式和(4.3.3)式)

$$\begin{aligned}
(\bar{\omega},\bar{\mu},\ \bar{\mu}_0)\in Q&=\left\{(\omega,\ \mu,\ \mu_0)\ \middle|\ \begin{array}{l}\omega^{\mathrm{T}}X_j-\mu^{\mathrm{T}}Y_j+\delta_1\mu_0\geqq 0,\ j=1,\ \cdots,\ n,\\ \omega\geqq 0,\ \mu\geqq 0,\ \delta_1\delta_2(-1)^{\delta_3}\mu_0\geqq 0.\end{array}\right\}\\
&=\left\{\sum_{k=1}^{l}(\omega^k,\ \mu^k,\ \mu_0^k)\alpha_k\mid \alpha_k\geqq 0,\ k=1,\ \cdots,l\right\}.
\end{aligned}$$

于是

$$\begin{aligned}
0&=\bar{\omega}^{\mathrm{T}}\hat{X}-\bar{\mu}^{\mathrm{T}}\hat{Y}+\delta_1\bar{\mu}_0\\
&=\left[\sum_{k=1}^{l}\omega^k\alpha_k\right]^{\mathrm{T}}\hat{X}-\left[\sum_{k=1}^{l}\omega^k\alpha_k\right]^{\mathrm{T}}\hat{Y}+\delta_1\left[\sum_{k=1}^{l}\mu_0^k\alpha_k\right]\\
&=\sum_{k=1}^{l}(\omega^{k\mathrm{T}}\hat{X}-\mu^{k\mathrm{T}}\hat{Y}+\delta_1\mu_0^k)\alpha_k.
\end{aligned}$$

由生产可能集 T 的“交形式”,知(因$(\hat{X},\ \hat{Y})\in T$)

$$\omega^{k\mathrm{T}}\hat{X}-\mu^{k\mathrm{T}}\hat{Y}+\delta_1\mu_0^k\geqq 0,\quad k=1,\ \cdots,\ l.$$

知(因 $\alpha_k\geqq 0,\ k=1,\ \cdots,\ l$)

$$(\omega^{k\mathrm{T}}\hat{X}-\mu^{k\mathrm{T}}\hat{Y}+\delta_1\mu_0^k)\alpha_k=0,\quad k=1,\ \cdots,\ l.$$

因为(由 $\bar{\omega}^{\mathrm{T}}\hat{X}=1$)

$$\bar{\omega}=\sum_{k=1}^{l}\omega^k\alpha_k\geqslant 0,$$

故

$$(\alpha_1, \alpha_2, \cdots, \alpha_l) \neq 0.$$

设 $\alpha_{k_0} \neq 0$,故

$$\omega^{k_0\mathrm{T}} \hat{X} - \mu^{k_0\mathrm{T}} \hat{Y} + \delta_1 \mu_0^{k_0} = 0.$$

于是

$$(\hat{X}, \hat{Y}) \in L_{k_0} = \{(X, Y) \mid \omega^{k_0\mathrm{T}} X - \mu^{k_0\mathrm{T}} Y + \delta_1 \mu_0^{k_0} = 0\}.$$

当决策单元$(\hat{X}, \hat{Y})$为输出弱 DEA 有效时,可以类似地证明:存在 L_{k_0},使$(\hat{X}, \hat{Y}) \in L_{k_0}$. 证毕.

定理 4.3.2 设 T_k^w, $k=1,\cdots,l$,由(4.2.14)给出,则

$$\bigcup_{k=1}^{l} T_k^w = \bigcup_{k=1}^{l} (T \cap L_k)$$

表出了或在输入 DEA 模型,或在输出 DEA 模型下的全部弱 DEA 有效(输入弱 DEA 有效,或输出弱 DEA 有效)的集合.

证 由定理 4.2.2,有

$$T_k^w = T \cap L_k, \ k = 1, \cdots, l.$$

若$(\hat{X}, \hat{Y}) \in \bigcup_{k=1}^{l} T_k^w$,则存在 $k_0 (1 \leqq k_0 \leqq l)$,有

$$(\hat{X}, \hat{Y}) \in T, (\hat{X}, \hat{Y}) \in L_{k_0},$$

由定理 4.3.1,知决策单元$(\hat{X}, \hat{Y})$或为输入弱 DEA 有效,或为输出弱 DEA 有效.

反之,若$(\hat{X}, \hat{Y})$为输入弱 DEA 有效,或为输出弱 DEA 有效.由定理 4.3.1,知存在 $k_0 (1 \leqq k_0 \leqq l)$,使$(\hat{X}, \hat{Y}) \in L_{k_0}$.于是

$$(\hat{X}, \hat{Y}) \in T \cap L_{k_0} = T_{k_0}^w \subset \bigcup_{k=1}^{l} T_k^w.$$

证毕.

在第三章第三节,我们讨论了在各种 DEA 模型下弱 DEA 有效与多目标规划(VP)的弱 Pareto 解之间的关系(见结论 3.3.1～3.3.5),其中多目标规划(VP)为

$$(VP)\begin{cases} V - \min (X, -Y), \\ (X, Y) \in T. \end{cases}$$

综合各种模型之下的弱 DEA 有效与弱 Pareto 之间的关系,可得到如下的引理.

引理 4.3.2 设$(\hat{X}, \hat{Y}) \in T$,则$(\hat{X}, \hat{Y})$为弱 Pareto 解的充分必要条件是:决策单元$(\hat{X}, \hat{Y})$或为输入弱 DEA 有效,或为输出弱 DEA 有效.

证 充分性由结论 3.3.1 得到. 必要性由结论 3.3.2～3.3.5 得到,证毕.

定理 4.3.3　设 T_k^w, $k=1, \cdots, l$, 由(4.2.14)给出,则

$$\bigcup_{k=1}^{l} T_k^w = \bigcup_{k=1}^{l} (T \cap L_k)$$

表出了多目标规划(VP)的全部弱 Pareto 解.

证　由定理 4.3.2 和引理 4.3.2 得到本定理的结论.证毕.

第四节　生产前沿面的结构特征

本节讨论综合 DEA 模型对应的生产可能集的生产前沿面的结构特征.记

$$\Gamma = \{ k \mid (\omega^k, \mu^k) > 0, 1 \leqq k \leqq l \}.$$

其中$(\omega^k, \mu^k, \mu_0^k)$, $k \in \Gamma$,由(4.3.1)~(4.3.4)给出.

由于在输入 DEA 模型之下的 DEA 有效和输出 DEA 模型之下的 DEA 有效性是等价的(见结论 3.2.1),所以这里只说 DEA 有效性,而不必特别说明是输入 DEA 模型和输出 DEA 模型;如需要,只讨论输入 DEA 模型($\hat{P}^I$).

定义 4.4.1　若($\hat{P}^I$)存在最优解$(\hat{\omega}, \hat{\mu}, \hat{\mu}_0)$满足$(\hat{\omega}, \hat{\mu})>0$,并且目标值

$$\hat{\mu}^{\mathrm{T}} \hat{Y} - \delta_1 \hat{\mu}_0 = 1,$$

则称决策单元$(\hat{X}, \hat{Y})$为 DEA 有效.

引理 4.4.1　决策单元$(\hat{X}, \hat{Y})$为 DEA 有效的充分必要条件是:$(\hat{X}, \hat{Y})$落在 T 的某个有效面上.

证　证明与引理 4.3.1 类似.证毕.

定理 4.4.1　设$(\omega^k, \mu^k, \mu_0^k)$, $k=1, \cdots, l$, 由(4.3.1)~(4.3.4)给出.对于某 $k_0(1 \leqq k \leqq l)$, $(\omega^{k_0}, \mu^{k_0})>0$,且

$$L_{k_0} = \{(X, Y) \mid \omega^{k_0 \mathrm{T}} X - \mu^{k_0 \mathrm{T}} Y + \delta_1 \mu_0^{k_0} = 0\},$$

若$(\hat{X}, \hat{Y}) \in L_{k_0}$, 则决策单元$(\hat{X}, \hat{Y})$为 DEA 有效,并且为多目标规划($vp$)的 Pareto 解,其中

$$(VP)\begin{cases} V-\min (X, -Y), \\ (X, Y) \in T. \end{cases}$$

证　由定理 4.2.1, L_{k_0}为 T 的有效面,再由引理 4.4.1,知$(\hat{X}, \hat{Y})$为 DEA 有效.而由结论 3.2.1 知$(\hat{X}, \hat{Y})$为 Pareto 解.证毕.

若记

$$\Gamma = \{ k \mid (\omega^k, \mu^k) > 0, 1 \leqq k \leqq l \}.$$

对 $k \in \Gamma$,可以给出生产前沿面

$$T_k^D = T \cap L_k$$

的结构形式(见定理 4.2.3).但是并不像我们所期望的那样(与定理 4.3.2 比较):“集合

$$\bigcup_{k\in\Gamma} T_k^D = \bigcup_{k\in\Gamma}(T \cap L_k)$$

构成了全部 DEA 有效点的集合(全部 Pareto 解)”.也即定理 4.4.1 的逆定理不成立.见例 4.4.1.

例 4.4.1 考虑由一个决策单元

$$(X_1, Y_1) = (1, 1)$$

给出的 BC^2 模型的例子.此时(“和形式”)

$$T_{BC^2} = \{(X, Y) \mid \lambda_1 \leqq X, \lambda_1 \geqq Y, \lambda_1 = 1\}$$

由图 4.4.1 可知,T 的“交形式”为

$$T_{BC^2} = \left\{(X, Y) \left| \begin{array}{l} 1 \cdot X - 0 \cdot Y - 1 \geqq 0,\ 0 \cdot X - 1 \cdot Y + 1 \geqq 0, \\ X \geqq 0,\ Y \geqq 0. \end{array} \right.\right\}$$

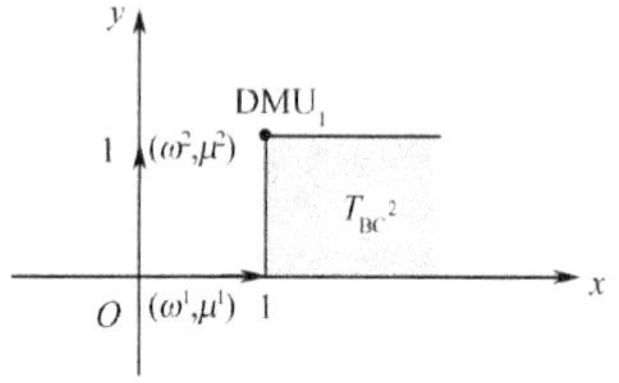

图 4.4.1

(这里$(\omega^1, \mu^1, \mu_0^1)=(1, 0, -1)$, $(\omega^2, \mu^2, \mu_0^2)=(0, 1, 1)$).显然 $\Gamma=\varnothing$,于是 $\bigcup_{k\in\Gamma} T_k^D=\varnothing$.然而 DMU_1 为 DEA 有效,$\{(1, 1)\}$为 T_{BC^2}的生产前沿面(“0 维面”).

第五章　决策单元的规模收益和“拥挤”迹象分析

在微观经济学中,对于规模收益状况(return to scale)的研究,传统的方法是使用生产函数(对于单一输出的情况),见第二章;对于多种产出的情况,1984 年 Bancker 首先使用输入 DEA 模型 C^2R 和 BC^2 评估决策单元的规模收益状况(见文献[41]),2002 年 Wei, Yu 和 Lu,对于具有偏好的、更一般的综合 DEA 模型从生产可能集出发,给出了关于规模收益为递增、不变和递减的严格定义,对于具有锥结构的输出 DEA 模型 C^2R,BC^2,FG 和 ST,给出一些充分必要条件.(见文献[29]).

近年来使用 DEA 模型研究“拥挤”迹象也被人们关注.所谓“拥挤”(congestion)是指:当投入增大时,产出不但不会增大,反而会减少.2003 年 Wei 和 Yan 从研究规模收益状况和“拥挤”的统一观点出发,给出了判定的充分必要条件.(见文献[30])

本章取材于文献[29]~[30],[53]~[54].

第一节　输出 DEA 模型 NEW

本节考虑一个新的 DEA 模型 NEW(输出模型)

$$
(D^0_{\mathrm{NEW}})\begin{cases}\max\ z = V^0_{\mathrm{NEW}},\\ \sum\limits_{j=1}^{n} X_j\lambda_j = X_0,\\ \sum\limits_{j=1}^{n} Y_j\lambda_j \geqq zY_0,\\ \sum\limits_{j=1}^{n} \lambda_j = 1,\\ \lambda_j \geqq 0,\ j=1,\cdots,n,\ z\in E^1\end{cases}
$$

和

$$
(P^0_{\mathrm{NEW}})\begin{cases}\min\ (\omega^{\mathrm{T}}X_0+\mu_0) = V^0_{\mathrm{NEW}},\\ \omega^{\mathrm{T}}X_j-\mu^{\mathrm{T}}Y_j+\mu_0\geqq 0,\\ \mu^{\mathrm{T}}Y_0 = 1,\\ \omega\in E^m,\ \mu\geqq 0,\ \mu_0\in E^1\end{cases}
$$

(注意:在(D_{NEW})中对 ω 没有非负限制).相应的生产可能集为

$$T_{\text{NEW}}=\{(X,\ Y)\mid \sum_{j=1}^{n}X_j\lambda_j = X, \sum_{j=1}^{n}Y_j\lambda_j \geqq Y, \sum_{j=1}^{n}\lambda_j = 1, \lambda_j \geqq 0, j=1,\cdots,n\}.$$

这里的生产可能集是根据如下公理惟一确定的:“平凡公理”,“凸性公理”,“产出无效性公理”和“最小性公理”,其中

产出无效公理　对任意$(X,\ Y)\in T_{\text{NEW}}$,以及 $\hat{Y}\leqq Y$,有$(X,\ \hat{Y})\in T_{\text{NEW}}$.

定义 5.1.1　若线性规划(P_{NEW}^{0}),(D_{NEW}^{0})的最优值 $V_{P_{\text{NEW}}^{0}}=1$,称 DMU_{j_0}为弱 DEA 有效(NEW).

例 5.1.1　考虑由下表 5.1.1 给出的具有一个输入和一个输出,6 个决策单元的数例.

表 5.1.1

	1	2	3	4	5	6	
1 →	2	3	6	9	11	9	
	2	5	6	6	3	4	→ 1

由图 5.1.1 可知,DMU_1,DMU_2,DMU_3,DMU_4 和 DMU_5 为弱 DEA 有效(NEW);DMU_6 不为弱 DEA 有效(NEW).

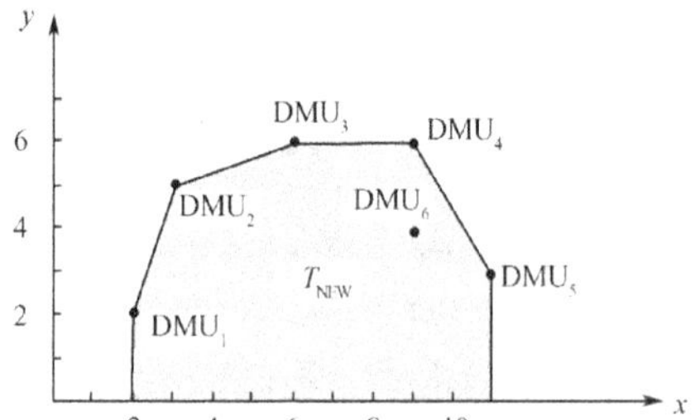

图 5.1.1

本章的讨论都是针对 Output-DEA 模型的.为方便,只称 DEA 模型,弱 DEA 有效等等,而不再专门指是输出(Output)DEA 模型,输出弱 DEA 有效等.

定理 5.1.1　若 DMU_{j_0}为弱 DEA 有效(BC^2),则 DMU_{j_0}也为弱 DEA 有效(NEW).

证　因 DMU_{j_0}为弱 DEA 有效(BC^2),故存在 ω^0, μ^0, μ_0^0,有

$$\omega^{0\text{T}}X_j-\mu^{0\text{T}}Y_j+\mu_0^0\geqq 0,\ j=1,\ \cdots,\ n.$$

$$\mu^{0\text{T}}Y_0=1,$$

$$\omega^0 \geqq 0,\ \mu^0 \geqq 0,\ \mu_0^0 \in E^1,$$

并且最优值为

$$\omega^{0\mathrm{T}} X_0 + \mu_0^0 = 1.$$

因此，$\omega^0,\ \mu^0,\ \mu_0^0$ 也为(P_{NEW})的可行解.当注意到(P_{NEW})的目标值

$$\omega^{\mathrm{T}} X_0 + \mu_0 \geqq 1 = \omega^{0\mathrm{T}} X_0 + \mu_0^0$$

时，知 $\omega^0,\ \mu^0,\ \mu_0^0$ 也为(P_{NEW})的最优解，由定义 5.1.1，DMU_{j_0} 为弱 DEA 有效(NEW).证毕.

定理 5.1.2　设 DMU_{j_0} 为弱 DEA 有效(NEW)，则有：

(i) 若(P_{NEW})存在最优解 $\omega^0,\ \mu^0,\ \mu_0^0$，且有 $\omega^0 \geqq 0,\ \mu_0^0 = 0$，则 DMU_{j_0} 为弱 DEA 有效(C^2R)；

(ii) 若(P_{NEW})存在最优解 $\omega^0,\ \mu^0,\ \mu_0^0$，且有 $\omega^0 \geqq 0,\ \mu_0^0 \geqq 0$，则 DMU_{j_0} 为弱 DEA 有效(FG)；

(iii) 若(P_{NEW})存在最优解 $\omega^0,\ \mu^0,\ \mu_0^0$，且有 $\omega^0 \geqq 0,\ \mu_0^0 \leqq 0$，则 DMU_{j_0} 为弱 DEA 有效(ST)；

(iv) 若(P_{NEW})存在最优解 $\omega^0,\ \mu^0,\ \mu_0^0$，且有 $\omega^0 \geqq 0$，则 DMU_{j_0} 为弱 DEA 有效(BC^2).

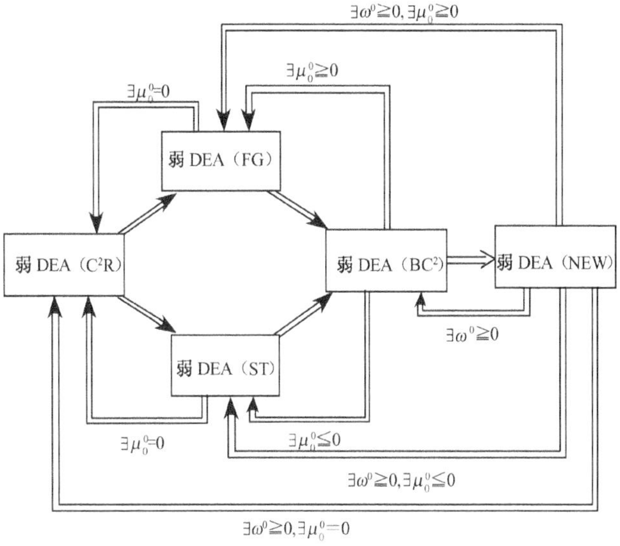

弱 DEA有效(C^2R) $\Longleftrightarrow$ $\begin{cases}\text{弱 DEA有效(FG)}\\ \text{弱 DEA有效(ST)}.\end{cases}$

图 5.2.2

证　证明方法类似于定理 3.1.5.证毕.

综上所述,对于 Outpnt-DEA 模型 C^2R,BC^2,FG,ST 和 NEW,有图 5.1.2 给出的关系.

第二节　FG 模型,ST 模型与规模收益分析

相应于 DEA 模型 BC^2 的生产可能集为

$$T_{BC^2}=\{(X,\ Y)\mid \bar{X}\lambda\leqq X,\ \bar{Y}\lambda\geqq Y,\ \tilde{e}^{T}\lambda=1,\ \lambda\geqq 0\}$$

其中

$$\tilde{e}=(1,\ 1,\ \cdots,\ 1)^{T}\in E^{n}.$$

令

$$T^{0}_{BC^2}=\{(X,\ Y)\mid \exists\, z>1,\ 使(X,\ zY)\in T_{BC^2}\}.$$

不难看出:$T^{0}_{BC^2}$为凸集,并且(因 $zY_0>Y_0$)

$$T^{0}_{BC^2}\subset T_{BC^2}$$

定义 5.2.1　设 DMU_{j_0}为弱 DEA 有效(BC^2),有

(i) 若对 $\forall\, k\in(0,\ 1)$, $k(X_0,\ Y_0)\notin T^{0}_{BC^2}$,并且 $\exists\, \bar{k}>1$, $\bar{k}(X_0,\ Y_0)\in T^{0}_{BC^2}$,则称 DMU_{j_0}为规模收益递增;

(ii) 若对 $\forall\, k>0$, $k(X_0,\ Y_0)\notin T^{0}_{BC^2}$,则称 DMU_{j_0}为规模收益不变;

(iii) 若 $\exists\, \bar{k}\in(0,\ 1)$, $\bar{k}(X_0,\ Y_0)\in T^{0}_{BC^2}$,并且对 $\forall\, k>1$, $k(X_0,\ Y_0)\notin T^{0}_{BC^2}$,则称 DMU_{j_0}为规模收益递减.

由定义 5.2.1 给出的关于规模收益为递增、不变和递减的定义,与微观经济学中用生产函数给出的定义是一致的(见第二章).

引理 5.2.1　设 DMU_{j_0}为弱 DEA 有效(BC^2),则对 $\forall\, k\in(0,\ 1)$, $k(X_0,\ Y_0)\notin T^{0}_{BC^2}$的充分必要条件是 DMU_{j_0}为弱 DEA 有效(ST).

证　对 $\forall\, k\in(0,\ 1)$, $k(X_0,\ Y_0)\notin T^{0}_{BC^2}$等价于下面的不等式组对于 $\forall\, k\in(0,\ 1)$无解

$$\begin{cases}\bar{X}\lambda\leqq(kX_0),\\ \bar{Y}\lambda\geqq z(kY_0),\\ \tilde{e}^{T}\lambda=1,\\ \lambda\geqq 0,\ \ z>1\end{cases}$$

它等价于下面不等式组对于 $\forall\, k\in(0,\ 1)$无解

$$\begin{cases} \bar{X}\left(\dfrac{\lambda}{k}\right) \leqq X_0, \\ \bar{Y}\left(\dfrac{\lambda}{k}\right) \geqq zY_0, \\ \tilde{e}^{\mathrm{T}}\left(\dfrac{\lambda}{k}\right) = \dfrac{1}{k}, \\ \lambda \geqq 0, \quad z > 1 \end{cases}$$

也即对 $\forall\ k \in (0,\ 1)$,下面不等式组无解

$$(\mathrm{I})\begin{cases} \bar{X}\lambda \leqq X_0, \\ \bar{Y}\lambda \geqq zY_0, \\ \tilde{e}^{\mathrm{T}}\lambda = \dfrac{1}{k} \\ \lambda \geqq 0, \quad z > 1 \end{cases}$$

考虑下面的不等式组

$$(\mathrm{II})\begin{cases} \bar{X}\lambda \leqq X_0, \\ \bar{Y}\lambda \geqq zY_0, \\ \tilde{e}^{\mathrm{T}}\lambda \geqq 1, \\ \lambda \geqq 0, \quad z > 1. \end{cases}$$

显然有:如果(Ⅱ)无解,则对 $\forall\ k \in (0,\ 1)$,(Ⅰ)无解;反之,若对 $\forall\ k \in (0,\ 1)$不等式组(Ⅰ)无解,则下面不等式组无解

$$(\mathrm{III})\begin{cases} \bar{X}\lambda \leqq X_0, \\ \bar{Y}\lambda \geqq zY_0, \\ \tilde{e}^{\mathrm{T}}\lambda > 1, \\ \lambda \geqq 0, \quad z > 1. \end{cases}$$

此外,由 DMU_{j_0}为弱 DEA 有效(BC^2),故下面不等式组无解

$$(\mathrm{IV})\begin{cases} \bar{X}\lambda \leqq X_0, \\ \bar{Y}\lambda \geqq zY_0, \\ \tilde{e}^{\mathrm{T}}\lambda = 1, \\ \lambda \geqq 0, \quad z > 1. \end{cases}$$

由(Ⅲ)和(Ⅳ)均无解,故(Ⅱ)无解.因此(Ⅰ)无解的充分必要条件是(Ⅱ)无解.

于是,对 $\forall\ k \in (0,\ 1)$, $k(X_0,\ Y_0) \notin T^0_{\mathrm{BC}^2}$的充要条件是(Ⅱ)无解.而(Ⅱ)无解的充要条件是(D^0_{ST})的最优值 $V^0_{\mathrm{ST}}=1$,其中

$$
(D_{ST}^{0})\begin{cases}\max\ z=V_{ST}^{0},\\ \bar{X}\lambda \leqq X_0,\\ \bar{Y}\lambda \geqq zY_0,\\ \tilde{e}^{T}\lambda \geqq 1,\\ \lambda \geqq 0,\quad z\in E^{1},\end{cases}
$$

即 DMU_{j_0} 为弱 DEA 有效(ST).证毕.

引理 5.2.2 设 DMU_{j_0} 为弱 DEA 有效(BC^2),则对 $\forall\ k>0$, $k(X_0,\ Y_0)\notin T_{BC^2}^{0}$ 的充分必要条件是 DMU_{j_0} 为弱 DEA 有效(C^2R).

证 对 $\forall\ k>0$, $k(X_0,\ Y_0)\notin T_{BC^2}^{0}$ 的充分必要条件是下面不等式组对 $\forall\ k>0$ 无解

$$
\begin{cases}\bar{X}\lambda \leqq (kX_0),\\ \bar{Y}\lambda \geqq z(kY_0),\\ \tilde{e}^{T}\lambda = 1,\\ \lambda \geqq 0,\quad z>1.\end{cases}
$$

它等价于下面不等式组对 $\forall\ k>0$ 无解

$$
\begin{cases}\bar{X}\left(\dfrac{\lambda}{k}\right) \leqq X_0,\\ \bar{Y}\left(\dfrac{\lambda}{k}\right) \geqq zY_0,\\ \tilde{e}^{T}\left(\dfrac{\lambda}{k}\right) = \dfrac{1}{k},\\ \lambda \geqq 0,\quad z>1.\end{cases}
$$

也即对 $\forall\ k>0$, 下面不等式组无解

$$
(\text{I})'\begin{cases}\bar{X}\lambda \leqq X_0,\\ \bar{Y}\lambda \geqq zY_0,\\ \tilde{e}^{T}\lambda = \dfrac{1}{k},\\ \lambda \geqq 0,\quad z>1.\end{cases}
$$

考虑下面的不等式组

$$
(\text{II})'\begin{cases}\bar{X}\lambda \leqq X_0,\\ \bar{Y}\lambda \geqq zY_0,\\ \lambda \geqq 0,\quad z>1.\end{cases}
$$

显然有:若(Ⅱ)′无解,则(Ⅰ)′无解;反之,若对 $\forall\ k>0$, (Ⅰ)′无解,但(Ⅱ)′有解 λ^0, $z^0>1$,则由 $Y_0>0$,知 $\lambda^0\neq 0$.令

$$\frac{1}{k_0} = \tilde{e}^{\mathrm{T}} \lambda^0,$$

则对 $k = k_0 > 0$,(Ⅰ)′有解 λ^0, z^0.矛盾.因此,对 $\forall\ k > 0$,不等式组(Ⅰ)′无解的充分必要条件是(Ⅱ)′无解.

于是,对 $\forall\ k > 0$, $k(X_0, Y_0) \notin T^0_{\mathrm{BC}^2}$的充分必要条件是(Ⅱ)′无解.而(Ⅱ)′无解的充分必要条件是($D^0_{\mathrm{C}^2\mathrm{R}}$)的最优值 $V^0_{\mathrm{C}^2\mathrm{R}} = 1$,其中

$$(D^0_{\mathrm{C}^2\mathrm{R}})\begin{cases} \max\ z = V^0_{\mathrm{C}^2\mathrm{R}}, \\ X\lambda \leqq X_0, \\ Y\lambda \geqq zY_0, \\ \lambda \geqq 0, \\ z \in E^1, \end{cases}$$

即 DMU_{j_0}为弱 DEA 有效($\mathrm{C}^2\mathrm{R}$).证毕.

引理 5.2.3　设 DMU_{j_0}为弱 DEA 有效(BC^2),则对 $\forall\ k > 1$, $k(X_0, Y_0) \notin T^0_{\mathrm{BC}^2}$的充分必要条件是 DMU_{j_0}为弱 DEA 有效(FG).

证　其证明与引理 5.2.1 类似.实际上,对 $\forall\ k > 1$, $k(X_0, Y_0) \notin T^0_{\mathrm{BC}^2}$的充分必要条件是下面不等式组对 $\forall\ k > 1$ 无解

$$\begin{cases} X\lambda \leqq (kX_0), \\ Y\lambda \geqq z(kY_0), \\ \tilde{e}\lambda = 1, \\ \lambda \geqq 0, \quad z > 1. \end{cases}$$

即下面不等式组对 $\forall\ k > 1$ 无解

$$\begin{cases} X\lambda \leqq X_0, \\ Y\lambda \geqq zY_0, \\ \tilde{e}^{\mathrm{T}}\lambda = \dfrac{1}{k}, \\ \lambda \geqq 0, \quad z > 1. \end{cases}$$

当注意到 DMU_{j_0}为弱 DEA 有效(BC^2)时,可知对 $\forall\ k > 1$, $k(X_0, Y_0) \notin T^0_{\mathrm{BC}^2}$的充分必要条件是下面不等式组无解

$$\begin{cases} X\lambda \leqq X_0, \\ Y\lambda \geqq zY_0, \\ \tilde{e}^{\mathrm{T}}\lambda \leqq 1, \\ \lambda \geqq 0, \quad z > 1. \end{cases}$$

上面不等式组无解,即(D^0_{FG})的最优值 $V^0_{\mathrm{FG}} = 1$, 其中

$$(D_{FG}^0)\begin{cases}\max\ z = V_{FG}^0,\\ X\lambda \leqq X_0,\\ Y\lambda \geqq zY_0,\\ \tilde{e}^T\lambda \leqq 1,\\ \lambda \geqq 0,\quad z\in E^1.\end{cases}$$

因此,DMU_{j_0}为弱 DEA 有效(FG).证毕.

引理 5.2.4　设 DMU_{j_0}为弱 DEA 有效(BC^2),则 ∃ $\bar{k}\in(0,1)$, $\bar{k}(X_0,Y_0)\in T_{BC^2}^0$的充分必要条件是 DMU_{j_0}不为弱 DEA 有效(ST).

证　由引理 5.2.1 得到.证毕.

引理 5.2.5　设 DMU_j为弱 DEA 有效(BC^2),则 ∃ $\bar{k}>1$, $k(X_0,Y_0)\in T_{BC^2}^0$的充分必要条件是 DMU_{j_0}不为弱 DEA 有效(FG).

证　由引理 5.2.3 得到.证毕.

定理 5.2.1　设 DMU_{j_0}为弱 DEA 有效(BC^2),则

(i) DMU_{j_0}为规模收益递增的充分必要条件是:DMU_{j_0}为弱 DEA 有效(ST),但不为弱 DEA 有效(FG);

(ii) DMU_{j_0}为规模收益不变的充分必要条件是:DMU_{j_0}为弱 DEA 有效(ST),同时为弱 DEA 有效(FG);

(iii) DMU_{j_0}为规模收益递减的充分必要条件是:DMU_{j_0}不为弱 DEA 有效(ST),但是为弱 DEA 有效(FG).

证　结论(i),由引理 5.2.1 和引理 5.2.5 得到;结论(ii),由引理 5.2.2,并注意到 DMU_{j_0}为弱 DEA 有效(C^2R)的充分必要条件是:DMU_{j_0}既为弱 DEA 有效(FG),也为弱 DEA 有效(ST);结论(iii),由引理 5.2.3 和引理 5.2.4 得到.证毕.

第三节　C^2R 模型与规模收益分析

本节讨论使用 C^2R 的输出 DEA 模型

$$(D_{C^2R}^0)\begin{cases}\max\ z,\\ X\lambda \leqq X_0,\\ Y\lambda \geqq zY_0,\\ \lambda \geqq 0,\quad z\in E^1.\end{cases}$$

为讨论方便,记 DEA 模型($D_{C^2R}^0$)的约束集合为 $R_{C^2R}^0$,则有

$$R_{FG}^0 = R_{C^2R}^0 \cap \{(\lambda, z)\mid \tilde{e}^T\lambda \leqq 1,\ z\in E^1\},$$

$$R_{\mathrm{ST}}^0 = R_{\mathrm{C^2R}}^0 \cap \{(\lambda,\ z) \mid \tilde{e}^{\mathrm{T}}\lambda \geqq 1,\ z \in E^1\},$$
$$R_{\mathrm{BC^2}}^0 = R_{\mathrm{C^2R}}^0 \cap \{(\lambda,\ z) \mid \tilde{e}^{\mathrm{T}}\lambda = 1,\ z \in E^1\},$$

其中 R_{FG}^0，R_{ST}^0，$R_{\mathrm{BC^2}}^0$分别为 DEA 模型(D_{FG}^0)，(D_{ST}^0)和($D_{\mathrm{BC^2}}^0$)的可行解集合.相应的 DEA 模型简记为

$$(D_{\mathrm{C^2R}}^0)\begin{cases}\max\ z = V_{\mathrm{C^2R}}^0,\\ (\lambda,\ z) \in R_{\mathrm{C^2R}}^0;\end{cases}$$
$$(D_{\mathrm{FG}}^0)\begin{cases}\max\ z = V_{\mathrm{FG}}^0,\\ (\lambda,\ z) \in R_{\mathrm{FG}}^0;\end{cases}$$
$$(D_{\mathrm{ST}}^0)\begin{cases}\max\ z = V_{\mathrm{ST}}^0,\\ (\lambda,\ z) \in R_{\mathrm{ST}}^0;\end{cases}$$
$$(D_{\mathrm{BC^2}}^0)\begin{cases}\max\ z = V_{\mathrm{BC^2}}^0,\\ (\lambda,\ z) \in R_{\mathrm{BC^2}}^0.\end{cases}$$

有如下定理.

定理 5.3.1　设 DMU_{j_0}为弱 DEA 有效($\mathrm{BC^2}$)，且 λ^0，z^0 为($D_{\mathrm{C^2R}}^0$)的最优解，则

(i) DMU_{j_0}为规模收益递增的充分必要条件是：$z^0>1$，并且 $\tilde{e}^{\mathrm{T}}\lambda^0<1$；

(ii) DMU_{j_0}为规模收益不变的充分必要条件是：$z^0=1$(即 DMU_{j_0}为弱 DEA 有效($\mathrm{C^2R}$))；

(iii) DMU_{j_0}为规模收益递减的充分必要条件是：$z^0>1$，并且 $\tilde{e}^{\mathrm{T}}\lambda^0>1$.

证　结论(ii)由定理 5.2.1 得到.现证结论(i).若 DMU_{j_0}为规模收益递增，由定理 5.2.1 的结论(i)，知

$$V_{\mathrm{ST}}^0 = 1,\ V_{\mathrm{FG}}^0 > 1.$$

再由 DMU_{j_0}为弱 DEA 有效($\mathrm{BC^2}$)，故

$$V_{\mathrm{BC^2}}^0 = 1.$$

此外，由本定理的结论(ii)，故为 DMU_{j_0}为规模收益递增时，必有

$$V_{\mathrm{C^2R}}^0 = z^0 > 1.$$

考虑 $\tilde{e}^{\mathrm{T}}\lambda^0$，有三种情况：

(a) $\tilde{e}^{\mathrm{T}}\lambda^0=1$.此时

$$(\lambda^0,\ z^0) \in R_{\mathrm{BC^2}}^0,\ V_{\mathrm{BC^2}}^0 \geqq z^0,$$

则得到如下的矛盾

$$1 = V_{\mathrm{BC^2}}^0 \geqq z^0 > 1,$$

故此种情况不可能；

(b) $\tilde{e}^{T}\lambda^{0}>1$. 此时

$$(\lambda^{0}, z^{0}) \in R_{ST}^{0},$$

则得到如下的矛盾

$$1 = V_{ST}^{0} \geqq z^{0} > 1;$$

由(a)和(b),知只有情况(c):

(c) $\tilde{e}^{T}\lambda^{0}<1$.

必要性得证.

现在,设 λ^{0}, z^{0} 满足

$$\tilde{e}^{T}\lambda^{0} < 1, \ z^{0} > 1.$$

故

$$(\lambda^{0}, z^{0}) \in R_{FG}^{0}.$$

因此

$$V_{FG}^{0} \geqq z^{0} > 1,$$

即 DMU_{j_0}不为弱 DEA 有效(FG).

又由 DMU_{j_0}为弱 DEA 有效(BC^2)的充分必要条件是:DMU_{j_0}或为弱 DEA 有效(FG),或为弱 DEA 有效(ST).已证 DMU_{j_0}不为弱 DEA 有效(FG),故 DMU_{j_0}必为弱 DEA 有效(ST).由定理 5.2.2 的结论(i),知 DMU_{j_0}为规模收益递增.

类似于本定理结论(i)的证明,可证结论(iii)成立.证毕.

第四节 BC^2 模型与规模收益分析

本节讨论使用 BC^2 的输出 DEA 模型

$$(P_{BC^2})\begin{cases}\min\ (\omega^{T}X_0+\mu_0),\\ \omega^{T}X-\mu^{T}Y+\mu_0\tilde{e}^{T}\geqq 0,\\ \mu^{T}Y_0=1,\\ \omega\geqq 0,\ \mu\geqq 0,\ \mu_0\in E^{1}\end{cases}$$

(注意,这里对变量 μ_0 没有非负要求).为讨论方便,记 DEA 模型(P_{BC^2})的可行解集合为 $\bar{R}_{BC^2}^{0}$,则有

$$\bar{R}_{C^2R}^{0} = \bar{R}_{BC^2}^{0} \cap \{(\omega, \mu, \mu_0) \mid \mu_0 = 0\},$$

$$\bar{R}_{FG}^{0} = \bar{R}_{BC^2}^{0} \cap \{(\omega, \mu, \mu_0) \mid \mu_0 \geqq 0\},$$

$$\bar{R}_{ST}^{0} = \bar{R}_{BC^2}^{0} \cap \{(\omega, \mu, \mu_0) \mid \mu_0 \leqq 0\},$$

其中 $\mathcal{R}^0_{C^2R}$，$\mathcal{R}^0_{FG}$和 $\mathcal{R}^0_{ST}$分别为 DEA 模型($P^0_{C^2R}$)，(P^0_{FG})和(P^0_{ST})的可行解集合.相应的 DEA 模型记为

$$(P^0_{C^2R})\begin{cases}\min\ (\omega^T X_0+\mu_0)=V^0_{C^2R},\\(\omega,\ \mu,\ \mu_0)\in\mathcal{R}^0_{C^2R};\end{cases}$$

$$(P^0_{FG})\begin{cases}\min\ (\omega^T X_0+\mu_0)=V^0_{FG},\\(\omega,\ \mu,\ \mu_0)\in\mathcal{R}^0_{FG};\end{cases}$$

$$(P^0_{ST})\begin{cases}\min\ (\omega^T X_0+\mu_0)=V^0_{ST},\\(\omega,\ \mu,\ \mu_0)\in\mathcal{R}^0_{ST}.\end{cases}$$

有如下定理.

定理 5.4.1　设 DMU_{j_0}为弱 DEA 有效(BC^2)，则

(i) DMU_{j_0}为规模收益递增的充分必要条件是：($P^0_{BC^2}$)的所有最优解中都有 $\mu^0_0<0$；

(ii) DMU_{j_0}为规模收益不变的充分必要条件是：($P^0_{BC^2}$)存在最优解 $\omega^0,\ \mu^0,\ \mu^0_0$，有 $\mu^0_0=0$；

(iii) DMU_{j_0}为规模收益递减的充分必要条件是：($P^0_{BC^2}$)的所有最优解中都有 $\mu^0_0>0$.

证　由定理 5.2.1，DMU_{j_0}为规模收益递增的充分必要条件是：DMU_{j_0}为弱 DEA 有效(ST)，但不为弱 DEA 有效(FG).

设 DMU_{j_0}为弱 DEA 有效(ST)，不为弱 DEA 有效(FG).若($P^0_{BC^2}$)存在最优解 $\omega^0,\ \mu^0,\ \mu^0_0$，有 $\mu^0_0\geqq 0$，因此 DMU_{j_0}也为弱 DEA 有效(FG)(见图 3.1.1)，矛盾；反之，若($P^0_{BC^2}$)的所有最优解中都有 $\mu^0_0<0$，但 DMU_{j_0}为弱 DEA 有效(FG)，则(P^0_{FG})存在最优解 $\omega^*,\ \mu^*,\ \mu^*_0,\ \mu^*_0\geqq 0$.此时 $\omega^*,\ \mu^*,\ \mu^*_0$ 也为($P^0_{BC^2}$)的最优解，矛盾.故 DMU_{j_0}不为弱 DEA 有效(FG)；再由 DMU_{j_0}为弱 DEA 有效(BC^2)，故 DMU_{j_0}必为弱 DEA 有效(ST)(见图 3.1.1).结论(i)得证.

结论(iii)的证明与结论(i)类似.现证结论(ii).由定理 5.3.1 的结论(ii)，DMU_{j_0}为规模收益不变的充分必要条件为 DMU_{j_0}为弱 DEA 有效(C^2R).若 $\omega^0,\ \mu^0$ 为($P^0_{C^2R}$)的最优解，则 $\omega^0,\ \mu^0,\ \mu^0_0=0$ 为($P^0_{BC^2}$)的最优解，即($P^0_{BC^2}$)存在有 $\mu^0_0=0$ 的最优解；反之，若($P^0_{BC^2}$)存在最优解 $\omega^0,\ \mu^0,\ \mu^0_0,\ \mu^0_0=0$，则 DMU_{j_0}为弱 DEA 有效(C^2R)(见图 3.1.1).结论(ii)得证.证毕.

当使用 DEA 模型($P^0_{BC^2}$) 评估决策单元的规模收益状况时，需要检验($P^0_{BC^2}$)是否存在最优解 $\omega^0,\ \mu^0,\ \mu^0_0,\ \mu^0_0=0$，或者($P^0_{BC}$)的所有最优解中都有 $\mu^0_0<0$ 或

$\mu_0^0>0$.为此,考虑下面两个线性规划问题

$$(P_{\min})\begin{cases}\min \mu_0,\\ \omega^{\mathrm T}\bar X-\mu^{\mathrm T}\bar Y+\mu_0\tilde e^{\mathrm T}\geqq 0,\\ \omega^{\mathrm T}X_0+\mu_0=1,\\ \mu^{\mathrm T}Y_0=1,\\ \omega\geqq 0,\quad \mu\geqq 0,\quad \mu_0\in E^1\end{cases}$$

和

$$(P_{\max})\begin{cases}\max \mu_0,\\ \omega^{\mathrm T}\bar X-\mu^{\mathrm T}\bar Y+\mu_0\tilde e^{\mathrm T}\geqq 0,\\ \omega^{\mathrm T}X_0+\mu_0=1,\\ \mu^{\mathrm T}Y_0=1,\\ \omega\geqq 0,\quad \mu\geqq 0,\quad \mu_0\in E^1\end{cases}$$

(注意:$\mu_0\leqq\omega^{\mathrm T}X_0+\mu_0=1$,故($P_{\max}$)存在最优解).有下面的定理.

定理 5.4.2 设 DMU_{j_0} 为弱 DEA 有效(BC^2),并且,若($P_{\min}$)存在最优解,记最优值为 μ_0^-;($P_{\max}$)的最优值为 μ_0^+,则有

(i) 若 $\mu_0^->0$,则 DMU_{j_0} 为规模收益递减;

(ii) 若 $\mu_0^-=0$ 或 $\mu_0^+=0$,则 DMU_{j_0} 为规模收益不变;

(iii) 若 $\mu^+<0$,则 DMU_{j_0} 为规模收益递增;

(iv) 若 $\mu_0^-<0$, $\mu_0^+>0$,则 DMU_{j_0} 为规模收益不变;

(v) 若($P_{\min}$)无最优解,且 $\mu_0^+>0$,则 DMU_{j_0} 为规模收益不变.

证 注意($P_{\min}$)和($P_{\max}$)的可行解集合,实际上是($P_{\mathrm{BC}^2}^0$)的最优解集合,并且是非空的.

若 $\mu_0^->0$,则($P_{\mathrm{BC}^2}^0$)的所有最优解中的 $\mu_0^0>0$.由定理 5.4.1(iii)知 DMU_{j_0} 为规模收益递减.结论(i)得证.

若 $\mu_0^-=0$,则($P_{\mathrm{BC}^2}^0$)存在最优解 ω^-, μ^-, μ_0^-(ω^-, μ^-, μ_0^- 为($P_{\min}$)的最优解),有 $\mu_0^-=0$,由定理 5.4.1(ii)知 DMU_{j_0} 为规模收益不变;若 $\mu_0^+=0$,同理知 DMU_{j_0} 为规模收益不变.结论(ii)得证.

若 $\mu_0^+<0$,则($P_{\mathrm{BC}^2}^0$)的所有最优解中的 $\mu_0^0<0$.由定理 5.4.1(i),知 DMU_{j_0} 为规模收益递增.结论(iii)得证.

若 $\mu_0^-<0$, $\mu_0^+>0$.设 ω^-, μ^-, μ_0^- 为($P_{\min}$)的最优解,ω^+, μ^+, μ_0^+ 为($P_{\max}$)的最优解.令

$$\omega^{\alpha} = \alpha\omega^{-} + (1-\alpha)\omega^{+},$$
$$\mu^{\alpha} = \alpha\mu^{-} + (1-\alpha)\mu^{+},$$
$$\mu_0^{\alpha} = \alpha\mu_0^{-} + (1-\alpha)\mu_0^{+},$$

其中

$$\alpha = \frac{\mu_0^{+}}{\mu_0^{+} - \mu_0^{-}},$$

则 $\alpha \in (0, 1)$,故 ω^{α}, μ^{α}, μ_0^{α} 为($P_{\mathrm{BC}^2}^{0}$)的最优解,并且 $\mu_0^{\alpha}=0$.由定理5.4.1(ii), DMU_{j_0}为规模收益不变.结论(iv)得证.

若($P_{\min}$)无最优解,且 $\mu_0^{+}>0$.因($P_{\min}$)无最优解,即($P_{\min}$)的目标值趋于 $-\infty$,故(P^{-})存在可行解,其目标函数小于0,不妨设其为 ω^{-}, μ^{-}, μ_0^{-}, $\mu_0^{-}<0$.类似于结论(iv)的证明,可得到($P_{\mathrm{BC}^2}^{0}$)的最优解 ω^{α}, μ^{α}, $\mu_0^{\alpha}=0$.由定理5.4.1(ii), DMU_{j_0}为规模收益不变.结论(v)得证.证毕.

第五节　(弱)DEA有效的经济含义

本节讨论各种模型下的(弱)DEA有效的经济含义,包括“技术有效”和规模收益状况等.

“技术有效”性是指:输出相对输入而言已达到“最大”.当一个输出的情况,是指 m 种投入 $X=(x_1, x_2, \cdots, x_m)^{\mathrm{T}}$,所能产出的最大值为 Y,也即生产函数

$$Y = f(x_1, x_2, \cdots, x_m) = f(X).$$

因此,某种生产方式(X_0, Y_0)称为是“技术有效”的是指它位于生产函数 $Y=f(x_1,\cdots,x_m)$的曲面上,即(这里 $X_0=(x_1^0, x_2^0, \cdots, x_m^0)_2^{\mathrm{T}}$)

$$Y_0 = f(x_1^0, x_2^0, \cdots, x_m^0) = f(X_0).$$

如果用生产函数的“下图”来描述,即问题

$$\begin{cases} \max\ z = z^0, \\ (X_0, zY_0) \in T \end{cases}$$

的最优值 $z^0=1$,其中

$$T = \{(X, Y) \mid f(X) \geqq Y\}.$$

可见当 $z^0=1$ 时,有

$$Y_0 = f(x_1^0, \cdots, x_m^0) = f(X_0).$$

当输出为 s 项时,考查生产方式(X_0, Y_0)是否输出相对输入而言已达到“最大”,也可用下面的规划问题来实现

$$
(D)\begin{cases} \max\ z, \\ (X_0,\ zY_0) \in T. \end{cases}
$$

现在的问题是:生产可能集 T 的具体表示式如何确定.生产可能集 T 的确定是需要由公理体系来惟一决定的.一般来说,生产可能集 T 应满足最为一般的公理:(i)平凡公理;(ii)凸性公理;(iii)无效性公理;(iv)最小性公理.由定理 2.4.2,可知,此时的生产可能集即 T_{BC^2}:

$$
T_{BC^2} = \left\{ (X,Y) \,\middle|\, \sum_{j=1}^{n} X_j\lambda_j \leqq X, \sum_{j=1}^{n} Y_j\lambda_j \geqq Y,\ \sum_{j=1}^{n}\lambda_j = 1, \lambda_j \geqq 0, j=1,\cdots,n \right\}.
$$

此时的规划问题为

$$
(D^0_{BC^2})\begin{cases} \max\ z, \\ \sum_{j=1}^{n} X_j\lambda_j \leqq X_0, \\ \sum_{j=1}^{n} Y_j\lambda_j \geqq zY_0, \\ \sum_{j=1}^{n} \lambda_j = 1, \\ \lambda_j \geqq 0,\ j=1,\cdots,n. \end{cases}
$$

可见,在输出 DEA 模型($P^0_{BC^2}$),($D^0_{BC^2}$)之下的弱 DEA 有效(BC^2)的决策单元是“技术有效”的.

“规模有效”是指投入的规模既不偏小,也不偏大.这里的“偏小”,是指当投入成倍增大时,产出会高于投入的同倍数的增长;“偏大”,是指当投入成倍增大时,产出会低于投入的同倍数的增长.这就是说,“规模有效”是处于规模收益不变的生产方式.由定理 5.3.1(ii)可见,在输出 DEA 模型($P^0_{C^2R}$),($D^0_{C^2R}$)模型之下的弱 DEA 有效的决策单元是“规模有效”的.又因为弱 DEA 有效(C^2R)也为弱 DEA 有效(BC^2),所以,在输出 DEA 模型 C^2R 之下的弱 DEA 有效(C^2R),既为“技术有效”,也为“规模有效”.

现在讨论在输出 DEA 模型 FG 之下的弱 DEA 有效(FG)的经济含义.由弱 DEA 有效(FG),也为弱 DEA 有效(BC^2),所以在输出 DEA 模型 FG 之下的弱 DEA 有效(FG),为“技术有效”.以下讨论规模收益状态.有下面的定理.

定理 5.5.1 设 DMU_{j_0} 为弱 DEA 有效(FG),则

(i) DMU_{j_0} 为规模收益不变的充分必要条件是:(P^0_{FG})存在最优解 ω^0, μ^0, μ^0_0,有 $\mu^0_0=0$;

(ii) DMU_{j_0} 为规模收益递减的充分必要条件是:(P^0_{FG})的所有的最优解中都有

$\mu_0^0>0$.

证 由弱DEA有效(FG),也为弱DEA有效(BC^2).由定理5.3.1(ii),DMU_{j_0}为规模收益不变的充分必要条件是DMU_{j_0}为弱DEA有效(C^2R).而DMU_{j_0}为弱DEA有效(C^2R)的充分必要条件是:(P_{FG}^0)存在最优解 ω^0, μ^0, μ_0^0,有 $\mu_0^0=0$(见图3.1.1),结论(i)得证.

现证(ii).设DMU_{j_0}为规模收益递减.由于(P_{FG}^0)中对变量 μ_0 有非负要求,即$\mu_0^0\geqq 0$.如果 $\mu_0^0=0$,由本定理的结论(i)知DMU_{j_0}为规模收益不变.所以(P_{FG}^0)的所有最优解中必有 $\mu_0^0\neq 0$, 即 $\mu_0^0>0$;为了证明充分性,设(P_{FG}^0)的所有最优解中都有$\mu_0^0>0$.由已证的结论(i)易见DMU_{j_0}不为弱DEA有效(ST)(见图3.1.1).由定理5.2.1(iii),DMU_{j_0}为规模收益递减.结论(ii)得证.证毕.

由以上讨论,可知在输出DEA模型FG之下的弱DEA有效(FG),是技术有效的;同时或为规模收益不变("规模有效"),或为规模收益递减的.

对于输出DEA模型(ST),可以类似于输出DEA模型(FG)那样进行讨论.有如下定理.

定理5.5.2 设DMU_{j_0}为弱DEA有效(ST),则

(i) DMU_{j_0}为规模收益不变的充分必要条件是:(P_{ST}^0)存在最优解 ω^0, μ^0, μ_0^0,有 $\mu_0^0=0$;

(ii) DMU_{j_0}为规模收益递增的充分必要条件是:(P_{ST}^0)的所有最优解中都有$\mu_0^0<0$.

证 证明与定理5.5.1类似.证毕.

因为弱DEA有效(ST)也为弱DEA有效(BC^2),所以在输出DEA模型ST之下的弱DEA有效(ST)为"技术有效";再由定理5.5.2,弱DEA有效(ST),或为规模收益不变,或为规模收益递增.

当利用输出DEA模型(P_{FG}^0)和(P_{ST}^0)判断DMU_{j_0}的规模收益状况时,可分别考虑线性规划

$$(P_{\min})\begin{cases}\min \mu_0,\\ \omega^T X-\mu^T Y+\mu_0\tilde{e}^T\geqq 0,\\ \omega^T X_0+\mu_0=1,\\ \mu^T Y_0=1,\\ \omega\geqq 0,\ \mu\geqq 0,\ \mu_0\geqq 0\end{cases}$$

和

$$
(P_{\max})\begin{cases}\max\ \mu_0, \\ \omega^T X - \mu^T Y + \mu_0 \tilde{e}^T \geqq 0, \\ \omega^T X_0 + \mu_0 = 1, \\ \mu^T Y_0 = 1, \\ \omega \geqq 0,\ \mu \geqq 0,\ \mu_0 \leqq 0\end{cases}
$$

有如下定理.

定理 5.5.3 设 DMU_{j_0}为弱 DEA 有效(FG),记($P_{\min}$)的最优值为 μ_0^-,有

(i) 若 $\mu_0^-=0$,则 DMU_{j_0}为规模收益不变;

(ii) 若 $\mu_0^->0$,则 DMU_{j_0}为规模收益递减.

证 注意到满足($P_{\min}$)约束的 ω, μ, μ_0 为(P_{FG}^0)的最优解,由定理 5.5.1,得证.证毕.

定理 5.5.4 设 DMU_{j_0}为弱 DEA 有效(ST),记($P_{\max}$)的最优值为 μ_0^+,有

(i) 若 $\mu_0^+=0$,则 DMU_{j_0}为规模收益不变;

(ii) 若 $\mu_0^+<0$,则 DMU_{j_0}为规模收益递增.

证 证明与定理 5.5.3 类似.证毕.

第六节 使用输出 DEA 模型判定规模收益状况的几点注记

这里做几点说明:

1. 在经济学中讨论规模收益,通常使用生产函数(见第二章),例如 r-阶齐次的生产函数.所谓规模收益递增、不变和递减,是对那些在生产函数曲面上的生产状态的投入规模而言;如果对于多项产出的情况,研究规模收益状态,也同样是讨论投入的规模,而且是对那些位于生产前沿面上的生产状态进行评估.这就是,为什么我们在前几节中,总是假设决策单元 DMU_{j_0}为弱 DEA 有效(BC^2)的原因所在;从前几节中的一些定理的证明中也可以看出,关于弱 DEA 有效(BC^2)的假设是必不可少的.这也是深刻的经济含义与精确的数学证明结合得“天衣无缝”的又一例证.

2. 由于讨论规模收益状况,是讨论投入的规模状态,必须在保持投入不变的情况下来研究决策单元的规模收益.所以,使用输出 DEA 模型是合理的.

但是,我们也可以使用 Input-$\mathrm{C}^2\mathrm{R}$ 模型来判断决策单元的规模收益状况,即使用

$$(D^I_{C^2R})\begin{cases}\min\ \theta,\\ X\lambda \leqq \theta X_0,\\ Y\lambda \geqq Y_0,\\ \lambda \geqq 0,\theta \in E^1,\end{cases}$$

设最优解为 λ^0,θ_0,则

$$\frac{\lambda^0}{\theta^0},z^0=\frac{1}{\theta^0}$$

为输出 DEA 模型($D^0_{C^2R}$)的最优解(见定理 1.1.7)故有如下定理.

定理 5.6.1 设 DMU_{j_0} 为弱 DEA 有效(BC^2),λ^0,θ^0 为($D^I_{C^2R}$)的最优解,则

(i) DMU_{j_0} 为规模收益递增的充分必要条件是:$\theta^0<1$,并且 $\frac{1}{\theta^0}\hat{e}^{\mathrm{T}}\lambda^0<1$;

(ii) DMU_{j_0} 为规模收益不变的充分必要条件是:$\theta^0=1$;

(iii) DMU_{j_0} 为规模收益递减的充分必要条件是:$\theta^0<1$,并且 $\frac{1}{\theta^0}\hat{e}^{\mathrm{T}}\lambda^0>1$.

证 这是使用输出 DEA 模型($D^0_{C^2R}$)判断规模收益状况定理(定理 5.3.1)的直接推论.

3. 对于那些不为弱 DEA 有效(BC^2)的决策单元,也可以评估其规模收益状况(因为规模收益状况评估,是指投入的规模状态),我们事先通过下面的规划问题($D^0_{BC^2}$),将(X_0, Y_0)向 T_{BC^2} 的生产前沿面上做投影,再考查投影后的决策单元($\hat{X}_0,\hat{Y}_0$)的规模收益状况,投影的规模收益状况,就是原来决策单元的规模收益状况(实际上,原决策单元与其投影的投入规模是相同的),其中

$$(D^0_{BC^2})\begin{cases}\max\ z,\\ X\lambda \leqq X_0,\\ Y\lambda \geqq zY_0,\\ \hat{e}^{\mathrm{T}}\lambda = 1,\\ \lambda \geqq 0, z \in E^1.\end{cases}$$

令($D^0_{BC^2}$)的最优解为 λ^0,z^0,记

$$\hat{X}_0=X_0,\ \hat{Y}_0=z^0Y_0.$$

称($\hat{X}_0$, $\hat{Y}_0$)为 DMU_{j_0} 的投影.不难看出,($\hat{X}_0$, $\hat{Y}_0$)$\in T_{BC^2}$,并且($\hat{X}_0$, $\hat{Y}_0$)为弱 DEA 有效(BC^2).

4. 一个反例.

例 5.6.1 考虑由表 5.6.1 给出的具有一个输入、一个输出和 4 个决策单元

的例子.

表 5.6.1

	1	2	3	4	
1 →	4	6	10	5	
	4	6	8	4	→ 1

在图 5.6.1 中,可见 DMU_4 不为弱 DEA 有效(BC^2).相对 DMU_4 的 $\mathrm{C}^2\mathrm{R}$ 模型为

$$(D_{\mathrm{C}^2\mathrm{R}}^0)\begin{cases}\max\ z,\\ 4\lambda_1+6\lambda_2+10\lambda_3+5\lambda_4\leqq 5,\\ 4\lambda_1+6\lambda_2+8\lambda_3+4\lambda_4\geqq 4z,\\ \lambda_1\geqq 0,\lambda_2\geqq 0,\lambda_3\geqq 0,\lambda_4\geqq 0.\end{cases}$$

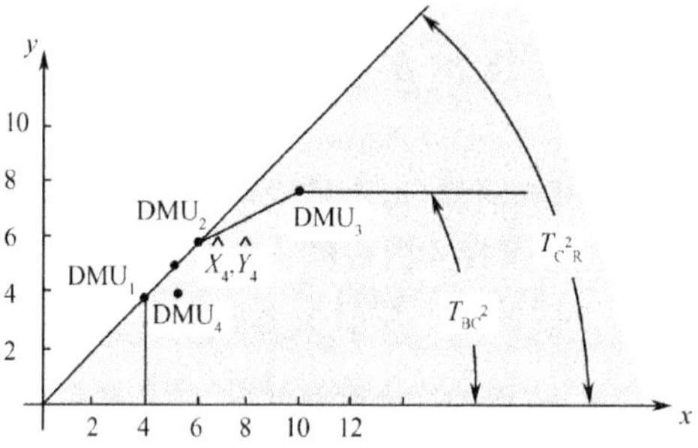

图 5.6.1

此时最优值 $V_{\mathrm{C}^2\mathrm{R}}^0=z^0=\frac{5}{4}>1$,最优解不惟一,例如:

$$\lambda^0=\left(\frac{5}{4},0,0,0\right)^{\mathrm{T}},\quad z^0=\frac{5}{4};$$

$$\lambda^0=\left(0,\frac{5}{6},0,0\right)^{\mathrm{T}},\quad z^0=\frac{5}{4};$$

$$\lambda^0=\left(\frac{1}{2},\frac{1}{2},0,0\right)^{\mathrm{T}},\quad z^0=\frac{5}{4}.$$

此时 $\tilde{e}^{\mathrm{T}}\lambda$ 并不总有大于 1 或小于 1,实际上

$$\tilde{e}^{\mathrm{T}}\lambda^0=\frac{5}{4}>1,$$

$$\tilde{e}^{\mathrm{T}}\lambda^0=\frac{5}{6}<1,$$

$$\tilde{e}^{\mathrm{T}}\lambda^{0}=1.$$

但是，由图 5.6.1 可见，DMU$_4$ 为规模收益不变；或者先求投影($\hat{X}_4$, $\hat{Y}_4$)，再根据($\hat{X}_4$, $\hat{Y}_4$)判定规模收益：

$$(D_{\mathrm{BC}^2}^{0})\begin{cases}\max\ z,\\ 4\lambda_1+6\lambda_2+10\lambda_3+5\lambda_4\leqq 5,\\ 4\lambda_1+6\lambda_2+8\lambda_3+4\lambda_4\geqq 4z,\\ \lambda_1+\lambda_2+\lambda_3+\lambda_4=1,\\ \lambda_1\geqq 0,\lambda_2\geqq 0,\lambda_3\geqq 0,\lambda_4\geqq 0\end{cases}$$

知最优值 $z^0=\frac{5}{4}$，故 DMU$_4$(相应(X_4, Y_4)=(5, 4))在 T_{BC^2}上的投影为

$$(\hat{X}_4,\hat{Y}_4)=(X_4,z^0Y_4)=(5,5).$$

对($\hat{X}_4$, $\hat{Y}_4$)进行评估，有如下的线性规划问题

$$(D_{\mathrm{C}^2\mathrm{R}}^{0})\begin{cases}\max\ z,\\ 4\lambda_1+6\lambda_2+10\lambda_3+5\lambda_4+5\lambda_5\leqq 5,\\ 4\lambda_1+6\lambda_2+8\lambda_3+4\lambda_4+5\lambda_5\geqq 5z,\\ \lambda_1\geqq 0,\lambda_2\geqq 0,\lambda_3\geqq 0,\lambda_4\geqq 0,\lambda_5\geqq 0.\end{cases}$$

知最优值为 1.故($\hat{X}_4$, $\hat{Y}_4$)为规模收益不变，因此 DMU$_4$ 为规模收益不变.

第七节 “拥挤”迹象分析

本节研究被经济学界称为“拥挤”的现象(congestion)，并进行“拥挤”迹象分析，给出判断的充分必要条件.设 DMU$_{j_0}$在 DEA 模型(NEW)之下为弱 DEA 有效(NEW)，即下面线性规划问题的最优值 $V_{\mathrm{NEW}}^{0}=1$

$$(P_{\mathrm{NEW}}^{0})\begin{cases}\max\ z=V_{\mathrm{NEW}}^{0},\\ \bar{X}\lambda=X_0,\\ \bar{Y}\lambda\geqq zY_0,\\ \tilde{e}^{\mathrm{T}}\lambda=1,\\ \lambda\geqq 0,z\in E^1.\end{cases}$$

有如下定义.

定义 5.7.1 设 DMU$_{j_0}$为弱 DEA 有效(NEW)，若存在($\hat{X}$, $\hat{Y}$)$\in T_{\mathrm{NEW}}$，$\hat{X}\leqslant X_0$，$\hat{Y}>Y_0$，则称 DMU$_{j_0}$显现出“拥挤”迹象，其中

$$T_{\mathrm{NEW}} = \{(X,\ Y) \mid X\lambda = X,\ Y\lambda \geqq Y, \tilde{e}^{\mathrm{T}}\lambda = 1,\ \lambda \geqq 0\}.$$

例 5.7.1　用表 5.7.1 给出的数例.

表 5.7.1

	1	2	3	4	5	
1 →	2	3	6	9	11	
	2	5	6	6	3	→ 1

由图 5.7.1,可以看出 DMU_5 显现“拥挤”迹象.

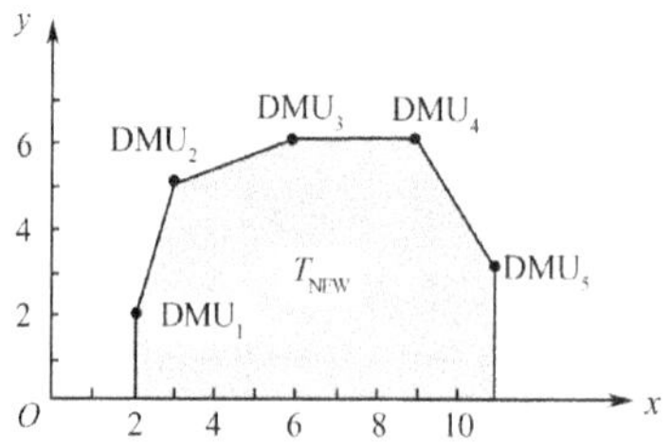

图 5.7.1

当输出是一项的时候,投入与产出之间表述是生产函数,例如生产函数 $Y = f(X)$, $X \in E^m$ 为 r 阶齐次,即

$$f(kX) = k^r f(X)$$

(或生产函数为 C-D 函数

$$Y = \prod_{i=1}^{m} X_i^{\alpha_i}$$

此时

$$\prod_{i=1}^{m} (kx_i)^{\alpha_i} = k^{\sum_{i=1}^{m} \alpha_i} \prod_{i=1}^{m} (x_i)^{\alpha_i}$$

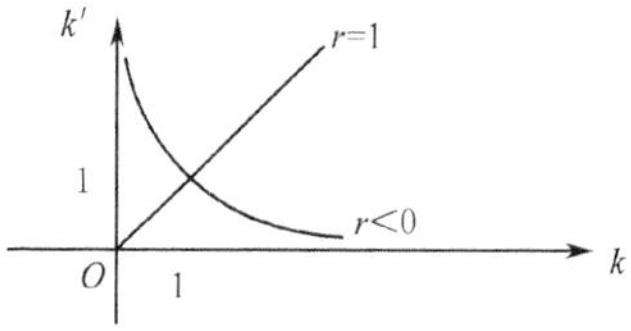

图 5.7.2

即 C-D 为 $\sum_{i=1}^{m} \alpha_i$ 阶齐次函数),若 $r < 0$(对 C-D 函数, $\sum_{i=1}^{m} \alpha_i < 0$),生产函数为显现“拥挤” 迹象的函数(经济学中称为 club function),实际上,比较 $f(kX)$ 与 $kf(X)$,即比较 k^r 与 k 的大小,图 5.7.2 可见 $k > 1$ 时,

$f(kX)=k^r f(X)<kf(X)$.

在定义 5.7.1 中，所谓“拥挤”，是指当投入的某些项有所减小时（即 $\hat{X}\leq X_0$），各项产出都会同时增加（即 $\hat{Y}>Y_0$）；下一节讨论的弱“拥挤”迹象，是说：当投入的某些项有所减小时（即 $\hat{X}\leqslant X_0$），产出的某些项会增加（即 $\hat{Y}\geqslant Y_0$）. 为讨论“拥挤”迹象，先给出一个引理.

引理 5.7.1 DMU$_{j_0}$为弱 DEA 有效(NEW)，当且仅当下面的不等式组无解

$$\begin{cases} X\lambda=X_0, \\ Y\lambda>Y_0, \\ \tilde{e}^{\mathrm{T}}\lambda=1, \\ \lambda\geqq 0 \end{cases}$$

证 由弱 DEA 有效(NEW)的定义 5.1.1 立得，证毕.

引理 5.7.2 设 DMU$_{j_0}$为弱 DEA 有效(NEW)，则 DMU$_{j_0}$显现“拥挤”的充分必要条件是下面不等式组有解

$$(\mathrm{I})\begin{cases} X\lambda\leqq X_0, \\ Y\lambda>Y_0, \\ \tilde{e}^{\mathrm{T}}\lambda=1, \\ \lambda\geqq 0 \end{cases}$$

证 设 DMU$_{j_0}$显现出“拥挤”迹象. 由定义 5.7.1，存在$(\hat{X},\ \hat{Y})\in T_{\mathrm{NEW}}$，有

$$\hat{X}\leqslant X_0,\ \hat{Y}>Y_0,$$

即存在 $\hat{\lambda}$满足

$$\begin{cases} X\hat{\lambda}=\hat{X}\leqslant X_0, \\ Y\hat{\lambda}\geqq\hat{Y}>Y_0, \\ \tilde{e}^{\mathrm{T}}\hat{\lambda}=1, \\ \hat{\lambda}\geqq 0. \end{cases}$$

因此(Ⅰ)有解，必要性得证.

另一方面，设(Ⅰ)有解，即存在 λ 满足

$$\begin{cases} X\lambda\leqq X_0, \\ Y\lambda>Y_0, \\ \tilde{e}^{\mathrm{T}}\lambda=1, \\ \hat{\lambda}\geqq 0. \end{cases}$$

因为 DMU_{j_0}为弱 DEA 有效(NEW),由引理 5.7.1,下面不等式无解

$$\begin{cases} \bar{X}\lambda = X_0, \\ \bar{Y}\lambda > Y_0, \\ \tilde{e}^{T}\lambda = 1, \\ \lambda \geqq 0 \end{cases}$$

故 $\bar{\lambda}$ 满足

$$\begin{cases} \bar{X}\bar{\lambda} \leq X_0, \\ \bar{Y}\bar{\lambda} > Y_0, \\ \tilde{e}^{T}\bar{\lambda} = 1, \\ \bar{\lambda} \geqq 0. \end{cases}$$

因为

$$(X\bar{\lambda},\ Y\bar{\lambda}) \in T_{NEW}.$$

由定义 5.7.1,知 DMU_{j_0}显现"拥挤"迹象.证毕.

引理 5.7.3　决策单元 DMU_{j_0}不为弱 DEA 有效(BC^2),当且仅当下面不等式组有解

$$(\mathrm{I})\begin{cases} \bar{X}\lambda \leqq X_0, \\ \bar{Y}\lambda > Y_0, \\ \tilde{e}^{T}\lambda = 1, \\ \lambda \geqq 0 \end{cases}$$

证　由弱 DEA 有效(BC^2)的定义直接得到.证毕.

定理 5.7.1　设 DMU_{j_0}为弱 DEA 有效(NEW),则 DMU_{j_0}显现"拥挤"迹象的充分必要条件是:DMU_{j_0}不为弱 DEA 有效(BC^2)

证　由引理 5.7.2,DMU_{j_0}显现"拥挤"迹象的充要条件是(Ⅰ)有解.由引理 5.7.3,知本定理的结论成立.证毕.

如果我们利用输出 DEA 模型 *FG* 和输出 DEA 模型 ST,判定 DMU_{j_0}是否显现"拥挤"迹象,有如下的定理.

定理 5.7.2　设 DMU_{j_0}为弱 DEA 有效(NEW),则 DMU_{j_0}显现"拥挤"迹象的充分必要条件是:DMU_{j_0}既不为弱 DEA 有效(FG),也不为弱 DEA 有效(ST).

证　由定理 5.7.1,DMU_{j_0}显现"拥挤"迹象的充分必要条件是:DMU_{j_0}不为弱 DEA 有效(BC^2);而 DMU_{j_0}不为弱 DEA 有效(BC^2)的充分必要条件是:DMU_{j_0}不为弱 DEA 有效(FG),也不为弱 DEA 有效(ST)(见图 3.1.1).证毕.

当我们使用 DEA 模型(NEW)时,有如下定理.

定理 5.7.3　设 DMU_{j_0} 为弱 DEA 有效(NEW),则 DMU_{j_0} 显现“拥挤”迹象的充分必要条件是:DEA 模型(P_{NEW}^0)不存在最优解 ω^0, μ^0, μ_0^0,满足 $\omega^0 \geqq 0$,其中

$$
(P_{NEW}^0)\begin{cases} \min(\omega^T X_0 + \mu_0) \\ \omega^T X_j - \mu^T Y_j + \mu_0 \geqq 0, \quad j = 1, \cdots, n, \\ \mu^T Y_0 = 1, \\ \omega \in E^m, \ \mu \geqq 0, \ \mu_0 \in E^1. \end{cases}
$$

证　由定理 5.7.1,DMU_{j_0} 显现出“拥挤”迹象的充分必要条件是:DMU_{j_0} 不为弱 DEA 有效(BC^2);而 DMU_{j_0} 为弱 DEA(BC^2)的充分必要条件是:DMU_{j_0} 为弱 DEA 有效(NEW),且存在最优解 ω^0, μ^0, μ_0^0,有 $\omega^0 \geqq 0$(见图 5.1.2).现在 DMU_{j_0} 为弱 DEA 有效(NEW),故 DMU_{j_0} 不为 DEA 有效(BC^2)的充分必要条件是:(P_{NEW}^0)不存在使 $\omega^0 \geqq 0$ 的最优解.证毕.

第八节　关于规模收益与“拥挤”迹象判定的统一处理

由第二节,当 DMU_{j_0} 为弱 DEA 有效(BC^2)时,使用输出 DEA 模型(FG)和输出 DEA 模型(ST),可以判定 DMU_{j_0} 为规模收益递增、不变或递减的充分必要条件:

$$
\text{规模收益递增} \Longleftrightarrow \begin{cases} \text{弱 DEA 有效(ST)} \\ \text{不为弱 DEA 有效(FG)} \end{cases}
$$

$$
\text{规模收益不变} \Longleftrightarrow \begin{cases} \text{弱 DEA 有效(ST)} \\ \text{弱 DEA 有效(FG)} \end{cases}
$$

$$
\text{规模收益递减} \Longleftrightarrow \begin{cases} \text{不为弱 DEA 有效(ST)} \\ \text{弱 DEA 有效(FG)} \end{cases}
$$

由第七节,当 DMU_{j_0} 为弱 DEA 有效(NEW)时,使用 DEA 模型(FG)和(ST),可以判定当 DMU_{j_0} 是否显现“拥挤”迹象,给出判定的充分必要条件:

$$
\text{“拥挤”迹象} \Longleftrightarrow \begin{cases} \text{不为弱 DEA 有效(ST),} \\ \text{不为弱 DEA 有效(FG).} \end{cases}
$$

有以下定理.

定理 5.8.1　设 DMU_{j_0} 为弱 DEA 有效(NEW),则

(i) DMU_{j_0} 为规模收益递增的充分必要条件是:DMU_{j_0} 为弱 DEA 有效(ST),但不为弱 DEA 有效(FG);

(ii) DMU_{j_0} 为规模收益不变的充分必要条件是:DMU_{j_0} 既为弱 DEA 有效(ST),也为弱 DEA 有效(FG);

(iii) DMU_{j_0}为规模收益递减的充分必要条件是：DMU_{j_0}不为弱 DEA 有效(ST)，但为弱 DEA 有效(FG)；

(iv) DMU_{j_0}显现“拥挤”迹象的充分必要条件是：DMU_{j_0}既不为弱 DEA 有效(ST)，也不为弱 DEA 有效(FG).

证　结论(iv)由定理 5.7.2 得到.对结论(i)，(ii)和(iii)，其必要性由定理 5.2.1 得到.

对结论(i)，(ii)和(iii)的充分性，注意到：虽然本定理中假设 DMU_{j_0}为弱 DEA 有效(NEW)，但是在充分性条件中，DMU_{j_0}或为弱 DEA 有效(ST)，或为弱 DEA 有效(FG)，因此在结论(i)，(ii)和(iii)中的 DMU_{j_0}都为弱 DEA 有效(BC^2)(见图 5.1.2).由定理 5.2.1 结论(i)，(ii)和(iii)的充分性得证.证毕.

在例 5.7.1 中，DMU_1，DMU_2，…，DMU_5 均为弱 DEA 有效(NEW)，并且有(见表 5.8.1)

表 5.8.1

决策单元	DMU_1	DMU_2	DMU_3	DMU_4	DMU_5
模型 ST	弱 DEA 有效	弱 DEA 有效	不为弱 DEA 有效	不为弱 DEA 有效	不为弱 DEA 有效
模型 FG	不为弱 DEA 有效	弱 DEA 有效	弱 DEA 有效	弱 DEA 有效	不为弱 DEA 有效
结　论	规模收益递增	规模收益不变	规模收益递减	规模收益递减	显现“拥挤”

例 5.8.1　考虑具有二个投入、一个产出、8 个决策单元的例子，由表 5.8.2 给出.

表 5.8.2

	1	2	3	4	5	6	7	8	
1 →	1	6	6	8	12	8	10	2	
2 →	6	1	6	8	8	12	10	2	
	1	1	9	10	1	1	1	0.5	→ 1

图 5.8.1 是每个决策单元在“投入平面”上的投影图.图中每个决策单元对应的括号内数据表示该决策单元的产出，例如 $DMU_1(1)$表示 DMU_1 的输出为 1，而 DMU_1 在图上的坐标即为相应的输入 $X_1=\begin{pmatrix}1\\6\end{pmatrix}$.$DMU_1$，$DMU_2$，…，$DMU_8$ 均为弱

DEA 有效(NEW),经计算,有表 5.8.3.

表 5.8.3

决策单元	1	2	3	4	5	6	7	8
V_{ST}^0	1	1	1	1.2	12	12	15	1
V_{FG}^0	1.5	1.5	1	1	10	10	10	6
规模收益或“拥挤”	递增	递增	不变	递减	“拥挤”	“拥挤”	“拥挤”	递增

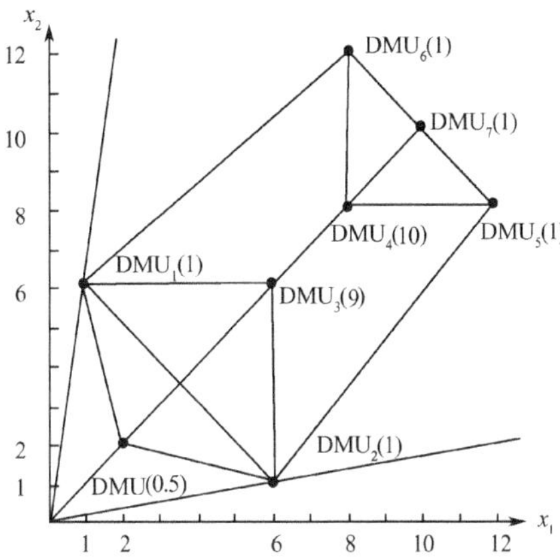

图 5.8.1

当 DMU_{j_0} 不为弱 DEA 有效(NEW)时,可以将(X_0, Y_0)使用 DEA 模型(D_{NEW}^0),求出(X_0, Y_0)的投影$(\hat{X}_0, \hat{Y}_0)$:

$$\hat{X}_0 = X_0, \hat{Y}_0 = z^0 Y_0,$$

其中 z^0 为(D_{NEW}^0)的最优值,即

$$(D_{\text{NEW}}^0)\begin{cases} \max\ z = z^0, \\ (X_0,\ zY_0) \in T_{\text{NEW}}. \end{cases}$$

判断 DMU_{j_0} 的规模收益状况,以及是否显现“拥挤”迹象,用投影$(\hat{X}_0, \hat{Y}_0)$代替(X_0, Y_0)去判断.其中

$$T_{\text{NEW}} = \{(X,\ Y) \mid \bar{X}\lambda = X, \bar{Y}\lambda \geqq Y,\ \tilde{e}^{\text{T}}\lambda = 1, \lambda \geqq 0\}.$$

第九节 弱"拥挤"迹象分析

本节用输出的加法 DEA 模型(output additive DEA models)来研究决策单元的弱"拥挤"迹象显现的充分必要条件.先给出几个输出加法 DEA 模型.

输出加法 DEA 模型 C^2R:

$$(D_{C^2R}^{A_2})\begin{cases}\max\ e^T S^+ = V_{C^2R}^{A_2},\\ X\lambda \leqq X_0,\\ Y\lambda - S^+ = Y_0,\\ \lambda \geqq 0,\ S^+ \geqq 0.\end{cases}$$

对应的可行解集合为

$$R_{C^2R}^{A_2} = \{(\lambda, S^+) \mid X\lambda \leqq X_0, Y\lambda - S^+ = Y_0, \lambda \geqq 0, S^+ \geqq 0\}.$$

输出加法 DEA 模型 BC^2:

$$(D_{BC^2}^{A})\begin{cases}\max\ e^T S^+ = V_{BC^2}^{A},\\ X\lambda \leqq X_0,\\ Y\lambda - S^+ = Y_0,\\ \tilde{e}^T \lambda = 1,\\ \lambda \geqq 0,\ S^+ \geqq 0.\end{cases}$$

输出加法 DEA 模型 FG:

$$(D_{FG}^{A})\begin{cases}\max\ e^T S^+ = V_{FG}^{A},\\ X\lambda \leqq X_0,\\ Y\lambda - S^+ = Y_0,\\ \tilde{e}^T \lambda \leqq 1,\\ \lambda \geqq 0,\ S^+ \geqq 0.\end{cases}$$

输出加法 DEA 模型 ST:

$$(D_{ST}^{A})\begin{cases}\max\ e^T S^+ = V_{ST}^{A},\\ X\lambda \leqq X_0,\\ Y\lambda - S^+ = Y_0,\\ \tilde{e}^T \lambda \geqq 1,\\ \lambda \geqq 0,\ S^+ \geqq 0.\end{cases}$$

输出加法 DEA 模型 NEW:

$$
(D^A_{\mathrm{NEW}})\begin{cases}\max\ e^{\mathrm{T}}S^{+}=V^A_{\mathrm{NEW}},\\ X\lambda=X_0,\\ Y\lambda-S^{+}=Y_0,\\ \tilde{e}^{\mathrm{T}}\lambda=1,\\ \lambda\geqq 0,S^{+}\geqq 0.\end{cases}
$$

设$(D^A_{\mathrm{BC}^2})$,(D^A_{FG}),(D^A_{ST})和(D^A_{NEW})的可行解集合分别为 $R^A_{\mathrm{BC}^2}$, R^A_{FG}, R^A_{ST}和R^A_{NEW}.则有

$$
\begin{aligned}
R^A_{\mathrm{BC}^2}&=R^{A_2}_{\mathrm{C^2R}}\cap\{(\lambda,S^{+})\mid \tilde{e}^{\mathrm{T}}\lambda=1,\ S^{+}\in E^s\},\\
R^A_{\mathrm{FG}}&=R^{A_2}_{\mathrm{C^2R}}\cap\{(\lambda,S^{+})\mid \tilde{e}^{\mathrm{T}}\lambda\leqq 1,\ S^{+}\in E^s\},\\
R^A_{\mathrm{ST}}&=R^{A_2}_{\mathrm{C^2R}}\cap\{(\lambda,S^{+})\mid \tilde{e}^{\mathrm{T}}\lambda\geqq 1,\ S^{+}\in E^s\}.
\end{aligned}
$$

显然有

(a) $R^{A_2}_{\mathrm{C^2R}}\supset R^A_{\mathrm{FG}}\supset R^A_{\mathrm{BC}^2}\supset R^A_{\mathrm{NEW}}$;

(b) $R^{A_2}_{\mathrm{C^2R}}\supset R^A_{\mathrm{ST}}\supset R^A_{\mathrm{BC}^2}\supset R^A_{\mathrm{NEW}}$;

(c) $R^{A_2}_{\mathrm{C^2R}}=R^A_{\mathrm{FG}}\cup R^A_{\mathrm{ST}}$;

(d) $R^A_{\mathrm{BC}^2}=R^A_{\mathrm{FG}}\cap R^A_{\mathrm{ST}}$.

由此可知,这些问题的最优值之间有如下关系式(e):

$$
V^{A_2}_{\mathrm{C^2R}}=\max\{V^A_{\mathrm{FG}},V^A_{\mathrm{ST}}\}\geqq\min\{V^A_{\mathrm{FG}},V^A_{\mathrm{ST}}\}\geqq V^A_{\mathrm{BC}^2}\geqq V^A_{\mathrm{NEW}}\geqq 0.
$$

定义 5.9.1(弱输出有效)　考虑输出加法模型 $\mathrm{C^2R}$,若$(P^{A_2}_{\mathrm{C^2R}})$的最优值 $V^{A_2}_{\mathrm{C^2R}}=0$,则称 DMU_{j_0}为弱输出有效($\mathrm{C^2R}$).类似地,有弱输出有效($\mathrm{BC^2}$),弱输出有效(FG),弱输出有效(ST)和弱输出有效(NEW).

不难看出,由图 5.9.1 给出的关系成立.

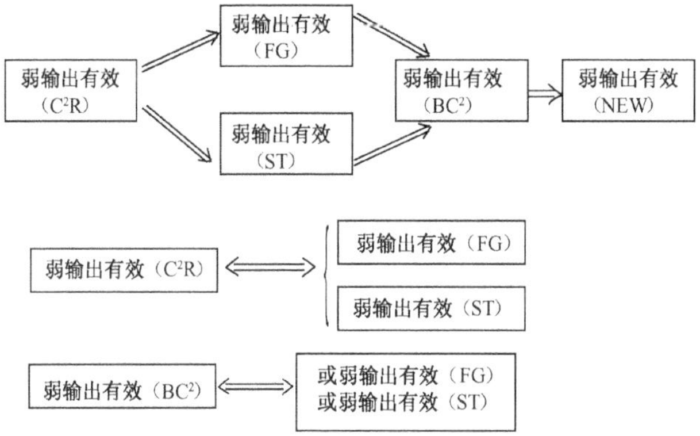

图 5.9.1

定义 5.9.2　设 DMU_{j_0} 为弱输出有效(NEW),若存在$(\hat{X},\ \hat{Y})\in T_{NEW}$, $\hat{X}\leqslant X_0$, $\hat{Y}\geqslant Y_0$,则称 DMU_{j_0} 显现弱“拥挤”迹象.

由定义 5.7.1 可以看出:若 DMU_{j_0} 显现“拥挤”迹象,则 DMU_{j_0} 必显现弱“拥挤”迹象.

为讨论弱“拥挤”迹象,先给出几个引理.

引理 5.9.1　DMU_{j_0} 为弱输出有效(NEW)当且仅当下面不等式组无解

$$\begin{cases} \bar{X}\lambda = X_0, \\ \bar{Y}\lambda \geqslant Y_0, \\ \tilde{e}^{T}\lambda = 1, \\ \lambda \geqq 0. \end{cases}$$

证　由弱输出有效(NEW)的定义 5.9.1 直接得到.证毕.

引理 5.9.2　设 DMU_{j_0} 为弱输出有效(NEW),则 DMU_{j_0} 显现弱“拥挤”迹象的充分必要条件是下面不等式组有解

$$(\text{I})'\begin{cases} \bar{X}\lambda \leqq X_0, \\ \bar{Y}\lambda \geqslant Y_0, \\ \tilde{e}^{T}\lambda = 1, \\ \lambda \geqq 0. \end{cases}$$

证　设 DMU_{j_0} 显现弱“拥挤”迹象,由定义 5.9.2,存在$(\hat{X},\ \hat{Y})\in T_{NEW}$,有 $\hat{X}\leqslant X_0$, $\hat{Y}\geqslant Y_0$,即存在 λ,满足

$$\begin{cases} \bar{X}\lambda = \hat{X}\leqslant X_0, \\ \bar{Y}\lambda \geqq \hat{Y}\geqslant Y_0, \\ \tilde{e}^{T}\hat{\lambda} = 1, \\ \lambda \geqq 0. \end{cases}$$

因此,λ 为$(\text{I})'$的解,必要性得证.

另一方面,设$(\text{I})'$有解,即存在 λ,满足

$$\begin{cases} \bar{X}\lambda \leqq X_0, \\ \bar{Y}\lambda \geqslant Y_0, \\ \tilde{e}^{T}\lambda = 1, \\ \lambda \geqq 0. \end{cases}$$

因为 DMU_{j_0} 为弱输出有效(NEW).由引理 5.9.1,下面不等式组无解

$$\begin{cases} \bar{X}\lambda = X_0, \\ \bar{Y}\lambda \geqslant Y_0, \\ \tilde{e}^{\mathrm{T}}\lambda = 1, \\ \lambda \geqq 0. \end{cases}$$

因此，$\bar{\lambda}$ 满足

$$\begin{cases} \bar{X}\bar{\lambda} \leqslant X_0, \\ \bar{Y}\bar{\lambda} \geqslant Y_0, \\ \tilde{e}^{\mathrm{T}}\bar{\lambda} = 1, \\ \bar{\lambda} \geqq 0. \end{cases}$$

因为

$$(\bar{X}\bar{\lambda},\ \bar{Y}\bar{\lambda}) \in T_{\mathrm{NEW}},$$

由定义 5.9.2，DMU_{j_0} 显现弱“拥挤”迹象．证毕．

引理 5.9.3　DMU_{j_0} 不为弱输出有效(BC^2)，当且仅当下面不等式组有解

$$(\mathrm{I})' \begin{cases} \bar{X}\lambda \leqq X_0, \\ \bar{Y}\lambda \geqslant Y_0, \\ \tilde{e}^{\mathrm{T}}\lambda = 1, \\ \lambda \geqq 0. \end{cases}$$

证　由弱输出有效(BC^2)的定义 5.9.1 得到．证毕．

定理 5.9.1　设 DMU_{j_0} 为弱输出有效(NEW)，则 DMU_{j_0} 显现弱“拥挤”迹象的充分必要条件是 DMU_{j_0} 不为弱输出有效(BC^2)．

证　由引理 5.9.2，DMU_{j_0} 显现弱“拥挤”迹象，充分必要条件是 $(\mathrm{I})'$ 有解，由引理 5.9.3，知 $(\mathrm{I})'$ 是 DMU_{j_0} 不为弱输出有效(BC^2)的充分必要条件．证毕．

例 5.9.1　考虑具有 1 个输入、2 个输出、4 个决策单元的例子，由表 5.9.1 给出．图 5.9.2 是每个决策单元在产出平面的投影图．图中每个决策单元对应的括号内的数据，表示该决策单元的投入．例子中的 4 个决策单元都为弱输出有效(NEW)．经计算，有表 5.9.2．

当我们同时使用输出加法 DEA 模型(FG)和输出加法模型(ST)时，有下面定理 5.9.2．

表 5.9.1

	1	2	3	4	
1 →	5	5	10	10	
	3	5	1	2	→ 1
	5	3	5	2	→ 2

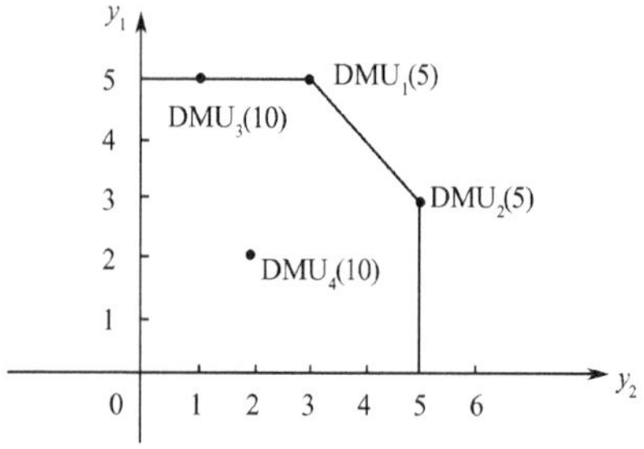

图 5.9.2

表 5.9.2

	DMU_1	DMU_2	DMU_3	DMU_4
$V_{BC^2}^A$	0	0	2	4
结论	不为弱"拥挤"	不为弱"拥挤"	弱"拥挤"	弱"拥挤"

定理 5.9.2　设 DMU_{j_0} 为弱输出有效(NEW),则 DMU_{j_0} 显现弱"拥挤"的充分必要条件是:DMU_{j_0} 既不为弱输出有效(FG),也不为弱输出有效(ST).

证　注意到 DMU_{j_0} 不为弱输出有效(BC^2)的充分必要条件是:DMU_{j_0} 既不为弱输出有效(FG),也不为弱输出有效(ST),由定理 5.9.1 得到.证毕.

当利用输出加法模型 *FG* 和 *ST* 判定决策单元是否显现弱"拥挤"迹象时,例 5.9.1 的结果由表 5.9.3 给出.

表 5.9.3

	DMU_1	DMU_2	DMU_3	DMU_4
V_{ST}^A	0	0	10	12
V_{FG}^A	0	0	2	4
结论	不为弱"拥挤"	不为弱"拥挤"	弱"拥挤"	弱"拥挤"

如果 DMU_{j_0} 不为弱输出有效(NEW),类似于第八节那样,可将(X_0, Y_0)使用输出加法 DEA 模型(D_{NEW}^A),求(X_0, Y_0)的投影$(\hat{X}_0, \hat{Y}_0)$:

$$\hat{X}_0 = X_0,\ \hat{Y}_0 = Y_0 + S^{+0},$$

其中 λ^0, S^{-0} 为(D_{NEW}^A)的最优解,其中

$$
(D_{\mathrm{NEW}}^{A})\begin{cases}\max\ e^{\mathrm{T}}S^{+},\\ X\lambda=X_0,\\ Y\lambda-S^{+}=Y_0,\\ \tilde{e}^{\mathrm{T}}\lambda=1,\\ \lambda\geqq 0.\end{cases}
$$

不难看出,投影($\hat{X}_0$, $\hat{Y}_0$)为弱输出有效(NEW).投影($\hat{X}_0$, $\hat{Y}_0$)是否显现弱“拥挤”迹象,作为判定 DMU_{j_0}是否显现弱“拥挤”迹象的依据.

第六章　综合 DEA 模型的对策论背景

自第一个 DEA 模型 C^2R 出现以来，人们除了进行 DEA 的应用实例研究和模型拓展之外，也在努力探索 DEA 的相关领域的背景，例如 DEA 有效、弱 DEA 有效与相应的多目标规划的 Pareto 解和弱 Pareto 解之间的等价关系；DEA 有效的微观经济背景等等；同时，也在进行 DEA 的对策论的背景研究．最早于 1980 年，Banker 使用对策理论去度量有效性，实际上是对 C^2R 模型下的效率评价指数给出了一个对策论的解释（见文献[55]～[56]）．随后，Charnes，Cooper 和 Wei 等人对具有无穷多个决策单元的 DEA 模型 C^2W、C^2WY[57] 进行了推广研究（见文献[58]，[59]）．2000 年，Hao，Wei 和 Yan 对具有锥结构的综合 DEA 模型研究了与具有锥结构的二人有限零和对策值之间的关系（见文献[60]）．

在 DEA 与对策论背景的讨论中，真正给出了 DEA 的对策论解释的是 Semple 和 Rousseau 于 1995 年给出的（见文献[61]，[62]）；随后，Hao，Wei 和 Yan 对具有锥结构的综合 DEA 模型进行了推广研究（见文献[63]）．因为在使用输出—综合 DEA 模型

$$
(P^0)\begin{cases}
\min\left(\omega^T X_0+\delta_1\mu_0\right)=V_{p^0}, \\
\omega^T X_j-\mu^T Y_j+\delta_1\mu_0\geqq 0, j=1,\cdots,n, \\
\mu^T Y_0=1, \\
\omega\geqq 0,\mu\geqq 0, \\
\delta_1\delta_2(-1)^{\delta_3}\mu_0\geqq 0
\end{cases}
$$

对 DMU_{j_0} 进行评价时，变量为 ω,μ,μ_0，若存在 $\omega^0>0,\mu^0>0$，以及 $\mu_0^0\in E^1$，使得目标函数（最优值）

$$V_{p^0}=\omega^{0T}X_0+\delta_1\mu_0^0=1$$

称 DMU_{j_0} 为 DEA 有效（见定义 3.1.2）．也就是说，对 DMU_{j_0} 评价时，是选取对 DMU_{j_0} ."最为有利"的 ω^0、μ^0 和 μ_0^0；由定理 3.2.3 可知，DMU_{j_0} 为 DEA 有效的充分必要条件是：(X_0,Y_0) 为线性加权和问题（LP）的最优解（实际上，ω^0，μ^0，μ_0^0 为（P^0）最优解）

$$
(LP)\begin{cases}
\min\left(\omega^{0T}X-\mu^{0T}Y\right), \\
(X,Y)\in T.
\end{cases}
$$

这里，也可以看出，在评价 DMU_{j_0} 的有效性时，是选取对 DMU_{j_0}"最为有利"的权

ω^0, μ^0,使(X_0, Y_0)为线性加权和问题(LP)的最优解．然而,从另一个角度来看,DMU_{j_0}为DEA有效的充分必要条件是:(X_0, Y_0)为多目标规划(VP)的Pareto解(见定理3.2.1和定理3.2.2),其中

$$(VP)\begin{cases} V-\min(X, -Y), \\ (X, Y) \in T. \end{cases}$$

即是判断在生产可能集

$$T=\left\{(X, Y) \middle| \sum_{j=1}^{n} X_j\lambda_j \leqq X, \sum_{j=1}^{n} Y_j\lambda_j \geqq Y, \delta_1\left(\sum_{j=1}^{n} \lambda_j + \delta_2(-1)^{\delta_3}\lambda_{n+1}\right) = \delta_1, \right.$$
$$\left. \lambda_j \geqq 0, j=1,\cdots,n,n+1\right\}$$

中是否存在$(X, Y) \in T$有

$$\begin{pmatrix} X \\ -Y \end{pmatrix} \leqslant \begin{pmatrix} X_0 \\ -Y_0 \end{pmatrix}.$$

这就是说,在判断DMU_{j_0}是否为DEA有效时,“DMU_{j_0}本身”要选取对它“最为有利”的权ω^0, μ^0,使最优值$V_{P^0}=1$,或等价地使(X_0, Y_0)为线性加权和问题(LP)的最优解;而“另一方”是要在生产可能集T中选取$(X, Y) \in T$,观察是否有

$$\begin{pmatrix} X \\ -Y \end{pmatrix} \leqslant \begin{pmatrix} X_0 \\ -Y_0 \end{pmatrix}.$$

于是,DMU_{j_0}可看做“被评者”(局中人Ⅱ),而另一方可看做“评估者”(局中人Ⅰ),构成对策的两个局中人．

本章主要讲述将Semple等人给出的DEA效率的对策模型推广到综合DEA模型的形式,取材于我们自己的工作(见文献[63])．

第一节　效率评价的二人无限零和对策

考虑二人、无限、零和对策G.设有两个局中人Ⅰ和Ⅱ,其中局中人Ⅰ和局中人Ⅱ的策略集分别为

$$\hat{S}_1=\left\{(\lambda, \lambda_{n+1}) \middle| \delta_1(e^{\mathrm{T}}\lambda+\delta_2(-1)^{\delta_3}\lambda_{n+1})=\delta_1, \lambda=(\lambda_1,\cdots,\lambda_n)^{\mathrm{T}} \geqq 0, \lambda_{n+1} \geqq 0\right\},$$

$$\hat{S}_2=\left\{(v, u, u_0) \middle| \frac{u^{\mathrm{T}} Y_0}{v^{\mathrm{T}} X_0+\delta_1 u_0}=1, v \geqq 0, u \geqq 0, \delta_1\delta_2(-1)^{\delta_3} u_0 \geqq 0\right\}.$$

其中$\lambda \in E^n, v \in E^m, u \in E^s, u_0 \in E^1$,并且

$$e=(1,1,\cdots,1)^{\mathrm{T}} \in E^n,$$

$$X_0 = X_{j_0} > 0,\ Y_0 = Y_{j_0} > 0, 1 \leqq j_0 \leqq n.$$

而局中人Ⅰ的支付函数为($(\lambda, \lambda_{n+1}) \in S_1$, $(v, u, u_0) \in S_2$)

$$f_1(\lambda, \lambda_{n+1}, v, u, u_0) = \frac{u^{\mathrm{T}} Y\lambda}{v^{\mathrm{T}} X\lambda + \delta_1 u_0},$$

$$f_2(\lambda, \lambda_{n+1}, v, u, u_0) = -f_1(\lambda, \lambda_{n+1}, v, u, u_0).$$

其中

$$X = (X_1, X_2, \cdots, X_n),$$

$$Y = (Y_1, Y_2, \cdots, Y_n).$$

而($j=1,2,\cdots,m$)

X_j =决策单元 DMU_j 的输入数据,$X_j \in E^m$, $X_j > 0$;

Y_j =决策单元 DMU_j 的输出数据,$Y_j \in E^s$, $Y_j > 0$.

定义 6.1.1 设$(\lambda^0, \lambda^0_{n+1}) \in \hat{S}_1$, $(v^0, u^0, u^0_0) \in \hat{S}_2$. 若对任意$(\lambda, \lambda_{n+1}) \in \hat{S}_1$和任意$(v, u, u_0) \in \hat{S}_2$ 均有

$$\frac{u^{0\mathrm{T}} Y\lambda}{v^{0\mathrm{T}} X\lambda + \delta_1 u^0_0} \leqq \frac{u^{0\mathrm{T}} Y\lambda^0}{v^{0\mathrm{T}} X\lambda^0 + \delta_1 u^0_0} \leqq \frac{u^{\mathrm{T}} Y\lambda^0}{v^{\mathrm{T}} X\lambda^0 + \delta_1 u_0},$$

则称$(\lambda^0, \lambda^0_{n+1})$和$(v^0, u^0, u^0_0)$分别为局中人Ⅰ和局中人Ⅱ的最优策略,并且对策

$$G = \left\{ \mathrm{I}, \mathrm{II}; \hat{S}_1, \hat{S}_2; \frac{u^{\mathrm{T}} Y\lambda}{v^{\mathrm{T}} X\lambda + \delta_1 u_0} \right\}$$

的值

$$v_G = \frac{u^{0\mathrm{T}} Y\lambda^0}{v^{0\mathrm{T}} X\lambda^0 + \delta_1 u^0_0}.$$

(注意:这里的定义,实际上是函数 $f_1(\lambda, \lambda_{n+1}, v, u, u_0)$ 的鞍点定义)

定义 6.1.2 若对策 G 的值 $v_G=1$,称 DMU_{j_0}为弱对策有效.

定义 6.1.3 若对策 G 存在最优策略

$$(\lambda^0, \lambda^0_{n+1}) \in \hat{S}_1, (v^0, u^0, u^0_0) \in \hat{S}_2,$$

并且 $v^0>0$, $u^0>0$,且对策 G 的值 $v_G=1$,则称 DMU_{j_0}为对策有效.

现在对对策 G 给出解释.局中人Ⅰ看做是对 DMU_{j_0}的"评估者"("评委");局中人Ⅱ看做是"被评者"(决策单元 DMU_{j_0}).当局中人Ⅱ选取$(v, u, u_0) \in \hat{S}_2$ 时,由

$$\frac{u^{\mathrm{T}} Y_0}{v^{\mathrm{T}} X_0 + \delta_1 u_0} = 1,$$

表明局中人Ⅱ将他的效率评价指数固定在 1,选取权系数 v, u, u_0,希望对任意$(X, Y) \in T$ 时相应的效率评价指数

$$\frac{u^{\mathrm{T}}Y}{v^{\mathrm{T}}X+\delta u_0}\not>1\ .$$

其中

$$T=\left\{(X,Y)\left|\sum_{j=1}^{n}X_j\lambda_j\leqq X,\sum_{j=1}^{n}Y_j\lambda_j\geqq Y,\delta_1\left[\sum_{j=1}^{n}\lambda_j+\delta_2(-1)^{\delta_3}\lambda_{n+1}\right]=\delta_1,\right.\right.$$

$$\left.\lambda_j\geqq 0,j=1,\cdots,x+1\right\}\ .$$

局中人Ⅰ是“评估者”，他在评价 DMU_{j_0}时，希望在局中人Ⅱ（“被评者”）的效率指数固定在 1 时，在生产可能集中的任意生产状态$(X,Y)\in T$中，求出效率评价指数

$$\frac{u^{\mathrm{T}}Y}{v^{\mathrm{T}}X+\delta_1u_0}$$

最大者．显然，若任意生产状态$(X,Y)\in T$，效率评价指数

$$\frac{u^{\mathrm{T}}Y}{v^{\mathrm{T}}X+\delta_1u_0}\leqq 1\ ,$$

说明 DMU_{j_0}在效率评价过程中，表明是有效的（是弱对策有效，甚至是对策有效）；如果在生产可能集中存在一种生产状态，使对应的效率评价指数大于 1，说明 DMU_{j_0}不是弱有效的（不是弱对策有效，当然也不是对策有效）．我们注意到，当$(X,Y)\in T$时，有

$$\boldsymbol{X}\lambda=\sum_{j=1}^{n}X_j\lambda_j\leqq X\ ,$$

$$\boldsymbol{Y}\lambda=\sum_{j=1}^{n}Y_j\lambda_j\geqq Y\ .$$

因此

$$\frac{u^{\mathrm{T}}Y}{v^{\mathrm{T}}X+\delta_1u_0}\leqq\frac{u^{\mathrm{T}}\boldsymbol{Y}\lambda}{v^{\mathrm{T}}\boldsymbol{X}\lambda+\delta_1u_0}\ ,$$

故对生产状态$(X,Y)\in T$，但

$$(X,Y)\neq(\boldsymbol{X}\lambda,\boldsymbol{Y}\lambda)$$

时，总有

$$\frac{u^{\mathrm{T}}Y}{v^{\mathrm{T}}X+\delta_1u_0}<\frac{u^{\mathrm{T}}\boldsymbol{Y}\lambda}{v^{\mathrm{T}}\boldsymbol{X}\lambda+\delta_1u_0}$$

因此局中人Ⅰ选取的支付函数是

$$f_1[\lambda,\lambda_{n+1},v,u,u_0]=\frac{u^{\mathrm{T}}\boldsymbol{Y}\lambda}{v^{\mathrm{T}}\boldsymbol{X}\lambda+\delta_1u_0}\ .$$

在定义 6.1.1 中，最优策略$[\lambda^0,\lambda_{n+1}^0]$，$[v^0,u^0,u_0^0]$的含义是：

(i) 当局中人Ⅱ采取策略$(v^0, u^0, u_0^0) \in \hat{S}_2$,是将他自己的效率评价指数固定在 1,局中人Ⅰ选取策略$(\lambda^0, \lambda_{n+1}^0)$使

$$\max_{(\lambda, \lambda_{n+1}) \in \hat{S}_1} \left(\frac{u^{0T} Y\lambda}{v^{0T} X\lambda + \delta_1 u_0^0} \right) = \frac{u^{0T} Y\lambda^0}{v^{0T} X\lambda^0 + \delta_1 u_0^0},$$

也即选取$(X\lambda^0, Y\lambda^0) \in T$,使

$$\max_{(X, Y) \in T} \frac{u^{0T} Y}{v^{0T} X + \delta_1 u_0^0} = \frac{u^{0T} Y\lambda^0}{v^{0T} X\lambda^0 + \delta_1 u_0^0}.$$

可以看出,局中人Ⅰ的目的是在局中人Ⅱ选取权系数 v^0, u^0, u_0^0 后,局中人Ⅰ在生产可能集 T 中选取效率评价指数最大者,以最大效率指数是否大于 1 来裁定 DMU_{j_0}是否为有效.局中人Ⅰ之所以采取上面的策略,因为他是"评估者";

(ii) 当局中人Ⅰ采取策略$(\lambda^0, \lambda_{n+1}^0) \in \hat{S}_1$,实际上是选取了生产方式$(X\lambda^0, Y\lambda^0) \in T$,此种生产方式的效率评价指数为

$$\frac{u^{T} Y\lambda^0}{v^{T} X\lambda^0 + \delta_1 u_0}.$$

局中人Ⅱ是将自己的效率评价指数固定在 1 后,他选取的策略(v^0, u^0, u_0^0)使

$$\min_{(v, u, u_0) \in \hat{S}_2} \left(\frac{u^{T} Y\lambda^0}{v^{T} X\lambda^0 + \delta_1 u_0} \right) = \frac{u^{0T} Y\lambda^0}{v^{0T} X\lambda^0 + \delta_1 u_0^0}.$$

可以看出,局中人Ⅱ的目的是在局中人Ⅰ已选取$(X\lambda^0, Y\lambda^0) \in T$ 后,他希望选取对自己最为有利的权系数 v^0, u^0, u_0^0,以最小的效率指数是否等于 1 来显示自己是否有效,即局中人Ⅱ希望(实际上是对策值 v_G)

$$\frac{u^{0T} Y\lambda^0}{v^{0T} X\lambda^0 + \delta_1 u_0^0} = 1.$$

局中人Ⅱ之所以采取上面的策略,因为他是"被评者".

根据对策 $G = \left\{ \mathrm{I}, \mathrm{II}; \hat{S}_1, \hat{S}_2; \frac{u^{T} Y\lambda}{v^{T} X\lambda + \delta_1 u_0} \right\}$最优策略的定义,可以得到一对 min－max 型的对偶问题

$$(P_G) \quad \min_{(v, u, u_0) \in \hat{S}_2} \max_{(\lambda, \lambda_{n+1}) \in \hat{S}_1} f_1(\lambda, \lambda_{n+1}, v, u, u_0) = V_{P_G},$$

$$(D_G) \quad \max_{(\lambda, \lambda_{n+1}) \in \hat{S}_1} \min_{(v, u, u_0) \in \hat{S}_2} f_1(\lambda, \lambda_{n+1}, v, u, u_0) = V_{D_G}.$$

有如下定理.

定理 6.1.1 对策 G 存在最优解的充分必要条件是(此时 $V_{P_G} = V_{D_G} = V_G$)

$$V_{P_G} = V_{D_G}.$$

进而,若$(v^0,u^0,u_0^0)\in\hat{S}_2$,$(\lambda^0,\lambda_{n+1}^0)\in\hat{S}_1$,满足

$$\begin{aligned}V_{P_G}&=\min_{(v,u,u_0)\in\hat{S}_2}\max_{(\lambda,\lambda_n)\in\hat{S}_1}f_1(\lambda,\lambda_{n+1},v,u,u_0)\\&=\max_{(\lambda,\lambda_{n+1})\in\hat{S}_1}f_1(\lambda,\lambda_{n+1},v^0,u^0,u_0^0)\\&=\max_{(\lambda,\lambda_{n+1})\in\hat{S}_1}\min_{(v,u,u_0)\in\hat{S}_2}f_1(\lambda,\lambda_{n+1},v,u,u_0)\\&=\min_{(v,u,u_0)\in\hat{S}_2}f_1(\lambda^0,\lambda_{n+1}^0,v,u,u_0)\\&=V_{D_G}.\end{aligned}$$

则$(\lambda^0,\lambda_{n+1}^0)$,$(v^0,u^0,u_0^0)$分别为局中人Ⅰ和局中人Ⅱ的最优策略,并且 $V_G=V_{P_G}=V_{D_G}$.

证　设$(\lambda^0,\lambda_{n+1}^0)\in\hat{S}_1$,$(v^0,u^0,u_0^0)\in\hat{S}_2$,且对任意$(\lambda,\lambda_{n+1})\in\hat{S}_1$,$(v,u,u_0)\in\hat{S}_2$有

$$f_1(\lambda,\lambda_{n+1},v^0,u^0,u_0^0)\leqq f_1(\lambda^0,\lambda_{n+1}^0,v^0,u^0,u_0^0)\leqq f_1(\lambda^0,\lambda_{n+1}^0,v,u,u_0).$$

则$(v_G=f_1(\lambda^0,\lambda_{n+1}^0,v^0,u^0,u_0^0))$

$$\max_{(\lambda,\lambda_{n+1})\in\hat{S}_1}f_1(\lambda,\lambda_{n+1},v^0,u^0,u_0^0)\leqq v_G\leqq\min_{(v,u,u_0)\in\hat{S}_2}f_1(\lambda^0,\lambda_{n+1}^0,v,u,u_0)$$

而

$$\begin{aligned}V_{P_G}&=\min_{(v,u,u_0)\in\hat{S}_2}\max_{(\lambda,\lambda_{n+1})\in\hat{S}_1}f_1(\lambda,\lambda_{n+1},v,u,u_0)\\&\leqq\max f_1(\lambda,\lambda_{n+1},v^0,u^0,u_0^0)\leqq v_G,\\v_G&\leqq\min_{(v,u,u_0)\in\hat{S}_2}f_1(\lambda^0,\lambda_{n+1}^0,v,u,u_0)\\&\leqq\max_{(\lambda,\lambda_{n+1})\in\hat{S}_1}\min_{(v,u,u_0)\in\hat{S}_2}f_1(\lambda,\lambda_{n+1},v,u,u_0)=V_{D_G},\end{aligned}$$

故

$$\begin{aligned}&\min_{(v,u,u_0)\in\hat{S}_2}\max_{(\lambda,\lambda_{n+1})\in\hat{S}_1}f_1(\lambda,\lambda_{n+1},v,u,u_0)\leqq v_G\\&\leqq\max_{(\lambda,\lambda_{n+1})\in\hat{S}_1}\min_{(v,u,u_0)\in\hat{S}_2}f_1(\lambda,\lambda_{n+1},v,u,u_0).\end{aligned}$$

然而,恒有

$$\min_{(v,u,u_0)\in\hat{S}_2,(\lambda,\lambda_{n+1})\in\hat{S}_1}\max f_1(\lambda,\lambda_{n+1},v,u,u_0)$$
$$\geqq \max_{(\lambda,\lambda_{n+1})\in\hat{S}_1,(v,u,u_0)\in\hat{S}_2}\min f_1(\lambda,\lambda_{n+1},v,u,u_0).$$

因此

$$V_{P_G}=V_{D_G}=v_G.$$

另一方面,设

$$V_{P_G}=V_{D_G}=v_G.$$

并且

$$v_G=\min_{(v,u,u_0)\in\hat{S}_2,(\lambda,\lambda_{n+1})\in\hat{S}_1}\max f_1(\lambda,\lambda_{n+1},v,u,u_0)$$
$$=\max_{(\lambda,\lambda_{n+1})\in\hat{S}_1} f_1(\lambda,\lambda_{n+1},v^0,u^0,u_0^0),$$
$$v_G=\max_{(\lambda,\lambda_{n+1})\in\hat{S}_1,(v,u,u_0)\in\hat{S}_2}\min f_1(\lambda,\lambda_{n+1},v,u,u_0)$$
$$=\min_{(v,u,u_0)\in\hat{S}_2} f_1(\lambda^0,\lambda_{n+1}^0,v,u,u_0).$$

则对任意$(\lambda,\lambda_{n+1})\in\hat{S}_1,(v,u,u_0)\in\hat{S}_2$有

$$v_G=\max_{(\lambda,\lambda_{n+1})\in\hat{S}_1} f_1(\lambda,\lambda_{n+1},v^0,u^0,u_0^0)\geqq f_1(\lambda,\lambda_{n+1},v^0,u^0,u_0^0),$$
$$v_G=\min_{(v,u,u_0)\in\hat{S}_2} f_1(\lambda^0,\lambda_{n+1}^0,v,u,u_0)\leqq f_1(\lambda^0,\lambda_{n+1}^0,v,u,u_0),$$

因此,$v_G=f_1(\lambda^0,\lambda_{n+1}^0,v^0,u^0,u_0^0)$,并且$(\lambda^0,\lambda_{n+1}^0)$和$(v^0,u^0,u_0^0)$分别为局中人Ⅰ和局中人Ⅱ的最优策略.证毕.

第二节　(弱)对策有效与(弱)DEA 有效的等价性

考虑输出综合 DEA 模型

$$(P^0)\begin{cases}\min(\omega^{\mathrm{T}}X_0+\delta_1\mu_0)=V_{P^0},\\ \omega^{\mathrm{T}}X_j-\mu^{\mathrm{T}}Y_j+\delta_1\mu_0\geqq 0, j=1,\cdots,n,\\ \mu^{\mathrm{T}}Y_0=1,\\ \omega\geqq 0,\mu\geqq 0,\\ \delta_1\delta_2(-1)^{\delta_3}\mu_0\geqq 0\end{cases}$$

和

$$
(D^0)\begin{cases}\max\ z = V_{D^0},\\ \sum_{j=1}^{n} X_j\lambda_j \leqq X_0,\\ \sum_{j=1}^{n} Y_j\lambda_j \geqq zY_0,\\ \delta_1\left(\sum_{j=1}^{n}\lambda_j + \delta_2(-1)^{\delta_3}\lambda_{n+1}\right) = \delta_1,\\ \lambda_j \geqq 0,\quad j = 1,\cdots,n,n+1\end{cases}
$$

本节将研究(P^0),(D^0)的最优值 V_{P^0}, V_{D^0}和 min－max 型的对偶问题(P_G), (D_G)的最优值 V_{P_G}, V_{D_G}之间的关系,其中

$$(P_G)\quad \min_{(v,u,u_0)\in\hat{S}_2}\ \max_{(\lambda,\lambda_{n+1})\in\hat{S}_1} f_1(\lambda,\lambda_{n+1},v,u,u_0) = V_{P_G}$$

$$(D_G)\quad \max_{(\lambda,\lambda_{n+1})\in\hat{S}_1}\ \min_{(v,u,u_0)\in\hat{S}_2} f_1(\lambda,\lambda_{n+1},v,u,u_0) = V_{D_G}$$

定理 6.2.1 设 V_{P_G}和 V_{D_G}分别为(P_G)和(D_G)的最优值,则有

$$V_{P_G} \geqq V_{D_G} \geqq 1 .$$

证 显然有 $V_{P_G}\geqq V_{D_G}$.此外,取

$$\lambda = (0,0,\cdots,0,\underset{1}{j_0},0,\cdots,0)^{\mathrm{T}} \in E^n, \lambda_{n+1} = 0$$

知$(\lambda,\lambda_{n+1})\in\hat{S}_1$,故

$$
\begin{aligned}
V_{D_G} &\geqq \min_{(v,u,u_0)\in\hat{S}_2}\frac{u^{\mathrm{T}}Y\lambda}{v^{\mathrm{T}}X\lambda+\delta_1 u_0}\\
&= \min_{(v,u,u_0)\in\hat{S}_2}\frac{u^{\mathrm{T}}Y_0}{v^{\mathrm{T}}X_0+\delta_1 u_0}\\
&=1.
\end{aligned}
$$

证毕.

先证明一个一般性的引理.

引理 6.2.1 考虑函数 $g_i(x)$, $x\in E^k$, $i\in I$, I 为任意的指标集, R 为约束集合.记

$$(P_1)\quad \min_{x\in R}\left[\max_{i\in I} g_i(x)\right]$$

和

$$
(P_2)\begin{cases}\min\ \ \beta,\\ g_i(x)\leqq\beta, i\in I.\\ x\in R.\end{cases}
$$

则

(i) 若 $\bar{x}$ 为 (P_1) 的最优解，令

$$\beta = \max_{i \in I} \ g_i(\bar{x})$$

则 $\bar{x}$，β 为 (P_2) 的最优解，且 (P_1) 与 (P_2) 的最优值相等；

(ii) 若 $\bar{x}$，β 为 (P_2) 的最优解，则 $\bar{x}$ 为 (P_1) 的最优解，且 (P_1) 和 (P_2) 的最优值相等.

证 设 $\bar{x}$ 为 (P_1) 的最优解，且

$$\beta = \max_{i \in I} \ g_i(\bar{x}) .$$

则

$$g_i(\bar{x}) \leqq \beta, \quad i \in I .$$

因此 $\bar{x}$，β 为 (P_2) 的可行解.

设 x，β 为 (P_2) 的任意可行解，则有

$$g_i(x) \leqq \beta, \quad i \in I ,$$

故

$$\max_{i \in I} \ g_i(x) \leqq \beta .$$

由 $\bar{x}$ 为 (P_1) 的最优解，故

$$\beta = \max_{i \in I} \ g_i(\bar{x}) \leqq \max_{i \in I} \ g_i(x) \leqq \beta .$$

因此，$\bar{x}$，β 为 (P_2) 的最优解，且二者最优值相等，即

$$\beta = \max_{i \in I} \ g_i(\bar{x}) .$$

(i)得证.

证结论(ii). 设 $\bar{x}$，β 为 (P_2) 的最优解，则必有

$$\max_{i \in I} \ g_i(\bar{x}) = \beta .$$

设 $x \in R$ 为 (P_1) 的任意可行解，令

$$\beta = \max_{i \in I} \ g_i(x) ,$$

故 x，β 为 (P_2) 的可行解，故有

$$\max_{i \in I} \ g_i(\bar{x}) = \beta \leqq \beta = \max_{i \in I} \ g_i(x) ,$$

因此 $\bar{x}$ 为 (P_1) 的最优解，且二者最优值相等. 证毕.

定理 6.2.2 设 V_{P_G} 为 (P_G) 的最优值，V_{P^0} 为 (P^0) 的最优值，则有

$$V_{P^0} \geqq V_{P_G} .$$

证 因为

$$V_{P_G} = \min_{(v, u, u_0) \in \hat{S}_2, (\lambda, \lambda_{n+1}) \in \hat{S}_1} \ \max \ \frac{u^{\mathrm{T}} Y \lambda}{v^{\mathrm{T}} X \lambda + \delta_1 u_0} ,$$

记

$$\Lambda=\left\{(\lambda,\lambda_{n+1})\,\middle|\,v^{\mathrm{T}}X\lambda+\delta_1 u_0>0\right\}.$$

由定理 6.2.1, $V_{P_G}\geqq 1$,而 $u^{\mathrm{T}}Y\lambda\geqq 0$,故$(P_G)$的最优解必满足

$$v^{\mathrm{T}}X\lambda+\delta_1 u_0>0,$$

知$\Lambda\neq\varnothing$.因此由引理 6.2.1,有

$$\begin{aligned}V_{P_G}&=\min_{(v,u,u_0)\in\hat{S}_2}\ \max_{(\lambda,\lambda_{n+1})\in\hat{S}_1\cap\Lambda}\frac{u^{\mathrm{T}}Y\lambda}{v^{\mathrm{T}}X\lambda+\delta_1 u_0}\\&=\min_{(v,u,u_0)\in\hat{S}_2}\ \min\left\{\beta\,\middle|\,\frac{u^{\mathrm{T}}Y\lambda}{v^{\mathrm{T}}X\lambda+\delta_1 u_0}\leqq\beta,\forall(\lambda,\lambda_{n+1})\in\hat{S}_1\cap\Lambda\right\}\\&=\min_{(v,u,u_0)\in\hat{S}_2}\ \min\left\{\beta\,\middle|\,u^{\mathrm{T}}Y\lambda-\beta v^{\mathrm{T}}X\lambda-\beta\delta_1 u_0\leqq 0,\forall(\lambda,\lambda_{n+1})\in\hat{S}_1\cap\Lambda\right\}\\&\leqq\min_{(v,u,u_0)\in\hat{S}_2}\ \min\left\{\beta\,\middle|\,u^{\mathrm{T}}Y\lambda-\beta v^{\mathrm{T}}X\lambda-\beta\delta_1 u_0\leqq 0,\forall(\lambda,\lambda_{n+1})\in\hat{S}_1\right\}.\end{aligned}$$

当$(\lambda,\lambda_{n+1})\in\hat{S}_1$,$(v,u,u_0)\in\hat{S}_2$时,有

$$\delta_1=\delta_1 e^{\mathrm{T}}\lambda+\delta_1\delta_2(-1)^{\delta_3}\lambda_{n+1},\ \lambda_{n+1}\geqq 0,\ \delta_1\delta_2(-1)^{\delta_3}u_0\geqq 0,$$

故(由定理 6.2.1, $\beta\geqq V_{P_G}\geqq 1$)

$$\begin{aligned}&u^{\mathrm{T}}Y\lambda-\beta v^{\mathrm{T}}X\lambda-\beta\delta_1 u_0\\&=u^{\mathrm{T}}Y\lambda-\beta v^{\mathrm{T}}X\lambda-\beta\delta_1 u_0 e^{\mathrm{T}}\lambda-\beta\delta_1\delta_2(-1)^{\delta_3}u_0\lambda_{n+1}\\&\leqq u^{\mathrm{T}}Y\lambda-\beta v^{\mathrm{T}}X\lambda-\beta\delta_1 u_0 e^{\mathrm{T}}\lambda.\end{aligned}$$

因此,若

$$u^{\mathrm{T}}Y\lambda-\beta v^{\mathrm{T}}X\lambda-\beta\delta_1 u_0 e^{\mathrm{T}}\lambda\leqq 0,$$

则

$$u^{\mathrm{T}}Y\lambda-\beta v^{\mathrm{T}}X\lambda-\beta\delta_1 u_0\leqq 0.$$

从而有

$$\begin{aligned}&\min_{(v,u,u_0)\in\hat{S}_2}\ \min\left\{\beta\,\middle|\,u^{\mathrm{T}}Y\lambda-\beta v^{\mathrm{T}}X\lambda-\beta\delta_1 u_0\leqq 0,\forall(\lambda,\lambda_{n+1})\in\hat{S}_1\right\}\\&\leqq\min_{(v,u,u_0)\in\hat{S}_2}\ \min\left\{\beta\,\middle|\,u^{\mathrm{T}}Y\lambda-\beta v^{\mathrm{T}}X\lambda-\beta\delta_1 u_0 e^{\mathrm{T}}\lambda\leqq 0,\forall\lambda\geqq 0\right\}\\&=\min_{(v,u,u_0)\in\hat{S}_2}\ \min\left\{\beta\,\middle|\,(u^{\mathrm{T}}Y-\beta v^{\mathrm{T}}X-\beta\delta_1 u_0 e^{\mathrm{T}})\lambda\leqq 0,\forall\lambda\geqq 0\right\}\\&=\min_{(v,u,u_0)\in\hat{S}_2}\ \min\left\{\beta\,\middle|\,u^{\mathrm{T}}Y-\beta v^{\mathrm{T}}X-\beta\delta_1 u_0 e^{\mathrm{T}}\leqq 0\right\}\end{aligned}$$

$$= \min_{(v,u,u_0)\in \hat{S}_2} \min\left\{ \beta \left| (\beta v)^{\mathrm{T}} \bar{X} + \delta_1 (\beta u_0) e^{\mathrm{T}} - u^{\mathrm{T}} \bar{Y} \geqq 0 \right.\right\}$$

$$\begin{aligned}
=\min\ & \beta . \\
\text{s.t.}\ & \frac{u^{\mathrm{T}} Y_0}{v^{\mathrm{T}} X_0 + \delta_1 u_0} = 1 , \\
& v \geqq 0, u \geqq 0 , \\
& \delta_1 \delta_2 (-1)^{\delta_3} u_0 \geqq 0 , \\
& (\beta v)^{\mathrm{T}} \bar{X} - u^{\mathrm{T}} \bar{Y} + \delta_1 (\beta u_0) e^{\mathrm{T}} \geqq 0 .
\end{aligned}$$

$$\begin{aligned}
=\min\ & \beta . \\
\text{s.t.}\ & \frac{u^{\mathrm{T}} Y_0}{v^{\mathrm{T}} X_0 + \delta_1 u_0} = \frac{1}{\beta} , \\
& v \geqq 0, u \geqq 0 , \\
& \delta_1 \delta_2 (-1)^{\delta_3} u_0 \geqq 0 , \\
& v^{\mathrm{T}} \bar{X} - u^{\mathrm{T}} \bar{Y} + \delta_1 u_0 e^{\mathrm{T}} \geqq 0 ,
\end{aligned}$$

$$\begin{aligned}
=\min\ & \frac{v^{\mathrm{T}} X_0 + \delta_1 u_0}{u^{\mathrm{T}} Y_0} , \\
\text{s.t.}\ & v^{\mathrm{T}} X_j - u^{\mathrm{T}} Y_j + \delta_1 u_0 \geqq 0, j = 1,\cdots, n. \\
& v \geqq 0, u \geqq 0 , \\
& \delta_1 \delta_2 (-1)^{\delta_3} u_0 \geqq 0
\end{aligned}$$

$$\begin{aligned}
=\min\ & (\omega^{\mathrm{T}} X_0 + \delta_1 \mu_0) , \\
\text{s.t.}\ & \omega^{\mathrm{T}} X_j - \mu^{\mathrm{T}} Y_j + \delta_1 \mu_0 \geqq 0, j = 1,\cdots, n, \\
& \mu^{\mathrm{T}} Y_0 = 1 , \\
& \omega \geqq 0, \mu \geqq 0 , \\
& \delta_1 \delta_2 (-1)^{\delta_3} \mu_0 \geqq 0
\end{aligned}$$

$$= V_{P^0} .$$

证毕.

引理 6.2.2 考虑 $g_i(x), x\in E^k, i\in I, I$ 为任意的指标集, R 为约束集合,记

$$(\bar{P}_1) \quad \max_{x\in R} [\min_{i\in I} g_i(x)]$$

和

$$(P_2) \quad \begin{cases} \max\ \alpha , \\ g_i(x) \geqq \alpha, i \in I , \\ x \in R . \end{cases}$$

则

(i) 若 $\bar{x}$ 为(P_1)的最优解,令

$$\bar{\alpha}=\min_{i\in I} g_i(\bar{x}) .$$

则 $\bar{x},\bar{\alpha}$ 为(P_2)的最优解,且(P_1)和(P_2)的最优值相等;

(ii) 若 $\bar{x},\bar{\alpha}$ 为(P_2)的最优解,则 $\bar{x}$ 为(P_1)的最优解,且(P_1)和(P_2)的最优值相等.

证 证明与引理 6.2.1 类似.证毕.

定理 6.2.3 设 V_{D_G}为(D_G)的最优值,V_{D^0}为(D^0)的最优值,则有

$$V_{D_G}\geqq V_{D^0} .$$

证 因为

$$V_{D_G}=\max_{(\lambda,\lambda_{n+1})\in\hat{S}_1,(v,u,u_0)\in\hat{S}_2}\min\frac{u^{\mathrm{T}}Y\lambda}{v^{\mathrm{T}}X\lambda+\delta_1 u_0}$$

记

$$\Gamma=\left\{(v,u,u_0)\,\middle|\,v^{\mathrm{T}}X\lambda+\delta u_0>0\right\} .$$

由定理 6.2.1, $V_{D_G}\geqq 1$,而 $u^{\mathrm{T}}Y\lambda\geqq 0$,故$(D_G)$的最优解必满足

$$v^{\mathrm{T}}X\lambda+\delta_1 u_0>0 .$$

和 $\Gamma\neq\varnothing$.因此由引理 6.2.2,有

$$\begin{aligned}
V_{D_G}&=\max_{(\lambda,\lambda_{n+1})\in\hat{S}_1,(v,u,u_0)\in\hat{S}_2\cap\Gamma}\min\frac{u^{\mathrm{T}}Y\lambda}{v^{\mathrm{T}}X\lambda+\delta_1 u_0}\\
&=\max_{(\lambda,\lambda_{n+1})\in\hat{S}_1}\max\left\{\alpha\,\middle|\,\frac{u^{\mathrm{T}}Y\lambda}{v^{\mathrm{T}}X\lambda+\delta_1 u_0}\geqq\alpha,\forall(v,u,u_0)\in\hat{S}_2\cap\Gamma\right\}\\
&=\max_{(\lambda,\lambda_{n+1})\in\hat{S}_1}\max\left\{\alpha\,\middle|\,u^{\mathrm{T}}Y\lambda-\alpha v^{\mathrm{T}}X\lambda-\alpha\delta_1 u_0\geqq 0,\forall(v,u,u_0)\in\hat{S}_2\cap\Gamma\right\}\\
&\geqq\max_{(\lambda,\lambda_{n+1})\in\hat{S}_1}\max\left\{\alpha\,\middle|\,u^{\mathrm{T}}Y\lambda-\alpha v^{\mathrm{T}}X\lambda-\alpha\delta_1 u_0\geqq 0,\forall(v,u,u_0)\in\hat{S}_2\right\}
\end{aligned}$$

当$(v,u,u_0)\in\hat{S}_2$ 时,有

$$\frac{u^{\mathrm{T}}Y_0}{v^{\mathrm{T}}X_0+\delta_1 u_0}=1 ,$$

$$v\geqq 0,u\geqq 0 ,$$

$$\delta_1\delta_2(-1)^{\delta_3}u_0\geqq 0 .$$

故

$$V_G\geqq\max_{(\lambda,\lambda_{n+1})\in\hat{S}_1}\max\left\{\alpha\,\middle|\,u^{\mathrm{T}}Y\lambda-\alpha v^{\mathrm{T}}X\lambda-\alpha u^{\mathrm{T}}Y_0+\alpha v^{\mathrm{T}}X_0\geqq 0,\forall v\geqq 0,\forall u\geqq 0\right\}$$

$$= \max_{(\lambda,\lambda_{n+1})\in \hat{S}_1} \max\left\{ \alpha \left| (v^{\mathrm{T}}, u^{\mathrm{T}}) \begin{pmatrix} \alpha X\lambda - \alpha X_0 \\ -Y\lambda + \alpha Y_0 \end{pmatrix} \leqq 0, \forall v \geqq 0, \forall u \geqq 0 \right. \right\}$$

$$= \max_{(\lambda,\lambda_{n+1})\in \hat{S}_1} \max\left\{ \alpha \left| \begin{pmatrix} \alpha X\lambda - \alpha X_0 \\ -Y\lambda + \alpha Y_0 \end{pmatrix} \leqq 0 \right. \right\}$$

$$\begin{aligned} = \max\ & \alpha \\ \text{s.t.}\ & \alpha X\lambda - \alpha X_0 \leqq 0, \\ & Y\lambda - \alpha Y_0 \geqq 0, \\ & \delta_1 (e^{\mathrm{T}}\lambda + \delta_2(-1)^{\delta_3}\lambda_{n+1}) = \delta_1, \\ & \lambda \geqq 0, \lambda_{n+1} \geqq 0, \alpha \in E^1 \end{aligned}$$

$$\begin{aligned} = \max\ & z \\ \text{s.t.}\ & \sum_{j=1}^{n} X_j\lambda_j \leqq X_0, \\ & \sum_{j=1}^{n} Y_j\lambda_j \geqq z\, Y_0, \\ & \delta_1 (e^{\mathrm{T}}\lambda + \delta_2(-1)^{\delta_3}\lambda_{n+1}) = \delta_1, \\ & \lambda \geqq 0, \lambda_{n+1} \geqq 0, z \in E^1 \end{aligned}$$

$$= V_{D^0}.$$

证毕.

定理 6.2.4　设 V_{P^0}, V_{P_G}, V_{D_G}, V_{D^0}分别为(P^0),(P_G),(D_G)和(D^0)的最优值,v_G 为对策 G 的值,则对策 G 存在最优策略,且有

$$v_G = V_{P^0} = V_{P_G} = V_{D_G} = V_{D^0}.$$

证　由定理 6.2.2 和定理 6.2.3,有

$$V_{P^0} \geqq V_{P_G} \geqq V_{D_G} \geqq V_{D^0}$$

因为(P^0)和(D^0)为一对线性规划对偶,并且都存在可行解,由线性规划存在性定理,知(P^0)和(D^0)都存在最优解,并且最优值相等,即

$$V_{P^0} = V_{D^0},$$

于是

$$V_{P^0} = V_{P_G} = V_{D_G} = V_{D^0}.$$

再由定理 6.1.1,对策 G 也存在最优策略,并且

$$V_{P_G} = V_{D_G} = v_G.$$

证毕.

推论 6.2.1　若 ω^0, μ^0, μ_0^0 和 λ^0, λ_{n+1}^0, z^0 分别为(P^0)和(D^0)的最优解,则

对策值

$$v_G = \omega^{0\mathrm{T}} X_0 + \delta_1 \mu_0^0 = z^0 .$$

推论 6.2.2 DMU_{j_0}为弱对策有效的充分必要条件是:DMU_{j_0}为弱 DEA 有效.

证 由定理 6.2.4,有

$$v_G = V_{P^0} = V_{D^0} .$$

故 $v_G=1$ 的充要条件是 $V_{P^0}=1$. 得证.

推论 6.2.3 DMU_j为对策有效的充分必要条件是:DMU_{j_0}为 DEA 有效.

证 由定理 6.2.2 的证明可以看出,(P_G) 的最优解 v^0, u^0, u_0^0 和(P^0) 的最优解 ω^0, μ^0, μ_0^0 之间,v^0 是 ω^0 的正倍数,u^0 是 μ^0 的正倍数.故

$$\omega^0 > 0, \mu^0 > 0$$

的充要条件是

$$v^0 > 0, u^0 > 0 .$$

由定义 6.1.3 得证.证毕.

第三节 (弱)对策有效与(弱)Pareto解的等价性

考虑多目标规划问题

$$(VP)\begin{cases} V-\min(X, -Y), \\ (X, Y) \in T, \end{cases}$$

其中

$$X = (x_1, x_2, \cdots, x_m)^{\mathrm{T}},$$
$$Y = (y_1, y_2, \cdots, y_s)^{\mathrm{T}} .$$

而

$$T = \left\{ (X, Y) \,\middle|\, \sum_{j=1}^{n} X_j\lambda_j \leqq X, \sum_{j=1}^{n} Y_j\lambda_j \geqq Y, \delta_1\left(e^{\mathrm{T}}\lambda + \delta_2(-1)^{\delta_3}\lambda_{n+1}\right) = \delta_1, \right.$$
$$\left. \lambda_j \geqq 0, j = 1, \cdots, n+1 \right\} .$$

决策单元的(弱)对策有效与(弱)Pareto 解之间的关系由以下定理给出.

定理 6.3.1 若 DMU_{j_0}为对策有效的充分必要条件是:(X_0, Y_0) 为多目标(VP)的 Pareto 解.

证 由推论 6.2.3,知 DMU_{j_0}为对策有效的充分必要条件是:DMU_{j_0}为 DEA

有效.再由结论 3.2.1,其充分必要条件是:(X_0, Y_0)为多目标(VP)的 Pareto 解.证毕.

对于弱对策有效与弱 Pareto 解之间的关系,有如下定理.

定理 6.3.2 (i) 若 DMU_{j_0}为弱对策有效,则(X_0, Y_0)为多目标问题(VP)的弱 Pareto 解;

(ii) 若 $\delta_1=0$(相应的输出 DEA 模型(P^0)为$(P^0_{C^2R})$),则 DMU_{j_0}为弱对策有效的充分必要条件是:(X_0, Y_0)为多目标问题(VP)的弱 Pareto 解;

(iii) 若 $\delta_1=1, \delta_2=1, \delta_3=0$(相应的输出 DEA 模型$(P^0)$为$(P^0_{FG})$),则 DMU_{j_0}为弱对策有效的充分必要条件是:(X_0, Y_0)为多目标问题(VP)的弱 Pareto 解.

证 由推论 6.2.2,DMU_{j_0}为弱对策有效的充分必要条件是:DMU_{j_0}为弱 DEA 有效.

结论(i)由结论 3.3.1 得到;结论(ii)由结论 3.3.2 得到;结论(iii)由结论 3.3.4 得到.证毕.

注意 不难看出,对于输入模型也可建立相应的对策模型,有着完全相类似的一些定理和结论.

第七章　具有无穷多个决策单元的 DEA 模型

1986 年 Charnes, Cooper 和 Wei 等人得到了新的 DEA 模型 C^2W，将决策单元的个数由有限多个拓广到无穷多个（见文献[8]）. 该模型是第一个非线性的 DEA 模型——半无限规划的 DEA 模型，被认为：C^2W 模型提出了一个精美的研究结构（elegant studies structure），而且对 DEA 随机背景的进一步研究提供了一个简明、完好的分析基础. 1989 年，Charnes, Cooper, Wei 和 Yue 在具有锥结构的 DEA 模型 C^2WH 的基础上，又将 C^2W 推广到具有锥结构的半无限规划的模型 C^2WY，其中不仅包含了 C^2R 模型，也包含了 BC^2 模型和 C^2WH 模型（C^2WH 模型见文献[9]，C^2WY 模型见文献[57]）.

本章依据文献[53]，讨论更为一般的含有三个 0～1 参数的具有无穷多个决策单元的综合 DEA 模型（半无限规划的 DEA 模型）. 在此基础上，研究数据包络（DEA）的一个特例：单一输出的情况下"生产前沿"与生产函数的曲面之间的关系，以及一些经济特性. 本章的结果为利用 DEA 模型进行技术进步评估和建立非参数的最优化模型，提供了理论依据. 本章取材文献[8]，[64]～[66].

第一节　具有无穷多个决策单元的综合 DEA 模型

考虑由表 7.1.1 给出的输入、输出数据，其中（$\tau\in C$, C 为决策单元的集合）

$$X(\tau)=\text{决策单元“}\tau\text{”的输入数据},\ X(\tau)\in E^m,$$

$$Y(\tau)=\text{决策单元“}\tau\text{”的输出数据},\ Y(\tau)\in E^s,$$

并且对 $\forall\ \tau\in C$，有

$$X(\tau)>0,\quad Y(\tau)>0,$$

而 C 为任意集合（有限或无限）.

表 7.1.1

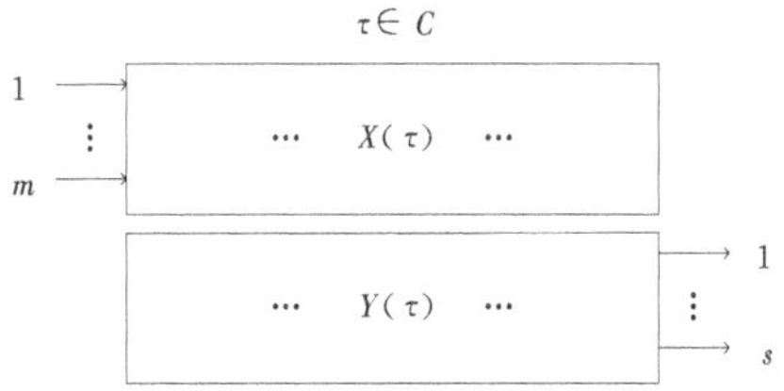

评价决策单元“τ_0”的综合 DEA 模型为($\tau_0 \in C$)

$$
(P^S)\begin{cases}
\min\left(\omega^{\mathrm T} X(\tau_0)+\delta_1\mu_0\right)=V_{P^S},\\
\omega^{\mathrm T} X(\tau)-\mu^{\mathrm T} Y(\tau)+\delta_1\mu_0 \geqq 0, \tau\in C,\\
\mu^{\mathrm T} Y(\tau_0)=1,\\
\omega \geqq 0, \mu \geqq 0,\\
\delta_1\delta_2(-1)^{\delta_3}\mu_0 \geqq 0 .
\end{cases}
$$

和(P^S)的对偶规划(半无限对偶规划)

$$
(D^S)\begin{cases}
\max\ z=V_{D^S},\\
\sum\limits_{\tau\in C} X(\tau)\lambda(\tau) \leqq X(\tau_0),\\
\sum\limits_{\tau\in C} Y(\tau)\lambda(\tau) \geqq z Y(\tau_0),\\
\delta_1\left(\sum\limits_{\tau\in C}\lambda(\tau)+\delta_2(-1)^{\delta_3}\lambda_0\right)=\delta_1,\\
\lambda(\tau)\geqq 0, \forall \tau\in C, \lambda_0\geqq 0, z\in E^1 .
\end{cases}
$$

这里,根据半无限规划的通常假设,$\lambda=[\lambda(\tau): \tau\in C]\in S$, S 是广义有限序列空间(generalized finite sequence space),λ 是空间 S 的一个元素,它仅有有限多个不为 0 的分量(因此(D^S)中关于 $\tau\in C$ 的求和是有意义的).

可见原问题(P^S)具有有限多个变量 ω, μ, μ_0,但有无穷多个约束;而对偶问题(D^S)具有无穷多个变量$(\lambda(\tau), \forall \tau\in C, \lambda_0, z)$,但有有限多个约束.

定理 7.1.1(弱对偶定理)　若(ω, μ, μ_0)为(P^S)的可行解,$(\lambda(\tau), \forall \tau\in C, \lambda_0, z)$为$(D^S)$的可行解,则有

$$\omega^{\mathrm T} X(\tau_0)+\delta_1\mu_0 \geqq z .$$

证　由(ω, μ, μ_0)满足

$$
\begin{aligned}
&\omega^{\mathrm T} X(\tau)-\mu^{\mathrm T} Y(\tau)+\delta_1\mu_0 \geqq 0, \tau\in C,\\
&\mu^{\mathrm T} Y(\tau_0)=1,\\
&\omega \geqq 0, \mu \geqq 0,\\
&\delta_1\delta_2(-1)^{\delta_3}\mu_0 \geqq 0
\end{aligned}
$$

以及$(\lambda(\tau), \forall \tau\in C, \lambda_0, z)$满足

$$
\begin{aligned}
&\sum_{\tau\in C} X(\tau)\lambda(\tau) \leqq X(\tau_0),\\
&\sum_{\tau\in C} Y(\tau)\lambda(\tau) \geqq z Y(\tau_0),\\
&\delta_1\left(\sum_{\tau\in C}\lambda(\tau)+\delta_2(-1)^{\delta_3}\lambda_0\right)=\delta_1,\\
&\lambda(\tau)\geqq 0, \forall \tau\in C, \lambda_0\geqq 0, z\in E^1 .
\end{aligned}
$$

故

$$\omega^{\mathrm{T}} X(\tau)\lambda(\tau)-\mu^{\mathrm{T}} Y(\tau)\lambda(\tau)+\delta_1\mu_0\lambda(\tau)\geqq 0,\tau\in C,$$
$$\delta_1\delta_2(-1)^{\delta_3}\mu_0\lambda_0\geqq 0,$$
$$\sum_{\tau\in C}\omega^{\mathrm{T}} X(\tau)\lambda(\tau)\leqq \omega^{\mathrm{T}} X(\tau_0),$$
$$\sum_{\tau\in C}\mu^{\mathrm{T}} Y(\tau)\lambda(\tau)\geqq z\mu^{\mathrm{T}} Y(\tau_0).$$

于是

$$\begin{aligned}&\omega^{\mathrm{T}} X(\tau_0)-z,\\ =&\omega^{\mathrm{T}} X(\tau_0)-z\mu^{\mathrm{T}} Y(\tau_0)\\ \geqq&\sum_{\tau\in C}\omega^{\mathrm{T}} X(\tau)\lambda(\tau)-\sum_{\tau\in C}\mu^{\mathrm{T}} Y(\tau)\lambda(\tau)\\ =&\sum_{\tau\in C}(\omega^{\mathrm{T}} X(\tau)\lambda(\tau)-\mu^{\mathrm{T}} Y(\tau)\lambda(\tau))\\ \geqq&-\delta_1\mu_0\sum_{\tau\in C}\lambda(\tau)\\ =&\delta_1\delta_2(-1)^{\delta_3}\mu_0\lambda_0-\delta_1\mu_0,\\ \geqq&-\delta_1\mu_0,\end{aligned}$$

因此

$$\omega^{\mathrm{T}} X(\tau_0)+\delta_1\mu_0\geqq z.$$

证毕.

定理 7.1.2　设 $X(\tau)$, $Y(\tau)$, $\forall\tau\in C$,为连续的向量函数.若 C 为有界闭集,则(P^S)和(D^S)都存在可行解.

证　对于(P^S),令

$$\bar{\mu}=Y(\tau_0)/\|Y(\tau_0)\|,$$
$$\bar{\omega}=(\bar{\omega}_1,0,\cdots,0)^{\mathrm{T}},$$
$$\bar{\mu}_0=0,$$

其中

$$\bar{\omega}_1=\max_{\tau\in C}\frac{\mu^{\mathrm{T}} Y(\tau)}{x_1(\tau)},$$

而 $x_1(\tau)$为 $X(\tau)$的第一个分量,即

$$X(\tau)=(x_1(\tau),x_2(\tau),\cdots,x_m(\tau))^{\mathrm{T}}.$$

可知($\bar{\omega},\bar{\mu},\bar{\mu}_0$)为($P^S$)的可行解.

对于(D^S),令

$$\lambda(\tau)=\begin{cases}1,当\ \tau=\tau_0,\\ 0,当\ \tau\in C\backslash\{\tau_0\},\end{cases}$$

$$\lambda_0 = 0, \bar{z} = 1$$

则$(\lambda(\tau), \forall \tau \in C, \lambda_0, \bar{z})$为$(D^S)$的可行解.证毕.

半无限规划也是Charnes,Cooper和K.Kortanek等人首创的一个数学规划领域.实质上,半无限规划是一个凸规划(不是线性规划),尽管原规划和对偶规划都存在可行解,但相应的对偶定理却需在某些假设条件下才成立.对于具有无穷多个决策单元的综合DEA模型(P^S)和(D^S),类似于DEA模型C^2W,可以证明对偶定理成立.下面的对偶定理的证明与文献[8]类似.

定理7.1.3 设$X(\tau), Y(\tau), \forall \tau \in C$,为连续的向量函数,并且$C$为有界闭集,则有

(i) 若(P^S)存在最优解$(\omega^0, \mu^0, \mu_0^0)$,则$(D^S)$也存在最优解$(\lambda^0(\tau), \forall \tau \in C, \lambda_0^0, z^0)$,并且有

$$\omega^{0T} X(\tau_0) + \delta_1 \mu_0^0 = z^0;$$

(ii) 若(D^S)存在最优解$(\lambda^0(\tau), \forall \tau \in C, \lambda_0^0, z^0)$,则$(P^S)$也存在最优解$(\omega^0, \mu^0, \mu_0^0)$,并且有

$$z^0 = \omega^{0T} X(\tau_0) + \delta_1 \mu_0^0 .$$

定理7.1.4 半无限规划(P^S)和(D^S)的最优值

$$V_{P^S} \geqq V_{D^S} \geqq 1 .$$

证 由定理7.1.1,有

$$V_{P^S} \geqq V_{D^S} .$$

又由$(\lambda(\tau), \forall \tau \in C, \lambda_0 = 0, \bar{z} = 1)$为$(D^S)$的可行解,故

$$V_{D^S} \geqq 1 ,$$

其中

$$\lambda(\tau) = \begin{cases} 1, 当\ \tau = \tau_0, \\ 0, 当\ \tau \in C \setminus \{\tau_0\} . \end{cases}$$

证毕.

定义7.1.1 若(P^S)存在最优解$(\omega^0, \mu^0, \mu_0^0)$,有

$$V_{P^S} = \omega^{0T} X(\tau_0) + \delta_1 \mu_0^0 = 1 ,$$

则称决策单元"τ_0"为弱DEA有效.

定义7.1.2 若(P^S)存在最优解$(\omega^0, \mu^0, \mu_0^0)$,有$\omega^0 > 0, \mu^0 > 0$,并且

$$V_{P^S} = \omega^{0T} X(\tau_0) + \delta_1 \mu_0^0 = 1 ,$$

则称决策单元"τ_0"为DEA有效.

第二节　生产可能集,生产前沿和 Pareto 最优

当无穷多个决策单元的输入、输出数据给定之后,可以根据生产可能集的公理体系惟一确定相应的生产可能集(见第二章第四节).相应于具有无穷多个决策单元的 DEA 模型(P^S)和(D^S)的生产可能集为

$$T_S=\left\{(X,Y)\ \middle|\ \begin{array}{l}\sum\limits_{\tau\in C}X(\tau)\lambda(\tau)\leqq X,\sum\limits_{\tau\in C}Y(\tau)\lambda(\tau)\geqq Y,\\ \delta_1\left[\sum\limits_{\tau\in C}\lambda(\tau)+\delta_2(-1)^{\delta_3}\lambda_0\right]=\delta_1,\\ \lambda(\tau)\geqq 0,\forall\ \tau\in C,\lambda_0\geqq 0.\end{array}\right\}.$$

不难看出,生产可能集 T_S 为凸集.

考虑多目标规划

$$(VP)\begin{cases}V-\min(X,-Y)\\ (X,Y)\in T_S\end{cases}$$

其中

$$X=[x_1,x_2,\cdots,x_m]^{\mathrm T},$$
$$Y=[y_1,y_2,\cdots,y_s]^{\mathrm T}.$$

引理 7.2.1　若$[\omega^0,\mu^0,\mu_0^0]$为(P^S)的最优解,且

$$V_{P^S}=\omega^{0\mathrm T}X(\tau_0)+\delta_1\mu_0^0=1,$$

则 $x(\tau_0),y(\tau_0)$为下面线性加权和问题的最优解

$$\min_{(X,Y)\in T_S}[\omega^{0\mathrm T}X-\mu^{0\mathrm T}Y]$$

证　由于(P^S)的最优解$[\omega^0,\mu^0,\mu_0^0]$满足

$$\omega^{0\mathrm T}X(\tau_0)+\delta_1\mu_0^0=1$$
$$\omega^{0\mathrm T}X(\tau)-\mu^{0\mathrm T}Y(\tau)+\delta_1\mu_0^0\geqq 0,\forall\ \tau\in C$$
$$\mu^{0\mathrm T}Y(\tau_0)=1$$

故对$\forall\ \tau\in C$,有

$$\omega^{0\mathrm T}X(\tau)-\mu^{0\mathrm T}Y(\tau)+\delta_1\mu_0^0\geqq 0=\omega^{0\mathrm T}X(\tau_0)-\mu^{0\mathrm T}Y(\tau_0)+\delta_1\mu_0^0,$$

现在,对$\forall(X,Y)\in T_S$,存在 $\lambda(\tau)\geqq 0,\forall\ \tau\in C,\lambda_0\geqq 0$,有

$$\sum_{\tau\in C}X(\tau)\lambda(\tau)\leqq X,$$
$$\sum_{\tau\in C}Y(\tau)\lambda(\tau)\geqq Y,$$

其中

$$\delta_1\left[\sum_{\tau\in C}\lambda(\tau)+\delta_2(-1)^{\delta_3}\lambda_0\right]=\delta_1 .$$

于是

$$\left[\omega^{0\mathrm{T}}X(\tau)-\mu^{0\mathrm{T}}Y(\tau)+\delta_1\mu_0^0\right]\lambda(\tau)\geqq 0,\forall\tau\in C .$$

$$\omega^{0\mathrm{T}}\sum_{\tau\in C}X(\tau)\lambda(\tau)-\mu^{0\mathrm{T}}\sum_{\tau\in C}Y(\tau)\lambda(\tau)+\delta_1\mu_0^0\sum_{\tau\in C}\lambda(\tau)\geqq 0 ,$$

将

$$\delta_1\sum_{\tau\in C}\lambda(\tau)=\delta_1-\delta_1\delta_2(-1)^{\delta_3}\lambda_0$$

代入上式,有

$$\omega^{0\mathrm{T}}\sum_{\tau\in C}X(\tau)\lambda(\tau)-\mu^{0\mathrm{T}}\sum_{\tau\in C}Y(\tau)\lambda(\tau)+\delta_1\mu_0\left[1-\delta_2(-1)^{\delta_3}\lambda_0\right]\geqq 0 ,$$

因此

$$\omega^{0\mathrm{T}}\sum_{\tau\in C}X(\tau)\lambda(\tau)-\mu^{0\mathrm{T}}\sum_{\tau\in C}Y(\tau)\lambda(\tau)+\delta_1\mu_0\geqq\delta_1\delta_2(-1)^{\delta_3}\mu_0\lambda_0\geqq 0 ,$$

注意到

$$\omega^{0\mathrm{T}}X(\tau_0)-\mu^{0\mathrm{T}}Y(\tau_0)+\delta_1\mu_0^0=0 .$$

有

$$\omega^{0\mathrm{T}}\sum_{\tau\in C}X(\tau)\lambda(\tau)-\mu^{0\mathrm{T}}\sum_{\tau\in C}Y(\tau)\lambda(\tau)\geqq\omega^{0\mathrm{T}}X(\tau_0)-\mu^{0\mathrm{T}}Y(\tau_0) .$$

现在,设$(X, Y)\in T_S$,有

$$\begin{aligned}&\omega^{0\mathrm{T}}X-\mu^{0\mathrm{T}}Y\\ \geqq\ &\omega^{0\mathrm{T}}\sum_{\tau\in C}X(\tau)\lambda(\tau)-\mu^{0\mathrm{T}}\sum_{\tau\in C}Y(\tau)\lambda(\tau)\\ \geqq\ &\omega^{0\mathrm{T}}X(\tau_0)-\mu^{0\mathrm{T}}Y(\tau_0) .\end{aligned}$$

因此 $X(\tau_0)$, $Y(\tau_0)$为线性加权和问题的最优解.证毕.

引理 7.2.2　如果$\left[\omega^0,\mu^0,\mu_0^0\right]$为$(P^S)$的最优解,并且

$$V_{P^S}=\omega^{0\mathrm{T}}X(\tau_0)+\delta_1\mu_0^0>1 ,$$

则必存在 $\tau^*\in C$,有

$$\omega^{0\mathrm{T}}X(\tau^*)-\mu^{0\mathrm{T}}Y(\tau^*)+\delta_1\mu_0^0=0 .$$

证　用反证法证之.设对$\forall\tau\in C$,均有

$$\omega^{0\mathrm{T}}X(\tau)-\mu^{0\mathrm{T}}Y(\tau)+\delta_1\mu_0^0>0 .$$

分两种情况讨论:

(i) 若 $\omega^0\neq 0$.不妨设

$$\omega^0=\left[\omega_1^0,\omega_2^0,\cdots,\omega_m^0\right]^{\mathrm{T}},\omega_1^0\neq 0 .$$

令

$$\Delta = \min\left\{ \omega_1^0, \min_{\tau\in C} \frac{\omega^{0T} X(\tau) - \mu^{0T} Y(\tau) + \delta_1 \mu_0}{x_1(\tau)} \right\}$$

其中 $x_1(\tau)$为 $X(\tau)$为第一个分量,即

$$X(\tau) = [x_1(\tau), x_2(\tau), \cdots, x_m(\tau)]^T$$

则 $\Delta>0$,并且

$$[[\omega_1^0 - \Delta, \omega_2^0, \cdots, \omega_m^0], \mu^0, \mu_0^0]$$

为(P^S)的可行解,但是却有

$$\begin{aligned}&[\omega_1^0 - \Delta, \omega_2^0, \cdots, \omega_m^0] X(\tau_0) + \delta_1 \mu_0^0\\ &= -\Delta x_1(\tau_0) + \omega^{0T} X(\tau_0) + \delta_1 \mu_0^0\\ &< \omega^{0T} X(\tau_0) + \delta_1 \mu_0^0\end{aligned}$$

此与$[\omega^0, \mu^0, \mu_0^0]$为$(P^S)$的最优解相矛盾;

(ii) $\omega^0=0$.由

$$V_{P^S} = \omega^{0T} X(\tau_0) + \delta_1 \mu_0^0 > 1 ,$$

此时必有

$$\delta_1 \mu_0^0 > 1 .$$

即有 $\delta_1=1, \mu_0^0>0$.令

$$\Delta = \min\{ \mu_0^0, \min_{\tau\in C}[\omega^{0T} X(\tau) - \mu^{0T} Y(\tau) + \delta_1 \mu_0^0]\} ,$$

则 Δ 满足

$$\mu_0^0 \geqq \Delta > 0 .$$

并且由

$$\delta_1 \delta_2 (-1)^{\delta_3} \mu_0^0 \geqq 0 ,$$

知[由 $\delta_1=1, \mu_0^0>0$]

$$\delta_1 \delta_2 (-1)^{\delta_3} \geqq 0 ,$$

因此

$$\delta_1 \delta_2 (-1)^{\delta_3} [\mu_0^0 - \Delta] \geqq 0 ,$$

并且

$$[\omega^0, \mu^0, \mu_0^0 - \Delta]$$

为$[P^S]$的可行解,但是却有

$$\begin{aligned}&\omega^{0T} X[\tau_0] + \delta_1 [\mu_0^0 - \Delta]\\ &= \omega^{0T} X(\tau) + \delta_1 \mu_0^0 - \delta_1 \Delta\\ &< \omega^{0T} X(\tau) + \delta_1 \mu_0^0\end{aligned}$$

此与$[\omega^0, \mu^0, \mu_0^0]$为$[P^S]$的最优解相予盾.

由(i),(ii),必存在 $\tau^* \in C$,有

$$\omega^{0T} X(\tau^*) - \mu^{0T} Y(\tau^*) + \delta_1 \mu_0^0 = 0$$

证毕.

由引理 7.2.2,当 C 为有界闭集时,可证必存在决策单元"τ^*",它为弱 DEA 有效;由引理 7.2.2 可得到下面定理.

定理 7.2.1 设 $X(\tau), Y(\tau), \tau \in C$ 为连续的向量函数,C 为有界闭集,则 (P^S)的最优值 $V_{P^S}=1$(即决策单元"τ_0"弱 DEA 有效)的充分必要条件是:$X(\tau_0)$,$Y(\tau_0)$为下面线性加权和问题的最优解

$$\min_{(X,Y)\in T_S} [\omega^{0T} X - \mu^{0T} Y],$$

其中$[\omega^0, \mu^0, \mu_0^0]$为$[P^S]$的最优解.

证 必要性由引理 7.2.1 得出;现在证明充分性.若$[\omega^0, \mu^0, \mu_0^0]$为$[P^S]$的最优解,但最优值

$$V_{P^S} = \omega^{0T} X(\tau_0) + \delta_1 \mu_0^0 > 1 .$$

则有

$$\omega^{0T} X(\tau_0) - \mu^{0T} Y(\tau_0) + \delta_1 \mu_0^0 > 0.$$

由引理 7.2.2,知存在 $\tau^* \in C$,有

$$\omega^{0T} X(\tau^*) - \mu^0 Y(\tau^*) + \delta_1 \mu_0^0 = 0 ,$$

故

$$\omega^{0T} X(\tau_0) - \mu^{0T} Y(\tau_0) > \omega^{0T} X(\tau^*) - \mu^{0T} Y(\tau^*) ,$$

注意$(X(\tau^*), Y(\tau^*)) \in T_S$,上式与 $X(\tau_0)$, $Y(\tau_0)$为线性加权和问题的最优解矛盾.充分性得证.证毕.

定理 7.2.2 设 $X(\tau), Y(\tau), \tau \in C$ 为连续的向量函数,C 为有界闭集.并且$(\omega^0, \mu^0, \mu_0^0)$为$(P^S)$的最优解,并且最优值

$$V_{P^S} = \omega^{0T} X(\tau_0) + \delta_1 \mu_0^0 = 1 ,$$

则

(i) $X(\tau_0)$, $Y(\tau_0)$为多目标规划(VP)的弱 Pareto 解;

(ii) 若 $\omega^0>0, \mu^0>0$,则 $X(\tau_0)$, $Y(\tau_0)$为多目标规划(VP)的 Pareto 解.

证 由定理 7.2.1 $X(\tau_0)$, $Y(\tau_0)$为下面线性加权和问题的最优解

$$\min_{(X,Y)\in T_S} [\omega^{0T} X - \mu^{0T} Y] .$$

结论(i)由定理 2.3.1 的结论(ii)得到;结论(i)由定理 2.3.1 的结论(i)得到.证毕.

为了证明:当 $X(\tau_0)$, $Y(\tau_0)$为多目标规划(VP)的 Pareto 解,决策单元"τ_0"为 DEA 有效,需要用到下面一对半无限规划对偶

$$
(P^S)\begin{cases}\min\left(\omega^{\mathrm T}X(\tau_0)-\mu^{\mathrm T}Y(\tau_0)+\delta_1\mu_0\right),\\ \omega^{\mathrm T}X(\tau)-\mu^{\mathrm T}Y(\tau)+\delta_1\mu_0\geqq 0,\ \forall\,\tau\in C,\\ \omega^{\mathrm T}\geqq\hat{e}^{\mathrm T},\\ \mu^{\mathrm T}\geqq e^{\mathrm T},\\ \delta_1\delta_2(-1)^{\delta_3}\mu_0\geqq 0\end{cases}
$$

和

$$
(D^S)\begin{cases}\max\left(\hat{e}^{\mathrm T}S^{+}+e^{\mathrm T}S^{-}\right),\\ \sum\limits_{\tau\in C}X(\tau)\lambda(\tau)+S^{+}=X(\tau_0),\\ \sum\limits_{\tau\in C}Y(\tau)\lambda(\tau)-S^{-}=Y(\tau_0),\\ \delta_1\left(\sum\limits_{\tau\in C}\lambda(\tau)+\delta_2(-1)^{\delta_3}\lambda_0\right)=\delta_1,\\ \lambda(\tau)\geqq 0,\ \forall\,\tau\in C,\lambda_0\geqq 0,\\ S^{+}\geqq 0,S^{-}\geqq 0,\end{cases}
$$

其中

$$
\hat{e}=(1,1,\cdots,1)^{\mathrm T}\in E^m,\quad e=(1,1,\cdots,1)^{\mathrm T}\in E^S.
$$

在某些条件下，对于(P^S)和(D^S)，对偶定理成立.

定理 7.2.3 设 $X(\tau)$，$Y(\tau)$，$\tau\in C$ 为连续的向量函数，C 为有界闭集，并且半无限规划(P^S)，(D^S)的对偶定理成立.若 $X(\tau_0)$，$Y(\tau_0)$为多目标规划的 Pareto 解，则决策单元“τ_0”为 DEA 有效.

证 由

$$
\left(\sum_{\tau\in C}X(\tau)\lambda(\tau),\sum_{\tau\in C}Y(\tau)\lambda(\tau)\right)\in T_S
$$

其中

$$
\delta_1\left(\sum_{\tau\in C}\lambda(\tau)+\delta_2(-1)^{\delta_3}\lambda_0\right)=\delta_1,
$$
$$
\lambda(\tau)\geqq 0,\ \forall\,\tau\in C,\lambda_0\geqq 0.
$$

若 $X(\tau_0)$，$Y(\tau_0)$为多目标规划(VP)的 Pareto 解，则下面不等式组没解

$$
(\mathrm{I})\begin{cases}\begin{pmatrix}\sum\limits_{\tau\in C}X(\tau)\lambda(\tau)\\ -\sum\limits_{\tau\in C}Y(\tau)\lambda(\tau)\end{pmatrix}\leqq\begin{pmatrix}X(\tau_0)\\ -Y(\tau_0)\end{pmatrix},\\ \delta_1\left(\sum\limits_{\tau\in C}\lambda(\tau)+\delta_2(-1)^{\delta_3}\lambda_0\right)=\delta_1,\\ \lambda(\tau)\geqq 0,\ \forall\,\tau\in C,\lambda_0\geqq 0.\end{cases}
$$

考虑一对半无限规划对偶〔P^S〕和〔D^S〕

$$
(P^S)\begin{cases}\min\left(\omega^{\mathrm T}X(\tau_0)-\mu^{\mathrm T}Y(\tau_0)+\delta_1\mu_0\right),\\ \omega^{\mathrm T}X(\tau)-\mu^{\mathrm T}Y(\tau)+\delta_1\mu_0\geqq 0,\ \forall\,\tau\in C,\\ \omega\geqq\hat e,\ \mu\geqq e,\\ \delta_1\delta_2(-1)^{\delta_3}\mu_0\geqq 0.\end{cases}
$$

和

$$
(D^S)\begin{cases}\max\left(\hat e^{\mathrm T}S^{+}+e^{\mathrm T}S^{-}\right),\\ \sum\limits_{\tau\in C}X(\tau)\lambda(\tau)+S^{+}=X(\tau_0),\\ \sum\limits_{\tau\in C}Y(\tau)\lambda(\tau)-S^{+}=Y(\tau_0),\\ \delta_1\left[\sum\limits_{\tau\in C}\lambda(\tau)+\delta_2(-1)^{\delta_3}\lambda_0\right]=\delta_1,\\ \lambda(\tau)\geqq 0,\ \forall\,\tau\in C,\ \lambda_0\geqq 0,\\ S^{+}\geqq 0,\ S^{-}\geqq 0.\end{cases}
$$

由不等式组（I）无解，故〔D^S〕的最优值为 0，因此〔P^S〕的最优值也为 0.设〔$\bar\omega,\bar\mu,\bar\mu_0$〕为〔$P^S$〕的最优解，则有

$$
\begin{aligned}
&\bar\omega^{\mathrm T}X(\tau)-\bar\mu^{\mathrm T}Y(\tau)+\delta_1\bar\mu_0\geqq 0,\ \forall\,\tau\in C,\\
&\bar\omega\geqq\hat e,\\
&\bar\mu\geqq e,\\
&\delta_1\delta_2(-1)^{\delta_3}\bar\mu_0\geqq 0,\\
&\bar\omega^{\mathrm T}X(\tau_0)-\bar\mu^{\mathrm T}Y(\tau_0)+\delta_1\bar\mu_0=0
\end{aligned}
$$

令

$$
\omega^0=\frac{\bar\omega}{\bar\mu^{\mathrm T}Y(\tau_0)},\quad
\mu^0=\frac{\bar\mu}{\bar\mu^{\mathrm T}Y(\tau_0)},\quad
\mu_0^0=\frac{\bar\mu_0}{\bar\mu^{\mathrm T}Y(\tau_0)}.
$$

则 ω^0,μ^0,μ_0^0 满足

$$
\begin{aligned}
&\omega^{0\mathrm T}X(\tau)-\mu^{0\mathrm T}Y(\tau)+\delta_1\mu_0^0\geqq 0,\ \forall\,\tau\in C,\\
&\mu^{0\mathrm T}Y(\tau_0)=1,\\
&\omega^0>0,\ \mu^0>0,\\
&\delta_1\delta_2(-1)^{\delta_3}\mu_0^0\geqq 0.
\end{aligned}
$$

并且

$$\omega^{0T}X(\tau_0)+\delta_1\mu_0^0=\mu^{0T}Y(\tau_0)=1$$

由于(P^S)的目标函数

$$\omega^T X(\tau_0)+\delta_1\mu_0\geqq 1 .$$

因此,ω^0,μ^0,μ_0^0为(P^S)的最优解,并且

$$V_{P^S}=\omega^{0T}X(\tau_0)+\delta_1\mu_0^0=1 ,$$

$$\omega^0>0,\mu^0>0 .$$

因此决策单元"τ_0"为DEA有效.证毕.

定义 7.2.1　考虑生产可能集

$$T=\left\{(X,Y)\left|\begin{array}{l}\sum\limits_{\tau\in C}X(\tau)\lambda(\tau)\leqq X ,\sum\limits_{\tau\in C}Y(\tau)\lambda(\tau)\geqq Y ,\\ \delta_1\left(\sum\limits_{\tau\in C}\lambda(\tau)+\delta_2(-1)^{\delta_3}\lambda_0\right)=\delta_1,\\ \lambda(\tau)\geqq 0,\forall\tau\in C,\lambda_0\geqq 0\end{array}\right.\right\}$$

和多目标规划

$$(VP)\begin{cases}V-\min(X,-Y),\\ (X,Y)\in T .\end{cases}$$

称(VP)的所有Pareto解全体构成的集合为生产可能集T的生产前沿.

我们将在下一节研究生产函数的曲面与生产可能集T的生产前沿之间的关系.

第三节　DEA的生产前沿面与生产函数曲面

设$Y=f(X)$为具有一阶偏系数的生产函数,其中

$$X=(x_1,x_2,\cdots,x_m)^T\in E_+^m=\left\{X\in E^m\,\middle|\,X\geqq 0\right\},$$

$$Y\in E_+^1=\left\{Y\in E^1\,\middle|\,Y\geqq 0\right\}.$$

而且满足

(a) $f_x(X)=\left(\dfrac{\partial f(X)}{\partial x_1},\dfrac{\partial f(X)}{\partial x_2},\cdots,\dfrac{\partial f(X)}{\partial x_m}\right)>0$;

(b) $f(X)$为凹函数;

(c) $f(X)$为r阶齐次函数,即$(k\geqq 0)$

$$f(kX)=k^r f(X);$$

(d) $r\leqq 1$,即规模收益为不变或递减.

此时生产函数$f(X)$的下图

$$P(f)=\left\{(X,Y)\,\middle|\,f(X)\geqq Y,X\in E_+^m\right\}$$

为闭凸集(见图 7.3.1).

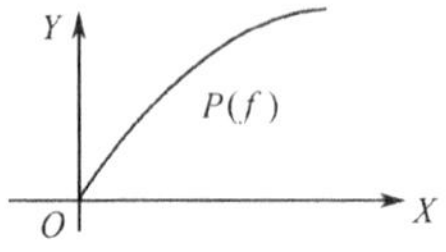

图 7.3.1

表 7.3.1

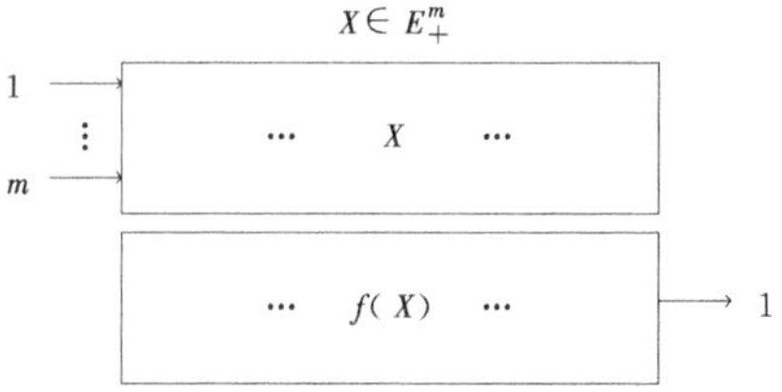

现在考虑由表 7.3.1 给出的输入、输出数据.

考虑具有无穷多个决策单元的 DEA 模型 BC^2(即在第一节中的综合 DEA 模型取 $\delta_1=1,\delta_2=0$),有(判定决策单元“X_0”$\in E_+^m$ 的 DEA 有效性的模型)

$$
(\hat{P}^S)\begin{cases}\min\left(\omega^{\mathrm{T}}X_0+\mu_0\right)=V_{P^S},\\ \omega^{\mathrm{T}}X-\mu\cdot f(X)+\mu_0\geqq 0,\forall X\in E_+^m,\\ \mu^{\mathrm{T}}Y_0=1,\\ \omega\geqq 0,\mu\geqq 0,\mu_0\in E^1;\end{cases}
$$

$$
(\hat{D}^S)\begin{cases}\max\ z,\\ \sum\limits_{X\in E_+^m}X\cdot\lambda(X)\leqq X_0,\\ \sum\limits_{X\in E_+^m}f(X)\cdot\lambda(X)\geqq zY_0,\\ \sum\limits_{X\in E_+^m}\lambda(X)=1,\\ \lambda(X)\geqq 0,\forall X\in E_+^m.\end{cases}
$$

此时,生产可能集为

$$
T_f=\Big\{(\hat{X},\hat{Y})\,\Big|\sum_{X\in E_+^m}X\cdot\lambda(X)\leqq\hat{X},\sum_{X\in E_+^m}f(X)\cdot\lambda(X)\geqq\hat{Y},
$$

$$
\sum_{X\in E_+^m}\lambda(X)=1,\lambda(X)\geqq 0,\forall X\in E_+^m\Big\}.
$$

定理 7.3.1　生产函数 $f(X)$的下图 $P(f)$和生产可能集 T_f 均为凸集,并且有

$$
T_f=P(f)=\left\{(X,Y)\,\middle|\,f(X)\geqq Y,X\in E_+^m\right\}.
$$

证　设$(X_0,Y_0)\in P(f)$,即

$$f(X_0) \geqq Y_0, X_0 \in E_+^m, Y_0 \in E_+^1.$$

在 T_f 中,取

$$X = X_0, \lambda(X_0) = 1, \lambda(X) = 0, \forall X \in E_+^m \setminus \{X_0\},$$

则 $(X_0, Y_0) \in T_f$,即 $P(f) \subset T_f$.

另一方面,设 $(\bar{X}, \bar{Y}) \in T_f$,故有

$$\sum_{x \in E_+^m} X \cdot \bar{\lambda}(X) \leqq \bar{X},$$

$$\sum_{x \in E_+^m} f(X) \cdot \bar{\lambda}(X) \geqq \bar{Y},$$

其中 $\bar{\lambda} = (\bar{\lambda}(\tau): \tau \in C) \in S$, S 为广义有限序列空间,并有

$$\sum_{X \in E_+^m} \bar{\lambda}(X) = 1,$$

$$\bar{\lambda}(X) \geqq 0, \forall X \in E^m.$$

因为 $\lambda = (\lambda(X): \in E_+^m)$ 中只有有限多个 $\bar{\lambda}(X)$不为 0,以及

$$\sum_{X \in E_+^m} \bar{\lambda}(X) = 1$$

注意 $f(X)$为单调非降的凹函数,有

$$\begin{aligned} f(\bar{X}) &\geqq f\left(\sum_{X \in E_+^m} X \cdot \bar{\lambda}(X)\right) \\ &\geqq \sum_{X \in E_+^m} f(X) \cdot \bar{\lambda}(X) \\ &\geqq \bar{Y}. \end{aligned}$$

因此 $(\bar{X}, \bar{Y}) \in P(f)$,即

$$T_f \subset P(f).$$

最后得到

$$T_f = P(f).$$

由 $f(X)$为凹函数,故 $P(f)$为凸集,因而 T_f 也为凸集.证毕.

引理 7.3.1　生产可能集 T_f 过点 $(X_0, f(X_0))$ 的支撑超平面为

$$\bar{\omega}^{\mathrm{T}} X - \bar{\mu} \cdot Y + \bar{\mu}_0 = 0,$$

其中

$$\bar{\omega} = f_x(X_0)^{\mathrm{T}} > 0, \bar{\mu} = 1, \bar{\mu}_0 = (1 - r) f(X_0).$$

证　由定理 7.3.1, $T_f = P(f)$. 对 $\forall (X, Y) \in P(f)$,由 $f(x)$为凹函数,有

$$f(X) \leqq f(X_0) + f_x(X_0)(X - X_0),$$

即(由 Euler 定理 2.2.1, $f_x(X_0) X_0 = r f(X_0)$)

$$f_x(X_0)X - f(X) \geqq f_x(X_0)X_0 - f(X_0)$$
$$= rf(X_0) - f(X_0)$$
$$= (r-1)f(X_0).$$

令

$$\bar{\omega} = f_x(X_0)^{\mathrm{T}}, \bar{\mu} = 1, \bar{\mu}_0 = (1-r)f(X_0),$$

有

$$\bar{\omega}^{\mathrm{T}} X - \bar{\mu} \cdot f(X) + \bar{\mu}_0 \geqq 0.$$

又由$(X, Y) \in T_f = P(f)$,故

$$f(X) \geqq Y,$$

于是对$\forall (X, Y) \in T_f$有〔因 $\bar{\mu}=1>0$〕

$$\bar{\omega}^{\mathrm{T}} X - \bar{\mu} \cdot Y + \bar{\mu}_0 \geqq 0,$$

并且

$$\bar{\omega}^{\mathrm{T}} X_0 - \bar{\mu} f(X_0) + \bar{\mu}_0$$
$$= f_x(X_0)X_0 - f(X_0) + (1-r)f(X_0)$$
$$= f_x(X_0)X_0 - rf(X_0)$$
$$= 0.$$

因此 $\bar{\omega}^{\mathrm{T}} X - \bar{\mu}^{\mathrm{T}} Y + \bar{\mu}_0 = 0$ 为 T_f 的支撑超平面.证毕.

由引理 7.3.1 知,当 $r=1$ 时(即 $f(X)$为规模收益不变),生产可能集 T_f 的过点〔$X_0, f(X_0)$〕的支撑超平面通过原点.实际上,由

$$\bar{\mu}_0 = (1-r)f(X_0) = 0,$$

知支撑超平面为

$$\bar{\omega}^{\mathrm{T}} X - \bar{\mu} Y = 0.$$

引理 7.3.2 设 $X_0 \in E_+^m$,令

$$\bar{\omega} = f_x(X_0)^{\mathrm{T}}, \bar{\mu} = 1, \bar{\mu}_0 = (1-r)f(X_0),$$

则对$\forall X \in E_+^m$均有

$$\bar{\omega}^{\mathrm{T}} X - \bar{\mu} f(X) + \bar{\mu}_0 \geqq 0 = \bar{\omega}^{\mathrm{T}} X_0 - \bar{\mu} f(X_0) + \bar{\mu}_0$$

特别当 $r=1$,有

$$\bar{\omega}^{\mathrm{T}} X - \bar{\mu} f(X) \geqq 0 = \bar{\omega}^{\mathrm{T}} X_0 - \bar{\mu} f(X_0)$$

证 这由引理 7.3.1 得到.证毕.

定理 7.3.2 对$\forall X_0 \in E_+^m$,令 $Y_0 = f(X_0)$,则决策单元“x_0”为 DEA 有效,即〔$\hat{P}^S$〕存在最优解〔ω^0, μ^0, μ_0^0〕,有

$$\omega^0 > 0, \mu^0 > 0$$

并且最优值

$$V_{\hat{P}^S} = \omega^{0T} X_0 + \mu_0^0 = 1.$$

证　由引理 7.3.2,令

$$\bar{\omega} = f_x(X_0)^T, \bar{\mu} = 1, \bar{\mu}_0 = (1 - r) f(X_0),$$

则 $\bar{\omega}>0, \bar{\mu}>0$,并且对 $\forall X \in E_+^m$ 有

$$\bar{\omega}^T X - \bar{\mu}^T f(X) + \bar{\mu}_0 \geqq 0 = \bar{\omega}^T X_0 - \bar{\mu} f(X_0) + \bar{\mu}_0.$$

令

$$\omega^0 = \frac{\bar{\omega}}{\bar{\mu} f(X_0)}, \mu^0 = \frac{\bar{\mu}}{\bar{\mu} f(X_0)}, \mu_0^0 = \frac{\bar{\mu}_0}{\bar{\mu} f(X_0)},$$

则 $\omega^0>0, \mu^0>0$,并且有

$$\omega^{0T} X - \mu^0 f(X) + \mu_0^0 \geqq 0, \forall X \in E_+^m,$$
$$\mu^{0T} f(X_0) = 1,$$

目标函数

$$\omega^{0T} X_0 + \mu_0^0 = 1,$$

由 DEA 有效性的定义,知决策单元"x_0"为 DEA 有效.证毕.

定理 7.3.3　设 ω^0, μ^0, μ_0^0 为($\hat{P}^S$)的最优解,其中

$$\omega^0 = \frac{\bar{\omega}}{\bar{\mu} f(X_0)}, \mu^0 = \frac{\bar{\mu}}{\bar{\mu} f(X_0)}, \mu_0^0 = \frac{\bar{\mu}_0}{\bar{\mu} f(X_0)},$$

而

$$\bar{\omega} = f_x(X_0)^T, \bar{\mu} = 1, \bar{\mu}_0 = (1 - r) f(X_0).$$

则

(i) 生产方式$(X_0, f(X_0))$处于规模收益不变的充分必要条件是 $\mu_0^0=0$;

(ii) 生产方式$(X_0, f(X_0))$处于规模收益递减的充分必要条件是 $\mu_0^0>0$.

证　由于 $f(X)$为 r 阶齐次函数,而

$$\mu_0^0 = \frac{(1 - r) f(X_0)}{\bar{\mu} f(X_0)} = 1 - r\ .$$

故 $\mu_0^0=0$ 的充分必要条件是 $r=1$,即为规模收益不变的,(i)得证;$\mu_0^0>0$ 的充分必要条件是 $r<1$,即为规模收益递减的.证毕.

我们注意到,当使用 BC^2 模型判别具有有限多个决策单元的规模收益状况时,也是利用 μ_0^0 的符号来判别,即由定理 5.4.1 给出.那里的结果与本节给出的定理 7.3.3 是一致的.需要指出的是,定理 5.4.1 中要求决策单元 j_0(对应的输入、输出为(X_0, Y_0))在输出 DEA 模型下为弱 DEA 有效(BC^2);而定理 7.3.3 研究的决策单元 X_0 所对应的输入、输出为$(X_0, f(X_0))$,实际上,它是在具有无穷多个决策单元的 DEA 模型 BC^2 下为(弱)DEA 有效的(见以下定理 7.3.4).

定理 7.3.4　设$(X_0, Y_0) \in T_f$,则(X_0, Y_0)对应的决策单元为 DEA 有效的

充分必要条件是 $Y_0=f(X_0)$，其中评价 (X_0,Y_0) 的 DEA 模型为

$$
(P^S)\begin{cases}\min(\omega^{\mathrm T}X_0+\mu_0),\\ \omega^{\mathrm T}X-\mu^{\mathrm T}f(X)+\mu_0\geqq 0,\ \forall\, X\in E_+^m,\\ \omega^{\mathrm T}X_0-\mu^{\mathrm T}Y_0+\mu_0\geqq 0,\\ \mu^{\mathrm T}y_0=1,\\ \omega\geqq 0,\ \mu\geqq 0,\ \mu_0\in E^1,\end{cases}
$$

其对偶为

$$
(D^S)\begin{cases}\max\ z,\\ \sum\limits_{X\in E_+}X\cdot\lambda(X)+X_0\cdot\lambda_0\leqq X_0,\\ \sum\limits_{X\in E_+}f(X)\cdot\lambda(X)+Y_0\lambda_0\geqq zY_0,\\ \sum\limits_{X\in E_+^n}\lambda(X)+\lambda_0=1,\\ \lambda(X)\geqq 0,\ \forall\, X\in E_+^m,\ \lambda_0\geqq 0.\end{cases}
$$

证　由于 $(X_0,Y_0)\in T_f=P(f)$，因此 (P^S) 等价于

$$
\begin{cases}\max\ z,\\ (X_0,zY_0)\in P(f)=\{(X,Y)\mid f(X)\geqq Y,X\in E_+^m\},\end{cases}
$$

即

$$
\begin{cases}\max\ z,\\ f(X_0)\geqq zY_0.\end{cases}
$$

由此可知，上述规划的最优值为 1 的充分必要条件是 $Y_0=f(X_0)$；由定理 7.3.2，$(X_0,f(X_0))$ 对应的决策单元为 DEA 有效.证毕.

具有无穷多个决策单元的 DEA 模型 $(\hat D^S)$ 可以改写成如下的形式(由 $T_f=P(f)$)

$$
\begin{cases}\max\ z,\\ (X_0,zf(X_0))\in T_f\end{cases}
$$

也即

$$
(\hat D^S)\begin{cases}\max\ z\\ f(X_0)\geqq zf(X_0)\end{cases}
$$

可知 $(X_0,f(X_0))$ 为 DEA 有效；在定理 7.3.2 中使用 DEA 模型 $(\hat P^S)$，不但证明了决策单元“X_0”的 DEA 有效性，而且给出 $(\hat P^S)$ 的最优解形式(表示式)，即

$$\omega^0 = \frac{\bar{\omega}}{\bar{\mu}^{\mathrm{T}} f(X_0)} = \frac{f_x(X_0)^{\mathrm{T}}}{f(X_0)} > 0,$$

$$\mu^0 = \frac{\bar{\mu}}{\bar{\mu} f(X_0)} = \frac{1}{f(X_0)} > 0,$$

$$\mu_0^0 = \frac{\bar{\mu}_0}{\bar{\mu} f(X_0)} = 1 - r.$$

由定理 7.2.1,知$[X_0, f(X_0)]$为下面线性加权和问题的最优解(因为决策单元 X_0 为 DEA 有效)

$$\min_{(X,Y)\in T_f}[\omega^{0\mathrm{T}} X - \mu^0 Y].$$

它等价于

$$\min_{(X,Y)\in T_f}[\omega^{0\mathrm{T}} X - \mu^0 Y + \mu_0^0] = \omega^{0\mathrm{T}} X_0 - \mu^0 f(X_0) + \mu_0^0 = 0.$$

由此可对$[\hat{P}^S]$给出经济解释．设

ω_i=第 i 项输入的投入报酬率(或生产要素获得的报酬率),$i=1,\cdots,m$;

μ=产出报酬率;

μ_0=与生产规模收益相关的生产风险弥补．

(这里,由 $\mu_0^0=1-r$,当 $r=1$ 时,生产处于规模收益不变状态,这是一种理想的生产规模,风险弥补 $\mu_0^0=0$;当 $r<1$ 时,生产处于规模收益递减状态,风险弥补 $\mu_0^0>0$,此时投入产生“风险”.

$\omega^{\mathrm{T}} X$=要素拥有者的总报酬(投入总报酬);

$\mu f(X)$=厂商(生产者)的产出报酬;

$\mu f(X)-\mu_0$=去掉“风险”可能带来的损失之后,厂商所获得的最终产出报酬.

此时

$$\begin{aligned} &\omega^{\mathrm{T}} X - \mu f(X) + \mu_0 \\ &= \omega^{\mathrm{T}} X - [\mu f(X) - \mu_0]. \end{aligned}$$

=要素拥有者与厂商最终产出报酬之差．

在完全竞争的市场形态下,如果把要素及产品市场看成一个整体,要素拥有者将原料 X 转让给厂商生产,要素拥有者获得报酬为 $\omega^{\mathrm{T}} X$,生产厂商获得报酬(除去“风险”损失后的最终产出报酬)为 $\mu f(X)-\mu_0$.无论要素拥有者还是生产者(厂商)都希望获得较多的报酬,至少不少于对方得到的报酬.分三种情况:

(i) $\omega^{\mathrm{T}} X-(\mu f(X)-\mu_0)>0$. 此时要素拥有者能够获得比生产者更多的报酬.要素拥有者愿意提供原料,生产能够进行;但是,生产者获得的报酬较少,生产

处于不好状态,不是有效的(这种情况表明生产者处于预期亏损状态);

(ii) $\omega^{T}X-(\mu f(X)-\mu_0)=0$. 此时要素拥有者与生产者获得了同样多的报酬.要素拥有者愿意提供原料,生产能够进行;生产者获得了最大的报酬,这样的生产是好的,是有效的.

(iii) $\omega^{T}X-(\mu f(X)-\mu_0)<0$. 此时要素拥有者所获得的报酬比生产者的报酬小.由完全竞争市场下生产者的自由准入性,因此,要素拥有者不愿意把原料转让给生产者,生产者尽管很愿意生产,却得不到原料供应,生产不能进行(因为在完全竞争市场中,不可能存在长期超额利润).因此,总有

$$\begin{aligned}&\omega^{T}X-\mu f(X)+\mu_0\\=&\omega^{T}X-(\mu f(X)-\mu_0)\\\geqq&0.\end{aligned}$$

此外,我们把要素供应方,以及厂商(要素需求方)作为产品供应方来看,若两者都处在完全竞争市场中,在这种假设下,总不会有

$$\omega^{T}X-(\mu f(X)-\mu_0)<0.$$

因为若有某投入报酬率 ω 和某产出报酬率 μ,有

$$\omega^{T}X<\mu f(X)-\mu_0,$$

从产品供应市场看,会有很多厂商进入,要素的需求量会增加,要素价格会上涨(投入报酬率会增大),即 $\omega^{T}X$ 将增大;与此同时,由于产品数量的增多,产品价格会下降(产出报酬率减小),即有(原料价格上涨 $\Delta\omega>0$,产品价格下降 $\Delta\mu>0$)

$$\begin{aligned}&(\omega+\Delta\omega)^{T}X-[(\mu-\Delta\mu)f(X)-\mu_0]\\=&[\omega^{T}X-(\mu f(X)-\mu_0)]+(\Delta\omega)^{T}X+(\Delta\mu)f(X)\\>&\omega^{T}X-[\mu f(X)-\mu_0].\end{aligned}$$

因此,投入报酬率 ω 和产出报酬率 μ 及"风险"弥补 μ_0,总有

$$\omega^{T}X-\mu^{T}f(X)+\mu_0\geqq 0,\quad \forall X\in E_{+}^{m}.$$

由定理 7.3.4 输入、输出为 $(X_0,f(X_0))$ 的决策单元都是 DEA 有效的,并且 (P^{S}) 的最优解为

$$\omega^{0}=\frac{f_x(X_0)^{T}}{f(X_0)},\quad \mu^{0}=\frac{1}{f(X_0)},\quad \mu_0^{0}=1-r.$$

(可见,生产要素的投入报酬率 ω^0 与生产要素的边际产出 $f_x(X_0)$成正比)并有

$$\omega^{0T}X_0-\mu^{0}f(X_0)+\mu_0^{0}=0$$

$$\omega^{0T}X-\mu^{0}Y+\mu_0^{0}\geqq 0,\forall(X,Y)\in T_f.$$

因此,曲面

$$\omega^{0T}X-\mu^{0}Y+\mu_0^{0}=0$$

为生产可能集 T_f 在点$[X_0, f(X_0)]$处的支撑超平面.有如下的经济解释:

第 i 项要素投入的边际产出为

$$\frac{\omega_i^0}{\mu^0}, \quad 1 \leqq i \leqq m;$$

第 i 项要素投入与第 j 项生产投入的边际替代率为

$$\varepsilon_{ij} = \frac{\omega_i^0}{\omega_j^0}, \quad 1 \leqq i < j \leqq m;$$

第 i 项要素投入对产出的边际贡献率为

$$\frac{\mu^0}{\omega_i^0}, \quad 1 \leqq i \leqq m;$$

第 i 项要素投入的弹性为

$$\Delta_i = \frac{\omega_i^0}{\mu^0} \cdot \frac{x_{i0}}{y_0} = \omega_i^0 x_{i0}, \quad 1 \leqq i \leqq m,$$

其中 x_{i0}为 X_0 的第 i 个分量,即

$$X_0 = [x_{10}, \cdots, x_{i0}, \cdots, x_{m0}]^{\mathrm{T}}.$$

第四节　生产可能集和生产前沿面的逼近

我们仍以生产函数 $Y = f(X)$为例(生产函数 $f(X)$满足第三节中的性质(a)～(d).生产可能集 T_f 为

$$T_f = \left\{ [\hat{X}, \hat{Y}] \,\middle|\, \sum_{X \in E_+^m} X \cdot \lambda(X) \leqq \hat{X}, \sum_{X \in E_+^m} f(X) \cdot \lambda(X) \geqq \hat{Y}, \right.$$
$$\left. \sum_{X \in E_+^m} \lambda(X) = 1, \lambda(X) \geqq 0, \forall X \in E_+^m \right\}.$$

生产函数的下图为

$$P(f) = \{ (X, Y) \mid f(X) \geqq Y, X \in E_+^m \}.$$

由定理 7.3.1,有

$$T_f = P(f) = \{ (X, Y) \mid f(X) \geqq Y, X \in E_+^m \}.$$

即生产可能集 T_f 就是生产函数的下图;由定理 7.3.4,设$[X_0, Y_0] \in T_f$,$[X_0, Y_0]$对应的决策单元在无穷多个决策单元的 DEA 模型下为 DEA 有效的充分必要条件是 $Y_0 = f(X_0)$,也即 DEA 有效的点位在生产函数 $Y = f(X)$的曲面上,而且生产函数曲面上的点都是 DEA 有效的.

如果我们取有限多个决策单元(例如 n 个决策单元)的输入、输出数据,这些数据,可以通过抽样得到,也可以是历史上获得的,由表 7.4.1 给出 .

表 7.4.1

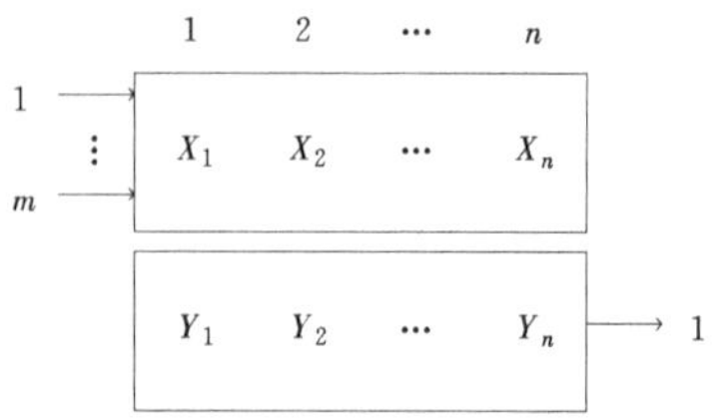

现在仍使用 DEA 模型 BC^2(有效多个 DMU)

$$
(P_{BC^2}^0)\begin{cases}\min(\omega^T X_0+\mu_0)\\ \omega^T X_j-\mu^T Y_j+\mu_0\geqq 0, j=1,\cdots,n\\ \mu^T Y_0=1,\\ \omega\geqq 0,\mu\geqq 0,\mu_0\in E^1\end{cases}
$$

和

$$
(D_{BC^2}^0)\begin{cases}\max\ z,\\ \sum_{j=1}^{n} X_j\lambda_j\leqq X_0,\\ \sum_{j=1}^{n} Y_j\lambda_j\geqq z\,Y_0,\\ \sum_{j=1}^{n}\lambda_j=1,\\ \lambda_j\geqq 0, j=1,\cdots,n.\end{cases}
$$

此时生产可能集为

$$
T_{BC^2}=\left\{(X,Y)\,\middle|\,\sum_{j=1}^{n} X_j\lambda_j\leqq X,\sum_{j=1}^{n} Y_j\lambda_j\geqq Y,\sum_{j=1}^{n}\lambda_j=1,\lambda_j\geqq 0,j=1,\cdots,n\right\}.
$$

由图 7.4.1 可以看出:由有限多个决策单元得到的生产可能集 T_{BC^2}是对生产

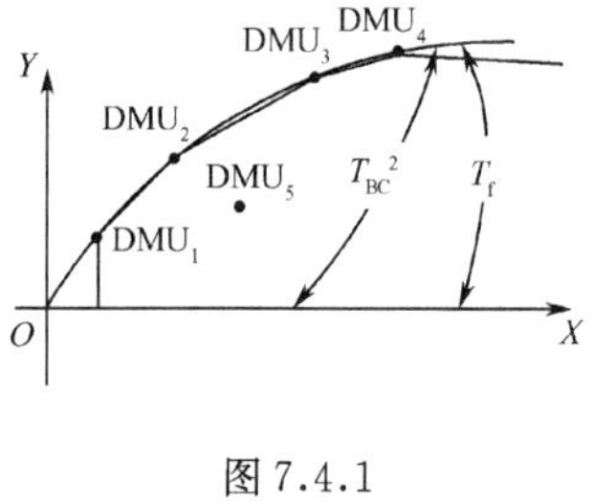

图 7.4.1

函数 $f(X)$的下图 $P(f)$(也即生产可能集 T_f)的一种逼近;DEA 的生产可能集 T_{BC^2}的生产前沿面是对生产函数 $Y=f(X)$曲面的一种逼近,这种逼近可以看做是用分段($m\geqq 2$ 时,是分“片”)的线性函数对生产函数 $Y=f(X)$曲线($m\geqq 2$ 时,是曲面)的逼近(见第四章).

以具有无穷多个决策单元的 DEA 模型及相关理论为基础,利用 DEA 模型可评估部门和企业的技术进步速度,各企业的技术进步相对超前和滞后年限(见第八章);也可直接利用输入、输出数据建立非参数的微观经济模型(见第九章).

第八章　DEA 方法与技术进步评估

经济学家普遍认为，经济增长是多种因素作用的结果.除了生产要素的投入之外(例如资本、劳力等)，技术进步也同样起着重要作用.技术进步的作用表现在：即使在生产要素投入量不变的条件下，由于技术进步的原因，经济也会得到增长．在经济增长理论中，对于技术进步、以及由此产生的生产率的提高在经济增长中所起的作用的研究，一直被人们关注，1987 年，瑞典皇家学院在宣布授予当年度诺贝尔经济学奖获奖人 R. M. 索洛(Solow)的大会上，评价索洛对经济学的主要贡献是“创立了一种论述经济增长背后的因素的理论结构”，利用索洛的理论，人们可以衡量各种生产要素对经济增长所做出的贡献.根据索洛的计算，得出结论：技术进步对经济增长具有决定性的作用.

在技术进步的评估方法中，一类方法是生产函数方法．本章以生产函数为背景，直接使用“企业”(或部门)的投入、产出数据建立 DEA 模型，通过各“企业”的技术进步状况，来评估整个“行业”的技术进步速度.同时对各“企业”给出技术进步速度和相对的超前或滞后年限.就此而言，这里给出的方法不但具有宏观意义，也具有微观意义.

本章分别讨论中性技术进步和要素增长型技术进步模式，给出评估技术进步的 DEA 模型和方法，取材于文献[67]~[72].

第一节　中性技术进步与输出 DEA 模型

设有 n 个“企业”(即决策单元)，他们有 m 项投入(生产要素)，产出为生产总值．在不同时期投入、产出数据都是给定的.

考虑生产要素的投入(向量)为

$$X = [x_1, x_2, \cdots, x_m]^{\mathrm{T}},$$

生产函数为(l 为时间变量，例如第 l 年)

$$Y^l = A_l f(X), l = 0,1,\cdots,t,$$

当 $l=0$ 时，$y^0 = A_0 f(X)$为初始时刻(基期)的生产函数.假设：在基期($l=0$)到第 t 期技术进步是逐年稳定增长的，即

$$A_{l+1} = \alpha A_l, \qquad l = 0,1,\cdots,t-1,$$

其中 $\alpha>1$. 于是

$$A_{l+1} > A_l, l = 0,1,\cdots,t-1.$$

当生产函数具有($0 \leqq l \leqq t$)

$$Y^l = A_l f(X)$$

形式时,称为中性技术进步的生产函数形式.此时,当生产要素的投入不变时,随着时间的推移,产值会增加,即

$$Y^{l+1} = A_{l+1} f(X) > A_l f(X) = Y^l.$$

一般有(当投入均为 X 时)

$$Y^t > Y^{t-1} > \cdots > Y^1 > Y^0.$$

这体现了由于生产要素投入之外的技术进步的作用.

定义 8.1.1[1] 令

$$a = \frac{A_{l+1} - A_l}{A_l} = \frac{A_{l+1}}{A_l} - 1, \quad l = 0, \cdots, t-1,$$

称 a 为技术进步由 l 期到 $l+1$ 期的技术进步速度,$l=0,1,\cdots,t-1$.

不难看出,有

$$A_{l+1} = A_l(1 + a), \quad l = 0, 1, \cdots, t-1.$$

于是

$$A_t = A_{t-1}(1 + a) = A_{t-2}(1 + a)^2 = \cdots = A_0(1 + a)^t.$$

因此,由基期($l=0$)到 t 期($l=t$)技术进步速度为

$$a = \sqrt[t]{\frac{A_t}{A_0}} - 1.$$

我们使用基期 n 个决策单元的投入、产出数据和 t 期 n 个决策单元的投入、产出数据,利用 DEA 模型 BC^2(相应于 $\delta_1 = 1$, $\delta_2 = 0$)和 DEA 模型 FG(相应于 $\delta_1 = \delta_2 = 1$, $\delta_3 = 0$)[2],评估技术进步速度 a. 基期的投入、产出数据和 t 期投入、产出数据分别由表 8.1.1 和表 8.1.2 给出.

表 8.1.1

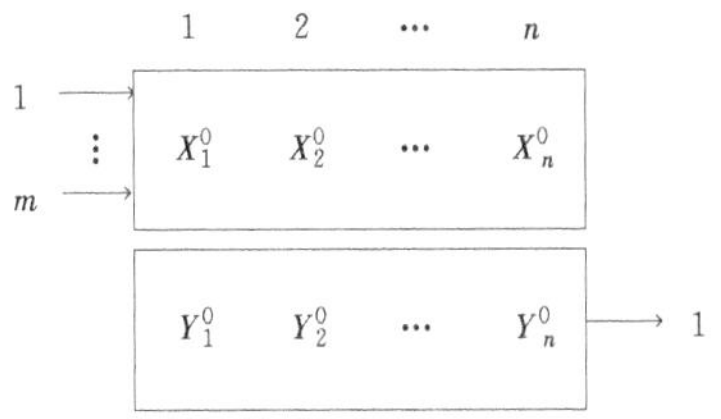

① 由技术进步是逐年稳定增长的假设,技术进步速度 a 与 l 无关.

② 见第三章.

表 8.1.2

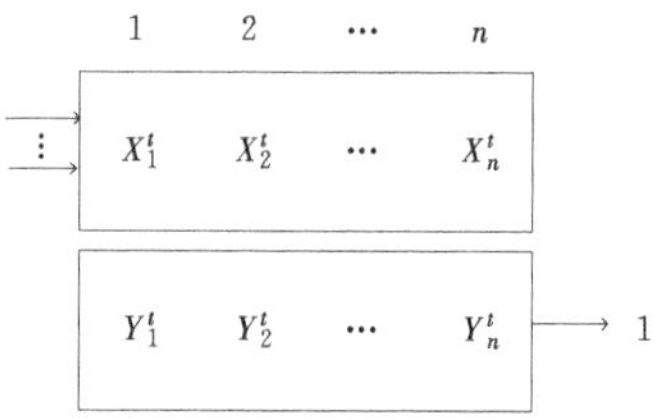

求技术进步速度的步骤如下：

步骤 1　由如下线性规划去判断基期（$t=0$）弱 DEA 有效决策单元．设 S^W 为弱 DEA 有效决策单元的集合，其个数为 n_0 个：

$$\begin{cases} \max\ z, \\ \sum\limits_{j=1}^{n} X_j^0 \lambda_j \leqq X_0^0, \\ \sum\limits_{j=1}^{n} Y_j^0 \lambda_j \geqq z\ Y_0^0, \\ \sum\limits_{j=1}^{n} \lambda_j + \delta_2 \lambda_{n+1} = 1, \\ \lambda_j \geqq 0,\ j = 1, 2, \cdots, n, n+1, \end{cases}$$

其中当 $\delta_2=0$ 时为输出 BC^2 模型；当 $\delta_2=1$ 时为输出 FG 模型．

步骤 2　对基期（$l=0$）为弱 DEA 有效的决策单元（即步骤 1 中的 n_0 个决策单元）考虑如下的线性规划（这里，设 DMU_{j0} 为基期时的弱 DEA 有效决策单元，即 $j_0\in S^W$）：

$$\begin{cases} \max\ z\ , \\ \sum\limits_{j=1}^{n} X_j^t \lambda_j + X_{j_0}^0 \lambda_0 \leqq X_{j_0}^0, \\ \sum\limits_{j=1}^{n} Y_j^t \lambda_j + Y_{j_0}^0 \lambda_0 \geqq z\ Y_{j_0}^0, \\ \sum\limits_{j=1}^{n} \lambda_j + \lambda_0 + \delta_2 \lambda_{n+1} = 1, \\ \lambda_j \geqq 0,\ j = 0, 1, \cdots, n, n+1. \end{cases}$$

设最优值为 $z_{j_0}^*$．于是投影 $\hat{Y}_{j_0}^t = z_{j_0}^*\ Y_{j_0}^t$ 在 t 期的生产前沿面上，故

$$z_{j_0}^* = \frac{z_{j_0}^*\ Y_{j_0}^0}{Y_{j_0}^0} = \frac{\hat{Y}_{j_0}^t}{Y_{j_0}^0} \approx \frac{A_t f(X_{j_0}^0)}{A_0 f(X_{j_0}^0)} = \frac{A_t}{A_0}.$$

由

$$A_t = A_0\left(1 + a_{j0}\right)^t,$$

得到

$$a_{j_0} = \sqrt[t]{z_{j_0}^*} - 1.$$

见图 8.1.1(以输出 FG 模型为例).

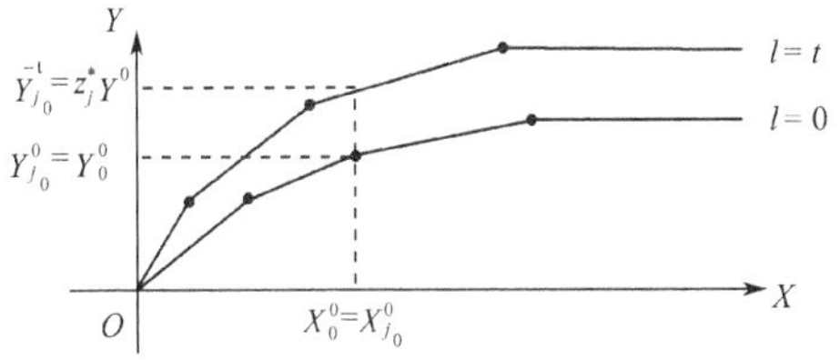

图 8.1.1

步骤 3　由步骤 2,已得到 $a_{j_0}, j_0 \in S^W$,有

(a)“行业”平均技术进步速度

$$a_E = \frac{1}{n_0}\sum_{j_0 \in S^W} a_{j_0};$$

(b)“行业”中最大技术进步速度

$$a_{\max} = \max_{j_0 \in S^W}\left(a_{j_0}\right);$$

(c)“行业”中最小技术进步速度

$$a_{\min} = \min_{j_0 \in S^W}\left(a_{j_0}\right).$$

以下估计每个决策单元技术进步的相对年限.这里,“相对年限”的概念是指:虽然我们是由基期($l=0$,也称为第 0 年)到 t 期($l=t$,也称为 t 年)对 t 年间技术进步进行评估,但对每个决策单元按照“行业”平均技术进步速度 a_E 来衡量,决策单元的技术进步相对 t 年来说,可能滞后(例如,决策单元在 0 年位在 $l=0$ 的生产前沿面上,但在 t 年却不在 $l=t$ 的生产前沿面上),也可能超前(例如,决策单元在 0 年不在 $l=0$ 年生产前沿面上,而在 t 年是位在 $l=t$ 的生产前沿面上).就是在 0 年和 t 年均不在生产前沿面上的决策单元,可能滞后,可能恰为 t 年,也可能超前,以下分 4 种情况讨论.

(i) 决策单元 j_0 在 $l=0$ 的生产前沿面上(即 $j_0 \in S^W$);但不在 $l=t$ 时的生产前沿面上(见图 8.1.2).

由以下线性规划得到最优值 $z_{j_0}^-$.

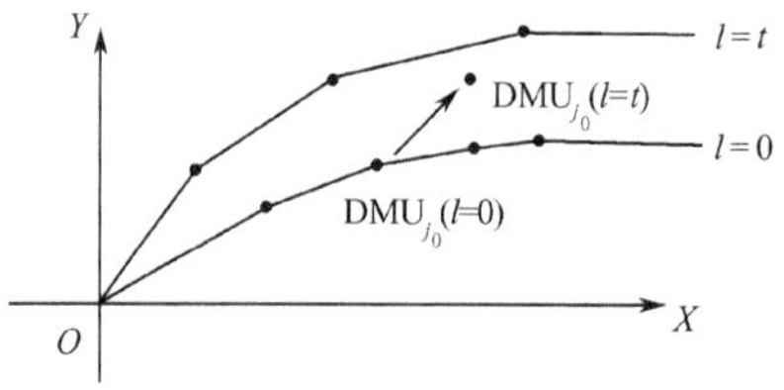

图 8.1.2

$$
(P_1)\begin{cases}\max\ z\ , \\ \sum_{j=1}^{n} X_j^t \lambda_j \leqq X_{j_0}^t, \\ \sum_{j=1}^{n} Y_j^t \lambda_j \geqq z\ Y_{j_0}^t, \\ \sum_{j=1}^{n} \lambda_j + \delta_2 \lambda_{n+1} = 1, \\ \lambda_j \geqq 0, j=1,\cdots,n,n+1\ . \end{cases}
$$

设决策单元 j_0 位在 $l=t-\Delta_{j_0}^-$的生产前沿面上，$\Delta_{j_0}^->0$，则有

$$
z_{j_0}^- = \frac{z_{j_0}^- Y_{j_0}}{Y_{j_0}} \approx \frac{A_t f(X_{j_0}^t)}{A_{t-\Delta_{j_0}^-} f(X_{j_0}^0)} = \frac{A_t}{A_{t-\Delta_{j_0}^-}},
$$

由

$$
A_t = A_{t-\Delta_{j_0}^-}(1+a_E)^{(t-(t-\Delta_{j_0}^-))} = A_{t-\Delta_{j_0}^-}(1+a_E)^{\Delta_{j_0}^-},
$$

有

$$
\Delta_{j_0}^- = \frac{\lg z_{j_0}^-}{\lg(1+a_E)} > 0.
$$

因此，DMU_{j_0}的技术进步的年限为 $t-\Delta_{j_0}^-$，技术进步比正常年限(t)滞后 $\Delta_{j_0}^-$年．为讨论方便记 $\Delta_{j_0}^+=0$；

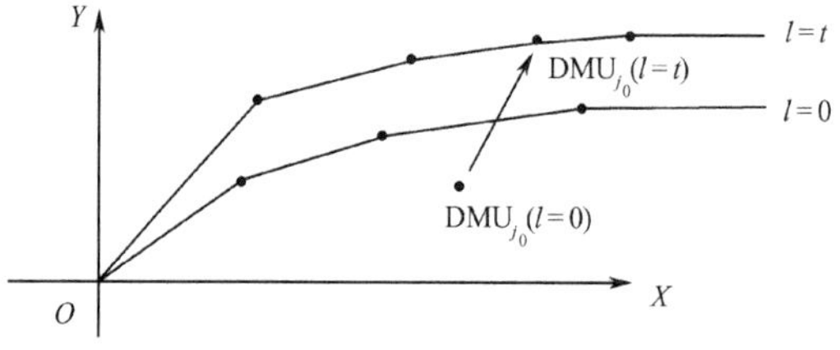

图 8.1.3

(ii) 决策单元 j_0 不在 $l=0$ 的生产前沿面上(即 $j_0 \notin S^W$);但在时刻 t 时,位在 $l=t$ 的生产前沿面上(见图 8.1.3).

由以下线性规划求得最优值 $z_{j_0}^+$

$$
(P_2)\begin{cases}
\max\ z \\
\sum_{j=1}^{n} X_j^0 \lambda_j \leqq X_{j_0}^0, \\
\sum_{j=1}^{n} Y_j^0 \lambda_j \geqq z\, Y_{j_0}^0, \\
\sum_{j=1}^{n} \lambda_j + \delta_2 \lambda_{n+1} = 1, \\
\lambda_j \geqq 0, j = 1, \cdots, n, n+1.
\end{cases}
$$

设想决策单元 j_0 位在 $l=-\Delta_{j_0}^+$ 的生产前沿面上,$\Delta_{j_0}^+>0$. 则有

$$
z_{j_0}^+ = \frac{z_{j_0}^+ Y_{j_0}^0}{Y_{j_0}^0} \approx \frac{A_0 f(X_{j_0}^0)}{A_{-\Delta_{j_0}^+} f(X_{j_0}^0)} = \frac{A_0}{A_{-\Delta_{j_0}^+}},
$$

由

$$
A_0 = A_{-\Delta_{j_0}^+}(1+a_E)^{(0-(-\Delta_{j_0}^+))} = A_{-\Delta_{j_0}^+}(1+a_E)^{\Delta_{j_0}^+},
$$

有

$$
\Delta_{j_0}^+ = \frac{\lg z_{j_0}^+}{\lg(1+a_E)} > 0.
$$

因此,DMU_{j_0} 的技术进步年限为 $t+\Delta_{j_0}^+$,技术进步比正常年限超前 $\Delta_{j_0}^+$ 年.为讨论方便,记 $\Delta_{j_0}^-=0$;

(iii) 决策单元 j_0 在 $l=0$ 和 $l=t$ 时都不在相应的生产前沿面上(见图 8.1.4).由情况(i)和情况(ii),对线性规划求解后,可得到 $\Delta_{j_0}^-$ 和 $\Delta_{j_0}^+$.由于此时决策单元 j_0 在基期($l=0$ 年)实际上是位于 $l=-\Delta_{j_0}^+$ 的生产前沿面上;而在 t 年,实际上是位于 $l=t-\Delta_{j_0}^-$ 的生产前沿面上.因此决策单元 DMU_{j_0} 的技术进步年限为

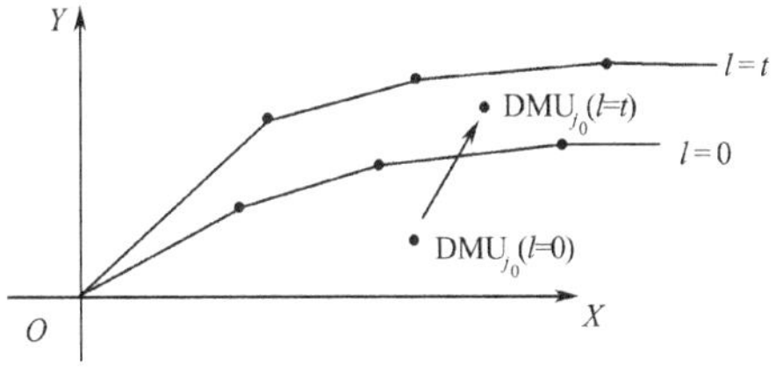

图 8.1.4

$$\left[t-\Delta_{j_0}^{-} \right]-\left[-\Delta_{j_0}^{+} \right]= t-\Delta_{j_0}^{-}+\Delta_{j_0}^{+}.$$

并且有:若 $\Delta_{j_0}^{+}-\Delta_{j_0}^{-}>0$, DMU_{j_0}技术进步年限比正常年限超前 $\Delta_{j_0}^{+}-\Delta_{j_0}^{-}$年;当 $\Delta_{j_0}^{+}-\Delta_{j_0}^{-}<0$ 时, DMU_{j_0}技术进步年限比正常年限(t)滞后 $\Delta_{j_0}^{-}-\Delta_{j_0}^{+}$年;当 $\Delta_{j_0}^{+}-\Delta_{j_0}^{-}=0$ 时, DMU_{j_0}的技术进步年限正好为 t 年.

(iv) 决策单元 j_0 在 $l=0$ 和 $l=t$ 时,都位于相应的生产前沿面上(见图8.1.5).在这种情况下,不难看出 DMU_{j_0}的技术进步年限恰为 t 年,既不超前,也不滞后(此时记 $\Delta_{j_0}^{-}=\Delta_{j_0}^{+}=0$).

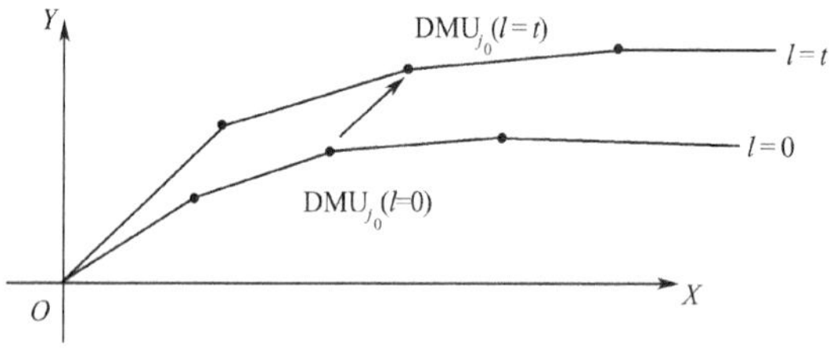

图8.1.5

综合情况(i)~(iv),可知

$t+\left[\Delta_{j_0}^{+}-\Delta_{j_0}^{-} \right]=DMU_{j_0}$技术进步相对年限,其中 $j_0=1,2,\cdots,n$;

$\Delta_{j_0}^{+}-\Delta_{j_0}^{-}=DMU_{j_0}$的技术进步“超前”年限,其中 $j_0=1,2,\cdots,n$.

第二节 资金增长型和劳力增长型技术进步

利用DEA模型还可以研究资金增长型和劳力增长型技术进步,测算整个“行业”的技术进步平均速度,以及每个决策单元(“企业”)技术进步相对年限和技术进步比正常年限相对来说,超前年限和滞后年限.

不失一般性,这里仅讨论资金增长型技术进步模式.考虑一阶齐次的生产函数(严格增函数)

$$Y^l = f(A_l K, L), l = 0,1,\cdots, t.$$

假设由基期($l=0$)到第 t 期技术进步是稳定增长的,即

$$A_{t+1} = \beta A_t, l = 0,1,\cdots, t-1,$$

并且 $\beta>1$. 于是有

$$A_{l+1} > A_l, l = 0,1,\cdots, t-1.$$

此种形式称为资金增长型技术进步.此时,当第 $l+1$ 期的总产值 Y^{l+1},第 l 期的

总产值 Y^l,且 $Y^{l+1}=Y^l$,而第 $l+1$ 期和第 l 期劳力的投入均为 L_l,即第 $l+1$ 期投入为(K_{l+1},L_l),第 k 期投入为(K_l,L_l),有

$$Y^{l+1}=f(A_{l+1}K_{l+1}L_l)=Y^l=f(A_lK_lL_l).$$

此时必有(由 $f(A_lK,L)$ 为严格增函数)

$$A_{l+1}K_{l+1}=A_lK_l.$$

故

$$K_{l+1}=\frac{A_l}{A_{l+1}}-K_l.$$

可以看出,对于资金增长型技术进步的增长模式来说,如果总产值保持不变,随着时间的推移,资金的投入以$\frac{A_l}{A_{l+1}}<1$的比例逐年减少.

定义 8.2.1 令

$$\bar{a}=\frac{A_{l+1}-A_l}{A_l}=\frac{A_{l+1}}{A_l}-1,\ l=0,1,\cdots,t-1,$$

称 $\bar{a}$ 为资金增长型技术进步由 l 期到 $l+1$ 期的技术进步速度.

不难看出,有

$$A_t=A_{t-1}(1+\bar{a})=\cdots=A_0(1+\bar{a})^t.$$

由此得到基期($l=0$)到第 t 期的技术进步速度

$$\bar{a}=\sqrt[t]{\frac{A_t}{A_0}}-1.$$

为方便,记

$$y^l=Y^l/L,\ l=0,1,\cdots,t,$$
$$k=K/L,$$
$$F\left(A_l\frac{K}{L}\right)=f\left(A_l\frac{K}{L},1\right),\ l=0,1,\cdots,t.$$

由 $f(A_lK,L)$ 为一阶齐次函数,有

$$Y^l/L=f\left(A_l\frac{K}{L},1\right),\ l=0,1,\cdots,t.$$

即

$$y^l=F(A_lk),\ l=0,1,\cdots,t.$$

以下,我们用基期($l=0$)和 t 期($l=t$)的数据($k_j^0=K_j^0/L_j^0$, $F(A_0k_j^0)=Y_j^0/L_j^0$, $j=1,\cdots,n$)

$$(k_j^0,F(A_0k_j^0)),\ j=1,2,\cdots,n$$

和($k_j^t=K_j^t/L_j^t$, $F(A_tk_j^t)=Y_j^t/L_j^t$, $j=1,\cdots,n$)

$$(k_j^t,F(A_tk_j^t)),\ j=1,2,\cdots,n.$$

考虑线性规划问题($\delta_2=0$,为输入 BC^2 模型;$\delta_2=1$,为输入 FG 模型)

$$(P_1)\begin{cases}\min\ \theta,\\ \sum_{j=1}^{n} k_j^t\lambda_j+k_0^0\lambda_0\leqq\theta k_0^0,\\ \sum_{j=1}^{n} F(A_t k_j^t)\lambda_j+F(A_0 k_0^0)\lambda_0\geqq F(A_0 k_0^0),\\ \sum_{j=1}^{n}\lambda_j+\lambda_0+\delta_2\lambda_{n+1}=1,\\ \lambda_j\geqq 0,j=0,1,\cdots,n,n+1\ .\end{cases}$$

上述规划表示在基期和第 t 期所能达到的技术水平下,保持产出 $F(A_0 k_0^0)$不变,尽量将基期投入水平按比例 θ 缩小到第 t 期技术水平范围内所能达到的最小投入(见图 8.2.1).

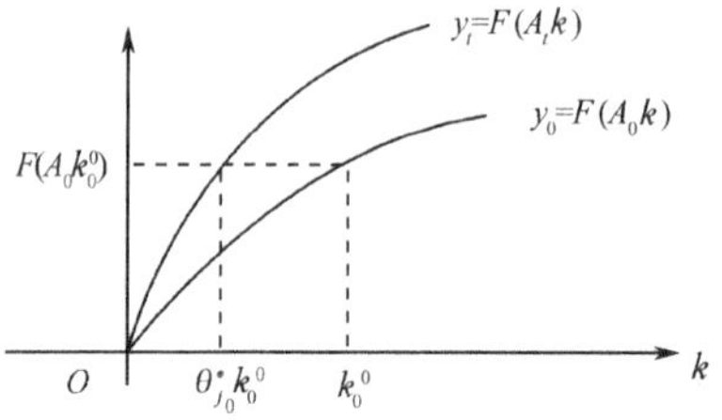

图 8.2.1

设上述线性规划的最优值为 $\theta_{j_0}^*$,则有

$$F(A_0\ k_0^0)=F(A_t\,\theta_{j_0}^*\ k_0^0),$$

即

$$A_0 k_0^0=A_t\,\theta_{j_0}^*\ k_0^0,$$

于是

$$A_t=A_0\frac{1}{\theta_{j_0}^*}.$$

线性规划(P_1)的对偶规划为

$$(D_1)\begin{cases}\max\ (\mu F(A_0\ k_0^0)-\mu_0)\ ,\\ \omega k_j^t-\mu F(A_t k_j^t)+\mu_0\geqq 0,j=1,\cdots,n,\\ \omega k_0^0-\mu F(A_0\ k_0^0)+\mu_0\geqq 0,\\ \omega k_0^0=1,\\ \omega\geqq 0,\mu\geqq 0,\delta_2\mu_0\geqq 0.\end{cases}$$

由

$$k = K/L, f(A_l K, L) = L F(A_l k),$$

故(D_1)为

$$\begin{cases} \max\left[\dfrac{1}{L_0^0}\mu f(A_0 K_0^0, L_0^0) - \mu_0\right], \\ \omega\dfrac{K_j^t}{L_j^t} - \mu\dfrac{1}{L_j^t} f(A_t K_j^t, L_j^t) + \mu_0 \geqq 0, j = 1, \cdots, x, \\ \omega\dfrac{K_0^0}{L_0^0} - \mu\dfrac{1}{L_0^0} f(A_0 K_0^0, L_0^0) + \mu_0 \geqq 0, \\ \omega\dfrac{K_0^0}{L_0^0} = 1, \\ \omega \geqq 0, \mu \geqq 0, \delta_2 \mu_0 \geqq 0. \end{cases}$$

上述规划等价于((D_2)的目标值为(D_1)L_0^0倍)

$$(D_2)\begin{cases} \max(\mu f(A_0 K_0^0, L_0^0) - \mu_0 L_0^0) \\ \omega K_j^t - \mu f(A_t K_j^t, L_j^t) + \mu_0 L_j^t \geqq 0, j = 1, \cdots, n, \\ \omega K_0^0 - \mu f(A_0 K_0^0, L_0^0) + \mu_0 L_0^0 \geqq 0, \\ \omega K_0^0 = L_0^0, \\ \omega \geqq 0, \mu \geqq 0, \delta_2 \mu_0 \geqq 0. \end{cases}$$

它的对偶规划为

$$(P_2)\begin{cases} \min \theta L_0^0 \\ \sum\limits_{j=1}^{n} K_j^t \lambda_j + K_0^0 \lambda_0 \leqq \theta K_0^0, \\ \sum\limits_{j=1}^{n} L_j^t \lambda_j + L_0^0 \lambda_0 + \delta_2 \lambda_{n+1} = L_0^0, \\ \sum\limits_{j=1}^{n} f(A_t K_j^t, L_j^t)\lambda_j + f(A_0 K_0^0, L_0^0)\lambda_0 \geqq f(A_0 K_0^0, L_0^0), \\ \lambda_j \geqq 0, j = 0, 1, \cdots, n, n+1. \end{cases}$$

因此,下面规划(P_3)的最优值与(P_1)的最优值相等 .

$$
(P_3)\begin{cases}
\min\ \theta, \\
\sum_{j=1}^{n} K_j^t \lambda_j + K_0^0 \lambda_0 \leqq \theta K_0^0, \\
\sum_{j=1}^{n} L_j^t \lambda_j + L_0^0 \lambda_0 + \delta_2 \lambda_{n+1} = L_0^0, \\
\sum_{j=1}^{n} f(A_t K_j^t, L_j^t) \lambda_j + f(A_0 K_0^0, L_0^0) \lambda_0 \geqq f(A_0 K_0^0, L_0^0), \\
\lambda_j \geqq 0, j = 0, 1, \cdots, n, n+1.
\end{cases}
$$

设(P_3)的最优值为 $\theta_{j_0}^*$,则有

$$\frac{A_t}{A_0} = \frac{1}{\theta_{j_0}^*} = (1 + \bar{a}_{j_0})^t.$$

故 DMU_{j_0} 技术进步速度为

$$\bar{a}_{j_0} = \sqrt[t]{\frac{1}{\theta_{j_0}^*}} - 1$$

或

$$\theta_{j_0}^* = \frac{A_0}{A_t} = (1 + \bar{a}_{j_0})^{-t}. \tag{1}$$

当我们使用基期($l=0$)的数据(见表 8.2.1)和第 t 期($l=t$)的数据(见表 8.2.2)评估资金增长型技术进步速度时,由于不一定有

$$y_j^0 = f(A_0 K_j^0, L_j^0),$$

表 8.2.1

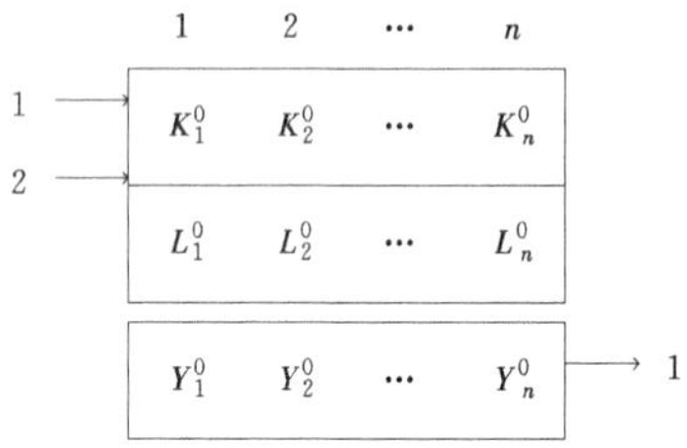

表 8.2.2

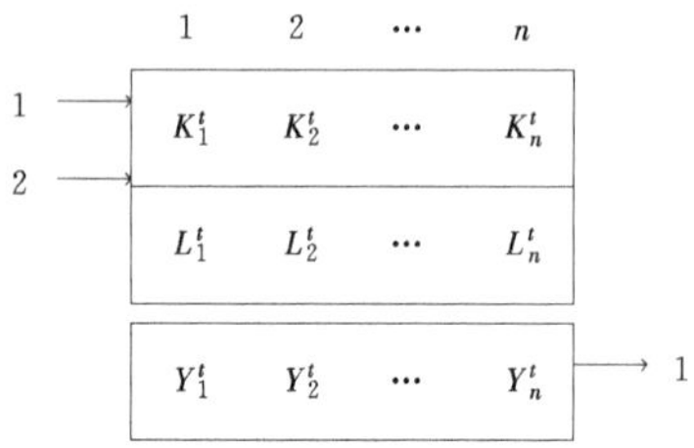

故需要事先确定基期为弱 DEA 有效的决策单元集合 S^W,及弱 DEA 有效决策单元的个数 n_0,即由下面规划确定

$$
\begin{cases}
\max\ z\ , \\
\sum_{j=1}^{n} K_j^0 \lambda_j \leqq K_0^0, \\
\sum_{j=1}^{n} L_j^0 \lambda_j \leqq L_0^0, \\
\sum_{j=1}^{n} Y_j^0 \lambda_j \geqq z\ Y_0^0, \\
\sum_{j=1}^{n} \lambda_j + \delta_2 \lambda_{n+1} = 1, \\
\lambda_j \geqq 0, j = 1,2,\cdots, n, n+1.
\end{cases}
$$

再求下面线性规划的最优值(其中 $j_0 \in S^W$)

$$
(P_4)\begin{cases}
\min\ \theta = \theta_{j_0}^*, \\
\sum_{j=1}^{n} K_j^t \lambda_j + K_0^0 \lambda_0 \leqq \theta\ K_0^0, \\
\sum_{j=1}^{n} L_j^t \lambda_j + L_0^0 \lambda_0 + \delta_2 \lambda_{n+1} = L_0^0, \\
\sum_{j=1}^{n} Y_j^t \lambda_j + Y_0^0 \lambda_0 \geqq y_0^0, \\
\lambda_j \geqq 0, j = 0,1,\cdots, n, n+1.
\end{cases}
$$

有

(a) “行业”平均技术进步速度(n_0 为 S^W 中元素的个数)

$$\bar{a}_E = \frac{1}{n_0} \sum_{j_0 \in S^W} \bar{a}_{j_0};$$

(b) “行业”中技术进步最大速度和最小速度

$$\bar{a}_{\max} = \max_{j_0 \in S^W} \bar{a}_{j_0}, \bar{a}_{\min} = \max_{j_0 \in S^W} \bar{a}_{j_0}.$$

其中

$$\bar{a}_{j_0} = \sqrt[t]{\frac{1}{\theta_{j_0}^*}} - 1, \qquad j_0 \in S^W.$$

以下估计资金增长型技术进步,每个决策单元技术进步相对超前或滞后的年限.分五种情况讨论(约定:若 DMU_{j_0} 在 $l=0$ 的前沿面上,$\Delta_{j_0}^+=0$,若 DMU_{j_0} 在 $l=t$ 的前沿面上,$\Delta_{j_0}^-=0$)

(i) 决策单元 j_0 在 $l=0$ 的生产前沿面上,但在 $l=t$ 期不在生产前沿面上(见图 8.2.2)

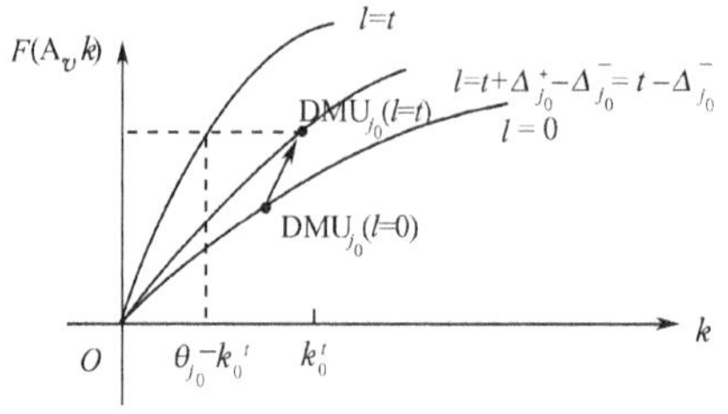

图 8.2.2

现在估计 DMU_{j_0} 技术进步滞后的相对年限 Δ^-. 考虑线性规划

$$\begin{cases} \min\ \theta, \\ \sum_{j=1}^{n} k_j^t \lambda_j \leqq \theta k_0^t, \\ \sum_{j=1}^{n} F(A_t k_j^t)\lambda_j \geqq F(A_t k_0^t), \\ \sum_{j=1}^{n} \lambda_j + \delta_2 \lambda_{n+1} = 1, \\ \lambda_j \geqq 0, j = 1, \cdots, n, n+1. \end{cases}$$

不难看出,有(类似于由(P_1)到(P_4)的讨论)

$$(\hat{P}_1)\begin{cases} \min\ \theta, \\ \sum_{j=1}^{n} K_j^t \lambda_j \leqq \theta K_0^t, \\ \sum_{j=1}^{n} L_j^t \lambda_j + \delta_2 \lambda_{n+1} = L_0^t, \\ \sum_{j=1}^{n} Y_j^t \lambda_j \geqq Y_0^t, \\ \lambda_j \geqq 0, j = 1, \cdots, n, n+1. \end{cases}$$

设 $\theta_{j_0}^-$ 为($\hat{P}_1$)的最优值,有(由图 8.2.2)

$$A_{t-\Delta_{j_0}^-} k_0^t = A_t(\theta_{j_0}^- k_0^t).$$

故(由(1))

$$\theta_{j_0}^- = \frac{A_{t-\Delta_{j_0}^-}}{A_t} = (1+\bar{a}_E)^{((t-\Delta_{j_0}^-)-t)} = (1+\bar{a}_E)^{-\Delta_{j_0}^-},$$

$$\Delta_{j_0}^{-}=\frac{-\lg\theta_{j_0}^{-}}{\lg(1+\bar{a}_E)}>0.$$

(ii) 决策单元 j_0 在 $l=0$ 时，不在生产前沿面上，而在 $l=t$ 期位在生产前沿面上(见图 8.2.3).

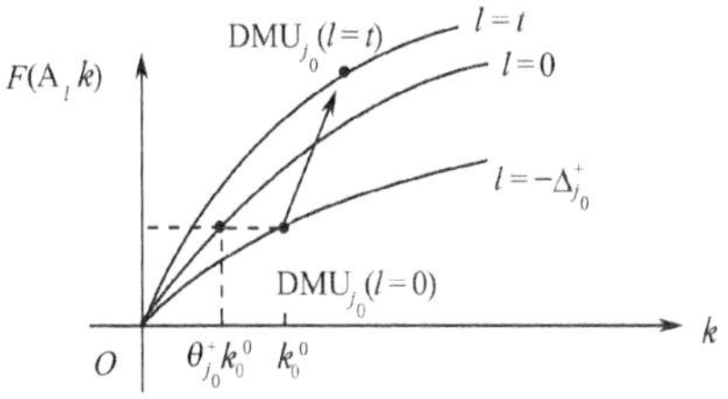

图 8.2.3

显然在这 t 年中，DMU_{j_0} 的技术进步年限相对超前了，设超前年限为 $\Delta_{j_0}^{+}$. 考虑线性规划

$$\begin{cases}\min\ \theta,\\ \sum_{j=1}^{n}k_j^0\lambda_j\leqq\theta\,k_0^0,\\ \sum_{j=1}^{n}F(A_0\,k_j^0)\,\lambda_j\geqq F(A_0\,k_0^0),\\ \sum_{j=1}^{n}\lambda_j+\delta_2\,\lambda_{n+1}=1,\\ \lambda_j\geqq0,j=1,\cdots,n,n+1.\end{cases}$$

不难看出，有

$$(\hat{P}_2)\begin{cases}\min\ \theta,\\ \sum_{j=1}^{n}K_j^0\lambda_j\leqq\theta K_0^0,\\ \sum_{j=1}^{n}L_j^0\lambda_j+\delta_2\,\lambda_{n+1}=L_0^0,\\ \sum_{j=1}^{n}Y_j^0\lambda_j\geqq Y_0^0,\\ \lambda_j\geqq0,j=1,\cdots,n,n+1.\end{cases}$$

设 $(\hat{P}_2)$ 的最优值为 $\theta_{j_0}^{+}$，有(由图 8.2.3)

$$A_{-\Delta_{j_0}^{+}}\,k_0^0=A_0(\theta_{j_0}^{+}\,k_0^0)\,.$$

故(由(1))

$$\theta_{j_0}^{+}=\frac{A_{-\Delta_{j_0}^{+}}}{A_0}=(1+\bar{a}_E)^{-\Delta_{j_0}^{+}},$$

$$\Delta^{+}=\frac{-\lg\theta_{j_0}^{+}}{\lg(1+\bar{a}_E)}.$$

(iii) 决策单元 j_0 在 $l=0$ 时和 $l=t$ 时,都不位于生产前沿面上(见图 8.2.4).

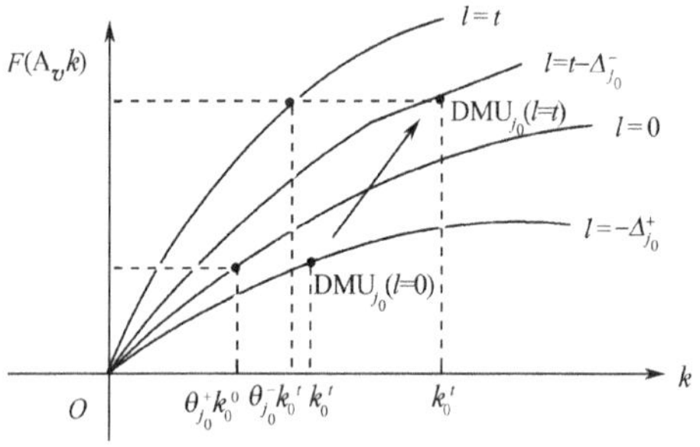

图 8.2.4

由($\hat{P}_1$)和($\hat{P}_2$)分别求得最优值 $\theta_{j_0}^{-}$ 和 $\theta_{j_0}^{+}$,由此得到

$$\theta_{j_0}^{-}=\frac{-\lg\theta_{j_0}^{-}}{\lg(1+\bar{a}_E)},$$

$$\Delta_{j_0}^{+}=\frac{-\lg\theta_{j_0}^{+}}{\lg(1+\bar{a}_E)}.$$

由此可知

(iii)-(a)　若 $\Delta_{j_0}^{+}-\Delta_{j_0}^{-}>0$,则 DMU_{j_0} 在 t 年中技术进步年限相对超前了 $\Delta_{j_0}^{+}-\Delta_{j_0}^{-}$ 年;

(iii)-(b)　若 $\Delta_{j_0}^{+}-\Delta_{j_0}^{-}<0$,则 DMU_{j_0} 在 t 年中技术进步年限相对滞后了 $\Delta_{j_0}^{-}-\Delta_{j_0}^{+}$ 年;

(iii)-(c)　若 $\Delta_{j_0}^{+}-\Delta_{j_0}^{-}=0$,则 DMU_{j_0} 的技术进步年限恰为 t 年.但因起步低(在 $l=0$ 时不在 $l=0$ 的生产前沿面上),所以 t 年后,DMU_{j_0} 仍不位于 $l=t$ 时的生产前沿面上.

(iv)　决策单元 j_0 在 $l=0$ 时和 $l=t$ 时,都位于生产前沿面上(如图 8.2.5 所示).

此时,我们认为 DMU_{j_0} 技术进步相对年限恰是 t 年(实际上,如果我们对($\hat{P}_1$)和

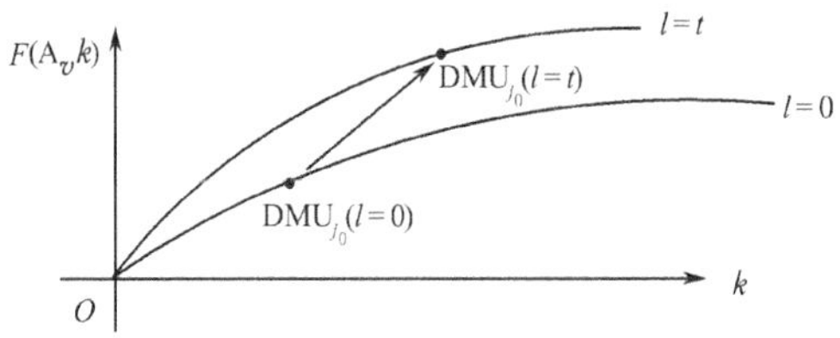

图 8.2.5

($\hat{\mathrm{P}}_2$)求解,其最优值 $\theta_{j_0}^-=1$, $\theta_{j_0}^+=1$,也有 $\Delta_{j_0}^-=0$, $\Delta_{j_0}^+=0$).

(v) 考虑技术水平退步的情况,此时 DMU_{j_0} 在 $l=t$ 时不在生产前沿面上,而在基期($l=0$)DMU_{j_0} 可在生产前沿面上,也可能不在生产前沿面上(分别见图 8.2.6 和图 8.2.7).并且有 $\Delta_{j_0}^+-\Delta_{j_0}^-<0$,其中

$$\Delta_{j_0}^-=\frac{-\lg\theta_{j_0}^-}{\lg(1+\bar{a}_E)},$$

$$\Delta_{j_0}^+=\frac{-\lg\theta_{j_0}^+}{\lg(1+\bar{a}_E)},$$

技术水平退步是指:

$$t+\Delta_j^+-\Delta_{j_0}^-<0.$$

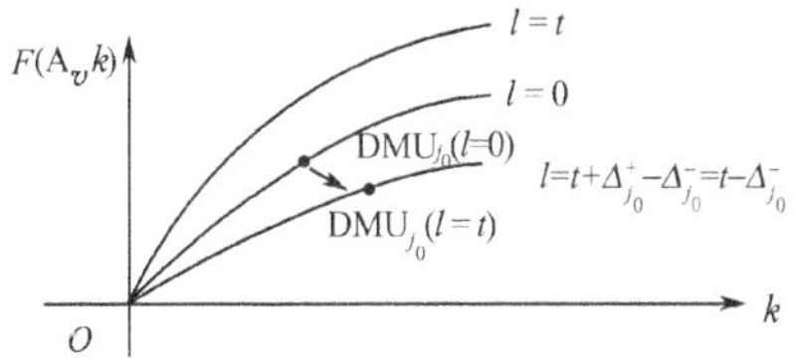

图 8.2.6

实际上,DMU_{j_0}位于 $l=t+\Delta_{j_0}^+-\Delta_{j_0}^-$的生产前沿面上.若

$$t+\Delta_{j_0}^+-\Delta_{j_0}^-<0$$

时,由图 8.2.6 和图 8.2.7 知 DMU_{j_0}是退步了.同时可以看出:

当 $0<t+\Delta_{j_0}^+-\Delta_{j_0}^-<t$ 时(见图 8.2.2),技术水平没退步,但技术进步滞后了;

当 $t+\Delta_{j_0}^+-\Delta_{j_0}^-=t$ 时(见图 8.2.8),技术水平没有变化,技术进步年限恰为 t 年((iii)-(c)).

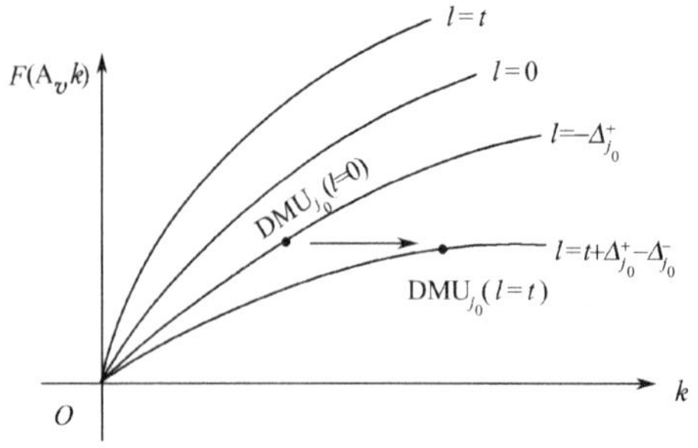

图 8.2.7

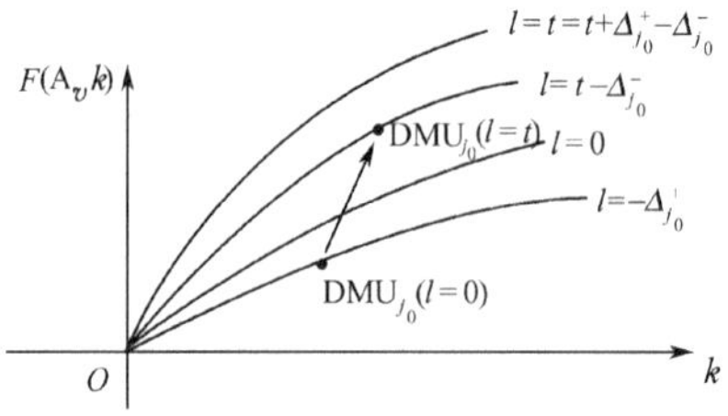

图 8.2.8

第三节　评估技术进步的积分方法

在前两节分别对中性技术进步和具有一阶齐次性的生产函数的资金增长型(或劳力增长型)技术进步,给出了评估技术进步速度的 DEA 方法.本节讨论更为一般性的要素增长型技术进步速度的评估方法,其中不必假设生产函数的一阶齐次性.

考虑生产函数

$$\begin{aligned}Y^l &= f_l(x_1, x_2, \cdots, x_m)\\ &= f(A_l x_1, x_2, \cdots, x_m),\end{aligned}$$

其中当 $l_1 > l_2$ 时,

$$A_{l_1} > A_{l_2}.$$

$l=0$ 时,称为基期,$l=t$ 时称为第 t 年.故有

$$A_t > A_0.$$

由于

$$\begin{aligned}Y^0 &= f(A_0 x_1, x_2, \cdots, x_m) \\ &= f\left(A_t\left(\frac{A_0}{A_t}\right) x_1, x_2, \cdots, x_m\right).\end{aligned}$$

可以看出,当生产要素 $x_2, x_3, \cdots, x_m$ 不变的前提下,如果在基期($l=0$),第一种生产要素的投入为 x_1,那么在第 t 年($l=t$),第一种生产要素的投入仅为

$$\frac{A_1}{A_t} x_1 < x_1.$$

也就是说,随着时间的推移,在总产值不变的情况下,所需第一种生产要素逐年减少.此时的技术进步(从基期到 t 年技术进步逐年稳定增长的前提下)速度为

$$\bar{a} = \sqrt[t]{\frac{A_t}{A_0}} - 1.$$

记

$$z^* = \frac{A_t}{A_0},$$

则

$$\bar{a} = \sqrt[t]{z^*} - 1.$$

我们的目的在于计算 z^*.所谓积分方法,是将求 z^* 的问题,通过简单的积分变量替换,化为求一个单变量凸函数的惟一不动点的问题,该函数的变量是一个多重积分的上限.在求不动点 z^* 的迭代过程中,需要使用数值方法求解,本节提供的方法是在不必事先知道生产函数形式的前提下,直接由基期($l=0$)和第 t 年的投入、产出数据,估计生产函数的数值.

设(a)　生产函数 $f_l(x_1, x_2, \cdots, x_m) = f(A_l x_1, x_2, \cdots, x_m)$, $l=0, t$ 为具有一阶连续偏微商的凹函数;

(b)　对 $X = (x_1, x_2, \cdots, x_m)^{\mathrm{T}} \in E_+^m$,有

$$\frac{\partial f_l(x_1, x_2, \cdots, x_m)}{\partial x_i} > 0, i = 1, \cdots, m,$$

其中 $l=0, t$.

(c)　$A_t > A_0 > 0$.

定理 8.3.1　记 $z^* = \dfrac{A_t}{A_0}$,并且

$$\varphi(z) = \frac{\int_0^{z\bar{x}_1}\int_0^{\bar{x}_2}\cdots\int_0^{\bar{x}_m} f_0(x_1, x_2, \cdots, x_m)\mathrm{d}x_1\mathrm{d}x_2\cdots\mathrm{d}x_m}{\int_0^{\bar{x}_1}\int_0^{\bar{x}_2}\cdots\int_0^{\bar{x}_m} f_t(x_1, x_2, \cdots, x_m)\mathrm{d}x_1\mathrm{d}x_2\cdots\mathrm{d}x_m}$$

则

$$\varphi(z^*) = z^*.$$

其中 $\bar{x}_1>0,\bar{x}_2>0,\cdots,\bar{x}_m>0$ 为任意给定的实数.

证 因为

$$\begin{aligned}
&\int_0^{\bar{x}_1}\int_0^{\bar{x}_2}\cdots\int_0^{\bar{x}_m} f_0(x_1,x_2,\cdots,x_m)\mathrm{d}x_1\mathrm{d}x_2\cdots\mathrm{d}x_m \\
=&\int_0^{\bar{x}_1}\int_0^{\bar{x}_2}\cdots\int_0^{\bar{x}_m} f(A_0x_1,x_2,\cdots,x_m)\mathrm{d}x_1\mathrm{d}x_2\cdots\mathrm{d}x_m \\
=&\int_0^{\bar{x}_1}\int_0^{\bar{x}_2}\cdots\int_0^{\bar{x}_m} f\left(A_t\left(\frac{A_0}{A_t}\right)x_1,x_2,\cdots,x_m\right)\mathrm{d}x_1\mathrm{d}x_2\cdots\mathrm{d}x_m \\
=&\frac{A_0}{A_t}\int_0^{\frac{A_t}{A_0}\bar{x}_1}\int_0^{\bar{x}_2}\cdots\int_0^{\bar{x}_m} f(A_tx_1,x_2,\cdots,x_m)\mathrm{d}x_1\mathrm{d}x_2\cdots\mathrm{d}x_m \\
=&\frac{1}{z^*}\int_0^{z^*\bar{x}_1}\int_0^{\bar{x}_2}\cdots\int_0^{\bar{x}_m} f(A_tx_1,x_2,\cdots,x_m)\mathrm{d}x_1\mathrm{d}x_2\cdots\mathrm{d}x_m \\
=&\frac{1}{z^*}\int_0^{z^*\bar{x}_1}\int_0^{\bar{x}_2}\cdots\int_0^{\bar{x}_m} f_t(x_1,x_2,\cdots,x_m)\mathrm{d}x_1\mathrm{d}x_2\cdots\mathrm{d}x_m,
\end{aligned}$$

即

$$\varphi(z^*)=z^*.$$

证毕.

定理 8.3.2 在假设(a)～(c)之下,有

(i) $\varphi(z)$为严格凸函数,$z\in[0,\infty)$,且 $\varphi(0)=0$;

(ii) $z-\varphi(z)=\begin{cases}>0, 当\ z\in(0,z^*),\\ <0, 当\ z\in(z^*,\infty).\end{cases}$

(iii) 对于 $z>0$, z^* 为 $\varphi(z)$的惟一不动点,其中 $\varphi(z)$如定理 8.3.1 中定义,而 $z^*=\dfrac{A_t}{A_0}>1$.

证 显然有 $\varphi(0)=0$. 令

$$\psi(z)=\int_0^{z\bar{x}_1}\int_0^{\bar{x}_2}\cdots\int_0^{\bar{x}_m} f_0(x_1,x_2,\cdots,x_m)\mathrm{d}x_1\mathrm{d}x_2\cdots\mathrm{d}x_m,$$

则

$$\psi'(z)=\bar{x}_1\cdot\int_0^{\bar{x}_2}\int_0^{\bar{x}_3}\cdots\int_0^{\bar{x}_m} f_0(zx_1,x_2,\cdots,x_m)\mathrm{d}x_1\mathrm{d}x_2\cdots\mathrm{d}x_m,$$

$$\psi''(z)=(\bar{x}_1)^2\int_0^{\bar{x}_2}\int_0^{\bar{x}_3}\cdots\int_0^{\bar{x}_m} \frac{\partial f_0(zx_1,x_2,\cdots,x_m)}{\partial x_1}\mathrm{d}x_1\mathrm{d}x_2\cdots\mathrm{d}xm .$$

由假设(b),知 $\psi''(z)>0$,因此 $\varphi''(z)>0$,故 $\varphi(z)$为严格凸函数.(i)得证.

现证(ii).对 $\forall\ z\in(0,z^*)$,存在 $\alpha\in(0,1)$,有

$$z=\alpha\cdot 0+(1-\alpha)z^*,$$

由性质(i),并注意到 $\varphi(0)=0$,有

$$\begin{aligned}\varphi(z) &= \varphi(\alpha \cdot 0 + (1-\alpha) z^*) \\ &< \alpha\varphi(0) + (1-\alpha)\varphi(z^*) \\ &= (1-\alpha)\varphi(z^*) \\ &= (1-\alpha) z^* \\ &= z;\end{aligned}$$

当 $z \in (z^*, \infty)$时，由性质(i)，有

$$\frac{\varphi(z)-\varphi(0)}{z-0} > \frac{\varphi(z^*)-\varphi(0)}{z^*-0} = \frac{\varphi(z^*)}{z^*} = 1 .$$

因此

$$\varphi(z) > z.$$

结论(ii)得证.

结论(iii)，由结论(ii)直接得到. 证毕.

由定理 8.3.1 和定理 8.3.2，有图 8.3.1.

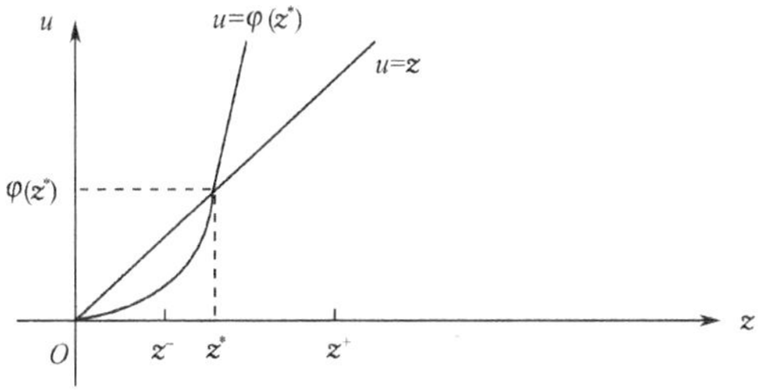

图 8.3.1

求 $\varphi(z)$的不动点，例如用“二分法”求解，有下面的框图(见图 8.3.2).

可以看出，求不动点时需要计算多重积分 $\varphi(z)$. 通常，我们用数值方法估计 $\varphi(z)$的近似值，例如用格点法(当然，这不是最好的数值方法，这里只是说明在计算多重积分时，怎么去用 DEA 方法)，有

$$\int_0^{\bar{x}_1}\int_0^{\bar{x}_2}\cdots\int_0^{\bar{x}_m} f_t(x_1, x_2, \cdots, x_m)\,\mathrm{d}x_1\,\mathrm{d}x_2\cdots\mathrm{d}x_m$$
$$=\left(\prod_{i=1}^{m}\frac{\bar{x}_i}{k}\right)\sum_{t_1=1}^{k}\sum_{t_2=1}^{k}\cdots\sum_{t_m=1}^{k} f_t\left(t_1\frac{\bar{x}_1}{k}, t_2\frac{\bar{x}_2}{k}, \cdots, t_m\frac{\bar{x}_m}{k}\right).$$

因为函数 $f_t(x_1, \cdots, x_m)$的具体表示式(函数形式)是不知道的. 在这样的情况下，可以用 DEA 方法计算函数值.

在 $l=t$ 期，取 n 个决策单元的投入、产出数据，由表 8.3.1 给出，其中($X_j^t \in E^m$, $Y_j \in E^1$)

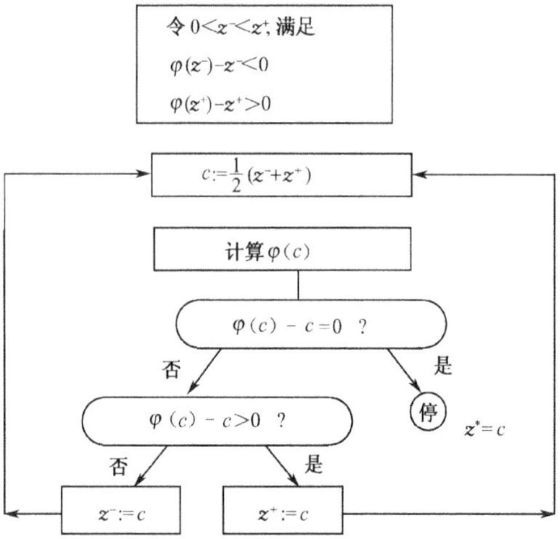

图 8.3.2

表 8.3.1

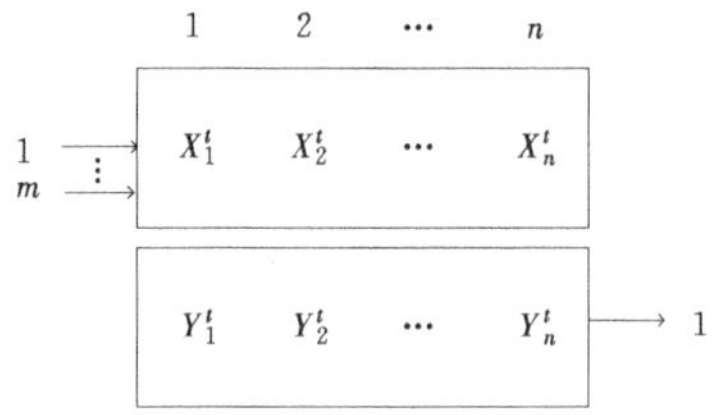

(X_j^t, Y_j^t)=DMU$_j$ 的投入、产出数据，$j=1,\cdots,n$. 不失一般性，设函数 $f_t(\hat{X})\geqq 1$，为了计算函数 $f_t(X)$在 $\hat{X}$的函数值 $f_t(\hat{X})$，考虑线性规划(当 $\delta_2=0$ 时，为输出 DEA 模型 BC^2，当 $\delta_2=1, \delta_3=0$ 时，为输出 DEA 模型 FG)

$$\begin{cases} \max\ z\ , \\ \sum_{j=1}^{n} X_j^t \lambda_j + \hat{X}\lambda_0 \leqq \hat{X}, \\ \sum_{j=1}^{n} Y_j^t \lambda_j + 1\cdot\lambda_0 \geqq z\cdot 1, \\ \sum_{j=1}^{n} \lambda_j + \lambda_0 + \delta_2\lambda_{n+1} = 1, \\ \lambda_j \geqq 0, j=0,1,\cdots,n,n+1\ . \end{cases}$$

设最优值为 $\hat{z}$,则(见图 8.3.3,其中 $\delta_2=0$)

$$f_t(\hat{X}) = f_t(\hat{X}_1, \hat{X}_2, \cdots, \hat{X}_m) = \hat{z}.$$

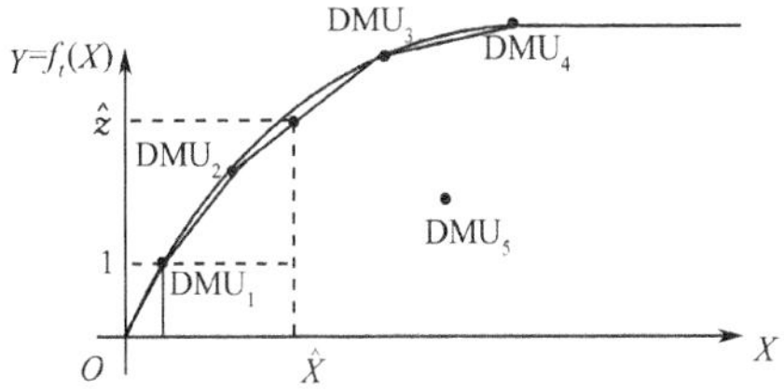

图 8.3.3

类似地,当计算多重积分

$$\int_0^{z\bar{x}_1}\int_0^{\bar{x}_2}\cdots\int_0^{\bar{x}_m} f_0(x_1, x_2, \cdots, x_m)\mathrm{d}x_1\mathrm{d}x_2\cdots\mathrm{d}x_m$$

时,需要计算 $f_0(X)$的函数值,利用基期($l=0$)的决策单元的数据(由表 8.3.2 给出).

表 8.3.2

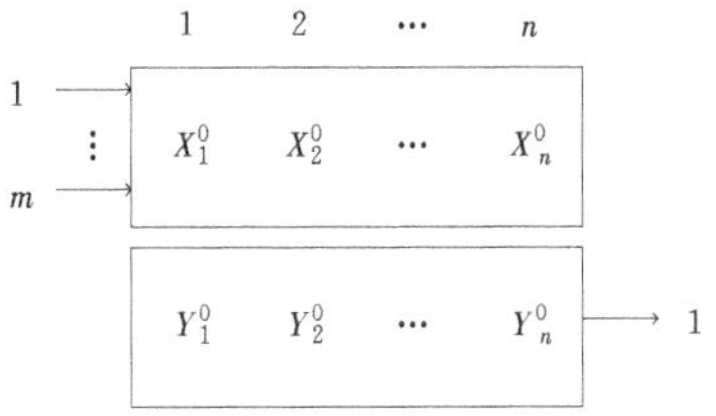

第九章　非参数的 DEA 最优化模型

微观经济学中的生产理论是以生产函数为基础，研究厂商的生产行为，生产理论的传统分析方法是新古典经济模型中的边际分析方法．厂商以追求最大利润（或最大产量，或最小成本）为目标，建立最优化模型，求得生产要素的最佳组合．通过古典极值问题的 Lagrange 乘子法或数学规划的 Kuhn-Tucker 定理，讨论最佳要素组合的充分条件和必要条件．

通常，生产函数的求得往往通过观察的数据样本，采用回归方法确定．然而，利用 DEA（数据包络）的非参数方法，是直接使用样本数据（即决策单元的输入、输出数据）建立相应的非参数的 DEA 最优化模型．特别是根据具有无穷多个决策单元的 DEA 模型的研究，可以知道，利用有限个决策单元的输入、输出数据得到的生产可能集，可看做是对生产函数下图的一种逼近（定理 7.3.1）；生产可能集的生产前沿面，可看做是对生产函数曲面的一种逼近（定理 7.3.4），这为非参数的 DEA 最优化模型提供了理论基础．同时，由于 DEA 最优化模型是一个线性规划问题，可以用线性规划的对偶理论研究最优性条件，这些条件与边际分析方法得出的结果是完全一致的．

利用输入、输出数据样本建立 DEA 最优化模型，并进行最优性条件分析的过

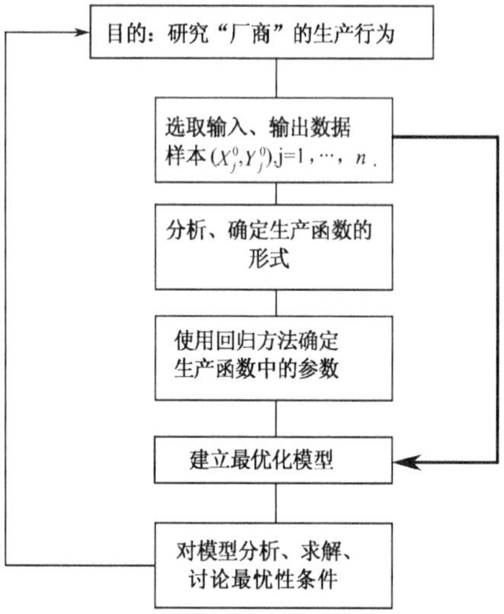

图 9.0.1

程如图 9.0.1 所示.其中“➡”表示非参数的 DEA 最优化模型可直接由输入、输出数据样板得到,回避了用回归方法得到最优化模型的过程.可以看出,非参数 DEA 最优化模型研究厂商的生产行为有以下的特点:

(i) 直接用决策单元的输入、输出数据;

(ii) 不必事先研究、分析和最终确定生产函数的形式;

(iii) 不用统计回归方法确定生产函数当中的参数;

(iv) 不使用生产函数的一阶、二阶条件进行边际分析,而用线性规划的对偶理论进行最优性分析;

(v) 由于建立的模型是线性规划,不但可以计算,而且可获得较多的经济信息和管理信息.

本章取材于[73～76].

第一节　产出最大化模型

设

$Y=f(x_1,x_2,\cdots,x_m)$为生产函数,满足通常的条件:具有连续的一阶偏导数,且有

$$\frac{\partial f(x_1,x_2,\cdots,x_m)}{\partial x_i}>0,\quad i=1,\cdots,m.$$

而且 $f(x_1,x_2,\cdots,x_m)$为凹函数;

r_i=第 i 种生产要素的“价格”(例如,若生产要素是劳力,r_i 为工资率;若生产要素是资本,r_i 为利率),$r_i>0$, $i=1,2,\cdots,m$;

c=生产总成本;

b=固定成本;

x_i=第 i 种生产要素的数量,$i=1,2,\cdots,m$.产出最大化模型为

$$(P_1)\begin{cases}\max f(X)=\alpha(c),\\ \sum\limits_{i=1}^{n} r_i x_i+b\leqq c,\\ x_i\geqq 0,\ i=1,2,\cdots,m,\end{cases}$$

其中

$$X=(x_1,x_2,\cdots,x_m)^{\mathrm{T}}.$$

设 $\bar{X}=(\bar{x}_1,\bar{x}_2,\cdots,\bar{x}_m)^{\mathrm{T}}$ 为(P_1)的最优解.令

$$\varphi(X,u)=-f(X)-u\left[c-b-\sum_{i=1}^{m} r_i x_i\right].$$

由 Kuhn-Tucker 定理(见[77,78]),存在 $\bar{u}$,满足

$$
(KT)\begin{cases}
\dfrac{\partial \varphi(\bar{X},\bar{u})}{\partial x_i} = -\dfrac{\partial f(\bar{X})}{\partial x_i} + \bar{u}\, r_i \geqq 0,\ \bar{x}_i \geqq 0,\ i=1,\cdots,m,\\[2ex]
\dfrac{\partial \varphi(\bar{X},\bar{u})}{\partial x_i}\bar{x}_i = \left[-\dfrac{\partial f(\bar{X})}{\partial x_i} + \bar{u}\, r_i\right]\bar{x}_i = 0,\ i=1,\cdots,m,\\[2ex]
\dfrac{d\varphi(\bar{X},\bar{u})}{du} = -\left[c-b-\sum\limits_{i=1}^{m} r_i\bar{x}_i\right] \leqq 0,\ \bar{u} \geqq 0,\\[2ex]
\dfrac{d\varphi(\bar{X},\bar{u})}{du}\bar{u} = -\left[c-b-\sum\limits_{i=1}^{m} r_i\bar{x}_i\right]\bar{u} = 0.
\end{cases}
$$

由(P_1)的最优解 $\bar{X}$(取最大值 $f(\bar{X})$)满足

$$\bar{X} > 0,\quad i=1,2,\cdots,m.$$

因此必有

$$-\frac{\partial f(\bar{X})}{\partial x_i} + \bar{u} r_i = 0.$$

即

$$\frac{\partial f(\bar{X})}{\partial x_i}\Big/ r_i = \bar{u},\quad i=1,2,\cdots,m.$$

它的经济解释:当成本给定后,为使产量最大,生产要素的最佳组合 $\bar{X}=(\bar{x}_1, \bar{x}_2,\cdots,\bar{x}_m)^{\mathrm{T}}$应满足的条件是:每种生产要素的边际产出$\dfrac{\partial f(\bar{X})}{\partial x_i}$与“价格”$r_i$之比都相等,并且等于成本的“影子价格”.(即总成本增加一个单位,总产值的增加值为 $\bar{u}$,而 $\bar{u}=\dfrac{\mathrm{d}\alpha(c)}{\mathrm{d}c}$).

若 n 个决策单元的输入、输出数据由表 9.1.1 给出.

表 9.1.1

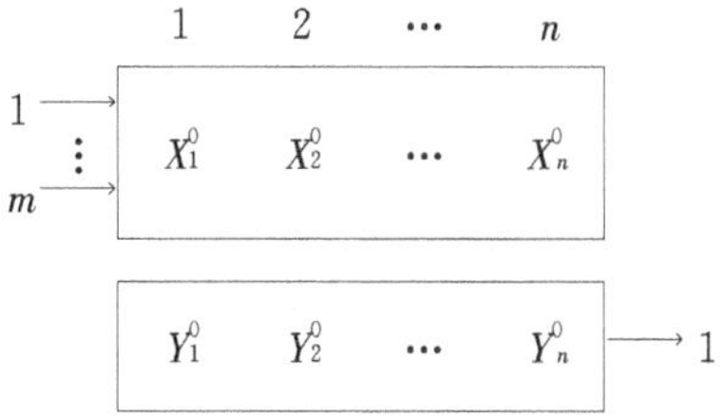

其中

X_j^0=第 j 个决策单元的输入数据, $X_j^0\in E^m$, $X_j^0>0$, $j=1,\cdots,n$;

Y_j^0=第 j 个决策单元的输出数据, $Y_j^0\in E^1$, $Y_j^0>0$, $j=1,\cdots,n$.

此时生产可能集为(其中 $\delta_1,\delta_2,\delta_3$ 为取值 0 和 1 的参数)

$$T=\left\{(X,Y)\,\middle|\,\sum_{j=1}^{n}X_j^0\lambda_j\leqq x,\sum_{j=1}^{n}Y_j^0\lambda_j\geqq Y,\delta_1\left[\sum_{j=1}^{n}\lambda_j+\delta_2(-1)^{\delta_3}\lambda_{n+1}\right]=\delta_1,\right.$$
$$\left.\lambda_j\geqq 0,j=1,2,\cdots,n,n+1\right\}.$$

它可看做是生产函数 $y=f(X)=f(x_1,x_2,\cdots,x_m)$下图的一种逼近,其中 $f(X)$ 的下图为

$$P(f)=\{(X,Y)\mid f(X)\geqq Y\}.$$

由于(P_1)可改写为

$$\begin{cases}\max\ Y,\\ f(X)\geqq Y,\\ \displaystyle\sum_{i=1}^{m}r_i x_i+b\leqq c,\\ x_i\geqq 0,\quad i=1,2,\cdots,m\end{cases}$$

故产出最大化模型可写为如下的线性规划

$$(LP_1)\begin{cases}\max\ Y,\\ \displaystyle\sum_{j=1}^{n}X_j^0\lambda_j\leqq X,\\ \displaystyle\sum_{j=1}^{n}Y_j^0\lambda_j\geqq Y,\\ \delta_1\left[\displaystyle\sum_{j=1}^{n}\lambda_j+\delta_2(-1)^{\delta_3}\lambda_{n+1}\right]=\delta_1,\\ \lambda_j\geqq 0,\quad j=1,2,\cdots,n,n+1,\\ \displaystyle\sum_{i=1}^{m}r_i x_i+b\leqq c,\\ x_i\geqq 0,\quad i=1,2,\cdots,m.\end{cases}$$

它的对偶为

$$(LD_1)\begin{cases}\min\left[u(c-b)+\delta_1\mu_0\right],\\ \omega^{\mathrm T}X_j^0-\mu Y_j^0+\delta_1\mu_0\geqq 0,j=1,2,\cdots,n,\\ -\omega_i+ur_i\geqq 0,i=1,\cdots,m,\\ \mu\geqq 1,\\ \omega\geqq 0,\mu\geqq 0,\delta_1\delta_2(-1)^{\delta_3}\mu_0\geqq 0,u\geqq 0.\end{cases}$$

设(X,Y,λ)为(LP_1)的最优解,$(\bar\omega,\bar\mu,\bar\mu_0,\bar u)$为$(LD_1)$的最优解,由线性规划对偶理论知

$\bar{\omega}_i$=第 i 种生产要素的边际产出,$i=1,\cdots,m$;

$\bar{u}$=成本的“影子价格”.

由 $\bar{X}=(\bar{x}_1,\bar{x}_2,\cdots,\bar{x}_m)^{\mathrm{T}}>0,\bar{Y}>0$,故有

$$-\bar{\omega}_i+\bar{u}r_i=0,\quad i=1,\cdots,m,$$

$$\bar{\mu}=1.$$

于是,有

$$\bar{\omega}_i/r_i=\bar{u},\quad i=1,2,\cdots,m.$$

即每个要素的边际产出与价格之比等于常数 $\bar{u}$,而 $\bar{u}$ 为成本的“影子价格”.

下面定理表明非参数 DEA 最优化模型得到最优解(生产要素的最佳组合)$\bar{X}$ 及相对应的产出 $\bar{Y}$ 构成的投入、产出组合$(\bar{X},\bar{Y})$是位于生产可能集 T 的生产前沿面上.

定理 9.1.1 设$(\bar{X},\bar{Y},\bar{\lambda},\bar{\lambda}_{n+1})$为线性规划$(LP_1)$的最优解,则$(\bar{X},\bar{Y})$为下面多目标规划的弱 Pareto 解

$$(VP)\begin{cases}V-\min(X,-Y),\\(X,Y)\in T.\end{cases}$$

证 设$(\bar{\omega},\bar{\mu},\bar{\mu}_0,\bar{u})$为$(LD_1)$的最优解.由线性规划的互补条件,有

$$\bar{\omega}^{\mathrm{T}}\left(\sum_{j=1}^{n}X_j^0\bar{\lambda}_j-\bar{X}\right)=0,$$

$$\bar{\mu}\left(\sum_{j=1}^{n}Y_j^0\bar{\lambda}_j-\bar{Y}\right)=0,$$

$$(\bar{\omega}^{\mathrm{T}}X_j-\bar{\mu}Y_j+\delta_1\bar{\mu}_0)\bar{\lambda}_j=0,\quad j=1,2,\cdots,n,$$

$$\delta_1\delta_2(-1)^{\delta_3}\bar{\mu}_0\bar{\lambda}_{n+1}=0.$$

故

$$\begin{aligned}&\bar{\omega}^{\mathrm{T}}\bar{X}-\bar{\mu}^{\mathrm{T}}\bar{Y}+\delta_1\bar{\mu}_0\\&=\bar{\omega}^{\mathrm{T}}\left(\sum_{j=1}^{n}X_j^0\bar{\lambda}_j\right)-\bar{\mu}\left(\sum_{j=1}^{n}Y_j^0\bar{\lambda}_j\right)+\delta_1\bar{\mu}_0\\&=-\delta_1\bar{\mu}_0\sum_{j=1}^{n}\bar{\lambda}_j+\delta_1\bar{\mu}_0\\&=-\delta_1\left(\sum_{j=1}^{n}\bar{\lambda}_j-1\right)\bar{\mu}_0\\&=\delta_1\delta_2(-1)^{\delta_3}\bar{\lambda}_{n+1}\bar{\mu}_0\\&=0.\end{aligned}\tag{1}$$

现在对任意$(X,Y)\in T$,存在 λ,λ_{n+1}满足

$$\delta_1\left(\sum_{j=1}^{n}\lambda_j+\delta_2(-1)^{\delta_3}\lambda_{n+1}\right)=\delta_1,\lambda_j\geqq 0,j=1,2,\cdots,n,n+1.$$

有

$$\sum_{j=1}^{n}X_j^0\lambda_j\leqq X,$$

$$\sum_{j=1}^{n}Y_j^0\lambda_j\geqq Y.$$

故

$$\begin{aligned}&\bar{\omega}^{\mathrm{T}}X-\bar{\mu}Y+\delta_1\bar{\mu}_0\\ \geqq&\bar{\omega}^{\mathrm{T}}\left(\sum_{j=1}^{n}X_j^0\lambda_j\right)-\bar{\mu}\left(\sum_{j=1}^{n}Y_j^0\lambda_j\right)+\delta_1\bar{\mu}_0\\ =&\sum_{j=1}^{n}\left(\bar{\omega}^{\mathrm{T}}X_j^0-\bar{\mu}Y_j^0\right)\lambda_j+\delta_1\bar{\mu}_0\\ =&\sum_{j=1}^{n}\left(\bar{\omega}^{\mathrm{T}}X_j^0-\bar{\mu}Y_j^0\right)\lambda_j+\delta_1\left(\sum_{j=1}^{n}\lambda_j+\delta_2(-1)^{\delta_3}\lambda_{n+1}\right)\bar{\mu}_0\\ =&\sum_{j=1}^{n}(\bar{\omega}^{\mathrm{T}}X_j^0-\bar{\mu}Y_j^0+\delta_1\bar{\mu}_0)\lambda_j+\delta_1\delta_2(-1)^{\delta_3}\bar{\mu}_0\lambda_{n+1}\\ \geqq&0.\end{aligned}\tag{2}$$

由(1)式和(2)式,对任意$(X,Y)\in T$,有

$$\bar{\omega}^{\mathrm{T}}X-\bar{\mu}Y+\delta_1\bar{\mu}_0\geqq 0=\bar{\omega}^{\mathrm{T}}\bar{X}-\bar{\mu}\bar{Y}+\delta_1\bar{\mu}_0,$$

即

$$\bar{\omega}^{\mathrm{T}}X-\bar{\mu}Y\geqq\bar{\omega}^{\mathrm{T}}\bar{X}-\bar{\mu}\bar{Y}.$$

于是,$(\bar{x},\bar{y})$是下面线性加权和问题的最优解

$$\min_{(X,Y)\in T}(\bar{\omega}^{\mathrm{T}}X-\bar{\mu}Y).$$

由 $\bar{\mu}\geqq 1>0,\bar{\omega}\geqq 0$,知

$$(\bar{\omega}^{\mathrm{T}},\bar{\mu})\geq 0,$$

由定理 2.3.1,$(\bar{X},\bar{Y})$为多目标规划(VP)的弱 Pareto 解.证毕.

定理 9.1.2　设$(\bar{X},\bar{Y},\bar{\lambda},\bar{\lambda}_{n+1})$为线性规划$(LP_1)$的最优解,有

(i) 若 $\delta_1=0$,则$(\bar{x},\bar{y})$为下面多目标规划(VP)的 Pareto 解

$$(VP)\begin{cases}V-\min(X,-Y),\\ (X,Y)\in T_{C^2R}.\end{cases}$$

其中

$$T_{C^2R}=\left\{(X,Y)\,\middle|\,\sum_{j=1}^{n}X_j^0\lambda_j\leqq X,\sum_{j=1}^{n}Y_j^0\lambda_j\geqq Y,\lambda_j\geqq 0,j=1,\cdots,n\right\};$$

(ii) 若 $\delta_1=1,\delta_2=1,\delta_3=1$,则$(\bar{x},\bar{y})$为下面多目标规划的 Pareto 解

$$(VP)\begin{cases} V-\min\,(X,-Y), \\ (X,Y)\in T_{ST}, \end{cases}$$

其中

$$T_{ST}=\left\{(X,Y)\,\middle|\,\sum_{j=1}^{n}X_j^0\lambda_j\leqq X,\sum_{j=1}^{n}Y_j^0\lambda_j\geqq Y,\sum_{j=1}^{n}\lambda_j\geqq 1,\lambda_j\geqq 0,j=1,\cdots,n\right\}.$$

证　由定理 9.1.1 的证明,知对任意 $(X,Y)\in T$ 都有

$$\bar{\omega}^{\mathrm{T}}X-\bar{\mu}\,Y\geqq\bar{\omega}^{\mathrm{T}}\bar{X}-\bar{\mu}^{\mathrm{T}}\bar{Y}.$$

因 $\bar{\mu}\geqq 1>0$,只需证在 $\delta_1=0$ 或 $\delta_1=1,\delta_2=1,\delta_3=1$ 时,有 $\bar{\omega}>0$.

现证 $\bar{\omega}>0$.为此先证:对 (LP_1) 的任意最优解都满足(当 $\delta_1=0$ 或 $\delta_1=1,\delta_2=1,\delta_3=1$ 时)

$$\sum_{i=1}^{m}r_i x_i+b=c.$$

用反证法证之.设 $(\hat{X},\hat{Y},\hat{\lambda},\hat{\lambda}_{n+1})$ 为 (LP_1) 的最优解,但有

$$\sum_{i=1}^{m}r_i\hat{x}_i+b<c.$$

不难看出,可取适当小的 $\Delta_i>0,i=1,2,\cdots,m$,使

$$\sum_{i=1}^{m}r_i(\hat{x}_i+\Delta_i)+b\leqq c.$$

于是

$$\sum_{j=1}^{n}X_j^0\hat{\lambda}_j\leqq\hat{X}<\hat{X}+(\Delta_1,\Delta_2,\cdots,\Delta_m)^{\mathrm{T}}.$$

由此可见,可取适当小的 $\Delta>0,\Delta\in E^1$,有

$$X_1^0(\hat{\lambda}_1+\Delta)+\sum_{\substack{j=1\\j\neq 1}}^{n}X_j^0\hat{\lambda}_j=\sum_{j=1}^{n}X_j^0\hat{\lambda}_j+X_1^0\Delta$$

$$\leqq\hat{X}+(\Delta_1,\Delta_2,\cdots,\Delta_m)^{\mathrm{T}}$$

此时却有

$$Y_1^0(\hat{\lambda}_1+\Delta)+\sum_{\substack{j=1\\j\neq 1}}^{n}Y_j^0\hat{\lambda}_j=\sum_{j=1}^{n}Y_j^0\hat{\lambda}_j+Y_1^0\Delta>\sum_{j=1}^{n}Y_j^0\hat{\lambda}_j\geqq\hat{Y}.$$

(i) 当 $\delta_1=0$ 时,由

$$\hat{X}+(\Delta_1,\Delta_2,\cdots,\Delta_m)^{\mathrm{T}}\geqq 0,$$

$$(\hat{\lambda}_1+\Delta,\hat{\lambda}_2,\cdots,\hat{\lambda}_n)^{\mathrm{T}}\geqq 0$$

知 $\left(\hat{X}+(\Delta_1,\Delta_2,\cdots,\Delta_m)^{\mathrm{T}},\ \sum_{j=1}^{n}Y_j^0\hat{\lambda}_j+Y_1^0\Delta,(\hat{\lambda}_1+\Delta,\hat{\lambda}_2,\cdots,\hat{\lambda}_n)\right)$ 为线性规划

(LP_1)的可行解.但是(LP_1)的目标函数值却有

$$\sum_{j=1}^{n} Y_j^0 \hat{\lambda}_j + Y_1^0 \Delta > \hat{y}.$$

此与$(\hat{X}, \hat{Y}, \hat{\lambda})$为$(LP_1)$的最优解相矛盾；

(ii) 当 $\delta_1=1, \delta_2=1, \delta_3=1$ 时,约束

$$\delta_1\left[\sum_{j=1}^{n} \lambda_j + \delta_2(-1)^{\delta_3}\lambda_{n+1}\right] = \delta_1$$

成为

$$\sum_{j=1}^{n} \lambda_j \geqq 1.$$

与(i)中同样取 $\Delta_1, \Delta_2, \cdots, \Delta_m$ 以及Δ,可知

$$\left[\hat{X} + (\Delta_1, \Delta_2, \cdots, \Delta_m)^{\mathrm{T}}, \sum_{j=1}^{m} Y_j^0 \hat{\lambda}_j + Y_1^0 \Delta, (\hat{\lambda}_1 + \Delta, \hat{\lambda}_2, \cdots, \hat{\lambda}_n)\right]$$

满足

$$\sum_{j=1}^{n} X_j^0 \lambda_j \leqq X,$$

$$\sum_{j=1}^{n} Y_j^0 \lambda_j \geqq Y,$$

$$\sum_{i=1}^{m} r_i x_i + b \leqq c,$$

$$x_i \geqq 0, \quad i = 1, \cdots, m,$$

$$\lambda_i \geqq 0, \quad j = 1, \cdots, n.$$

而且

$$(\hat{\lambda}_1 + \Delta) + \sum_{\substack{j=1 \\ j\neq 1}}^{n} \hat{\lambda}_j = \sum_{j=1}^{n} \hat{\lambda}_j + \Delta > 1.$$

因此,$\left[\hat{X} + (\Delta_1, \Delta_2, \cdots, \Delta_m)^{\mathrm{T}}, \sum_{j=1}^{n} \hat{Y}_j \hat{\lambda}_j + Y_1^0 \Delta, (\hat{\lambda}_1 + \Delta, \hat{\lambda}_2, \cdots, \hat{\lambda}_n)\right]$为$(LP_1)$的可行解.但是,目标函数值却有

$$\sum_{j=1}^{n} \hat{Y}_j \hat{\lambda}_j + Y_1^0 \Delta > \hat{Y}.$$

此与$(\hat{X}, \hat{Y}, \hat{\lambda})$为$(LP_1)$的最优解矛盾.

综上所述,在 $\delta_1=0$ 或 $\delta_1=1, \delta_2=1, \delta_3=1$ 时,(LP_1)的任意最优解都使约束

$$\sum_{i=1}^{m} r_i x_i + b \leqq c$$

取等式.由线性规划的紧松定理(定理 B.3.2),线性规划(LP_1)的对偶规划(LD_1)存在最优解($\bar{\omega}, \bar{\mu}, \bar{\mu}_0, \bar{u}$),有 $\bar{u}>0$.

再由(LP_1)的最优解($\bar{X}, \bar{Y}, \bar{\lambda}, \bar{\lambda}_{n+1}$),有

$$\bar{X} = (\bar{x}_1, \bar{x}_2, \cdots, \bar{x}_m)^{\mathrm{T}} > 0,$$

根据线性规划的松紧定理(定理 B.1.3)有

$$-\bar{\omega}_i + \bar{u} r_i = 0, \quad i = 1, \cdots, m,$$

即

$$\bar{\omega}_i = \bar{u} r_i > 0, \quad i = 1, \cdots, m.$$

最终得到

$$(\bar{\omega}^{\mathrm{T}}, \bar{\mu}) > 0.$$

根据定理 2.3.1,($\bar{x}, \bar{y}$)为多目标规划(VP)(当 $\delta_1 = 0$ 时, $T = T_{\mathrm{C^2R}}$;当 $\delta_1 = 1$, $\delta_2 = 1$, $\delta_3 = 1$ 时, $T = T_{\mathrm{ST}}$)的 Pareto 解.证毕.

推论 9.1.1[①]　设($\bar{X}, \bar{Y}, \bar{\lambda}, \bar{\lambda}_{n+1}$)为线性规划(LP_1)的最优解,有

(i) 若 $\delta_1 = 0$,则($\bar{X}, \bar{Y}$)在(输出)$\mathrm{C^2R}$ 模型下为 DEA 有效,其中输出 $\mathrm{C^2R}$ 模型为

$$(D^0_{\mathrm{C^2R}})\begin{cases} \max\ z, \\ \sum_{j=1}^{n} X_j^0 \lambda_j + \lambda_0 \bar{X} \leqq \bar{X}, \\ \sum_{j=1}^{n} Y_j^0 \lambda_j + \lambda_0 \bar{Y} \geqq z \bar{Y}, \\ \lambda_j \geqq 0, \quad j = 0, 1, \cdots, n. \end{cases}$$

(ii) 若 $\delta_1 = 1, \delta_2 = 1, \delta_3 = 1$.则($\bar{x}, \bar{y}$)在(输出) ST 模型下为 DEA 有效,其中输出 ST 模型为

$$(D^0_{\mathrm{ST}})\begin{cases} \max\ z, \\ \sum_{j=1}^{n} X_j^0 \lambda_j + \lambda_0 \bar{X} \leqq \bar{X}, \\ \sum_{j=1}^{n} Y_j^0 \lambda_j + \lambda_0 \bar{Y} \geqq z \bar{Y}, \\ \sum_{j=1}^{n} \lambda_j + \lambda_0 \geqq 1, \\ \lambda_j \geqq 0, \quad j = 0, 1, \cdots, n. \end{cases}$$

① 由结论 3.2.1.对综合 DEA 模型而言,输入 DEA 有效与输出 DEA 有效是等价的.因此,在 $\delta_1 = 0$ 或 $\delta_1 = 1, \delta_2 = 1, \delta_3 = 1$ 时,($\bar{x}, \bar{y}$)也为输入 DEA 有效.

证 由定理 9.1.2,($\bar{X}$, $\bar{Y}$)为多目标规划(VP)的 Pareto 解.再由综合 DEA 模型的 Pareto 解与 DEA 有效的等价性定理(定理 3.2.1 和定理 3.2.2),知($\bar{X}$, $\bar{Y}$)为 DEA 有效($\delta_1=0$ 或 $\delta_1=1$, $\delta_2=1$, $\delta_3=1$).证毕.

若 $\delta_1=1$, $\delta_2=0$ 或 $\delta_1=1$, δ_2-1, $\delta_3=0$,由定理 9.1.1.只能得到线性规划(LP_1)最优解($\bar{X}$, $\bar{Y}$, $\bar{\lambda}$, $\bar{\lambda}_{n+1}$)中($\bar{X}$, $\bar{Y}$)为多目标规划(VP)的弱 Pareto 解的结论;由结论 3.3.3 和结论 3.3.4,可得到以下的推论 9.1.2.先证明一个引理.

引理 9.1.1 考虑 DEA 模型($D^0_{BC^2}$).若($\bar{X}$, $\bar{Y}$)不为弱 DEA 有效,则($D^0_{BC^2}$)的任意最优解 $\hat{\lambda}_j$, $j=0,1,\cdots,n$, $\hat{z}$,都有 $\hat{\lambda}_0=0$,其中

$$
(D^0_{BC^2})\begin{cases}
\max\ z, \\
\sum_{j=1}^{n} X_j^0\lambda_j + \bar{X}\lambda_0 \leqq \bar{X}, \\
\sum_{j=1}^{n} Y_j^0\lambda_j + \bar{Y}\lambda_0 \geqq z\bar{Y}, \\
\sum_{j=1}^{n} \lambda_j + \lambda_0 = 1, \\
\lambda_j \geqq 0, \quad j=0,1,\cdots,n.
\end{cases}
$$

证 由于($D^0_{BC^2}$)的对偶规划问题为

$$
(P^0_{BC^2})\begin{cases}
\min\ (\omega^{\mathrm{T}}\bar{X} + \mu_0) \\
\omega^{\mathrm{T}} X_j^0 - \mu Y_j^0 + \mu_0 \geqq 0, j=1,\cdots,n, \\
\omega^{\mathrm{T}}\bar{X} - \mu\bar{Y} + \mu_0 \geqq 0, \\
\mu\bar{Y} = 1, \\
\omega \geqq 0, \mu \geqq 0, \mu_0 \in E^1.
\end{cases}
$$

若 $\hat{\lambda}_j$, $j=0,1,\cdots,n$, $\hat{z}$为($D^0_{BC^2}$)的最优解,并且有 $\hat{\lambda}_0>0$.由线性规划的松紧定理,线性规划($P^0_{BC^2}$)存在最优解 ω^0, μ^0, μ_0^0,满足

$$\omega^{0\mathrm{T}}\bar{X} - \mu^0\bar{Y} + \mu_0 = 0,$$

故

$$\omega^{0\mathrm{T}}\bar{X} + \mu_0^0 = \mu^0\bar{Y} = 1,$$

此与($\bar{X}$, $\bar{Y}$)不为弱 DEA 有效相矛盾.证毕.

推论 9.1.2 设($\bar{X}$, $\bar{Y}$, $\bar{\lambda}$, $\bar{\lambda}_{n+1}$)为线性规划(LP_1)的最优解,则

(i) 若 $\delta_1=1$, $\delta_2=0$,则($\bar{X}$, $\bar{Y}$)在输出 BC^2 模型下为弱 DEA 有效(BC^2),其中输出 BC^2 模型为

$$
(D_{\mathrm{BC}^2}^0)\begin{cases}
\max\ z \\
\sum\limits_{j=1}^{n} X_j^0 \lambda_j + \bar{X}\lambda_0 \leqq \bar{X}, \\
\sum\limits_{j=1}^{n} Y_j^0 \lambda_j + \bar{Y}\lambda_0 \geqq z\,\bar{Y}, \\
\sum\limits_{j=1}^{n} \lambda_j + \lambda_0 = 1, \\
\lambda_j \geqq 0, \quad j = 0,1,\cdots,n.
\end{cases}
$$

(ii) 若 $\delta_1=1$, $\delta_2=1$, $\delta_3=0$,则$(\bar{X},\bar{Y})$在输出 FG 模型下为弱 DEA 有效(FG),其中输出 FG 模型为

$$
(D_{\mathrm{FG}}^0)\begin{cases}
\max\ z \\
\sum\limits_{j=1}^{n} X_j^0 \lambda_j + \bar{X}\lambda_0 \leqq \bar{X}, \\
\sum\limits_{j=1}^{n} Y_j^0 \lambda_j + \bar{Y}\lambda_0 \geqq z\,\bar{Y}, \\
\sum\limits_{j=1}^{n} \lambda_j + \lambda_0 \leqq 1, \\
\lambda_j \geqq 0, \quad j = 0,1,\cdots,n.
\end{cases}
$$

证　若$(\bar{X},\bar{Y})$不为输出弱 DEA 有效(BC^2).即存在$(D_{\mathrm{BC}^2}^0)$的最优解 $\hat{\lambda}_j$,　$j=0,1,\cdots,n$, $\hat{z}$,有 $\hat{z}>1$.此时有

$$
\begin{cases}
\sum\limits_{j=1}^{n} X_j^0 \hat{\lambda}_j + \bar{X}\hat{\lambda}_0 \leqq \bar{X}, \\
\sum\limits_{j=1}^{n} Y_j^0 \hat{\lambda}_j + \bar{Y}\hat{\lambda}_0 \geqq \hat{z}\,\bar{Y} > \bar{y}, \\
\sum\limits_{j=1}^{n} \hat{\lambda}_j + \hat{\lambda}_0 = 1, \\
\hat{\lambda}_j \geqq 0, \quad j = 0,1,\cdots,n.
\end{cases}
$$

并且有(因为$(\bar{X},\bar{Y},\bar{\lambda},\bar{\lambda}_{n+1})$为$(LP_1)$的最优解)

$$
\sum_{i=1}^{m} r_i \bar{x}_i + b \leqq c, \quad \bar{x}_i \geqq 0, \quad i = 1,\cdots,m.
$$

由引理 9.1.1,因为$(\bar{x},\bar{y})$不为弱 DEA 有效(BC^2),因此 $\hat{\lambda}_0=0$.故有

$$\begin{cases}\sum_{j=1}^{n} X_j^0 \hat{\lambda}_j \leqq \bar{X}, \\ \sum_{j=1}^{n} Y_j^0 \hat{\lambda}_j \geqq \hat{z} \bar{Y} > \bar{Y}, \\ \sum_{j=1}^{n} \hat{\lambda}_j = 1, \\ \hat{\lambda}_j \geqq 0, \quad j = 0,1,\cdots,n, \\ \sum_{i=1}^{m} r_i \bar{x}_i + b \leqq c, \\ \bar{x}_i \geqq 0, \quad i = 1,\cdots,n.\end{cases}$$

即$(\bar{X}, \hat{z}\bar{Y}, \hat{\lambda})$为$(LP_1)$的可行解，但却有

$$\hat{z}\bar{Y} > \bar{Y}.$$

此与$(\bar{X}, \bar{Y}, \bar{\lambda})$为$(LP_1)$的最优解相矛盾.(i)得证.

结论(ii)直接由定理 9.1.1 和结论 3.3.4 得到.证毕.

第二节　成本最小化模型

设生产函数

$$Y = f(X) = f(x_1, x_2, \cdots, x_m)$$

为具有一阶连续偏导数的凹函数，并且

$$\frac{\partial f(X)}{\partial x_i} > 0, \quad i = 1,2,\cdots,m.$$

r_i=第 i 种生产要素的"价格"，$r_i>0$，$i=1,\cdots,m$；

Q=总生产量，$Q>0$.

成本最小化模型是指：在总产量不少于 Q 的前提下，选取要素的最佳组合，使得总成本(可变成本)最小.即非线性规划(P_2)：

$$(P_2)\begin{cases}\min\sum_{i=1}^{m} r_i x_i = C(Q) \\ f(x_1, x_2, \cdots, x_m) \geqq Q, \\ x_i \geqq 0, i = 1,\cdots,m.\end{cases}$$

类似于第一节的讨论，若 $\bar{X}=(\bar{x}_1, \bar{x}_2, \cdots, \bar{x}_m)^{\mathrm{T}}$ 为(P_2)的最优解，则有

$$\frac{\partial f(\bar{X})}{\partial x_i}\Big/ r_i = \frac{\mathrm{d}C(Q)}{\mathrm{d}Q}, \quad i = 1,2,\cdots,m.$$

如果 n 个决策单元的输入、输出数据由表 9.1.1 给出.生产函数 $y=f(x)$的

下图

$$P(f)=\{(X,Y)\mid f(X)\geqq Y\}$$

可用生产可能集 T 逼近,其中

$$T=\left\{(X,Y)\left|\sum_{j=1}^{n}X_j^0\lambda_j\leqq X,\sum_{j=1}^{n}Y_j^0\lambda_j\geqq y,\right.\right.$$
$$\left.\delta_1\left[\sum_{j=1}^{n}\lambda_j+\delta_2(-1)^{\delta_3}\lambda_{n+1}\right]=\delta_1,\lambda_j\geqq 0,j=1,\cdots,n,n+1\right\}$$

因此

$$f(X)\geqq Q$$

可用下式代替

$$\sum_{j=1}^{n}X_j^0\lambda_j\leqq X,$$
$$\sum_{j=1}^{n}Y_j^0\lambda_j\geqq Q,$$
$$\delta_1\left[\sum_{j=1}^{n}\lambda_j+\delta_2(-1)^{\delta_3}\lambda_{n+1}\right]=\delta_1,$$
$$\lambda_j\geqq 0,\quad j=1,2,\cdots,n,n+1.$$

因此有下面线性规划

$$(LP_2)\begin{cases}\min\sum_{i=1}^{m}r_i x_i,\\ \sum_{j=1}^{n}X_j^0\lambda_j\leqq X,\\ \sum_{j=1}^{n}Y_j^0\lambda_j\geqq Q,\\ \delta_1\left[\sum_{j=1}^{n}\lambda_j+\delta_2(-1)^{\delta_3}\lambda_{n+1}\right]=\delta_1,\\ \lambda_j\geqq 0,\quad j=1,2,\cdots,n,n+1,\\ x_i\geqq 0,\quad i=1,2,\cdots,m.\end{cases}$$

它的对偶规划为

$$(LD_2)\begin{cases}\max(\mu Q-\delta_1\mu_0),\\ \omega^{\mathrm{T}}X_j^0-\mu Y_j^0+\delta_1\mu_0\geqq 0, & j=1,\cdots,n,\\ \omega_i\leqq r_i, & i=1,\cdots,m,\\ \omega\geqq 0,\mu\geqq 0,\delta_1\delta_2(-1)^{\delta_3}\mu_0\geqq 0.\end{cases}$$

类似于对产出最大化模型,可得到成本最小化模型(LP_2)相应的结论.

定理 9.2.1　设$(\bar{X},\bar{\lambda},\bar{\lambda}_{n+1})$为$(LP_2)$的最优解,则$(\bar{X},Q)$为下面多目标规划的弱 Pareto 解

$$
(VP)\begin{cases} V-\min\ (X,\ Y),\\ (X,\ Y)\in T. \end{cases}
$$

证　设 $\bar{\omega},\bar{\mu},\bar{\mu}_0$ 为(LD_2)的最优解,由线性规划互补条件,有

$$
\bar{\omega}^{\mathrm{T}}\left(\sum_{j=1}^{n} X_j^0\bar{\lambda}_j-\bar{X}\right)=0,
$$

$$
\bar{\mu}\left(\sum_{j=1}^{n} Y_j^0\bar{\lambda}_j-Q\right)=0,
$$

$$
(\bar{\omega}^{\mathrm{T}} X_j^0-\bar{\mu}\ Y_j^0+\delta_1\bar{\mu}_0)\bar{\lambda}_j=0,\ j=1,\cdots,n,
$$

$$
\delta_1\delta_2(-1)^{\delta_3}\bar{\mu}_0\bar{\lambda}_{n+1}=0,
$$

$$
(\bar{\omega}_i-r_i)\bar{x}_i=0,\quad i=1,\cdots,m.
$$

故

$$
\begin{aligned}
&\bar{\omega}^{\mathrm{T}}\bar{X}-\bar{\mu}\ Q+\delta_1\bar{\mu}_0\\
=&\bar{\omega}^{\mathrm{T}}\left(\sum_{j=1}^{n} X_j^0\bar{\lambda}_j\right)-\bar{\mu}\left(\sum_{j=1}^{n} Y_j^0\bar{\lambda}_j\right)+\delta_1\bar{\mu}_0\\
=&-\delta_1\bar{\mu}_0\sum_{j=1}^{n}\bar{\lambda}_j+\delta_1\bar{\mu}_0\\
=&\delta_1\bar{\mu}_0\left(1-\sum_{j=1}^{n}\bar{\lambda}_j\right)\\
=&\delta_1\delta_2(-1)^{\delta_3}\bar{\mu}_0\bar{\lambda}_{n+1}\\
=&0.
\end{aligned}
$$

另一方面,类似于定理 9.1.1 的证明,对任意$(X,Y)\in T$,有

$$
\bar{\omega}^{\mathrm{T}} X-\bar{\mu}\ Y+\delta_1\bar{\mu}_0\geqq 0.
$$

故对任意$(X,Y)\in T$,有

$$
\bar{\omega}^{\mathrm{T}} X-\bar{\mu}Y\geqq\bar{\omega}^{\mathrm{T}}\bar{X}-\bar{\mu}Q.
$$

因为 $Q>0$,不难看出存在 $\bar{\lambda}_{j'}>0,1\leqq j'\leqq n$.故

$$
\bar{X}\geqq\sum_{j=1}^{n} x_j^0\bar{\lambda}_j\geqq x_{j'}^0\bar{\lambda}_{j'}>0.
$$

由互补条件

$$
(\bar{\omega}_i-r_i)\bar{x}_i=0,\qquad i=1,\cdots,m,
$$

知

$$
\bar{\omega}_i=r_i>0,\quad i=1,\cdots,m.
$$

于是

$$(\bar{\omega}^{\mathrm{T}}, \bar{\mu}) \geq 0.$$

由定理 2.3.1.$(\bar{X}, Q)$为多目标规划(VP)的弱 Pareto 解.证毕.

定理 9.2.2　设$(\bar{X}, \bar{\lambda}, \bar{\lambda}_{n+1})$为$(LP_2)$的最优解,有

(i) 若 $\delta_1=0$,则$(\bar{X}, Q)$为下面多目标规划(VP)的 Pareto 解

$$(VP)\begin{cases} V-\min\,(X, -Y), \\ (X, Y) \in T_{C^2R}; \end{cases}$$

(ii) 若 $\delta_1=1, \delta_2=1, \delta_2=0$,则$(\bar{X}, Q)$为下面多目标规划$(VP)$的 Pareto 解

$$\begin{cases} V-\min\,(X, -Y), \\ (X, Y) \in T_{FG}, \end{cases}$$

其中

$$T_{FG}=\left\{(X, Y) \,\middle|\, \sum_{j=1}^{n} X_j^0 \lambda_j \leqq X, \sum_{j=1}^{n} Y_j^0 \lambda_j \geqq Y, \right.$$
$$\left. \sum_{j=1}^{n} \lambda_j \leqq 1, \lambda_j \geqq 0, j=1, \cdots, n \right\}.$$

证　由定理 9.2.1 的证明,可知对任意$(X, Y) \in T$,有

$$\bar{\omega}^{\mathrm{T}} X-\bar{\mu} Y \geqq \bar{\omega}^{\mathrm{T}} \bar{X}-\bar{\mu} Q,$$

并且 $\bar{\omega}>0$.只需证明 $\bar{\mu}>0$.

现在证明 $\bar{\mu}>0$.为此,先证对于(LP_2)的任意最优解都满足(当 $\delta_1=0$,或 $\delta_1=1, \delta_2=1, \delta_3=0$)

$$\sum_{j=1}^{n} Y_j^0 \lambda_j=Q.$$

用反证法证明之.设存在(LP_1)的最优解$(\hat{x}, \hat{\lambda}, \hat{\lambda}_{n+1})$,有

$$\sum_{j=1}^{n} Y_j^0 \hat{\lambda}_j>Q.$$

不失一般性,设 $\hat{\lambda}_1>0$.不难看出,取适当小的 $\Delta>0$,有 $\hat{\lambda}_1-\Delta \geqq 0$,且

$$Y_1^0(\hat{\lambda}_1-\Delta)+\sum_{j=2}^{n} Y_j^0 \hat{\lambda}_j \geqq Q.$$

此时

$$X_1^0(\hat{\lambda}_1-\Delta)+\sum_{j=2}^{n} X_j^0 \hat{\lambda}_j=\sum_{j=1}^{n} X_j^0 \hat{\lambda}_j-X_1^0 \Delta \leqq \bar{X}-X_1^0 \Delta.$$

由此可见,取适当小的 $\Delta>0$,有 $\bar{X}-X_1^0 \Delta \geqq 0$,并且

$$X_1^0(\hat{\lambda}_1-\Delta)+\sum_{j=2}^{n} X_j^0 \hat{\lambda}_j \leqslant \bar{X}-X_1^0 \Delta=\begin{pmatrix} \bar{x}_1-x_{11}^0 \Delta \\ \bar{x}_2-x_{21}^0 \Delta \\ \vdots \\ \bar{x}_m-x_{m1}^0 \Delta \end{pmatrix}$$

其中

$$X=(\bar{x}_1,\bar{x}_2,\cdots,\bar{x}_m)^{\mathrm{T}},$$

$$X_1^0=(x_{11}^0,x_{21}^0,\cdots,x_{m1}^0)^{\mathrm{T}}.$$

(i) 当 $\delta_1=0$ 时,由

$$(\hat{\lambda}_1-\Delta,\hat{\lambda}_2,\cdots,\hat{\lambda}_n)^{\mathrm{T}}\geqq 0,$$

$$(\bar{x}_1-x_{11}^0\Delta,\bar{x}_2-x_{21}^0\Delta,\cdots,\bar{x}_m-x_{m1}^0\Delta)\geqq 0$$

知$((\bar{x}_1-x_{11}^0\Delta,\bar{x}_2-x_{21}^0\Delta,\cdots,\bar{x}_m-x_{m1}^0\Delta),(\hat{\lambda}_1-\Delta,\hat{\lambda}_2,\cdots,\hat{\lambda}_n))$为线性规划$(LP_2)$的可行解,但却有

$$\sum_{i=1}^m r_i(\bar{x}_i-x_{i1}^0\Delta)=\sum_{i=1}^m r_i\bar{x}_i-\sum_{i=1}^m r_i x_{i1}^0\Delta<\sum_{i=1}^m r_i\bar{x}_i,$$

此与$(\bar{x},\lambda)$为(LP_2)的最优解相矛盾;

(ii) 当 $\delta_1=1,\delta_2=1,\delta_3=0$ 时,约束

$$\delta_1\left[\sum_{j=1}^n\lambda_j+\delta_2(-1)^{\delta_3}\lambda_{n+1}\right]=\delta_1$$

成为

$$\sum_{j=1}^n\lambda_j\leqq 1.$$

与(i)中,同样取 $\Delta>0$,可知$((\bar{x}_1-x_{11}^0\Delta,\bar{x}_2-x_{21}^0\Delta,\cdots,\bar{x}_m-x_{m1}^0\Delta),(\hat{\lambda}_1-\Delta,\hat{\lambda}_2,\cdots,\hat{\lambda}_n)^{\mathrm{T}})$满足

$$\begin{cases}\sum_{j=1}^n X_j^0\lambda_j\leqq X,\\ \sum_{j=1}^n Y_j^0\lambda_j\geqq Q,\\ x_i\geqq 0,\quad i=1,\cdots,m,\\ \lambda_i\geqq 0,\quad j=1,\cdots,n,\end{cases}$$

而且

$$(\hat{\lambda}_1-\Delta)+\sum_{j=2}^n\hat{\lambda}_j=\sum_{j=1}^n\hat{\lambda}_j-\Delta\leqq 1-\Delta<1.$$

因此,$((\bar{x}_1-x_{11}^0\Delta,\bar{x}_2-x_{21}^0\Delta,\cdots,\bar{x}_m-x_{m1}^0\Delta),(\hat{\lambda}-\Delta,\hat{\lambda}_2,\cdots,\hat{\lambda}_n))$为$(LP_2)$的可行解,但却有

$$\sum_{i=1}^m r_i(\bar{x}_i-x_{i1}^0\Delta)=\sum_{i=1}^m r_i\bar{x}_i-\sum_{i=1}^m r_i x_{i0}^0\Delta<\sum_{i=1}^m r_i\bar{x}_i,$$

此与$(\bar{x},\lambda)$为(LP_2)的最优解相矛盾.

综上所述,在 $\delta_1=0$ 或 $\delta_1=1,\delta_2=1,\delta_3=0$ 时,(LP_2)的任意最优解都使约束

$$\sum_{j=1}^{n} Y_j^0 \lambda_j \leqq Q$$

取等式,由线性规划的紧松定理(定理 B.3.2),线性规划(LD_2)存在最优解($\bar{\omega}$, $\bar{\mu}$),有 $\bar{\mu}>0$.因此

$$(\bar{\omega}^{\mathrm{T}}, \bar{\mu}) > 0.$$

根据定理 2.3.1,($\bar{x}$, Q)为多目标规划(VP)(当 $\delta_1=0$ 时, $T=T_{C^2R}$;当 $\delta_1=1$, $\delta_2=1,\delta_3=0$ 时, $T=T_{FG}$)的 Pareto 解.证毕.

推论 9.2.1[①] 设($\bar{X},\bar{\lambda},\bar{\lambda}_{n+1}$)为(LP_2)的最优解,有

(i) 若 $\delta_1=0$,则($\bar{X}$, Q)为(输入)C^2R 模型下的 DEA 有效(C^2R);

(ii) 若 $\delta_1=1,\delta_2=1,\delta_3=0$,则($\bar{X}$, Q)为(输入 FG 模型下的 DEA 有效(FG).

证 由定理 9.2.2,($\bar{X}$, Q)为多目标规划的 Pareto 解.再由定理 3.2.1 和定理 3.2.2,Pareto 解与 DEA 有效等价,知决策单元($\bar{X}$, Q)为 DEA 有效.证毕.

推论 9.2.2 设($\bar{X},\bar{\lambda},\bar{\lambda}_{n+1}$)为(LP_2)的最优解,有

(i) 若 $\delta_1=1,\delta_2=0$,则($\bar{X}$, Q)在输入 BC^2 模型下为弱 DEA 有效(BC^2),其中输入 BC^2 模型为

$$(D_{BC^2}^I)\begin{cases} \min\ \theta, \\ \sum_{j=1}^{n} X_j^0 \lambda_j + \lambda_0\ \bar{X} \leqq \theta \bar{X}, \\ \sum_{j=1}^{n} Y_j^0 \lambda_j + \lambda_0\ Q \geqq Q, \\ \sum_{j=1}^{n} \lambda_j + \lambda_0 = 1, \\ \lambda_j \geqq 0, \quad j=0,1,\cdots,n; \end{cases}$$

(ii) 若 $\delta_1=1,\delta_2=1,\delta_3=1$,则($\bar{x}$, Q)在输入 ST 模型下为弱 DEA 有效(ST),其中输入 ST 模型为

$$(D_{ST}^I)\begin{cases} \min\ \theta, \\ \sum_{j=1}^{n} X_j^0 \lambda_j + \bar{X} \lambda_0 \leqq \theta \bar{X}, \\ \sum_{j=1}^{n} Y_j^0 \lambda_j + Q\ \lambda_0 \geqq Q, \\ \sum_{j=1}^{n} \lambda_j + \lambda_0 \geqq 1, \\ \lambda_j \geqq 0, \quad j=0,1,\cdots,n. \end{cases}$$

① 由结论 3.2.1,当 $\delta_1=0$ 或 $\delta_1=1,\delta_2=1,\delta_3=0$ 时,($\bar{X}$, Q)也为输出 DEA 有效.

证　设 $\delta_1=1,\delta_2=0$.由定理 9.2.1,$(\bar{X},Q)$为多目标规划(VP)的弱 Pareto 解.由结论 3.3.3 对 BC^2 模型,$(\bar{X},Q)$或为输入弱 DEA 有效(BC^2),或为输出弱 DEA 有效(BC^2).实际上,可以直接证明$(\bar{X},Q)$为输入弱 DEA 有效(BC^2).

若$(\bar{X},Q)$不为输入 DEA 有效(BC^2).即$(D^I_{BC^2})$存在最优解 $\hat{\lambda}_j,j=0,1,\cdots,n$, $\hat{\theta}$,有 $\hat{\theta}<1$.此时有

$$\begin{cases}\sum_{j=1}^{n} X_j^0\hat{\lambda}_j+\bar{X}\hat{\lambda}_0\leqq\hat{\theta}\bar{X}<\bar{X},\\ \sum_{j=1}^{n} Y_j^0\hat{\lambda}_j+Q\hat{\lambda}_0\geqq Q,\\ \sum_{j=1}^{n}\hat{\lambda}_j+\hat{\lambda}_0=1,\\ \hat{\lambda}_j\geqq 0,\quad j=0,1,\cdots,n,\end{cases}$$

并且有(因$(\bar{X},\lambda)$为(LP_2)的最优解)

$$\bar{x}_i\geqq 0,\quad i=1,\cdots,m.$$

不难证明,因为$(\bar{X},Q)$不为弱 DEA 有效(BC^2),故 $\hat{\lambda}_0=0$(类似于引理 9.1.1).于是有

$$\begin{cases}\sum_{j=1}^{n} X_j^0\hat{\lambda}_j\leqq\hat{\theta}\bar{X}<\bar{X},\\ \sum_{j=1}^{n} Y_j^0\hat{\lambda}_j\geqq Q,\\ \sum_{j=1}^{n}\hat{\lambda}_j=1,\\ \hat{\lambda}_j\geqq 0,\quad j=1,2,\cdots,n,\\ \hat{\theta}\bar{X}_i\geqq 0,\quad i=1,\cdots,m,\end{cases}$$

即$(\hat{\theta}\bar{X},\hat{\lambda})$为$(LP_2)$的可行解,但却有

$$\sum_{i=1}^{m} r_i(\hat{\theta}\bar{X}_i)=\hat{\theta}\sum_{i=1}^{m} r_i\bar{x}_i<\sum_{i=1}^{m} r_i\bar{x}_i,$$

此与$(\bar{X},\lambda)$为(LP_2)的最优解相矛盾.(i)得证.

结论(ii)直接由定理 9.2.1 和结论 3.3.5 得到.证毕.

第三节　利润最大化模型

生产函数 $Y=f(X)=f(x_1,x_2,\cdots,x_m)$为具有一阶连续偏导数的凹函数,并

且

$$\frac{\partial f(X)}{\partial x_i} > 0, \quad i = 1, \cdots, m.$$

r_i=第 i 种生产要素的价格，$r_i>0$，$i=1,\cdots,m$；

p=产品的价格，$p>0$.

利润最大化是指：选取要素的最佳组合，使总利润最大，即非线性规划(P_3)：

$$(P_3)\begin{cases} \max\left[p f(X) - \sum_{i=1}^{m} r_i x_i \right] \\ x_i \geqq 0, \quad i = 1, \cdots, m. \end{cases}$$

类似于第一节的讨论，若 $\bar{X}=(\bar{x}_1,\cdots,\bar{x}_m)^{\mathrm{T}}$ 为(P_3)的最优解，则有

$$p \cdot \frac{\partial f(\bar{X})}{\partial x_i} = r_i, \quad i = 1, \cdots, m.$$

如果 n 个决策单元的输入、输出数据由表 9.1.1 给出．由(P_3)等价于下面的规划问题

$$\begin{cases} \max\left[pY - \sum_{i=1}^{m} r_i x_i \right], \\ f(X) \geqq Y, \\ x_i \geqq 0, \quad i = 1, 2, \cdots, m \end{cases}$$

不难看出，利润最大化的非参数线性规划为

$$(LP_3)\begin{cases} \max\left[pY - \sum_{i=1}^{m} r_i x_i \right], \\ \sum_{j=1}^{n} X_j^0 \lambda_j \leqq X, \\ \sum_{j=1}^{n} Y_j^0 \lambda_j \geqq Y, \\ \delta_1\left[\sum_{j=1}^{n} \lambda_j + \delta_2 (-1)^{\delta_3} \lambda_{n+1} \right] = \delta_1, \\ \lambda_j \geqq 0, \quad j = 1, 2, \cdots, n, n+1, \\ x_i \geqq 0, \quad i = 1, \cdots, m. \end{cases}$$

它的对偶规划为

$$
(LD_3)\begin{cases} \min\ \delta_1 \mu_0 \\ \omega^{\mathrm{T}} X_j^0 - \mu Y_j^0 + \delta_1 \mu_0 \geqq 0, & j = 1, \cdots, n, \\ \mu \geqq p, \\ \omega_i \leqq r_i, & i = 1, \cdots, m. \\ \omega \geqq 0, \mu \geqq 0, \delta_1 \delta_2 (-1)^{\delta_3} \mu_0 \geqq 0 \end{cases}
$$

定理 9.3.1　若$(\bar{X}, \bar{Y}, \bar{\lambda}, \bar{\lambda}_{n+1})$为$(LP_3)$的最优解,则$(\bar{X}, \bar{Y})$为多目标规划$(VP)$的 Pareto 解.

证　线性规划(LP_3)可以写为等价的形式

$$
\begin{cases} \min \left[\sum_{i=1}^{m} r_i x_i - pY \right], \\ (X, Y) \in T, \end{cases}
$$

而多目标规划(VP)为

$$
(VP)\begin{cases} V - \min\ (X, -Y), \\ (X, Y) \in T. \end{cases}
$$

因此,(LP_3)可看做以权为

$$
(r_1, r_2, \cdots, r_m)^{\mathrm{T}} > 0, p > 0
$$

时的线性加权和问题,由定理 2.3.1,$(\bar{X}, \bar{Y})$为(VP)的 Pareto 解.证毕.

推论 9.3.1　若$(\bar{X}, \bar{Y}, \bar{\lambda}, \bar{\lambda}_{n+1})$为$(LP_3)$的最优解,则$(\bar{X}, \bar{Y})$为 DEA 有效.

证　由定理 9.3.1,$(\bar{X}, \bar{Y})$为多目标规划(VP)的 Pareto 解.由结论 3.2.1,$(\bar{X}, \bar{Y})$为 DEA 有效.证毕.

第四节　资源配置的非参数 DEA 模型

经济学是研究如何利用稀缺资源来满足社会中生活的人类需要的科学.在资本主义的市场经济中,可以研究如何通过价格机制对稀缺资源进行合理、有效的配置.那么在社会主义制度下,计划经济体制能否实现资源的合理、有效的配置.20 世纪 20～30 年代,经济学界发生了一场"社会主义是否可行"的经济学大论战(以下,取材于[76],[79]～[80]).

早在 1907 年,意大利经济学家 V.Pareto 和 E.Barone 曾设想,在社会主义条件下,通过求解一组联立方程组,来达到资源的最佳配置.他们认为完全的计划同样能达到完全的市场竞争所起的作用.

奥地利学派的头面人物 L.Mises 是这场论战的发难者,他认为确定价格的惟一方法是利用市场机制,而这机制在生产资料公有制条件下不存在.

英籍奥地利经济学家 F.Hayek 和英国经济学家 L.Robbins 又进一步支持

Mises的看法，他们虽然承认社会主义与合理计算在逻辑上并不互相矛盾，但在实际上是不可能解决的.他们认为：在纸面上，我们能设想这个问题用一系列数学计算来求解……但实际上这种解法是行不通的.它会需要在几百万个预计数据的基础上列出几百万个方程，而统计数据又根据远超于百万个个别计算，到列出方程组的时候，它们所根据的信息早已过时，需要重新计算他们.总之，他们不否认社会主义解决资源配置问题的理论可能性，但怀疑它的实际可行性.

美国经济学家F. Taylor于1929年，在他的一篇文章中指出，社会主义经济可以靠"试验纠错法"来进行计算，为"可行性"奠定了基础.

波兰经济学家O.Lange和美籍俄裔经济学家A.P.Lerner发展了Teylor的思想.O.Lange在30年代发表了著名的《社会主义经济理论》，着重论证了社会主义完全可以用竞争市场上的"试错法"实现资源的合理配置，这被认为是以一般均衡论和福利经济学为基础的市场社会主义的代表作.

以上，我们之所以引用较大的一段文字，是想说明，这样一个很严肃的争论，在数学上，可以用一个简单的例子来说明(在史树中的书《经济与数学》中(见文献[76])，称其为资金分配问题).而且，当直接使用输入、输出数据建立非参数的最优化模型时，这个模型为线性规划，这就从另一个角度回答了Mises和Hayeh等人提出的所谓"信息的困难"(即全面了解每个企业的效益函数或生产函数)和"计算上的困难"(因为规模再大，充其量是求解线性规划，而且线性规划模型是具有Dantzig-wolfe分解算法的形式(见文献[81]).

假设某"决策部"(例如"中央计划委员会")有一笔数量为 a 的资金($a>0$)，需要分给 m 个"经济单位"(例如"企业")，每个经济单位有一个"收益函数"(例如生产函数) $f_i(x_i)$，$1\leqq i\leqq m$.函数 $f_i(x_i)$ 具有二阶连续微商，并且对 $x_i>0$，$f_i'(x_i)>0$，$f_i''(x_i)<0$，$i=1,\cdots,m$.可见，$f_i(x_i)$ 为严格单调递增的凹函数.

我们的问题是："决策部"如何制定资金的分配方案，使所有"企业"的收入之和最大，有如下的非线性规划问题(**集中决策问题**)

$$
(P_4)\begin{cases}\max \sum_{i=1}^{m} f_i(x_i) = F(a)\\ \sum_{i=1}^{m} x_i \leqq a,\\ x_i \geqq 0,\ i=1,\cdots,m\end{cases}
$$

引理9.4.1　$\bar{X}=(\bar{x}_1,\bar{x}_2,\cdots,\bar{x}_m)^{\mathrm{T}}$ 为(P_4)的最优解的充分必要条件是：存在 $\bar{u}\in E^1$，$(\bar{x},\bar{u})$满足Kuhn-Tucker条件(KT)

$$(KT)\begin{cases} \bar{u}-f_i'(\bar{x}_i)\geqq 0,\ \bar{x}_i\geqq 0,\ i=1,\cdots,m,\\ (\bar{u}-f_i'(\bar{x}_i))\bar{x}_i=0,\ i=1,\cdots,m,\\ a-\sum\limits_{i=1}^{m}\bar{x}_i\geqq 0,\ \bar{u}\geqq 0,\\ \bar{u}\left(a-\sum\limits_{i=1}^{m}\bar{x}_i\right)=0. \end{cases}$$

证　因为(P)为凹规划,并且约束场为线性约束,由此知 Kuhn-Tucker 定理成立.证毕.

定理 9.4.1　设 $\bar{X}=(\bar{x}_1,\bar{x}_2,\cdots,\bar{x}_m)^{\mathrm{T}}$ 为(P_4)的最优解,$\bar{u}\in E^1$ 为广义 L-乘子,则有

(i) $F(a)=\sum\limits_{i=1}^{m}f_i(\bar{x}_i)$ 为 a 的严格单调递增函数,并且$\sum\limits_{i=1}^{m}\bar{x}_i=a$;

(ii) $\dfrac{\mathrm{d}F(a)}{\mathrm{d}a}=\bar{u}\geqq 0$, $\bar{u}$ 为资金的影子价格(本模型中,可以理解为"贷款利率");

(iii) 若 $\bar{x}_i>0$,则

$$\bar{u}=f_i'(\bar{x}_i),\quad 1\leqq i\leqq m.$$

证　结论(i)由 $f_i(x_i)$的严格单调性得到;结论(ii)见文献[43];结论(iii)由(KT)条件得到.证毕.

现在考虑"**分散决策问题**".当"决策部"的"贷款利息"定为 $\hat{u}$时,各企业可以自行决策,此时有如下的非线性规划问题

$$(P^i)\begin{cases} \max\,[f_i(x_i)-\hat{u}x_i],\\ x_i\geqq 0. \end{cases}$$

设

$$\hat{U}=\{u\mid u>0,\text{存在 } i_0(1\leqq i_0\leqq m),(P^{i_0})\text{ 最优解 } \hat{x}_{i_0}>0\}.$$

引理 9.4.2　$\hat{x}_i\in E^1$ 为(P^i)的最优解的充分必要条件是($\hat{u}>0$ 为给定的常数)

$$(KT^i)\begin{cases} \hat{u}-f_i'(\hat{x}_i)\geqq 0,\quad \hat{x}_i\geqq 0,\\ (\hat{u}-f_i'(\hat{x}_i))\hat{x}_i=0. \end{cases}$$

证　由(P^i)为凹规划,(P^i)的约束条件为线性的,由 Kuhn-Tucker 定理得到.证毕.

定理 9.4.2　在(P^i)中取 $\hat{u}=u^*\in\hat{U}$并且(P^i)的最优解为 x_i^*, $i=1,\cdots,m$.若 $x_1^*,\cdots,x_m^*$ 满足

$$\sum_{i=1}^{m} x_i^* = a,$$

则 $\bar{x}^* = (x_1^*, x_2^*, \cdots, x_m^*)^T$ 为集中决策问题的最优解.

证　由引理 9.4.2,有

$$u^* - f_i'(x_i^*) \geqq 0, x_i^* \geqq 0, \quad i = 1, \cdots, m,$$

$$(u^* - f_i'(x_i^*)) x_i^* = 0, \qquad i = 1, \cdots, m.$$

若

$$\sum_{i=1}^{m} x_i^* = a,$$

知(x^*, u^*)是满足(KT)的.由引理 9.4.1 知 x^* 为(P_4)的最优解.证毕.

由以上讨论可以看出,对“决策部”(中央计划委员会)的集中决策问题(P_4),Mises 认为的“信息困难”相当于事先无法掌握 $f_i(x_i)$;Hayek 认为的“求解困难”是指直接求解(P_4)或对(KT)条件求解(即所谓方程可以列出,但方程个数太多而无法求解);Lange 提出的“市场社会主义”,在上述模型中,是指“决策部”对“贷款利息”u 进行控制,当 $\hat{u}$给定后,各企业按自己的收益 $f_i(x_i)$减去贷款利息 $\hat{u}x_i$ 为目标进行自行决策.可以看出,“决策部”不必事先全面掌握各“企业”的 $f_i(x_i)$,同时各企业即便是需要计算(P^i),相对来说计算量要小得多,更何况各企业根据自己的经营经验,就是不用对(P^i)或(KT^i)求解计算,也可定出在 $\hat{u}$之下自己企业的贷款的金额 $\hat{x}_i$.所谓“试错法”,是“决策部”根据各“企业”自行决策(即(P^i)的最优解)$\hat{x}_i, i=1,\cdots,m$,由

$$\sum_{i=1}^{m} \hat{x}_i = \begin{cases} > a, \\ = a, \\ < a \end{cases}$$

对“贷款利息”$\hat{u}$进行调节.事实上,如果 $\hat{u}$定得过小,有 $\sum_{i=1}^{m} \hat{x}_i > a$; 如果 $\hat{u}$定得过大,有 $\sum_{i=1}^{m} \hat{x}_i < a$. “决策部”根据 $\sum_{i=1}^{m} \hat{x}_i$ 的大小进行调节,当求得最佳贷款利率 $\bar{u}$ 时,将有 $\sum_{i=1}^{m} \bar{x}_i = a$, 此时的 $\bar{X} = (\bar{x}_1, \bar{x}_2, \cdots, \bar{x}_m)^T$ 即为集中决策问题(P_4)的最优解(见定理 9.4.2)①.

关于调整 $\hat{u}$的大小,以使 $\sum_{i=1}^{m} \hat{x}_i$ 依 $\hat{u}$的大小的单调性变化规律,有定理 9.4.3.

---

① 通过调整 $\hat{u}$使 $\sum_{i=1}^{m} \hat{x}_i - a = 0$,可使用“二分法”(有类似于第七章第三节的迭代框图 8.3.2).

先给出一个引理.

引理 9.4.3 设 $x_i(u)$为 $\hat{u}=u$ 时问题(P^i)的最优解,且 $x_i(u)>0$,则 $x_i(u)$ 为单调递减函数,$1\leqq i\leqq m$.

证 由引理 9.4.2,知 $x_i(u)$满足

$$(KT^i)\begin{cases} u-f_i'(x_i(u))\geqq 0, \quad x_i(u)\geqq 0, \\ (u-f_i'(x_i(u)))x_i(u)=0. \end{cases}$$

由 $x_i(u)>0$,故

$$f_i'(x_i(u))=u.$$

由于 $f_i''(x_i)<0$,知 $f_i'(x_i)$为严格单调减函数,因此 $f_i'(x_i(u))$的反函数存在,且也为严格单调递减的,由 $f_i'(x_i(n))=u$,知 $x_i(u)$是 $f_i'(x_i(u))$的反函数,故 $x_i(u)$也为严格单调递减函数.证毕.

定理 9.4.3 设 $\bar{X}=(\bar{x}_1,\bar{x}_2,\cdots,\bar{x}_m)^{\mathrm{T}}\neq 0$ 为(P_4)的最优解,$\bar{u}$ 为广义 L 乘子(即($\bar{X},\bar{u}$)满足(KT))$\hat{u}\in\hat{U}$,若 $\hat{x}_i$ 为(P^i)的最优解,$i=1,\cdots,m$.则有

(i) $\hat{u}>\bar{u}$ 的充分必要条件是

$$\sum_{i=1}^{m}\hat{x}_i<\sum_{i=1}^{m}\bar{x}_i=a;$$

(ii) $\hat{u}<\bar{u}$ 的充分必要条件是

$$\sum_{i=1}^{m}\hat{x}_i>\sum_{i=1}^{m}\bar{x}_i=a;$$

(iii) $u=\bar{u}$ 的充分必要条件是

$$\sum_{i=1}^{m}\hat{x}_i=\sum_{i=1}^{m}\bar{x}_i=a.$$

证 只需证(i)成立(结论(ii)的证明与结论(i)类似;由(i)和(ii)知结论(iii)成立).设

$$\sum_{i=1}^{m}\hat{x}_i<\sum_{i=1}^{m}\bar{x}_i=a,$$

则必存在 $i_0(1\leqq i_0\leqq m)$,有

$$\hat{x}_{i_0}<\bar{x}_{i_0}$$

由于 $\hat{x}_{i_0}=x_{i_0}(\hat{u})$,$\bar{x}_{i_0}=x_{i_0}(\bar{u})$,由引理 9.4.3,$x_{i_0}(u)$为严格单调递减函数,故

$$\hat{u}>\bar{u}.$$

充分性得证.

设 $\hat{u}>\bar{u}$.由 $\bar{X}=(\bar{x}_1,\bar{x}_2,\cdots,\bar{x}_m)^{\mathrm{T}}\neq 0$,故 $\bar{u}\in\hat{U}$.于是($1\leqq i\leqq m$)

(i) 若 $\hat{x}_i=x_i(\hat{u})>0$,由引理 9.4.3,有

$$\hat{x}_i = x_i(\hat{u}) < x_i(\bar{u}) = \bar{x}_i$$

(ii) 若 $\hat{x}_i = x_i(\hat{u}) = 0$,由 $\bar{x}_i \geqq 0$,也有 $\bar{x}_i \geqq \hat{x}_i$. 因此

$$\sum_{i=1}^{m} \hat{x}_i < \sum_{i=1}^{m} \bar{x}_i = a.$$

证毕.

现在研究非参数的资源分配的 DEA 模型.设第 i 个“企业”的投入、产出数据由表 9.4.1 给出(不妨设每个“企业”的数据个数都为 n).

表 9.4.1

	1	2	⋯	n	
1 ⟶	x_1^i	x_2^i	⋯	x_n^i	
	y_1^i	y_2^i	⋯	y_n^i	⟶ 1

此时第 i 个企业(DMU_i)的生产可能集为

$$T^i = \left\{ (x_i, y_i) \middle| \sum_{j=1}^{n} x_j^i \lambda_j \leqq x_i, \sum_{j=1}^{n} y_j^i \lambda_j \geqq y_i, \right.$$

$$\left. \delta_1 \left[\sum_{j=1}^{n} \lambda_j + \delta_2 (-1)^{\delta_3} \lambda_{n+1} \right] = \delta_1, \lambda_j \geqq 0, j = 1, \cdots, n, n+1 \right\}.$$

由于(P_4)可以写成

$$\begin{cases} \max \sum_{i=1}^{m} y_i, \\ f_i(x_i) \geqq y_i, \quad i = 1, \cdots, m, \\ \sum_{i=1}^{m} x_i \leqq a, \\ x_i \geqq 0, \quad i = 1, \cdots, m. \end{cases}$$

而 $f_i(x_i)$的下图为

$$P(f_i) = \{(x_i, y_i) \mid f_i(x_i) \geqq y_i\}, i = 1, \cdots, m.$$

可由生产可能集 T^i 逼近,故有下面的线性规划模型:

$$
(LP_4)\begin{cases}
\max \sum_{i=1}^{m} y_i = F_L(a), \\
\sum_{j=1}^{n} x_j^i \lambda_j^i \leqq x_i, \quad i = 1,2,\cdots,m, \\
\sum_{j=1}^{n} y_j^i \lambda_j^i \geqq y_i, \quad i = 1,2,\cdots,m, \\
\delta_1^i\left[\sum_{j=1}^{n} \lambda_j^i + \delta_2(-1)^{\delta_3}\lambda_{n+1}^i\right] = \delta_1^i, i = 1,\cdots,m, \\
\lambda_j^i \geqq 0, j = 1,2,\cdots,n, i = 1,\cdots,m, \\
\sum_{i=1}^{m} x_i \leqq a, \\
x_i \geqq 0, \quad i = 1,2,\cdots,m, \\
y_i \geqq 0, \quad i = 1,2,\cdots,m.
\end{cases}
$$

其对偶规划为

$$
(LD_4)\begin{cases}
\min\left[ua + \sum_{i=1}^{m} \delta_1^i \mu_0^i\right], \\
\omega^i x_j^i - \mu^i y_j^i + \delta_1^i \mu_0^i \geqq 0, j = 1,\cdots,n; i = 1,\cdots,m; \\
u - \omega^i \geqq 0, \quad i = 1,\cdots,m; \\
\mu^i \geqq 1, \qquad i = 1,\cdots,m; \\
\omega^i \geqq 0, \mu^i \geqq 0, \delta_1^i \delta_2^i(-1)^{\delta_3^i}\mu_0^i \geqq 0, \quad i = 1,\cdots,m,
\end{cases}
$$

其中 $\delta_1^i,\delta_2^i,\delta_3^i$ 为取值 0 或 1 的参数,对每个“企业”i,它可以根据自己的情况,选取不同的 $\delta_1^i,\delta_2^i,\delta_3^i$(实际上为不同公理体系下的生产可能集).

设$(\bar{X},\bar{Y},\bar{\lambda}^i,\bar{\lambda}_{n+1}^i,i=1,\cdots,m)$为$(LP_4)$的最优解,其中

$$
\bar{X} = (\bar{x}_1,\bar{x}_2,\cdots,\bar{x}_m)^{\mathrm{T}},
$$
$$
\bar{Y} = (\bar{y}_1,\bar{y}_2,\cdots,\bar{y}_m)^{\mathrm{T}},
$$
$$
\bar{\lambda}^i = (\bar{\lambda}_1^i,\bar{\lambda}_2^i,\cdots,\bar{\lambda}_n^i)^{\mathrm{T}}, \quad i = 1,\cdots,m,
$$

而$(\bar{\omega},\bar{\mu},\bar{\mu}_0,\bar{u})$为$(LD_4)$的最优解,其中

$$
\bar{\omega} = (\bar{\omega}^1,\bar{\omega}^2,\cdots,\bar{\omega}^m)^{\mathrm{T}},
$$
$$
\bar{\mu} = (\bar{\mu}^1,\bar{\mu}^2,\cdots,\bar{\mu}^m)^{\mathrm{T}},
$$
$$
\bar{\mu}_0 = (\bar{\mu}_0^1,\bar{\mu}_0^2,\cdots,\bar{\mu}_0^m)^{\mathrm{T}}.
$$

不难看出,有

$$\sum_{j=1}^{n} x_j^i \lambda_j^i = \bar{x}_i, \quad i = 1,2,\cdots, m,$$

$$\sum_{j=1}^{n} y_j^i \lambda_j = \bar{y}_i, \quad i = 1,\cdots, m,$$

$$\sum_{i=1}^{m} \bar{x}_i = a.$$

由线性规划对偶理论及其经济解释，在我们的非参数 DEA 模型(LP_4)，(LD_4)中各变量的含义：

$\bar{u}$＝资金的影子价格，或边际总收益；

$\bar{\omega}^i$＝“企业”i 在资金水平 $\bar{x}_i$ 时，对总收益的边际贡献，$i=1,\cdots, m$；

$\bar{\mu}^i$＝“企业”i 在收益水平 $\bar{y}_i$ 时，对总收益的边际贡献，$i=1,\cdots, m$；

$\bar{\mu}_0^i$＝“企业”i 的投资风险弥补，$i=1,\cdots, m$；

$\bar{u}a + \sum_{i=1}^{m} \delta_1^i \bar{\mu}_0^i$ ＝资金总收益与风险弥补之和(可以理解为机会成本)；

$\sum_{i=1}^{m} \bar{y}_i$ ＝总收益.

定理 9.4.4　设($\bar{X}, \bar{Y}, \bar{\lambda}^i, \bar{\lambda}_{n+1}^i, i=1,\cdots, m$)为($LP_4$)的最优解，($\bar{\omega}, \bar{\mu}, \bar{\mu}_0$)为($LD_4$)的最优解，则

(i) $F_L(a)$为 a 的严格单调递增函数，并且 $\sum_{i=1}^{m} \bar{x}_i = a$；

(ii) $\dfrac{\mathrm{d} F_L(a)}{\mathrm{d} a} = \bar{u}$，$\bar{u}$ 为资金的影子价格；

(iii) 若 $\bar{x}_i > 0$，则

$$\bar{u} = \bar{\omega}^i, \quad 1 \leqq i \leqq m.$$

证　结论(i)，(ii)可直接得到；结论(iii)由互补条件

$$(\bar{u} - \bar{\omega}^i)\bar{x}_i = 0, \quad i = 1,\cdots, m$$

直接得到. 证毕.

可见，由非参数的资源配置 DEA 模型(LP_4)和(LD_4)得到结果(定理 9.4.4)与由模型(P_4)得到的结果相似(见定理 9.4.1).

如果考虑企业 i 时，直接建立非参数的模型，则有($1 \leqq i \leqq m$)

$$(LP^i)\begin{cases}\max\ (y_i-\hat{u}x_i),\\ \sum_{j=1}^{n}x_j^i\lambda_j^i\leqq x_i,\\ \sum_{j=1}^{n}y_j^i\lambda_j^i\geqq y_i,\\ \delta_1^i\left[\sum_{j=1}^{n}\lambda_j^i+\delta_2^i(-1)^{\delta_3^i}\lambda_{n+1}^i\right]=\delta_1^i,\\ \lambda_j^i\geqq 0,j=1,\cdots,n,n+1,\\ x_i\geqq 0,y_i\geqq 0.\end{cases}$$

它的对偶为

$$(LD^i)\begin{cases}\min\ \delta_1^i\mu_0^i,\\ \omega^i x_j^i-\mu^i y_j^i+\delta_1^i\mu_0^i\geqq 0,j=1,\cdots,n,\\ \hat{u}\geqq\omega^i,\\ \mu^i\geqq 1,\\ \omega^i\geqq 0,\mu^i\geqq 0,\delta_1^i\delta_2^i(-1)^{\delta_3^i}\mu_0^i\geqq 0.\end{cases}$$

其中 $\hat{u}\in E^1$, $\hat{u}>0$ 为给定的数(“决策部”事先给定的“贷款利息”).

设$(\bar{x}_i,\bar{y}_i,\bar{\lambda}_j^i,i=1,\cdots,n,n+1)$为$(LP^i)$的最优解,$(\bar{\omega}^i,\bar{\mu}^i,\bar{\mu}_0^i)$为$(LD^i)$的最优解,则有$(i=1,\cdots,m)$:$\bar{y}_i-\hat{u}\bar{x}_i=\delta_1^i\mu_0^i$,以及

$$(\mathrm{I})\begin{cases}\sum_{j=1}^{n}x_j^i\bar{\lambda}_j^i\leqq\bar{x}_i,\\ \sum_{j=1}^{n}y_j^i\bar{\lambda}_j^i\geqq\bar{y}_i,\\ \delta_1^i\left[\sum_{j=1}^{m}\bar{\lambda}_j^i+\delta_2^i(-1)^{\delta_3^i}\bar{\lambda}_{n+1}\right]=\delta^i,\\ \bar{\lambda}_j^i\geqq 0,\quad j=1,\cdots,n,n+1,\\ \bar{x}_i\geqq 0,\bar{y}_i\geqq 0\end{cases}$$

以及

$$(\mathrm{II})\begin{cases}\bar{\omega}^i x_j^i-\bar{\mu}^i y_j^i+\delta_1^i\bar{\mu}_0^i\geqq 0,j=1,\cdots,n,\\ \hat{u}-\bar{\omega}^i\geqq 0,\\ \bar{\mu}^i\geqq 1,\\ \bar{\omega}^i\geqq 0,\bar{\mu}^i\geqq 0,\delta_1^i\delta_2^i(-1)^{\delta_3^i}\bar{\lambda}_{n+1}\geqq 0.\end{cases}$$

定理 9.4.5　在 (LP^i) 中取 $\hat{u}=\bar{u}$，令 $(\bar{x}_i,\bar{y}_i,\bar{\lambda}_j^i,j=1,\cdots,n,n+1)$ 为 (LP^i) 的最优解，$(\bar{\omega}^i,\bar{\mu}^i,\bar{\mu}_0^i)$ 为 (LD^i) 的最优解，$i=1,\cdots,m$，若 $\bar{x}_1,\bar{x}_2,\cdots,\bar{x}_m$ 满足

$$\sum_{i=1}^m \bar{x}_i = a.$$

则 $(\bar{x},\bar{y},\bar{\lambda}^i,\bar{\lambda}_{n+1}^i,i=1,\cdots,m)$ 为非参数的资源分配问题 (LP_4) 的最优解，其中

$$\bar{X}=(\bar{x}_1,\bar{x}_2,\cdots,\bar{x}_m)^{\mathrm{T}},$$
$$\bar{Y}=(\bar{y}_1,\bar{y}_2,\cdots,\bar{y}_m)^{\mathrm{T}},$$
$$\bar{\lambda}^i=(\bar{\lambda}_1^i,\bar{\lambda}_2^i,\cdots,\bar{\lambda}_n^i)^{\mathrm{T}},\ i=1,\cdots,m.$$

证　由(Ⅰ)及 $\sum_{i=1}^m \bar{x}_i=a$，知 $(\bar{x},\bar{y},\bar{\lambda}^i,\bar{\lambda}_{n+1}^i,i=1,\cdots,m)$ 为 (LP_4) 的可行解；由(Ⅱ)知 $(\bar{\omega},\bar{\mu},\bar{\mu}_0)$ 为 (LD_4) 的可行解，其中

$$\bar{\omega}=(\bar{\omega}^1,\bar{\omega}^2,\cdots,\bar{\omega}^m)^{\mathrm{T}},$$
$$\bar{\mu}=(\bar{\mu}^1,\bar{\mu}^2,\cdots,\bar{\mu}^m)^{\mathrm{T}},$$
$$\bar{\mu}_0=(\bar{\mu}_0^1,\bar{\mu}_0^2,\cdots,\bar{\mu}_0^m)^{\mathrm{T}}.$$

由于

$$\bar{y}_i-\bar{u}\bar{x}_i=\delta_1^i\bar{\mu}_0^i,\quad i=1,\cdots,m,$$

故(对偶定理)

$$\sum_{i=1}^m \bar{y}_i=\bar{u}\sum_{i=1}^m \bar{x}_i-\sum_{i=1}^m \delta_1^i\bar{\mu}_0^i=\bar{u}a-\sum_{i=1}^m \delta_1^i\bar{\mu}_0^i,$$

由推论 B.1.1，知 $(\bar{x},\bar{y},\bar{\lambda}^i,\bar{\lambda}_{n+1}^i,i=1,\cdots,m)$ 为 (LP_4) 的最优解. 证毕.

不难看出，对于 (LP^i) 的最优解 $(\bar{x}_i,\bar{y}_i,\bar{\lambda}_j^i,j=1,\cdots,n,n+1)$，$i=1,\cdots,m$，也有类似于引理 9.4.3 的结论，即下面的引理.

引理 9.4.4　在 (LP^i) 中，取 $\hat{u}=u$，设相应 (LP^i) 的最优解为 $(x_i(u),y_i(u),\lambda_j^i(u),j=1,\cdots,n,n+1)$. 则 $x_i(u)$ 是 u 的单调非增函数，即若 $u_1>u_2$，则 $x_i(u_1)\leqq x_i(u_2)$，$i=1,\cdots,n$.

证　因为

$$y_i(u_1)-u_1x_i(u_1)\geqq y_i(u_2)-u_1x_i(u_2),$$
$$y_i(u_2)-u_2x_i(u_2)\geqq y_i(u_1)-u_2x(u_1),$$

故(将上式相加)

$$-u_1x_i(u_1)-u_2x_i(u_2)\geqq -u_1x_i(u_2)-u_2x_i(u_1)$$

于是

$$(u_1-u_2)(x_i(u_2)-x_i(u_1))\geqq 0.$$

当 $u_1>u_2$ 时，有

$$x_i(u_2) \geqq x_i(u_1).$$

证毕.

定理 9.4.6 在(LP^i)中,取 $\hat{u}=u$,设相应(LP^i)的最优解为($x_i(u)$, $y_i(u)$, $\lambda_j^i(u)$, $j=1,\cdots,n,n+1$), $i=1,\cdots,m$.则 $\sum_{i=1}^{m} x_i(u)$ 为 u 的单调非增函数.即若 $u_1>u_2$,则

$$\sum_{i=1}^{m} x_i(u_1) \leqq \sum_{i=1}^{m} x_i(u_2).$$

证 由引理 9.4.4 直接得到.证毕.

对于"企业" i,相应的生产可能集为($i=1,\cdots,m$)

$$T^i=\left\{(x_i,y_i)\,\middle|\,\sum_{j=1}^{n} x_j^i\lambda_j^i \leqq x_i,\sum_{j=1}^{n} y_j^i\lambda_j^i \geqq y_i,\right.$$
$$\left.\delta_1^i\left[\sum_{j=1}^{n}\lambda_j^i+\delta_2^i(-1)^{\delta_3^i}\lambda_{n+1}\right]=\delta_1^i,\lambda_j^i \geqq 0,j=1,\cdots,n,n+1\right\}.$$

有下面定理.

定理 9.4.7 设($\bar{x}_i,\bar{y}_i,\bar{\lambda}_j^i$, $j=1,\cdots,n,n+1$)为(LP^i)的最优解,则($\bar{x}_i,\bar{y}_i$)为下面多目标规划(VP^i)的 Pareto 解,其中

$$(VP^i)\begin{cases} V-\min\,(x_i,-y_i),\\ (x_i,y_i)\in T^i.\end{cases}$$

证 可以看出线性规划(LP^i)是以权$(1,\hat{u})>0$ 的线性加数和问题,由定理 2.3.1,($\bar{x}_i,\bar{y}_i$)为多目标规划(VP^i)的 Pareto 解.

推论 9.4.1 若($\bar{x}_i,\bar{y}_i,\bar{\lambda}_j^i$, $j=1,\cdots,n,n+1$)为(LP^i)的最优解,则($\bar{x}_i,\bar{y}_i$)在"企业" i 内部来说为 DEA 有效,其中 DEA 模型为(例如输出模型)

$$\begin{cases} \max\ z,\\ \sum_{j=1}^{n} x_j^i\lambda_j^i+\bar{x}_i\lambda_0^i \leqq \bar{x}_i,\\ \sum_{j=1}^{n} y_j^i\lambda_j^i+\bar{y}_i\lambda_0^i \geqq z\,\bar{y}_i,\\ \delta_1^i\left[\sum_{j=1}^{n}\lambda_j^i+\delta_2^i(-1)^{\delta_3^i}\lambda_{n+1}\right]=\delta_1^i,\\ \lambda_j^i \geqq 0,j=1,\cdots,n,n+1.\end{cases}$$

证 由定理 9.4.7($\bar{x}_i,\bar{y}_i$)为多目标规划(VP^i)的 Pareto 解.由结论 3.2.1,($\bar{x}_i,\bar{y}_i$)为 DEA 有效.证毕.

最后我们指出,虽然我们讨论的是一种生产要素(资金)和一种产出的非参数

DEA 模型，不难看出可以推广到多种投入和多种产出的场合；此外，从“计算不困难”的角度看，不用“错试法”，直接用线性规划（LP_4）进行计算，相应于线性规划（LP_4）的系数矩阵为（此为一种投入和一种产出的情况）

$$A=\begin{pmatrix} A_1 & & & & 0 \\ & A_2 & & & 0 \\ & & \ddots & & \vdots \\ & & & A_m & 0 \\ a_1 & a_2 & \cdots & a_m & 1 \end{pmatrix},\quad b=\begin{pmatrix} b_1 \\ b_2 \\ \vdots \\ b_m \\ b_{m+1} \end{pmatrix},$$

其中（$i=1,2,\cdots,m$）

$$A_i=\begin{pmatrix} x_1^i & x_2^i & \cdots & x_n^i & 0 & -1 & 0 & 1 & 0 \\ -y_1^i & -y_2^i & \cdots & -y_n^i & 0 & 0 & 1 & 0 & 1 \\ \delta_1^i & \delta_1^i & \cdots & \delta_1^i & \delta_1^i\delta_2^i(-1)^{\delta_3^i} & 0 & 0 & 0 & 0 \end{pmatrix},$$

$$a_i=(\ 0,\ 0,\ \cdots,\ 0,\ 0,\ 1,\ 0,\ 0,\ 0),$$

相应的变量对应为（$i=1,2,\cdots,m$）

$$Z_i=(\lambda_1^i,\lambda_2^i,\cdots,\lambda_n^i,\lambda_{n+1}^i,x_i,y_i,\eta_i,\xi_i)^{\mathrm{T}}$$

而

$$b_i=(0,0,\delta_1^i)^{\mathrm{T}},\quad i=1,2,\cdots,m.$$

$$b_{m+1}=(a)$$

此时约束可以写为

$$AZ=b,\quad Z\geqq 0,$$

其中

$$Z=(Z_1^{\mathrm{T}},Z_2^{\mathrm{T}},\cdots,Z_m^{\mathrm{T}},t),\quad t\in E^1.$$

第十章 带有“偏好锥”和“偏袒锥”的综合 DEA 模型

在通常的 DEA 模型中(C^2R,BC^2,FG 和 ST),m 项输入指标和 s 项输出指标在评价决策单元的有效性时,所处的地位都是等同的,因为表明 $m+s$ 项指标重要性的权系数 $\omega=(\omega_1,\cdots,\omega_m)^T$ 和 $\mu=(\mu_1,\cdots,\mu_s)^T$ 之间没有任何限制,这是一种欠缺.实际上,从 DEA 的第一个模型公开之后,从事多目标决策的人就曾提出过异议,认为 DEA 模型中没能体现决策者的偏好.特别是早在 1974 年 P.L.Yu 就给出了多目标的非支配解(nondominated solution)的概念,已将多目标的 Pareto 解推广到能体现决策者偏好的非支配解,对多目标决策的发展起到推进作用(见参考文献[82]).由第三章可知通常的 DEA 模型之下 DEA 有效的概念只不过与多目标规划的 Pareto 解等价而已.

基于上面的考虑,1989 年,Charnes,Cooper,Wei 和 Huang 等人公开发表的被称为“锥比率”DEA 模型(cone ratio DEA model) C^2WH,首次将偏好锥(包括“偏好锥”和“偏袒锥”)引进到 DEA 模型中,此时的 DEA 有效性与相应的多目标规划的非支配解等价(见文献[9]).1996 年 Yu,Wei 和 Brochett 等人引进了带有三个 0 和 1 参数的、包有 DEA 模型 C^2R,BC^2,FG 和 ST 的综合 DEA 模型.模型中带有体现决策者对输入和输出指标之间重要性的“偏好锥”和体现对决策单元侧重的“偏袒锥”,上述锥比率模型 C^2WH 可作为特例得到(见文献[10]).

本章讨论带有“偏好锥”和“偏袒率”的综合 DEA 模型的一些性质,以及与多目标规划的非支配解的等价性等,取材于文献[9]~[10],[20],[48],[83].

第一节 锥结构的综合 DEA 模型

考虑带有闭凸锥 W 和 K 的综合 DEA 模型 GDEA(决策单元 j_0 记为 DMU_{j_0})

$$(\hat{P})\begin{cases}\min \dfrac{v^T X_0+\delta_1 u_0}{u^T Y_0}=V_P,\\ v^T X-u^T Y+\delta_1 u_0 e^T\in K,\\ \begin{pmatrix} v\\ u\end{pmatrix}\in W,\ \delta_1\delta_2(-1)^{\delta_3}u_0\geqq 0,\end{cases}$$

其中(V_P称为 DMU_{j_0}的效率指数)

$X=(x_1,x_2,\cdots,x_n)$,$m\times n$ 矩阵;

$Y=(y_1,y_2,\cdots,y_n)$,$s\times n$ 矩阵;

X_j=DMU$_j$ 的输入数据，$X_j \in E^m$，$j=1,\cdots,n$；

Y_j=DMU$_j$ 的输出数据，$Y_j \in E^s$，$j=1,\cdots,n$；

$\delta_1,\delta_2,\delta_3$ 为取值 0 和 1 的参数；

$K \subseteq E_+^n$ 为闭凸锥，$\mathrm{Int}\ K \neq \varnothing$；

$K^* \subseteq E^n$ 为 K 的负极锥；

$W \subseteq E_+^{m+s}$ 为闭凸锥，$\mathrm{Int}\ W \neq \varnothing$；

$W^* \subset E^{m+s}$ 为 W 的负极锥；

$e=(1,1,\cdots,1)^{\mathrm{T}} \in E^n$；

$X_0 = X_{j_0},\quad Y_0 = Y_{j_0},\quad 1 \leqq j_0 \leqq n.$

并且对

$$\forall \begin{pmatrix} \omega \\ \mu \end{pmatrix} \in W \setminus \{0\}, \text{有 } \omega^{\mathrm{T}} X_j > 0, \mu^{\mathrm{T}} Y_j > 0,\ j=1,\cdots,n.$$

闭凸锥 W 是根据决策者的偏好而引进的表明不同的输入和输出指标重要性程度的“偏好锥”；闭凸锥 K 称为“偏袒锥”，用来表明决策者对某个或某些决策单元的一种偏好倾向（详见第十一章）.

因为 $K \subseteq E_+^n$，因此对$(\hat{P})$的任意可行解 v, u, u_0，都有

$$v^{\mathrm{T}} \boldsymbol{X} - u^{\mathrm{T}} \boldsymbol{Y} + \delta_1 u_0 e^{\mathrm{T}} \geqq 0,$$

即

$$v^{\mathrm{T}} X_j - u^{\mathrm{T}} Y_j + \delta_1 u_0 \geqq 0,\quad j=1,\cdots,n.$$

于是

$$\frac{v^{\mathrm{T}} X_j + \delta_1 u_0}{u^{\mathrm{T}} Y_j} \geqq 1,\quad j=1,\cdots,n.$$

特别地，当 $j=j_0$ 时，有

$$\frac{v^{\mathrm{T}} X_0 + \delta_1 u_0}{u^{\mathrm{T}} Y_0} \geqq 1,$$

因此，$(\hat{P})$的最优值 $V_P \geqq 1$.

利用 Charnes-Cooper 变换

$$t = \frac{1}{u^{\mathrm{T}} Y_0},\quad \omega = t v,\quad \mu = t u,\quad \mu_0 = t u_0,$$

则

$$t > 0, \delta_1 \delta_2 (-1)^{\delta_3} \mu_0 \geqq 0,$$

$$\mu^{\mathrm{T}} Y_0 = 1,$$

$$\begin{pmatrix}\omega\\ \mu\end{pmatrix} \in W,$$

$$\omega^{T}\bar{X} - \mu^{T}\bar{Y} + \delta_1\mu_0 e^{T} \in K.$$

由此得到如下的具有锥结构的线性规划(称为广义 DEA 模型 GDEA.(P)和(D)都为凸规划)

$$(P)\begin{cases}\min\,(\omega^{T}X_0 + \delta_1\mu_0) = V_P,\\ \omega^{T}\bar{X} - \mu^{T}\bar{Y} + \delta_1\mu_0 e^{T} \in K,\\ \mu^{T}Y_0 = 1,\\ \begin{pmatrix}\omega\\ \mu\end{pmatrix} \in W,\\ \delta_1\delta_2(-1)^{\delta_3}\mu_0 \geqq 0\end{cases}$$

和

$$(D)\begin{cases}\max\ z = V_D,\\ \begin{pmatrix}\bar{X}\lambda - X_0\\ -\bar{Y}\lambda + zY_0\end{pmatrix} \in W^{*},\\ \delta_1(e^{T}\lambda + \delta_2(-1)^{\delta_3}\lambda_{n+1}) = \delta_1,\\ \lambda \in -K^{*},\ \lambda_{n+1} \geqq 0,\end{cases}$$

其中 V_P 和 V_D 分别为(P)和(D)的最优值.

假设 10.1.1　设 $\lambda^0, \lambda_{n+1}^0, z^0$ 为(D)的最优解,设集合 $D(\lambda^0, \lambda_{n+1}^0, z^0)$为闭集,其中

$$D(\lambda^0,\lambda_{n+1}^0,z^0) = \left\{\begin{pmatrix}\bar{X}^{T}\omega - \bar{Y}^{T}\mu + \delta_1\mu_0 e - \nu_1\\ \mu^{T}Y_0\\ \delta_1\delta_2(-1)^{\delta_3}\mu_0 - \nu_2\end{pmatrix}\ \middle|\ \begin{array}{l}(\omega^{T},\mu^{T})\begin{pmatrix}\bar{X}\lambda^0 - X_0\\ -\bar{Y}\lambda^0 + z^0Y_0\end{pmatrix} = 0,\\ \nu_2\lambda_{n+1}^0 = 0,\ \nu_2 \geqq 0,\ \begin{pmatrix}\omega\\ \mu\end{pmatrix} \in W.\\ \nu_1\lambda^0 = 0,\ \nu_1 \in K,\end{array}\right\}.$$

定理 10.1.1(弱对偶定理)　设 ω, μ, μ_0 为(P)的可行解, $\lambda, \lambda_{n+1}, z$ 为(D)的可行解,则

$$\omega^{T}X_0 + \delta_1\mu_0 \geqq z.$$

证　因

$$\begin{pmatrix}\omega\\ \mu\end{pmatrix} \in W,\quad \begin{pmatrix}\bar{X}\lambda - X_0\\ -\bar{Y}\lambda + zY_0\end{pmatrix} \in W^{*},$$

故

$$\omega^{T}(\bar{X}\lambda - X_0) + \mu^{T}(-\bar{Y}\lambda + zY_0) \leqq 0, \tag{1}$$

因

$$\omega^{T}\bar{X}-\mu^{T}\bar{Y}+\delta_1\mu_0 e^{T}\in K,\lambda\in -K^{*},$$

故

$$(\omega^{T}\bar{X}-\mu^{T}\bar{Y}+\delta_1\mu_0 e^{T})\lambda\geqq 0, \tag{2}$$

因

$$\delta_1\delta_2(-1)^{\delta_3}\mu_0\geqq 0,\quad \lambda_{n+1}\geqq 0,$$

故

$$\delta_1\delta_2(-1)^{\delta_3}\mu_0\lambda_{n+1}\geqq 0 \tag{3}$$

当注意到

$$\mu^{T}Y_0=1,\quad \delta_1(e^{T}\lambda+\delta_2(-1)^{\delta_3}\lambda_{n+1})=\delta_1$$

时,由(1)～(3),有

$$\begin{aligned} z= z\mu^{T}Y_0 &\leqq \mu^{T}\bar{Y}\lambda-\omega^{T}(\bar{X}\lambda-X_0)\\ &=(\mu^{T}\bar{Y}-\omega^{T}\bar{X})\lambda+\omega^{T}X_0\\ &\leqq \delta_1\mu_0 e^{T}\lambda+\omega^{T}X_0\\ &=(\delta_1-\delta_1\delta_2(-1)^{\delta_3}\lambda_{n+1})\mu_0+\omega^{T}X_0\\ &=\delta_1\mu_0-\delta_1\delta_2(-1)^{\delta_3}\mu_0\lambda_{n+1}+\omega^{T}X_0\\ &\leqq \omega^{T}X_0+\delta_1\mu_0. \end{aligned}$$

证毕.

定理 10.1.2(对偶定理) 设 $\lambda^0,\lambda_{n+1}^0,z^0$ 是(D)的最优解,且 $D(\lambda^0,\lambda_{n+1}^0,z^0)$为闭集,则($P$)存在最优解 ω^0,μ^0,μ_0^0,使得

$$V_P=\omega^{0T}X_0+\delta_1\mu_0^0=z^0=V_D.$$

证 因(P)和(D)是一对对偶规划,且集合 $D(\lambda^0,\lambda_{n+1}^0,z^0)$为闭集,由定理 D.3.2,知对偶定理成立.证毕.

定义 10.1.1 如果(P)存在最优解 ω^0,μ^0,μ_0^0,使得

$$V_P=\omega^{0T}X_0+\delta_1\mu_0^0=1,$$

称 DMU_{j_0}为弱 DEA 有效.

定义 10.1.2 如果(P)存在最优解 ω^0,μ^0,μ_0^0,使得

$$\begin{pmatrix}\omega^0\\ \mu^0\end{pmatrix}\in \mathrm{Int}\ \bar{W},\ V_P=\omega^{0T}X_0+\delta_1\mu_0^0=1,$$

称 DMU_{j_0}为 DEA 有效.

对于广义 DEA 模型 GDEA,对应的生产可能集为

$$T=\left\{(X,Y)\left|\begin{pmatrix}\bar{X}\lambda-X\\ -\bar{Y}\lambda+Y\end{pmatrix}\in \bar{W}^{*},\right.\right.$$

$$\delta_1(e^{\mathrm{T}}\lambda+\delta_2(-1)^{\delta_3}\lambda_{n+1})=\delta_1,\lambda\in -K^*,\lambda_{n+1}\geqq 0\Big\}.$$

当取

$$W=E_+^{m+s},\quad K=E_+^n$$

时,可知

$$W^*=E_-^{m+s},\quad K^*=E_-^n,$$

此时(P)和(D)即为通常的具有参数 $\delta_1,\delta_2,\delta_3$ 的 Outpnt-综合 DEA 模型(输出 DEA 模型)(P^0)和(D^0)(见第三章第三节):

$$(P^0)\begin{cases}\min\ (\omega^{\mathrm{T}}X_0+\delta_1\mu_0),\\ \omega^{\mathrm{T}}\boldsymbol{X}-\mu^{\mathrm{T}}\boldsymbol{Y}+\delta_1\mu_0 e^{\mathrm{T}}\geqq 0,\\ \mu^{\mathrm{T}}Y_0=1,\\ \omega\geqq 0,\mu\geqq 0,\delta_1\delta_2(-1)^{\delta_3}\mu_0\geqq 0.\end{cases}$$

和

$$(D^0)\begin{cases}\max\ z,\\ \boldsymbol{X}\lambda\leqq X_0,\\ \boldsymbol{Y}\lambda\geqq zY_0,\\ \delta_1(e^{\mathrm{T}}\lambda+\delta_2(-1)^{\delta_3}\lambda_{n+1})=\delta_1,\\ \lambda\geqq 0,\quad \lambda_{n+1}\geqq 0\end{cases}$$

相应生产可能集为

$$T=\Big\{(X,Y)\ \Big|\ \boldsymbol{X}\lambda\leqq X,\boldsymbol{Y}\lambda\geqq Y,$$
$$\delta_1(e^{\mathrm{T}}\lambda+\delta_2(-1)^{\delta_3}\lambda_{n+1})=\delta_1,\lambda\geqq 0,\lambda_{n+1}\geqq 0\Big\}.$$

在(P)和(D)中的参数 $\delta_1,\delta_2,\delta_3$ 取不同的值,以及“偏好锥” W 和“偏祖锥” K 的一些特殊取法,可以得到几个 DEA 领域中最为基本和知名的 DEA 模型.

情况 1　$\delta_1=0, W=E_+^{m+s}, K=E_+^n$.$(P)$和$(D)$即为输出 C^2R 模型(见文献[1])

$$(P_{C^2R}^0)\begin{cases}\min\ \omega^{\mathrm{T}}X_0,\\ \omega^{\mathrm{T}}\boldsymbol{X}-\mu^{\mathrm{T}}\boldsymbol{Y}\geqq 0,\\ \mu^{\mathrm{T}}Y_0=1,\\ \omega\geqq 0,\mu\geqq 0\end{cases}$$

和

$$(D_{C^2R}^0)\begin{cases}\max\ z,\\ X\lambda \leqq X_0,\\ Y\lambda \geqq zY_0,\\ \lambda \geqq 0,\ z\in E^1.\end{cases}$$

情况 2 $\delta_1=1,\delta_2=0,\ W=E_+^{m+s},\ K=E_+^n$.($P$)和($D$)即为输出 BC^2 模型(见文献[4])

$$(P_{BC^2}^0)\begin{cases}\min\ (\omega^T X_0+\mu_0),\\ \omega^T X-\mu^T Y+\mu_0 e^T \geqq 0,\\ \mu^T Y_0=1,\\ \omega\geqq 0,\mu\geqq 0,\mu_0\in E^1\end{cases}$$

和

$$(D_{BC^2}^0)\begin{cases}\max\ z,\\ X\lambda \leqq X_0,\\ Y\lambda \geqq zY_0,\\ e^T\lambda=1,\\ \lambda \geqq 0.\end{cases}$$

情况 3 $\delta_1=1,\delta_2=1,\delta_3=0,\ W=E_+^{m+s},\ K=E_+^n$.($P$)和($D$)即为输出 FG 模型(见文献[5])

$$(P_{FG}^0)\begin{cases}\min\ (\omega^T X_0+\mu_0),\\ \omega^T X-\mu^T Y+\mu_0 e^T \geqq 0,\\ \mu^T Y_0=1,\\ \omega\geqq 0,\mu\geqq 0,\mu_0\geqq 0\end{cases}$$

和

$$(D_{FG}^0)\begin{cases}\max\ z,\\ X\lambda \leqq X_0,\\ Y\lambda \geqq zY_0,\\ e^T\lambda\leqq 1,\\ \lambda \geqq 0,\ z\in E^1\end{cases}$$

情况 4 $\delta_1=1,\delta_2=1,\delta_3=1,\ W=E_+^{m+s},\ K=E_+^n$.($P$)和($D$)即为输出 ST 模型(见文献[6])

$$(P_{ST}^{0})\begin{cases}\min(\omega^{T}X_0+\mu_0),\\ \omega^{T}\bar{X}-\mu^{T}\bar{Y}+\mu_0 e^{T}\geqq 0,\\ \mu^{T}Y_0=1,\\ \omega\geqq 0,\mu\geqq 0,\mu_0\leqq 0\end{cases}$$

和

$$(D_{ST}^{0})\begin{cases}\max\ z,\\ \bar{X}\lambda\leqq X_0,\\ \bar{Y}\lambda\geqq zY_0,\\ e^{T}\lambda\geqq 1,\\ \lambda\geqq 0,z\in E^{1}\end{cases}$$

情况 5 $\delta_1=0$, $W=V\times U$,而 $V\subseteq E_{+}^{m}$, $U\subseteq E_{+}^{s}$, V 和 U 都为闭凸锥.此时(P)和(D)即为输出型“锥比率”DEA 模型 C^2WH(见文献[9])

$$(P_{C^2WH}^{0})\begin{cases}\min\ \omega^{T}X_0,\\ \omega^{T}\bar{X}-\mu^{T}\bar{Y}\in K,\\ \mu^{T}Y_0=1,\\ \omega\in V,\mu\in U\end{cases}$$

和

$$(D_{C^2WH}^{0})\begin{cases}\max\ z,\\ \bar{X}\lambda-X_0\in V^{*}\\ -\bar{Y}\lambda+zY_0\in U^{*},\\ \lambda\in -K^{*},z\in E^{1}\end{cases}$$

对应的生产可能集为

$$T_{C^2WH}=\{(X,Y)\mid \bar{X}\lambda-X\in V^{*},-\bar{Y}\lambda+Y\in U^{*},\lambda\in -K^{*}\}.$$

情况 6 $\delta_1=1$, $\delta_2=0$, $W=V\times U$,而 $V\subseteq E_{+}^{m}$, $U\subseteq E_{+}^{s}$, V 和 U 都为闭凸锥, $K=E_{+}^{n}$.此时(P)和(D)即为具有有限多个决策单元时的输出型 DEA 模型 C^2WY(见文献[57])

$$(P_{C^2WY}^{0})\begin{cases}\min(\omega^{T}X_0+\mu_0),\\ \omega^{T}\bar{X}-\mu^{T}\bar{Y}+\mu_0 e^{T}\geqq 0,\\ \mu^{T}Y_0=1,\\ \omega\in V,\mu\in U,\mu_0\in E^{1}\end{cases}$$

和

$$
(D^0_{C^2WY})\begin{cases}\max\ z,\\ \quad \bar{X}\lambda - X_0 \in V^*,\\ -\bar{Y}\lambda + zY_0 \in U^*,\\ e^T\lambda = 1,\\ \lambda \geqq 0.\end{cases}
$$

对应的生产可能集为

$$
T_{C^2WY} = \{(X, Y) \mid \bar{X}\lambda - X \in V^*, -\bar{Y}\lambda + Y \in U^*, e^T\lambda = 1, \lambda \geqq 0\}.
$$

综上所述,综合 DEA 模型 GDEA 是最为一般形式的 DEA 模型,它不仅包含了上述的 DEA 模型 C^2R,BC^2,FG,ST,C^2WH,C^2WY,而且也有一些其他的 DEA 模型,这些模型直到 GDEA 模型出现之前尚没有出现过.详见表 10.1.1.其中“(*)”表示新的 DEA 模型,而($\hat{P}_{C^2R}$),($\hat{D}_{C^2R}$),($\hat{P}_{BC^2}$),($\hat{D}_{BC^2}$),($\hat{P}_{FG}$),($\hat{D}_{FG}$),($\hat{P}_{ST}$)和($\hat{D}_{ST}$)见第二节.

表 10.1.1

参数 $\delta_1,\delta_2,\delta_3$ $\sum_{j=1}^n \lambda_j$ μ_0		$\delta_1=0$ $\sum_{j=1}^n \lambda_j$ 不出现 μ_0 不出现	$\delta_1=1,\delta_2=0$ $\sum_{j=1}^n \lambda_j=1$ $\mu_0\in E^1$	$\delta_1=\delta_2=1,\delta_3=0$ $\sum_{j=1}^n \lambda_j\leqq 1$ $\mu_0\geqq 0$	$\delta_1=\delta_2=\delta_3=1$ $\sum_{j=1}^n \lambda_j\geqq 1$ $\mu_0\leqq 0$
K	W				
E^n_+	E^{m+s}_+	C^2R	BC^2	FG	ST
K	$V\times U$	C^2WH	(*)	(*)	(*)
E^n_+	$V\times U$	(*)	C^2WY	(*)	(*)
K	W	广义 C^2R 模型 ($\hat{P}_{C^2R}$)($\hat{D}_{C^2R}$)	广义 BC^2 模型 ($\hat{P}_{BC^2}$)($\hat{D}_{BC^2}$)	广义 FG 模型 ($\hat{P}_{FG}$)($\hat{D}_{FG}$)	广义 ST 模型 ($\hat{P}_{ST}$)($\hat{D}_{ST}$)

第二节　4 种 DEA 模型之间的关系

在综合 DEA 模型 GDEA:(P)和(D)中,对 $\delta_1,\delta_2,\delta_3$ 取不同的参数,可以得到具有锥结构的广义 DEA 模型 C^2R,BC^2,FG 和 ST.

情况(i)　取$(\delta_1, \delta_2, \delta_3)=(0,\cdot,\cdot)$[①]，此时$(P)$，$(D)$为

$$(\hat{P}_{C^2R})\begin{cases}\min \omega^T X_0, \\ \omega^T X - \mu^T Y \in K, \\ \mu^T Y_0 = 1, \\ \begin{bmatrix}\omega \\ \mu\end{bmatrix} \in W\end{cases}$$

和

$$(\hat{D}_{C^2R})\begin{cases}\max z, \\ \begin{bmatrix} X\lambda - X_0 \\ -Y\lambda + zY_0\end{bmatrix} \in W^*, \\ \lambda \in -K^*, z \in E^1.\end{cases}$$

情况(ii)　取$(\delta_1, \delta_2, \delta_3)=(1,0,\cdot)$，此时$(P)$，$(D)$为

$$(\hat{P}_{BC^2})\begin{cases}\min (\omega^T X_0 + \mu_0), \\ \omega^T X - \mu^T Y + \mu_0 e^T \in K, \\ \mu^T Y_0 = 1, \\ \begin{bmatrix}\omega \\ \mu\end{bmatrix} \in W, \quad \mu_0 \in E^1\end{cases}$$

和

$$(\hat{D}_{BC^2})\begin{cases}\max z, \\ \begin{bmatrix} X\lambda - X_0 \\ -Y\lambda + zY_0\end{bmatrix} \in W^*, \\ e^T\lambda = 1, \\ \lambda \in -K^*, z \in E^1.\end{cases}$$

情况(iii)　取$(\delta_1, \delta_2, \delta_3)=(1,1,0)$，此时$(P)$，$(D)$为

$$(\hat{P}_{FG})\begin{cases}\min (\omega^T X_0 + \mu_0), \\ \omega^T X - \mu^T Y + \mu_0 e^T \in K, \\ \mu^T Y_0 = 1, \\ \begin{bmatrix}\omega \\ \mu\end{bmatrix} \in W, \quad \mu_0 \geqq 0\end{cases}$$

和

---

① “·”表示对应的参数δ_i可以取0或1，下同．

$$(\hat{D}_{FG})\begin{cases}\max\ z,\\ \begin{bmatrix} X\lambda - X_0 \\ -Y\lambda + zY_0\end{bmatrix} \in W^*,\\ e^{T}\lambda \leqq 1,\\ \lambda \in -K^*,\ z \in E^1.\end{cases}$$

情况(iv) 取$(\delta_1,\delta_2,\delta_3)=(1,1,1)$,此时$(P)$,$(D)$为

$$(\hat{P}_{ST})\begin{cases}\min\ (\omega^{T}X_0+\mu_0),\\ \omega^{T}X-\mu^{T}Y+\mu_0 e^{T} \in K,\\ \mu^{T}Y_0=1,\\ \begin{bmatrix}\omega\\ \mu\end{bmatrix} \in W,\quad \mu_0 \leqq 0\end{cases}$$

和

$$(\hat{D}_{ST})\begin{cases}\max\ z,\\ \begin{bmatrix} X\lambda - X_0 \\ -Y\lambda + zY_0\end{bmatrix} \in W^*,\\ e^{T}\lambda \geqq 1,\\ \lambda \in -K^*,\ z \in E^1.\end{cases}$$

为了方便,我们使用术语“(弱)DEA 有效(C^2R)”表示 DMU_{j_0}在广义 DEA 模型 C^2R 之下为(弱)DEA 有效.类似地,术语“(弱)DEA 有效(BC^2)”,“(弱)DEA 有效(FG)”和“(弱)DEA 有效(ST)”有相似的含义.在这一节将给出 5 个定理,指明在各广义 DEA 模型之下的 DEA 有效性之间的关系,其证明与第三章的相应定理类似.

定理 10.2.1 对广义 DEA 模型 C^2R,BC^2,FG 和 ST 之下的(弱)DEA 有效性之间有如下关系

$$\text{(弱)DEA 有效}(C^2R)\begin{array}{l}\nearrow\!\!\!\!\nearrow \text{(弱)DEA 有效(FG)} \searrow\!\!\!\!\searrow\\ \searrow\!\!\!\!\searrow \text{(弱)DEA 有效(ST)} \nearrow\!\!\!\!\nearrow\end{array}\text{(弱)DEA 有效}(BC^2).$$

证 与定理 3.1.2 类似.证毕.

定理 10.2.2 对广义 DEA 模型 C^2R,FG 和 ST 之下的(弱)DEA 有效性,有

(i) (弱)DEA 有效(FG)$\overset{\exists\, \mu_0^0=0}{\Longrightarrow}$(弱)DEA 有效($C^2R$);

(ii) (弱)DEA 有效(ST)$\overset{\exists\, \mu_0^0=0}{\Longrightarrow}$(弱)DEA 有效($C^2R$),

其中(i)的含义是:若 DMU_{j_0} 为(弱)DEA 有效(FG),并且$(\hat{P}_{FG})$存在最优解 ω^0,

μ^0，$\mu_0^0=0$，则 DMU_{j_0}也为(弱)DEA 有效(C^2R).对(ii)也有类似的含义.

证　结论(i)(ii)的证明分别与定理 3.1.3 和定理 3.1.4 类似.证毕.

定理 10.2.3　对广义 DEA 模型 BC^2 之下的(弱)DEA 有效性与广义 DEA 模型 C^2R,FG,ST 之下的(弱)DEA 有效性有如下关系

$$\text{(弱)DEA 有效 }BC^2\begin{cases}\xRightarrow{\exists\mu_0^0=0}\text{(弱)DEA 有效 }(C^2R)\\ \xRightarrow{\mu_0^0\geq 0}\text{(弱)DEA 有效 (FG)}\\ \xRightarrow{\exists\mu_0^0\leq 0}\text{(弱)DEA 有效 (ST)}\end{cases}$$

证　本定理的证明与定理 3.1.5 类似.证毕.

定理 10.2.4　对广义 DEA 模型 C^2R,FG 和 ST 之下的(弱)DEA 有效性,有

$$\text{(弱)DEA 有效}(C^2R)\Leftrightarrow\begin{cases}\text{(弱)DEA 有效(FG)}\\ \text{(弱)DEA 有效(ST)}\end{cases}$$

这里的含义是:DMU_{j_0}～(弱)DEA 有效(C^2R)的充分必要条件是 DMU_{j_0}同时为(弱)DEA 有效(FG)和(弱)DEA 有效(ST).

证　本定理的证明与推论 3.1.1 类似,只不过这里在充分性类似于定理 3.1.6 的证明中,用到如下性质:当 W 为闭凸锥,且 Int $W\neq\varnothing$,若

$$\begin{pmatrix}\omega^*\\ \mu^*\end{pmatrix}\in\text{Int }W,\quad\begin{pmatrix}\omega^{**}\\ \mu^{**}\end{pmatrix}\in\text{Int }W,\ \alpha\in(0,1),$$

则

$$\alpha\begin{pmatrix}\omega^*\\ \mu^*\end{pmatrix}+(1-\alpha)\begin{pmatrix}\omega^{**}\\ \mu^{**}\end{pmatrix}\in\text{Int }W$$

(见附录 A 的定理 A.1.3).证毕.

定理 10.2.5　对广义 DEA 模型 BC^2 与 FG,ST 的非(弱)DEA 有效性,有如下关系

$$\text{非(弱)DEA 有效}(BC^2)\Leftrightarrow\begin{cases}\text{非(弱)DEA 有效(FG)},\\ \text{非(弱)DEA 有效(ST)}.\end{cases}$$

证　证明与推论 3.1.2 类似.证毕.

第三节　综合加法模型

本节考虑具有锥结构的广义综合加法模型(当 $K=E_+^n$,$W=E_+^{m+s}$时,即 Charnes 和 Cooper 等人给出的加法模型($\delta_1=1,\delta_2=0$),见参考文献[7]:

$$(P^d)\begin{cases}\max\ (\tau^{\mathrm{T}} S^- + \hat{\tau}^{\mathrm{T}} S^+),\\ \bar{X}\lambda + S^- = X_0,\\ \bar{Y}\lambda - S^+ = Y_0,\\ \delta_1(e^{\mathrm{T}}\lambda + \delta_2(-1)^{\delta_3}\lambda_{n+1}) = \delta_1,\\ \lambda \in -K^*,\ \lambda_{n+1} \geqq 0, \begin{pmatrix} S^- \\ S^+ \end{pmatrix} \in -W^*\end{cases}$$

和

$$(D^d)\begin{cases}\min\ (\omega^{\mathrm{T}} X_0 - \mu^{\mathrm{T}} Y_0 + \delta_1\mu_0),\\ \omega^{\mathrm{T}}\bar{X} - \mu^{\mathrm{T}}\bar{Y} + \delta_1\mu_0 e^{\mathrm{T}} \in K,\\ \begin{pmatrix} \omega - \tau \\ \mu - \hat{\tau} \end{pmatrix} \in W,\\ \delta_1\delta_2(-1)^{\delta_3}\mu_0 \geqq 0.\end{cases}$$

其中$\begin{pmatrix} \tau \\ \hat{\tau} \end{pmatrix} \in \mathrm{Int}\ W$.

引理 10.3.1(弱对偶定理)　设 $\lambda, \lambda_{n+1}, S^-, S^+$ 为(P^d)的可行解,ω, μ, μ_0 为(D^d)的可行解,则有

$$\omega^{\mathrm{T}} x_0 - \mu^{\mathrm{T}} y_0 + \delta_1\mu_0 \geqq \tau^{\mathrm{T}} S^- + \hat{\tau}^{\mathrm{T}} S^+.$$

证　因

$$\begin{pmatrix} \omega - \tau \\ \mu - \hat{\tau} \end{pmatrix} \in W,\quad \begin{pmatrix} S^- \\ S^+ \end{pmatrix} \in -W^*,$$

故

$$(\omega - \tau)^{\mathrm{T}} S^- + (\mu - \hat{\tau})^{\mathrm{T}} S^+ \geqq 0.$$

于是

$$\begin{aligned}\tau^{\mathrm{T}} S^- + \hat{\tau}^{\mathrm{T}} S^+ &\leqq \omega^{\mathrm{T}} S^- + \mu^{\mathrm{T}} S^+\\ &= \omega^{\mathrm{T}}(X_0 - \bar{X}\lambda) + \mu^{\mathrm{T}}(\bar{Y}\lambda - Y_0)\\ &= (\omega^{\mathrm{T}} X_0 - \mu^{\mathrm{T}} Y_0) - (\omega^{\mathrm{T}}\bar{X} - \mu^{\mathrm{T}}\bar{Y})\lambda.\end{aligned}\tag{1}$$

因

$$\omega^{\mathrm{T}}\bar{X} - \mu^{\mathrm{T}}\bar{Y} + \delta_1\mu_0 e^{\mathrm{T}} \in K,\quad \lambda \in -K^*,$$

故

$$(\omega^{\mathrm{T}}\bar{X} - \mu^{\mathrm{T}}\bar{Y})\lambda + \delta_1\mu_0 e^{\mathrm{T}}\lambda \geqq 0.\tag{2}$$

因

$$\delta_1\delta_2(-1)^{\delta_3}\mu_0 \geqq 0, \quad \lambda_{n+1} \geqq 0$$

故

$$\delta_1\delta_2(-1)^{\delta_3}\mu_0\lambda_{n+1} \geqq 0$$

于是(注意,$\delta_1(e^{\mathrm{T}}\lambda+\delta_2(-1)^{\delta_3}\lambda_{n+1})=\delta_1$)

$$\begin{aligned}\delta_1\mu_0 e^{\mathrm{T}}\lambda-\delta_1\mu_0 &= \delta_1\mu_0(e^{\mathrm{T}}\lambda-1)\\ &=-\delta_1\delta_2(-1)^{\delta_3}\mu_0\lambda_{n+1}\\ &\leqq 0,\end{aligned}$$

因此

$$\delta_1\mu_0 e^{\mathrm{T}}\lambda \leqq \delta_1\mu_0. \tag{3}$$

由(1)~(3),有

$$\begin{aligned}\tau^{\mathrm{T}}S^{-}+\hat{\tau}^{\mathrm{T}}S^{+} &\leqq (\omega^{\mathrm{T}}X_0-\mu^{\mathrm{T}}Y_0)-(\omega^{\mathrm{T}}\bar{X}-\mu^{\mathrm{T}}\bar{Y})\lambda\\ &\leqq (\omega^{\mathrm{T}}X_0-\mu^{\mathrm{T}}Y_0)+\delta_1\mu_0 e^{\mathrm{T}}\lambda\\ &\leqq (\omega^{\mathrm{T}}X_0-\mu^{\mathrm{T}}Y_0)+\delta_1\mu_0\end{aligned}$$

证毕.

在讨论对偶规划(P^d)和(D^d)之前,先给出假设 10.3.1,该假设是对偶定理成立所需要的条件.

假设 10.3.1 设 $\lambda^0,\lambda_{n+1}^0,S^{-0},S^{+0}$ 是(P^d)的最优解,集合 $\bar{D}(\lambda^0,\lambda_{n+1}^0,S^{-0},S^{+0})$为闭集,其中

$$\bar{D}(\lambda^0,\lambda_{n+1}^0,S^{-0},S^{+0})$$

$$=\left\{\begin{pmatrix}\bar{X}^{\mathrm{T}}\omega-\bar{Y}^{\mathrm{T}}\mu+\delta_1\mu_0 e-\nu_1\\ \omega-\nu_2\\ \mu-\nu_3\\ \delta_1\delta_2(-1)^{\delta_3}\mu_0-\nu_4\end{pmatrix}\left|\begin{array}{c}\nu_1^{\mathrm{T}}\in K,\begin{pmatrix}\nu_2\\ \nu_3\end{pmatrix}\in \bar{W},\nu_4\geqq 0,\\ \nu_1^{\mathrm{T}}\lambda^0=0,\nu_2^{\mathrm{T}}S^{-0}=0,\nu_3^{\mathrm{T}}S^{+0}=0,\\ \nu_4\lambda_{n+1}^0=0\end{array}\right.\right\}.$$

在以下的讨论中,均假定假设 10.3.1 成立.

引理 10.3.2(对偶定理) 设 $\lambda^0,\lambda_{n+1}^0,S^{-0},S^{+0}$ 为(P^d)的最优解,则(D^d)存在最优解 ω^0,μ^0,μ_0^0,使得

$$\tau^{\mathrm{T}}S^{-0}+\hat{\tau}S^{+0}=\omega^{0\mathrm{T}}X_0-\mu^{0\mathrm{T}}Y_0+\delta_1\mu_0^0.$$

证 因为(P^d)和(D^d)是一对对偶规划,且集合 $\bar{D}(\lambda^0,\lambda_{n+1}^0,S^{-0},S^{+0})$为闭集,由定理 D.3.2,知对偶定理成立.证毕.

以下的定理 10.3.1 和定理 10.3.2 指出了利用加法模型(P^d)的最优值是否为 0,可以判断决策单元 DMU_{j_0} 的 DEA 有效性.

定理 10.3.1 若(P^d)的最优值为 0,则决策单元 DMU_{j_0} 为 DEA 有效.

证 由引理 10.3.2,对偶规划(D^d)的最优值也为 0.设 $\bar{\omega}, \bar{\mu}, \bar{\mu}_0$ 为(D^d)的最优解,则有

$$\bar{\omega}^T X - \bar{\mu}^T Y + \delta_1 \bar{\mu}_0 e^T \in K,$$

$$\begin{pmatrix} \bar{\omega} - \tau \\ \bar{\mu} - \hat{\tau} \end{pmatrix} \in W,$$

$$\delta_1 \delta_2 (-1)^{\delta_3} \bar{\mu}_0 \geqq 0,$$

$$\bar{\omega}^T X_0 - \bar{\mu}^T Y_0 + \delta_1 \bar{\mu}_0 = 0$$

令(由 $\bar{\omega}^T X_0 + \delta_1 \bar{\mu}_0 = \bar{\mu}^T Y_0 > 0$)

$$\omega^0 = \frac{\bar{\omega}}{\bar{\omega}^T X_0 + \delta_1 \bar{\mu}_0}, \quad \mu^0 = \frac{\bar{\mu}}{\bar{\omega}^T X_0 + \delta_1 \bar{\mu}_0}, \quad \mu_0^0 = \frac{\bar{\mu}_0}{\bar{\omega}^T X_0 + \delta_1 \bar{\mu}_0},$$

因为 $\begin{pmatrix} \tau \\ \hat{\tau} \end{pmatrix} \in \text{Int } W$,故

$$\begin{pmatrix} \bar{\omega} \\ \bar{\mu} \end{pmatrix} \in \begin{pmatrix} \tau \\ \hat{\tau} \end{pmatrix} + W \subset \text{Int } W,$$

因此(见附录 A 中的定理 A.1.3)

$$\begin{aligned} & \omega^{0T} X - \mu^{0T} Y + \delta_1 \mu_0^0 e^T \\ = & \frac{1}{\bar{\omega}^T x_0 + \delta_1 \bar{\mu}_0} (\bar{\omega}^T X - \bar{\mu}^T Y + \delta_1 \bar{\mu}_0 e^T) \in K, \end{aligned}$$

$$\begin{pmatrix} \omega^0 \\ \mu^0 \end{pmatrix} = \frac{1}{\bar{\omega}^T X_0 + \delta_1 \bar{\mu}_0} \begin{pmatrix} \bar{\omega} \\ \bar{\mu} \end{pmatrix} \in \text{Int } W,$$

$$\delta_1 \delta_2 (-1)^{\delta_3} \mu_0^0 = \frac{1}{\bar{\omega}^T X_0 + \delta_1 \bar{\mu}_0} \bar{\mu}_0 \geqq 0,$$

$$\omega^{0T} X_0 - \mu^{0T} Y_0 + \delta_1 \mu_0^0 = \frac{1}{\bar{\omega}^T X_0 + \delta_1 \bar{\mu}_0} (\bar{\omega}^T X_0 - \bar{\mu}^T Y_0 + \delta_1 \bar{\mu}_0) = 0.$$

并且

$$\omega^{0T} X_0 + \delta_1 \mu_0^0 = \left[\frac{\bar{\omega}}{\bar{\omega}^T X_0 + \delta_1 \bar{\mu}_0} \right]^T X_0 + \delta_1 \left[\frac{\bar{\mu}_0}{\bar{\omega}^T X_0 + \delta_1 \bar{\mu}_0} \right] = 1.$$

因此

$$\mu^{0T} Y_0 = \omega^{0T} X_0 + \delta_1 \mu_0^0 = 1.$$

由定义 10.3.2,知 DMU_{j_0} 为 DEA 有效.证毕.

引理 10.3.3 若 ω^0, μ^0, μ_0^0 为(P^d)的最优解,并且 $\omega^{0T} X_0 + \delta_1 \mu_0^0 = 1$,则对任意$(X, Y) \in T$ 都有

$$\omega^{0\mathrm{T}} X-\mu^{0\mathrm{T}} Y \geqq \omega^{0\mathrm{T}} X_0-\mu^{0\mathrm{T}} Y_0,$$

其中 T 为生产可能集,即

$$T=\left\{(X, Y) \left\lvert \begin{pmatrix} \bar{X}\lambda-X \\ -\bar{Y}\lambda+Y \end{pmatrix} \in W^{*},\right.\right.$$

$$\left.\delta_1\left(e^{\mathrm{T}} \lambda+\delta_2(-1)^{\delta_3} \lambda_{n+1}\right)=\delta_1, \lambda \in-K^{*}, \lambda_{n+1} \geqq 0\right\}.$$

证 设$(X, Y)\in T$,则存在 S^-, S^+,有

$$\begin{pmatrix} X \\ -Y \end{pmatrix}=\begin{pmatrix} \bar{X}\lambda \\ -\bar{Y}\lambda \end{pmatrix}+\begin{pmatrix} S^- \\ S^+ \end{pmatrix}, \quad \begin{pmatrix} S^- \\ S^+ \end{pmatrix} \in-W^{*},$$

于是(因 $\omega^{0\mathrm{T}} S^-+\mu^{0\mathrm{T}} S^+\geqq 0$)

$$\begin{aligned} \omega^{0\mathrm{T}} X-\mu^{0\mathrm{T}} Y &=(\omega^{0\mathrm{T}} \bar{X}\lambda-\mu^{0\mathrm{T}} \bar{Y}\lambda)+(\omega^{0\mathrm{T}} S^-+\mu^{0\mathrm{T}} S^+) \\ &\geqq(\omega^{0\mathrm{T}} \bar{X}-\mu^{0\mathrm{T}} \bar{Y}) \lambda. \end{aligned} \tag{4}$$

由

$$\lambda \in-K^{*}, \quad \omega^{0\mathrm{T}} \bar{X}-\mu^{0\mathrm{T}} \bar{Y}+\delta_1 \mu_0^0 e^{\mathrm{T}} \in K,$$

故

$$(\omega^{0\mathrm{T}} \bar{X}-\mu^{0\mathrm{T}} \bar{Y}) \lambda+\delta_1 \mu_0^0 e^{\mathrm{T}} \lambda \geqq 0. \tag{5}$$

此外,我们有

$$\omega^{0\mathrm{T}} X_0-\mu^{0\mathrm{T}} Y_0+\delta_1 \mu_0^0=(\omega^{0\mathrm{T}} X_0+\delta_1 \mu_0^0)-\mu^{0\mathrm{T}} Y_0=0. \tag{6}$$

由(4)～(6)式,对任意$(X, Y)\in T$,有

$$\begin{aligned} \omega^{0\mathrm{T}} X-\mu^{0\mathrm{T}} Y+\delta_1 \mu_0^0 e^{\mathrm{T}} \lambda &\geqq(\omega^{0\mathrm{T}} \bar{X}-\mu^{0\mathrm{T}} \bar{Y}) \lambda+\delta_1 \mu_0^0 e^{\mathrm{T}} \lambda \\ &\geqq 0 \\ &=\omega^{0\mathrm{T}} X_0-\mu^{0\mathrm{T}} Y_0+\delta_1 \mu_0^0, \end{aligned}$$

于是(因 $\delta_1 \delta_2(-1)^{\delta_3} \mu_0 \geqq 0, \lambda_{n+1} \geqq 0$)

$$\begin{aligned} \omega^{0\mathrm{T}} X-\mu^{0\mathrm{T}} Y &\geqq(\omega^{0\mathrm{T}} X_0-\mu^{0\mathrm{T}} Y_0)+\delta_1 \mu_0^0(1-e^{\mathrm{T}} \lambda) \\ &=(\omega^{0\mathrm{T}} X_0-\mu^{0\mathrm{T}} Y_0)+\delta_1 \delta_2(-1)^{\delta_3} \mu_0 \lambda_{n+1} \\ &\geqq \omega^{0\mathrm{T}} X_0-\mu^{0\mathrm{T}} Y_0. \end{aligned}$$

证毕.

定理 10.3.2 若 DMU_{j_0}为 DEA 有效,则(P^d)的最优值为 0.

证 利用反证法证之.设 $\hat{\lambda}, \hat{\lambda}_{n+1}, \hat{S}^-, \hat{S}^+$ 为(P_0)的最优解,但(P_0)的最优值

$$\tau^{\mathrm{T}} \hat{S}^-+\hat{\tau}^{\mathrm{T}} \hat{S}^+ \neq 0,$$

则

$$\begin{pmatrix} \hat{S}^- \\ \hat{S}^+ \end{pmatrix} \neq 0,$$

即

$$\begin{bmatrix} \hat{S}^- \\ \hat{S}^+ \end{bmatrix} \in - W^* \setminus \{0\}.$$

现在,由 DMU_{j_0} 为 DEA 有效,故(P)存在最优解 ω^0, μ^0, μ_0^0,使得

$$\omega^{0\mathrm{T}} X_0 + \delta_1 \mu_0^0 = \mu^{0\mathrm{T}} Y_0 = 1,$$

$$\begin{bmatrix} \omega^0 \\ \mu^0 \end{bmatrix} \in \mathrm{Int}\ W.$$

令

$$\begin{bmatrix} \hat{X} \\ \hat{Y} \end{bmatrix} = \begin{bmatrix} X_0 - \hat{S}^- \\ Y_0 + \hat{S}^+ \end{bmatrix},$$

则

$$\begin{bmatrix} \hat{X} \\ \hat{Y} \end{bmatrix} = \begin{bmatrix} X \hat{\lambda} \\ Y \hat{\lambda} \end{bmatrix} \in T,$$

由引理 10.3.3,有

$$\omega^{0\mathrm{T}} \hat{X} - \mu^{0\mathrm{T}} \hat{Y} \geqq \omega^{0\mathrm{T}} X_0 - \mu^{0\mathrm{T}} Y_0.$$

另一方面,因

$$\begin{bmatrix} \omega^0 \\ \mu^0 \end{bmatrix} \in \mathrm{Int}\ W, \quad \begin{bmatrix} \hat{S}^- \\ \hat{S}^+ \end{bmatrix} \in - W^* \setminus \{0\},$$

以及(因 $\mathrm{Int}\ W \neq \varnothing$)定理 A.2.3,有

$$\mathrm{Int}\ W = \{\omega \mid \omega^{\mathrm{T}} \hat{\omega} < 0, \forall\, \hat{\omega} \in W^* \setminus \{0\}\},$$

故

$$\omega^{0\mathrm{T}} \hat{S}^- + \mu^{0\mathrm{T}} \hat{S}^+ > 0$$

于是得到

$$\begin{aligned} \omega^{0\mathrm{T}} \hat{X} - \mu^{0\mathrm{T}} \hat{Y} &= (\omega^{0\mathrm{T}} X_0 - \mu^{0\mathrm{T}} Y_0) - (\omega^{0\mathrm{T}} \hat{S}^- + \mu^{0\mathrm{T}} \hat{S}^+) \\ &< \omega^{0\mathrm{T}} X_0 - \mu^{0\mathrm{T}} Y_0 \end{aligned}$$

之矛盾.证毕.

推论 10.3.1 决策单元 DMU_{j_0} 为 DEA 有效的充分必要条件是(P_0^d)的最优值为 0.

证 这是定理 10.3.1 和定理 10.3.2 的直接推论.

推论 10.3.2　决策单元 DMU_{j_0} 为 DEA 有效的充分必要条件是:下面的不等式组无解

$$\begin{cases} X\lambda + S^- = X_0, \\ Y\lambda - S^+ = Y_0, \\ \delta_1(e^T\lambda + \delta_2(-1)^{\delta_3}\lambda_{n+1}) = \delta_1, \\ \lambda \in -K^*, \quad \lambda_{n+1} \geqq 0, \\ \begin{bmatrix} S^- \\ S^+ \end{bmatrix} \in -W^* \setminus \{0\}. \end{cases}$$

证　这是定理 10.3.1 和定理 10.3.2 的直接推论.证毕.

第四节　DEA 有效与非支配解的等价性

考虑多目标规划问题

$$(VP)\begin{cases} V-\min\,(X, -Y), \\ (X, Y) \in T, \end{cases}$$

其中 T 为生产可能集,即

$$T = \left\{ (X, Y) \,\middle|\, \begin{bmatrix} X\lambda - X \\ -Y\lambda + Y \end{bmatrix} \in W^*, \right.$$

$$\left. \delta_1(e^T\lambda + \delta_2(-1)^{\delta_3}\lambda_{n+1}) = \delta_1, \lambda \in -K^*, \lambda_{n+1} \geqq 0 \right\}.$$

定义 10.4.1　若不存在 $(x, y) \in T$,使得

$$\begin{bmatrix} X \\ -Y \end{bmatrix} \in \begin{bmatrix} X_0 \\ -Y_0 \end{bmatrix} + W^*, \quad \begin{bmatrix} X \\ -Y \end{bmatrix} \neq \begin{bmatrix} X_0 \\ -Y_0 \end{bmatrix},$$

则称 (x_0, y_0) 为多目标问题 (VP) 的相对于 W^* 的非支配解.

决策单元 DMU_{j_0} 为 DEA 有效是与 (X_0, Y_0) 为多目标问题 (VP) 的相对于 W^* 的非支配解是等价的,由以下定理给出.

定理 10.4.1　决策单元 DMU_{j_0} 为 DEA 有效,当且仅当 (X_0, Y_0) 为 (VP) 相对于 W^* 的非支配解.

证　根据非支配解的定义,(X_0, Y_0) 为 (VP) 相对于 W^* 的非支配解的充分必要条件是:不存在 $(X, Y) \in T$,使得

$$\begin{bmatrix} X \\ -Y \end{bmatrix} \in \begin{bmatrix} X_0 \\ -Y_0 \end{bmatrix} + W^* \setminus \{0\},$$

即下面的不等式组无解

$$
(\text{Ⅰ})\begin{cases}
\begin{pmatrix} \bar{X}\lambda - X \\ -\bar{Y}\lambda + Y \end{pmatrix} \in \bar{W}^{*}, \\
\delta_1 (e^{\mathrm{T}} \lambda + \delta_2 (-1)^{\delta_3} \lambda_{n+1}) = \delta_1, \\
\lambda \in - K^{*}, \lambda_{n+1} \geqq 0, \\
\begin{pmatrix} X \\ -Y \end{pmatrix} \in \begin{pmatrix} X_0 \\ -Y_0 \end{pmatrix} + \bar{W}^{*} \setminus \{0\}.
\end{cases}
$$

因为若(Ⅰ)有解：$\hat{\lambda}, \hat{\lambda}_{n+1}, \hat{X}, \hat{Y}$,则

$$
\begin{pmatrix} \bar{X}\hat{\lambda} - \hat{X} \\ -\bar{Y}\hat{\lambda} + \hat{Y} \end{pmatrix} = -\begin{pmatrix} \hat{S}^{-} \\ \hat{S}^{+} \end{pmatrix}, \quad \begin{pmatrix} \hat{S}^{-} \\ \hat{S}^{+} \end{pmatrix} \in - \bar{W}^{*}, \tag{1}
$$

$$
\begin{pmatrix} \hat{X} \\ -\hat{Y} \end{pmatrix} = \begin{pmatrix} X_0 \\ -Y_0 \end{pmatrix} - \begin{pmatrix} S^{-0} \\ S^{+0} \end{pmatrix}, \begin{pmatrix} S^{-0} \\ S^{+0} \end{pmatrix} \in - \bar{W}^{*} \setminus \{0\}, \tag{2}
$$

由(1),(2)有(因为 Int $\bar{W} \neq \varnothing$,由推论 B.2.1,知(4)成立)

$$
\begin{pmatrix} \bar{X}\hat{\lambda} \\ -\bar{Y}\hat{\lambda} \end{pmatrix} + \begin{pmatrix} \hat{S}^{-} + (S^{-})^{0} \\ \hat{S}^{+} + (S^{+})^{0} \end{pmatrix} = \begin{pmatrix} X_0 \\ -Y_0 \end{pmatrix}, \tag{3}
$$

$$
\begin{pmatrix} \hat{S}^{-} + (S^{-})^{0} \\ \hat{S}^{+} + (S^{+})^{0} \end{pmatrix} \in - \bar{W}^{*} \setminus \{0\}. \tag{4}
$$

考虑不等式组

$$
(\text{Ⅱ})\begin{cases}
\bar{X}\lambda + S^{-} = X_0, \\
\bar{Y}\lambda - S^{+} = Y_0, \\
\delta_1 (e^{\mathrm{T}} \lambda + \delta_2 (-1)^{\delta_3} \lambda_{n+1}) = \delta_1, \\
\lambda \in - K^{*}, \quad \lambda_{n+1} \geqq 0, \\
\begin{pmatrix} S^{-} \\ S^{+} \end{pmatrix} \in - \bar{W}^{*} \setminus \{0\}
\end{cases}
$$

由(3),(4),若(Ⅱ)无解,可得(Ⅰ)无解;反之,若(Ⅱ)有解：$\lambda, \lambda_{n+1}, S^{-}, S^{+}$,则

$$
\begin{cases}
\begin{pmatrix} \bar{X}\lambda - \bar{X}\lambda \\ -\bar{Y}\lambda + \bar{Y}\lambda \end{pmatrix} = 0 \in \bar{W}^{*} \\
\delta_1 (e^{\mathrm{T}} \lambda + \delta_2 (-1)^{\delta_3} \lambda_{n+1}) = \delta_1, \\
\lambda \in - K^{*}, \quad \lambda_{n+1} \geqq 0, \\
\begin{pmatrix} \bar{X}\lambda \\ -\bar{Y}\lambda \end{pmatrix} - \begin{pmatrix} X_0 \\ -Y_0 \end{pmatrix} = \begin{pmatrix} S^{-} \\ S^{+} \end{pmatrix} \in - \bar{W}^{*} \setminus \{0\},
\end{cases}
$$

即 $\lambda, \lambda_{n+1}, X\lambda, Y\lambda$ 为(Ⅰ)的解.因此,(Ⅰ)无解等价于(Ⅱ)无解.由推论 10.3.2 得知(X_0, Y_0)为(VP)相对于 W^* 的非支配解,当且仅当 DMU_{j_0}为 DEA 有效.证毕.

第五节　生产可能集和有效前沿面

对于带有闭凸锥 W 和 K 的综合 DEA 模型 GDEA,相应的生产可能集 T 由以下的一些公理给出($e=(1,\cdots,1)^{\mathrm{T}}\in E^n$).

公理 10.5.1(凸锥性公理)　对 $\forall\ \lambda\in -K^*$,均有

$$(X\lambda, Y\lambda)\in T.$$

公理 10.5.2(凸性公理)　对 $\forall\ \lambda\in -K^*$,且满足 $e^{\mathrm{T}}\lambda=1$,均有

$$(X\lambda, Y\lambda)\in T.$$

公理 10.5.3(收缩性公理)　对 $\forall\ \lambda\in -K^*$,且满足 $e^{\mathrm{T}}\lambda\leqq 1$,均有

$$(X\lambda, Y\lambda)\in T.$$

公理 10.5.4(扩张性公理)　对 $\forall\ \lambda\in -K^*$,且满足 $e^{\mathrm{T}}\lambda\geqq 1$,均有

$$(X\lambda, Y\lambda)\in T.$$

公理 10.5.5(无效性公理)　如果$(X, Y)\in T$,及

$$\begin{pmatrix} X-\hat{X} \\ -Y+\hat{Y} \end{pmatrix}\in W^*,$$

则$(\hat{X}, \hat{Y})\in T$.

由于 $K\subseteq E_+^n$,故

$$K^*\supseteq (E_+^n)^* = E_-^n,$$

也即 $E_+^n\subseteq -K^*$,故

$$e_j=(0,\cdots,0,\overset{j}{1},0,\cdots,0)^{\mathrm{T}}\in E_+^n\subseteq -K^*,\ j=1,\cdots,n.$$

由此得知(即第二章第四节中的“平凡公理”)

$$(X_j, Y_j)=(X e_j, Y e_j)\in T,\quad j=1,\cdots,n.$$

同理,由于 $W\subseteq E_+^{m+s}$,故

$$W^*\supseteq E_-^{m+s}.$$

由无效性公理,若$(X, Y)\in T$, $\hat{X}\geqq X$, $\hat{Y}\leqq Y$,则

$$\begin{pmatrix} X-\hat{X} \\ -Y+\hat{Y} \end{pmatrix}\in E_-^{m+s}\subseteq W^*.$$

(即第二章第四节中的“无效性公理”).

定理 10.5.1

(i) 若 T_{C^2R} 为满足公理 10.5.1 和公理 10.5.5 的最小的集合,则

$$T_{C^2R}=\left\{(X,Y)\left|\begin{pmatrix}\mathbf{X}\lambda-X\\-\mathbf{Y}\lambda+Y\end{pmatrix}\in W^*,\lambda\in-K^*\right.\right\};$$

(ii) 若 T_{BC^2} 为满足公理 10.5.2 和公理 10.5.5 的最小的集合,则

$$T_{BC^2}=\left\{(X,Y)\left|\begin{pmatrix}\mathbf{X}\lambda-X\\-\mathbf{Y}\lambda+Y\end{pmatrix}\in W^*,e^{\mathrm{T}}\lambda=1,\lambda\in-K^*\right.\right\};$$

(iii) 若 T_{FG} 为满足公理 10.5.3 和公理 10.5.5 的最小的集合,则

$$T_{FG}=\left\{(X,Y)\left|\begin{pmatrix}\mathbf{X}\lambda-X\\-\mathbf{Y}\lambda+Y\end{pmatrix}\in W^*,e^{\mathrm{T}}\lambda\leqq1,\lambda\in-K^*\right.\right\};$$

(iv) 若 T_{ST} 为满足公理 10.5.4 和公理 10.5.5 的最小的集合,则

$$T_{ST}=\left\{(X,Y)\left|\begin{pmatrix}\mathbf{X}\lambda-X\\-\mathbf{Y}\lambda+Y\end{pmatrix}\in W^*,e^{\mathrm{T}}\lambda\geqq1,\lambda\in-K^*\right.\right\}.$$

证 这里只证结论(i),其他结论类似.记

$$S=\left\{(X,Y)\left|\begin{pmatrix}\mathbf{X}\lambda-X\\-\mathbf{Y}\lambda+Y\end{pmatrix}\in W^*,\lambda\in-K^*\right.\right\},$$

设$(\hat{X},\hat{Y})\in S$,故存在 $\hat{\lambda}\in-K^*$,有

$$\begin{pmatrix}\mathbf{X}\hat{\lambda}-\hat{X}\\-\mathbf{Y}\hat{\lambda}+\hat{Y}\end{pmatrix}\in W^*.$$

因为 T_{C^2R} 满足公理 10.5.1,因此

$$(\mathbf{X}\hat{\lambda},\mathbf{Y}\hat{\lambda})\in T_{C^2R}.$$

又因为 T_{C^2R} 满足公理 10.5.5,因此

$$(\hat{X},\hat{Y})\in T_{C^2R},$$

即

$$S=\left\{(X,Y)\left|\begin{pmatrix}\mathbf{X}\lambda-X\\-\mathbf{Y}\lambda+Y\end{pmatrix}\in W^*,\lambda\in-K^*\right.\right\}\subseteq T_{C^2R}.$$

另一方面,由于 $0\in W^*$,故当 $\lambda\in-K^*$ 时,有

$$\begin{pmatrix}\mathbf{X}\lambda-(\mathbf{X}\lambda)\\-\mathbf{Y}\lambda+(\mathbf{Y}\lambda)\end{pmatrix}=0\in W^*,$$

因此,$\lambda\in-K^*$ 时,$(\mathbf{X}\lambda,\mathbf{Y}\lambda)\in S$.即 S 满足公理 10.5.1.

下面证 S 满足公理 10.5.5.设$(X,Y)\in S$,且$(\hat{X},\hat{Y})$满足

$$\begin{bmatrix} X-\hat{X} \\ -Y+\hat{Y} \end{bmatrix} \in W^*.$$

由于$(X,Y)\in S$,故存在 $\lambda\in -K^*$,有

$$\begin{bmatrix} \bar{X}\lambda - X \\ -\bar{Y}\lambda + Y \end{bmatrix} \in W^*,$$

于是,由 W^* 为闭凸锥,有

$$\begin{bmatrix} \bar{X}\lambda-\hat{X} \\ -\bar{Y}\lambda+\hat{Y} \end{bmatrix} = \begin{bmatrix} \bar{X}\lambda - X \\ -\bar{Y}\lambda + Y \end{bmatrix} + \begin{bmatrix} X-\hat{X} \\ -Y+\hat{Y} \end{bmatrix} \in W^*,$$

由 S 的定义,有

$$(\hat{X},\hat{Y})\in S.$$

即 S 满足公理 10.5.5.

因为 T_{C^2R}是满足公理 10.5.1 和公理 10.5.5 的最小的集合,而已经证明了集合 S 满足公理 10.5.1 和公理 10.5.5,故

$$T_{C^2R}\subseteq S=\left\{(X,Y)\,\middle|\,\begin{bmatrix} \bar{X}\lambda - X \\ -\bar{Y}\lambda + Y \end{bmatrix} \in W^*,\lambda\in -K^*\right\}$$

证毕.

我们可以引进具有取值为 0 和 1 的三个参数 $\delta_1,\delta_2,\delta_3$,将生产可能集 T_{C^2R},T_{BC^2},T_{FG},T_{ST}统一写成为

$$T=\left\{(X,Y)\,\middle|\,\begin{bmatrix} \bar{X}\lambda - X \\ -\bar{Y}\lambda + Y \end{bmatrix} \in W^*,\right.$$
$$\left.\delta_1(e^T\lambda+\delta_2(-1)^{\delta_3}\lambda_{n+1})=\delta_1,\lambda\in -K^*,\lambda_{n+1}\geqq 0\right\}.$$

不难看出:

当 $\delta_1=0$ 时,$T=T_{C^2R}$;

当 $\delta_1=1,\delta_2=0$ 时,$T=T_{BC^2}$;

当 $\delta_1=1,\delta_2=1,\delta_3=0$ 时,$T=T_{FG}$;

当 $\delta_1=1,\delta_2=1,\delta_3=1$ 时,$T=T_{ST}$.

定理 10.5.2 生产可能集

$$T=\left\{(X,Y)\,\middle|\,\begin{bmatrix} \bar{X}\lambda - X \\ -\bar{Y}\lambda + Y \end{bmatrix} \in W^*,\right.$$
$$\left.\delta_1(e^T\lambda+\delta_2(-1)^{\delta_3}\lambda_{n+1})=\delta_1,\lambda\in -K^*,\lambda_{n+1}\geqq 0\right\}.$$

为凸集.特别,当 $\delta_1=0$ 时,$T=T_{C^2R}$为凸锥.

证 设$(X,Y)\in T$,$(\hat{X},\hat{Y})\in T$,$\alpha\in[0,1]$,则存在 λ,λ_{n+1}和 $\hat{\lambda},\hat{\lambda}_{n+1}$分别满

足

$$\begin{cases} \begin{pmatrix} X\lambda - X \\ -Y\lambda + Y \end{pmatrix} \in W^*, \\ \delta_1(e^{\mathrm{T}}\lambda + \delta_2(-1)^{\delta_3}\lambda_{n+1}) = \delta_1, \\ \lambda \in -K^*, \quad \lambda_{n+1} \geqq 0 \end{cases}$$

和

$$\begin{cases} \begin{pmatrix} X\hat{\lambda} - \hat{X} \\ -Y\hat{\lambda} + \hat{Y} \end{pmatrix} \in W^* \\ \delta_1(e^{\mathrm{T}}\hat{\lambda} + \delta_2(-1)^{\delta_3}\hat{\lambda}_{n+1}) = \delta_1, \\ \hat{\lambda} \in -K^*, \quad \hat{\lambda}_{n+1} \geqq 0 \end{cases}$$

于是由 W^* 为闭凸锥,有

$$\begin{pmatrix} X(\alpha\lambda + (1-\alpha)\hat{\lambda}) - (\alpha X + (1-\alpha)\hat{X}) \\ -Y(\alpha\lambda + (1-\alpha)\hat{\lambda}) + (\alpha Y + (1-\alpha)\hat{Y}) \end{pmatrix}$$

$$= \alpha\begin{pmatrix} X\lambda - X \\ -Y\lambda + Y \end{pmatrix} + (1-\alpha)\begin{pmatrix} X\hat{\lambda} - \hat{X} \\ -Y\hat{\lambda} + \hat{Y} \end{pmatrix} \in W^*.$$

再由 $-K^*$ 为闭凸锥,有

$$\alpha\lambda + (1-\alpha)\hat{\lambda} \in -K^*.$$

此外,有

$$\begin{aligned} &\delta_1(e^{\mathrm{T}}(\alpha\lambda + (1-\alpha)\hat{\lambda}) + \delta_2(-1)^{\delta_3}(\alpha\lambda_{n+1} + (1-\alpha)\hat{\lambda}_{n+1})) \\ &= \alpha\delta_1(e^{\mathrm{T}}\lambda + \delta_2(-1)^{\delta_3}\lambda_{n+1}) + (1-\alpha)\delta_1(e^{\mathrm{T}}\hat{\lambda} + \delta_2(-1)^{\delta_3}\hat{\lambda}_{n+1}) \\ &= \alpha\delta_1 + (1-\alpha)\delta_1 \\ &= \delta_1; \end{aligned}$$

$$\alpha\lambda_{n+1} + (1-\alpha)\hat{\lambda}_{n+1} \geqq 0,$$

故对 $\forall\ \alpha \in [0,1]$,有

$$\alpha(X, Y) + (1-\alpha)(\hat{X}, \hat{Y}) = (\alpha X + (1-\alpha)\hat{X}, \alpha Y + (1-\alpha)\hat{Y}) \in T,$$

即 T 为凸集.

当 $\delta_1 = 0$ 时,有

$$T_{\mathrm{C^2R}} = \left\{ (X, Y) \,\middle|\, \begin{pmatrix} X\lambda - X \\ -Y\lambda + Y \end{pmatrix} \in W^*, \lambda \in -K^* \right\}.$$

只需证 T_{C^2R}为锥.设$(X, Y) \in T_{C^2R}$, $\alpha \geqq 0$,则存在 $\lambda \in -K^*$,有

$$\begin{pmatrix} \boldsymbol{X}\lambda - X \\ -\boldsymbol{Y}\lambda + Y \end{pmatrix} \in W^* .$$

因为 W^* 和$-K^*$均为闭凸锥,故

$$\begin{pmatrix} \boldsymbol{X}(\alpha\lambda) - \alpha X \\ -\boldsymbol{Y}(\alpha\lambda) + \alpha Y \end{pmatrix} = \alpha \begin{pmatrix} \boldsymbol{X}\lambda - X \\ -\boldsymbol{Y}\lambda + Y \end{pmatrix} \in W^* ,$$

$$\alpha\lambda \in -K^* .$$

因此 $\alpha(x, y) \in T_{C^2R}$,即 T_{C^2R}为凸锥.证毕.

以下给出生产可能集 T 的有效前沿面的定义.

定义 10.5.1　设$\begin{pmatrix} \bar{\omega} \\ \bar{\mu} \end{pmatrix} \in \mathrm{Int}\ W$, $\delta_1 \delta_2 (-1)^{\delta_3} \bar{\mu}_0 \geqq 0$,并且

$$\bar{\omega}^{\mathrm{T}} \boldsymbol{X} - \bar{\mu}^{\mathrm{T}} \boldsymbol{Y} + \delta_1 \bar{\mu}_0 e^{\mathrm{T}} \in K.$$

记

$$L = \{(X, Y) \mid \bar{\omega}^{\mathrm{T}} X - \bar{\mu}^{\mathrm{T}} Y + \delta_1 \bar{\mu}_0 = 0\}.$$

如果 $L \cap T \neq \varnothing$,则称 L 为 T 的有效面.而称 $S = L \cap T$ 为生产可能集 T 的生产前沿面.

由定义 10.5.1 可知,生产可能集 T 的有效面,实际上只不过是 T 的一个支持超平面而已,详见以下例子.

例 10.5.1　考虑由表 10.5.1 给出的具有一个输入和一个输出的例子,见图 10.5.1.

表 10.5.1

	1	2	3	
1 →	1	2	4	
	2	4	5	→ 1

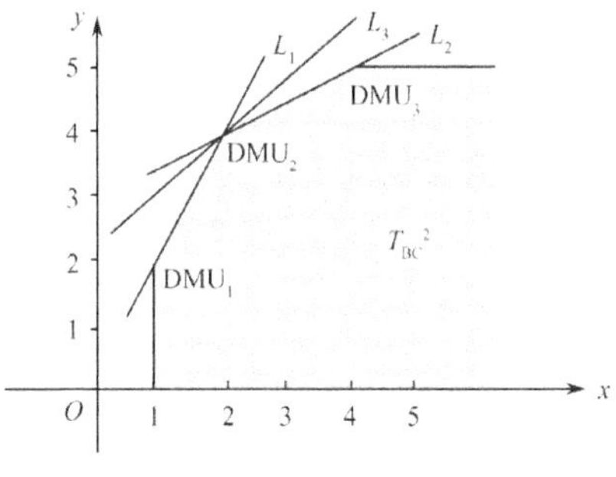

图 10.5.1

在本例中,取 $\delta_1=1$, $\delta_2=0$, $W=E_+^2$, $K=E_+^3$,即以通常的 BC^2 为例,可见 DEA 有效集合为

$$\{DMU_1,\quad DMU_2,\quad DMU_3\},$$

并且

$$L_1=\{(X,Y)\mid 2X-Y=0\},$$
$$L_2=\{(X,Y)\mid X-2Y+6=0\}.$$
$$L_3=\{(X,Y)\mid X-Y=-2\}.$$

L_1, L_2, L_3 均为 T_{BC^2}的有效面;$L_1\cap T_{BC^2}$, $L_2\cap T_{BC^2}$, $L_3\cap T_{BC^2}$均为生产可能集 T_{BC^2}的生产前沿面(见第四章第二节).不难看出,通过点(1,2),(2,4)和(4,5)可以有很多 T_{BC^2}的有效面(支持超平面);而 $L_1\cap T_{BC^2}$, $L_2\cap T_{BC^2}$和 $L_3\cap T_{BC^2}=\{(2,4)\}$为生产可能集 T_{BC^2}的生产前沿面.

定理 10.5.3　决策单元 DMU_{j_0}为 DEA 有效的充分必要条件是:(X_0, Y_0)位于生产可能集 T 的某个生产前沿面上.

证　设 DMU_{j_0}为 DEA 有效,故存在 ω^0, μ^0, μ_0^0,使得

$$\omega^{0T}X-\mu^{0T}Y+\delta_1\mu_0^0e^T\in K,$$
$$\mu^{0T}Y_0=1,$$
$$\begin{bmatrix}\omega^0\\ \mu^0\end{bmatrix}\in \text{Int } W,$$
$$\delta_1\delta_2(-1)^{\delta_3}\mu_0^0\geqq 0,$$

并且

$$\omega^{0T}X_0+\delta_1\mu_0^0=1.$$

令

$$L=\{(X,Y)\mid \omega^{0T}X-\mu^{0T}Y+\delta_1\mu_0^0=0\}$$

显然有

$$(X_0,Y_0)\in L\cap T=S$$

即 S 为 T 的生产前沿面,且(x_0, y_0)位于 S 上.

另一方面,设(X_0, Y_0)位于 T 的某个生产前沿面 $\bar{S}$ 上,即

$$(X_0,Y_0)\in T\cap \bar{L}=\bar{S},$$

其中

$$\bar{L}=\{(X,Y)\mid \bar{\omega}^TX-\bar{\mu}^TY+\delta_1\bar{\mu}_0=0\},$$

而

$$\begin{bmatrix}\bar{\omega}\\ \bar{\mu}\end{bmatrix}\in \text{Int } W,\quad \delta_1\delta_2(-1)^{\delta_3}\bar{\mu}_0\geqq 0,$$

$$\bar{\omega}^{\mathrm{T}} X - \bar{\mu}^{\mathrm{T}} Y + \delta_1 \bar{\mu}_0 e^{\mathrm{T}} \in K.$$

令(此时，$\bar{\omega}^{\mathrm{T}} X_0 + \delta_1 \bar{\mu}_0 = \bar{\mu}^{\mathrm{T}} Y_0 > 0$)

$$(\omega^{0\mathrm{T}}, \mu^{0\mathrm{T}}, \mu_0^0) = \frac{1}{\bar{\mu}^{\mathrm{T}} Y_0}(\bar{\omega}^{\mathrm{T}}, \bar{\mu}^{\mathrm{T}}, \bar{\mu}_0),$$

则有

$$\omega^{0\mathrm{T}} X - \mu^{0\mathrm{T}} Y + \delta_1 \mu_0^0 = \frac{1}{\bar{\mu}^{\mathrm{T}} Y_0}(\bar{\omega}^{\mathrm{T}} X - \bar{\mu}^{\mathrm{T}} Y + \delta_1 \bar{\mu}_0 e^{\mathrm{T}}) \in K,$$

$$\begin{pmatrix} \omega^0 \\ \mu^0 \end{pmatrix} = \frac{1}{\bar{\mu}^{\mathrm{T}} Y_0}\begin{pmatrix} \bar{\omega} \\ \bar{\mu} \end{pmatrix} \in \operatorname{Int} W,$$

$$\delta_1 \delta_2 (-1)^{\delta_3} \mu_0^0 = \frac{1}{\bar{\mu}^{\mathrm{T}} Y_0} \delta_1 \delta_2 (-1)^{\delta_3} \bar{\mu}_0 \geqq 0,$$

并且

$$\mu^{0\mathrm{T}} X_0 + \delta_1 \mu_0^0 = \mu^{0\mathrm{T}} Y_0 = 1.$$

于是，ω^0, μ^0, μ_0^0 为(P)的最优解，由定义 10.1.2，知 DMU_{j_0} 为 DEA 有效.证毕.

考虑具有锥结构的加法模型：

$$(P^d)\begin{cases} \max\ (\tau^{\mathrm{T}} S^- + \hat{\tau}^{\mathrm{T}} S^+), \\ X\lambda + S^- = X_0, \\ Y\lambda - S^+ = Y_0, \\ \delta_1 (e^{\mathrm{T}} \lambda + \delta_2 (-1)^{\delta_3} \lambda_{n+1}) = \delta_1, \\ \lambda \in -K^*, \lambda_{n+1} \geqq 0, \\ \begin{pmatrix} S^- \\ S^+ \end{pmatrix} \in -W^*, \end{cases}$$

其中

$$\begin{pmatrix} \tau \\ \hat{\tau} \end{pmatrix} \in \operatorname{Int} W.$$

定义 10.5.2　设 $\lambda^0 = (\lambda_1^0, \cdots, \lambda_n^0)^{\mathrm{T}}, \lambda_{n+1}^0, s^{-0}, s^{+0}$ 为(P^d)的最优解.记

$$\hat{X}_0 = X_0 - S^{-0} = X\lambda^0,$$

$$\hat{Y}_0 = Y_0 + S^{+0} = Y\lambda^0,$$

称($\hat{x}_0, \hat{y}_0$)为决策单元 DMU_{j_0} 的投影.

以下的定义是为了讨论投影($\hat{X}_0, \hat{Y}_0$)的 DEA 有效性.

定义 10.5.3　设($\hat{X}, \hat{Y}$)$\in T$，若下面的规划($\hat{P}$)存在最优解 $\hat{\omega}, \hat{\mu}, \hat{\mu}_0$，满足

$$\begin{pmatrix} \hat{\omega} \\ \hat{\mu} \end{pmatrix} \in \operatorname{Int} W,$$

$$\hat{\omega}^{\mathrm{T}} \hat{X} + \delta_1 \hat{\mu}_0 = 1,$$

则称$(\hat{X}, \hat{Y})$为 DEA 有效,其中$(\hat{P})$为

$$(\hat{P})\begin{cases} \min(\omega^{\mathrm{T}} \hat{X} + \delta_1 \mu_0) \\ \omega^{\mathrm{T}} X - \mu^{\mathrm{T}} Y + \delta_1 \mu_0 e^{\mathrm{T}} \in K, \\ \omega^{\mathrm{T}} \hat{X} - \mu^{\mathrm{T}} \hat{Y} + \delta_1 \mu_0 \geqq 0, \\ \mu^{\mathrm{T}} \hat{Y} = 1, \\ \begin{pmatrix} \omega \\ \mu \end{pmatrix} \in W, \delta_1 \delta_2 (-1)^{\delta_3} \mu_0 \geqq 0 \end{cases}$$

定理 10.5.4 决策单元DMU_{j_0}的投影$(\hat{X}_0, \hat{Y}_0)$位于生产可能集 T 的某个生产前沿面上,进而,$(\hat{X}_0, \hat{Y}_0)$是 DEA 有效的.

证 由定理 10.4.1 和定理 10.5.3 不难看出,只需证$(\hat{X}_0, \hat{Y}_0)$为多目标问题(VP)相对于 W^* 的非支配解.用反证法证明之.

设$(\hat{X}_0, \hat{Y}_0)$不为(VP)相对于 W^* 的非支配解,则存在$(\tilde{X}, \tilde{Y}) \in T$ 和 $\begin{pmatrix} \tilde{\omega} \\ \tilde{\mu} \end{pmatrix} \in W^*$,有

$$\begin{pmatrix} \tilde{X} \\ -\tilde{Y} \end{pmatrix} = \begin{pmatrix} \hat{X}_0 \\ -\hat{Y}_0 \end{pmatrix} + \begin{pmatrix} \tilde{\omega} \\ \tilde{\mu} \end{pmatrix}, \quad \begin{pmatrix} \tilde{\omega} \\ \tilde{\mu} \end{pmatrix} \neq 0.$$

因为$(\tilde{X}, \tilde{Y}) \in T$,故

$$\begin{pmatrix} \tilde{X} \\ -\tilde{Y} \end{pmatrix} = \begin{pmatrix} X\lambda \\ -Y\lambda \end{pmatrix} - \begin{pmatrix} \bar{\omega} \\ \bar{\mu} \end{pmatrix},$$

其中

$$\begin{pmatrix} \bar{\omega} \\ \bar{\mu} \end{pmatrix} \in W^*,$$

$$\delta_1 (e^{\mathrm{T}} \lambda + \delta_2 (-1)^{\delta_3} \lambda_{n+1}) = \delta_1,$$

$$\lambda \in -K^*, \quad \lambda_{n+1} \geqq 0.$$

于是有

$$\begin{pmatrix} X\lambda \\ -Y\lambda \end{pmatrix} = \begin{pmatrix} \tilde{X} \\ -\tilde{Y} \end{pmatrix} + \begin{pmatrix} \bar{\omega} \\ \bar{\mu} \end{pmatrix}$$

$$=\begin{bmatrix}\hat{X}_0\\-\hat{Y}_0\end{bmatrix}+\begin{bmatrix}\tilde{\omega}+\bar{\omega}\\\tilde{\mu}+\bar{\mu}\end{bmatrix}$$

$$=\begin{bmatrix}X_0\\-Y_0\end{bmatrix}-\begin{bmatrix}S^{-0}\\S^{+0}\end{bmatrix}+\begin{bmatrix}\tilde{\omega}+\bar{\omega}\\\tilde{\mu}+\bar{\mu}\end{bmatrix}.$$

因为 Int $W\neq\varnothing$,以及

$$\begin{bmatrix}\tilde{\omega}\\\tilde{\mu}\end{bmatrix}\in W^*\setminus\{0\},\quad\begin{bmatrix}\bar{\omega}\\\bar{\mu}\end{bmatrix}\in W^*,$$

故(见附录 A 中推论 A.2.1)

$$\begin{bmatrix}\tilde{\omega}+\bar{\omega}\\\tilde{\mu}+\bar{\mu}\end{bmatrix}=\begin{bmatrix}\tilde{\omega}\\\tilde{\mu}\end{bmatrix}+\begin{bmatrix}\bar{\omega}\\\bar{\mu}\end{bmatrix}\in W^*\setminus\{0\}.$$

由 $\begin{bmatrix}\tau\\\hat{\tau}\end{bmatrix}\in\text{Int }W^*$,故

$$\tau^{\mathrm{T}}(\tilde{\omega}+\bar{\omega})+\hat{\tau}^{\mathrm{T}}(\tilde{\mu}+\bar{\mu})<0,$$

由此得到

$$\begin{aligned}&\tau^{\mathrm{T}}(S^{-0}-\tilde{\omega}-\bar{\omega})+\hat{\tau}^{\mathrm{T}}(S^{+0}-\tilde{\mu}-\bar{\mu})\\=&(\tau^{\mathrm{T}}S^{-0}+\hat{\tau}^{\mathrm{T}}S^{+0})-(\tau^{\mathrm{T}}(\tilde{\omega}+\bar{\omega})+\hat{\tau}^{\mathrm{T}}(\tilde{\mu}+\bar{\mu}))\\&>\tau^{\mathrm{T}}S^{-0}+\hat{\tau}^{\mathrm{T}}S^{+0}.\end{aligned}\tag{1}$$

然而,由

$$\begin{cases}\begin{bmatrix}X\lambda\\-Y\lambda\end{bmatrix}+\begin{bmatrix}S^{-0}-\tilde{\omega}-\bar{\omega}\\S^{+0}-\tilde{\mu}-\bar{\mu}\end{bmatrix}=\begin{bmatrix}X_0\\-Y_0\end{bmatrix},\\\delta_1(e^{\mathrm{T}}\lambda+\delta_2(-1)^{\delta_3}\lambda_{n+1})=\delta_1,\\\lambda\in-K^*,\quad\lambda_{n+1}\geqq0,\\\begin{bmatrix}S^{-0}-\tilde{\omega}-\bar{\omega}\\S^{+0}-\tilde{\mu}-\bar{\mu}\end{bmatrix}\in-W^*.\end{cases}$$

知 $\lambda,\lambda_{n+1},S^{-0}-\tilde{\omega}-\bar{\mu},S^{+0}-\tilde{\mu}-\bar{\mu}$,为$(P^d)$的可行解,但由(1)可见该可行解的目标函数值大于$(P^d)$的最优值 $\tau^{\mathrm{T}}S^{-0}+\hat{\tau}^{\mathrm{T}}S^{+0}$,矛盾.因此$(\hat{X}_0,\hat{Y}_0)$为$(VP)$的相对于 W^* 的非支配解.证毕.

第六节 具有凸多面锥的综合 DEA 模型

在第一节中的综合 DEA 模型(P)和(D)中取 W 和 K 分别为“和形式”和“交

形式”的多面锥，即

$$W=\{(\beta^{T}C)^{T}\mid\beta\geqq 0\}\subseteq E_{+}^{m+s},\quad \beta\in E^{m+s},$$

$$K=\{k\mid k^{T}\Gamma\geqq 0\},\quad k\in E^{n},$$

其中

$$C=\begin{pmatrix}c_1\\c_2\\\vdots\\c_{m+s}\end{pmatrix}\text{为}(m+s)\times(m'+s')\text{矩阵},$$

$$\Gamma=(r_1,r_2,\cdots,r_{n'})\text{ 为 } n\times n'\text{ 矩阵}.$$

不失一般性，设

$$e^{T}r_j=1,\quad j=1,\cdots,n'.$$

则有

$$W^{*}=\{\beta'\mid C\beta'\leqq 0\},\quad \beta'\in E^{m'+s'},$$

$$-K^{*}=\{\Gamma\lambda'\mid\lambda'\geqq 0\},\quad \lambda'\in E^{n'}.$$

此时(P)和(D)可改写为(由 $e^{T}r_j=1, j=1,\cdots,n'$)

$$(P')\begin{cases}\min\,(\omega^{T}X_0+\delta_1\mu_0),\\ \omega^{T}X\Gamma-\mu^{T}Y\Gamma+\delta_1\mu_0\hat{e}^{T}\geqq 0,\\ \mu^{T}Y_0=1,\\ (\omega^{T},\mu^{T})=(\omega'^{T},\mu'^{T})C,\\ \omega'\geqq 0,\mu'\geqq 0,\delta_1\delta_2(-1)^{\delta_3}\mu_0\geqq 0\end{cases}$$

和

$$(D')\begin{cases}\max\ z,\\ C\begin{pmatrix}X\\-Y\end{pmatrix}\Gamma\lambda'-C\begin{pmatrix}x_0\\-zy_0\end{pmatrix}\leqq 0,\\ \delta_1(\hat{e}^{T}\lambda'+\delta_2(-1)^{\delta_3}\lambda_{n+1})=\delta_1,\\ \lambda'\geqq 0,\lambda_{n+1}\geqq 0,z\in E^{1},\end{cases}$$

其中

$$\begin{pmatrix}\omega'\\\mu'\end{pmatrix}\in E^{m'+s'},\quad \mu_0\in E^{1},\quad \lambda'\in E^{n'},\quad \lambda_{n+1}\in E^{1},$$

并且

$$\hat{e}=(1,\cdots,1)^{T}\in E^{n'}.$$

可见(P')和(D')为一对线性规划对偶.相应于(P')和(D')的生产可能集为

$$T=\left\{(X,Y)\,\middle|\,C\begin{pmatrix}\bar{X}\\-\bar{Y}\end{pmatrix}\Gamma\lambda'-C\begin{pmatrix}X\\-Y\end{pmatrix}\leqq 0,\right.$$
$$\left.\delta_1(\hat{e}^{\mathrm{T}}\lambda'+\delta_2(-1)^{\delta_3}\lambda_{n+1})=\delta_1,\ \lambda'\geqq 0,\ \lambda_{n+1}\geqq 0\right\}.$$

以下,我们再取一些特殊的多面锥,有

(i) 取

$$W=V\times U,\quad V\subseteq E_+^m,\quad U\subseteq E_+^s,$$

并且

$$C=\begin{pmatrix}A&0\\0&B\end{pmatrix},$$

则

$$V=\{(\omega'^{\mathrm{T}}A)^{\mathrm{T}}\mid\omega'\geqq 0\},\quad \omega'\in E^{m'},$$
$$U=\{(\mu'^{\mathrm{T}}B)^{\mathrm{T}}\mid\mu'\geqq 0\},\quad \mu'\in E^{s'}.$$

此时(P')和(D')可改写成

$$(P'')\begin{cases}\min\ (\omega'^{\mathrm{T}}(AX_0)+\delta_1\mu_0),\\ \omega'^{\mathrm{T}}(A\bar{X})\Gamma-\mu'^{\mathrm{T}}(B\bar{Y})\Gamma+\delta_1\mu_0\hat{e}^{\mathrm{T}}\geqq 0,\\ \mu'^{\mathrm{T}}(BY_0)=1,\\ \omega'\geqq 0,\mu'\geqq 0,\delta_1\delta_2(-1)^{\delta_3}\mu_0\geqq 0.\end{cases}$$

$$(D'')\begin{cases}\max\ z,\\ (A\bar{X})\Gamma\lambda'\leqq(AX_0),\\ (B\bar{Y})\Gamma\lambda'\geqq z(BY_0),\\ \delta_1(\hat{e}^{\mathrm{T}}\lambda'+\delta_2(-1)^{\delta_3}\lambda_{n+1})=\delta_1,\\ \lambda'\geqq 0,\lambda_{n+1}\geqq 0,z\in E^1.\end{cases}$$

生产可能集为

$$T=\left\{(X,Y)\,\middle|\,\begin{matrix}(A\bar{X})\Gamma'\lambda'\leqq AX, & \delta_1(\hat{e}^{\mathrm{T}}\lambda'+\delta_2(-1)^{\delta_3}\lambda_{n+1})=\delta_1,\\ (B\bar{Y})\Gamma'\lambda'\geqq BY, & \lambda'\geqq 0,\lambda_{n+1}\geqq 0.\end{matrix}\right\}$$

(ii) 在(i)中取(即 $\Gamma=I^{(n)}$)

$$K=E^n,$$

则可将(P'')和(D'')改写成

$$(P''')\begin{cases}\min\ (\omega'^{\mathrm{T}}(Ax_0)+\delta_1\mu_0),\\ \omega'^{\mathrm{T}}(A\bar{X})-\mu'^{\mathrm{T}}(B\bar{Y})+\delta_1\mu_0\hat{e}^{\mathrm{T}}\geqq 0,\\ \mu'^{\mathrm{T}}(By_0)=1,\\ \omega'\geqq 0,\mu'\geqq 0,\delta_1\delta_2(-1)^{\delta_3}\mu_0\geqq 0.\end{cases}$$

$$(D''')\begin{cases}\max\ z,\\ (A\bar{X})\lambda' \leqq (Ax_0),\\ (B\bar{Y})\lambda' \geqq z(By_0),\\ \delta_1(\hat{e}^{\mathrm{T}}\lambda' + \delta_2(-1)^{\delta_3}\lambda_{n+1}) = \delta_1,\\ \lambda' \geqq 0, \lambda_{n+1} \geqq 0, z \in E^1.\end{cases}$$

生产可能集为

$$T = \left\{ (X, Y) \left| \begin{array}{ll} (A\bar{X})\lambda' \leqq AX, & \delta_1(\hat{e}^{\mathrm{T}}\lambda' + \delta_2(-1)^{\delta_3}\lambda_{n+1}) = \delta_1, \\ (B\bar{Y})\lambda' \geqq BY, & \lambda' \geqq 0, \lambda_{n+1} \geqq 0. \end{array} \right. \right\}$$

(iii) 在(ii)中取(即 $A = I^{(m)}$, $B = I^{(s)}$)

$$V = E_+^m, \quad U = E_+^s,$$

可将(P''')和(D''')改写成

$$(P^0)\begin{cases}\min\ (\omega^{\mathrm{T}} X_0 + \delta_1\mu_0),\\ \omega^{\mathrm{T}}\bar{X} - \mu^{\mathrm{T}}\bar{Y} + \delta_1\mu_0 e^{\mathrm{T}} \geqq 0,\\ \mu^{\mathrm{T}} Y_0 = 1,\\ \omega \geqq 0, \mu \geqq 0, \delta_1\delta_2(-1)^{\delta_3}\mu_0 \geqq 0.\end{cases}$$

$$(D^0)\begin{cases}\max\ z,\\ \bar{X}\lambda \leqq X_0,\\ \bar{Y}\lambda \geqq zY_0,\\ \delta_1(e^{\mathrm{T}}\lambda + \delta_2(-1)^{\delta_3}\lambda_{n+1}) = \delta_1,\\ \lambda \geqq 0, \lambda_{n+1} \geqq 0, z \in E^1.\end{cases}$$

此即第三章第三节中的 Output-综合 DEA 模型.生产可能集为

$$T = \left\{ (X, Y) \left| \begin{array}{ll} \bar{X}\lambda \leqq X, & \delta_1(e^{\mathrm{T}}\lambda + \delta_2(-1)^{\delta_3}\lambda_{n+1}) = \delta_1, \\ \bar{Y}\lambda \geqq Y, & \lambda \geqq 0, \lambda_{n+1} \geqq 0. \end{array} \right. \right\}$$

比较(P'''),(D''')和(P^0),(D^0),可以看出,如果不对决策单元采取偏袒(即 $K = E_+^n$),而偏锥取

$$V = \{(\omega'^{\mathrm{T}} A)^{\mathrm{T}} \mid \omega' \geqq 0\},$$
$$U = \{(\mu'^{\mathrm{T}} B)^{\mathrm{T}} \mid \mu' \geqq 0\},$$

在对决策单元进行效率评价时,可以看做将输入数据和输出数据(X_j, Y_j), $j = 1, \cdots, n$,修正为

$$(AX_j, BY_j), \quad j = 1, \cdots, n.$$

即由表 10.6.1 给出的数据。

表 10.6.1

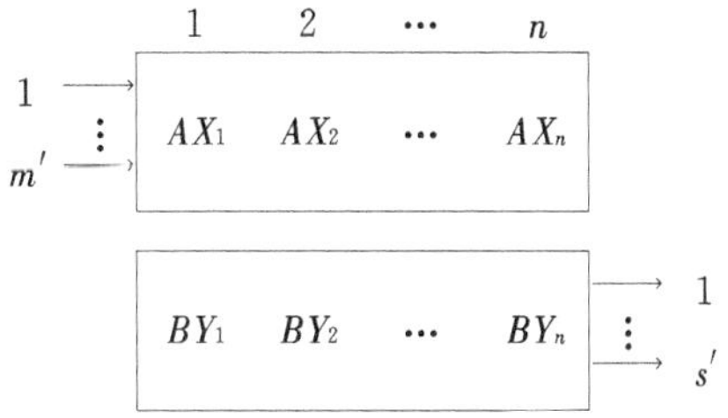

(iv) 在(i)中取(即 $A=I^{(m)}, B=I^{(s)}$)

$$V=E_+^m,\quad U=E_+^s,$$

可将(P''),(D'')改写成

$$(P^0)\begin{cases}\min\ (\omega^{\mathrm{T}}X_0+\delta_1\mu_0),\\ \omega^{\mathrm{T}}(\bar{X}\Gamma)-\mu^{\mathrm{T}}(\bar{Y}\Gamma)+\delta_1\mu_0\hat{e}^{\mathrm{T}}\geqq 0,\\ \mu^{\mathrm{T}}Y_0=1,\\ \omega\geqq 0,\mu\geqq 0,\delta_1\delta_2(-1)^{\delta_3}\mu_0\geqq 0\end{cases}$$

$$(D^0)\begin{cases}\max\ z,\\ (\bar{X}\Gamma)\lambda'\leqq X_0,\\ (\bar{Y}\Gamma)\lambda'\geqq zY_0,\\ \delta_1(\hat{e}^{\mathrm{T}}\lambda'+\delta_2(-1)^{\delta_3}\lambda_{n+1})=\delta_1,\\ \lambda'\geqq 0,\lambda_{n+1}\geqq 0,z\in E^1.\end{cases}$$

生产可能集为

$$T=\left\{(X,Y)\left|\begin{array}{ll}\bar{X}\Gamma\lambda'\leqq X, & \delta_1(\hat{e}^{\mathrm{T}}\lambda'+\delta_2(-1)^{\delta_3}\lambda_{n+1})=\delta_1,\\ \bar{Y}\Gamma\lambda'\geqq Y, & \lambda'\geqq 0,\lambda_{n+1}\geqq 0.\end{array}\right.\right\}$$

可以看出,如果对输入和输出不采取偏好,而对决策单元采取偏袒,“偏袒锥”取

$$K=\{k\mid k^{\mathrm{T}}\Gamma\geqq 0\},$$

其中

$$\Gamma=(r_1,r_2,\cdots,r_{n'}),\quad e^{\mathrm{T}}r_j=1,\quad j=1,\cdots,n'.$$

在对决策单元进行评价时,可看做特原始数据矩阵

$$\bar{X}=(X_1,\cdots,X_n),\quad \bar{Y}=(Y_1,Y_2,\cdots,Y_n)$$

修正为以

$$\bar{X}\Gamma,\quad \bar{Y}\Gamma$$

作为参照数据,被评价的决策单元 DMU_{j_0} 的输入数据和输出数据为 X_0, Y_0.

第十一章　综合 DEA 模型中“偏好锥”和“偏袒锥”的性质和作用

在第十章,我们给出了具有锥结构的综合 DEA 模型

$$(P)\begin{cases}\min\ (\omega^{\mathrm{T}} X_0+\delta_1\mu_0),\\ \omega^{\mathrm{T}} \boldsymbol{X}-\mu^{\mathrm{T}} \boldsymbol{Y}+\delta_1\mu_0 e^{\mathrm{T}}\in K,\\ \mu^{\mathrm{T}} Y_0=1,\\ \begin{bmatrix}\omega\\ \mu\end{bmatrix}\in W,\\ \delta_1\delta_2(-1)^{\delta_3}\mu_0\geqq 0\end{cases}$$

和

$$(D)\begin{cases}\max\ z,\\ \begin{bmatrix}\boldsymbol{X}\lambda-X_0\\ -\boldsymbol{Y}\lambda+zY_0\end{bmatrix}\in W^*,\\ \delta_1(e^{\mathrm{T}}\lambda+\delta_2(-1)^{\delta_3}\lambda_{n+1})=\delta_1,\\ \lambda\in -K^*,\lambda_{n+1}\geqq 0,\end{cases}$$

其中 $W\subset E_+^{m+s}$, $K\subset E_+^n$, W 和 K 都为闭凸锥.

我们在本章研究对输入和输出的各指标表示重要性的“偏好锥” W 和对决策单元表示“喜好”程度的“偏袒锥” K 的性质及作用.本章取材于文献[24],[49]~[52].

第一节　“偏好锥” W 的性质及作用

由第十章的讨论可知,在 DEA 模型

$$(P)\begin{cases}\min\ (\omega^{\mathrm{T}} X_0+\delta_1\mu_0),\\ \omega^{\mathrm{T}} \boldsymbol{X}-\mu^{\mathrm{T}} \boldsymbol{Y}+\delta_1\mu_0 e^{\mathrm{T}}\in K,\\ \mu^{\mathrm{T}} Y_0=1,\\ \begin{bmatrix}\omega\\ \mu\end{bmatrix}\in W,\\ \delta_1\delta_2(-1)^{\delta_3}\mu_0\geqq 0\end{cases}$$

和

$$
(D)\begin{cases}\max\ z,\\ \begin{pmatrix} X\lambda+X_0\\ -Y\lambda+zY_0\end{pmatrix}\in W^*,\\ \delta_1 e^{\mathrm{T}}\lambda+\delta_1\delta_2(-1)^{\delta_3}\lambda_{n+1}=\delta_1,\\ \lambda\in -K^*,\ \lambda_{n+1}\geqq 0\end{cases}
$$

中,决策单元 DMU_{j_0} 为 DEA 有效,等价于广义多目标规划

$$
(VP)\begin{cases}V-\min\,(x_1,x_2,\cdots,x_m,-y_1,-y_2,\cdots,-y_s),\\ (X,Y)\in \mathrm{T}\end{cases}
$$

相对于 W^* 的非支配解,其中

$$
T=\left\{(X,Y)\left|\begin{pmatrix} X\lambda-X\\ -Y\lambda+Y\end{pmatrix}\in W^*,\ \begin{matrix}\delta_1 e^{\mathrm{T}}\lambda+\delta_1\delta_2(-1)^{\delta_3}\lambda_{n+1}=\delta_1,\\ \lambda\in -K^*,\ \lambda_{n+1}\geqq 0.\end{matrix}\right.\right\},
$$

而

$$
X=(x_1,x_2,\cdots,x_m)^{\mathrm{T}},\quad Y=(y_1,y_2,\cdots,y_s)^{\mathrm{T}}.
$$

在多目标问题的研究中,非支配锥 W^* 体现决策者对多个目标的重要程度的一种偏好;而在 DEA 的研究中,权系数 ω,μ 要求

$$
\begin{pmatrix}\omega\\ \mu\end{pmatrix}\in W,
$$

可知 W 的选取体现了评价者对输入和输出的重要程度.可见,二者是一致的.

例如,对具有一种输出、一种输入的评价系统,表明输出和输入重要程度的权系数 ω_1 和 μ_1,满足

$$
t_1\leqq\frac{\mu_1}{\omega_1}\leqq t_2,\ 0<t_1\leqq t_2,
$$

表明输出与输入的重要性之比在 t_1 和 t_2 之间(参见图 11.1.1).

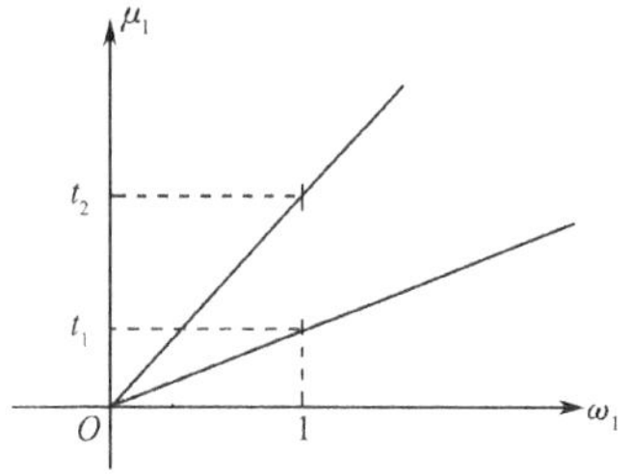

图 11.1.1

此时有

$$
\begin{aligned}W&=\left\{(\mu_1,\omega_1)^{\mathrm{T}}\left|\begin{pmatrix} t_1 & -1\\ -t_2 & 1\end{pmatrix}\begin{pmatrix}\omega_1\\ \mu_1\end{pmatrix}\leqq 0\right.\right\}\\ &=\left\{\begin{pmatrix}1\\ t_1\end{pmatrix}\beta_1+\begin{pmatrix}1\\ t_2\end{pmatrix}\beta_2\ \middle|\ \beta_1\geqq 0,\beta_2\geqq 0\right\}.\end{aligned}
$$

正如我们在第十章第六节所述,如果在(P)和(D)中,取 V 和 U 为凸多面锥,则可以将它们化为通常的线性规划.即令

$$W = V \times U, \quad K = E_+^n,$$
$$V = \{(\omega'^{\mathrm{T}} A)^{\mathrm{T}} \mid \omega' \geqq 0\},$$
$$U = \{(\mu'^{\mathrm{T}} B)^{\mathrm{T}} \mid \mu' \geqq 0\},$$

其中

$$A = \begin{pmatrix} a_1 \\ \vdots \\ a_{m'} \end{pmatrix}_{m' \times m}, B = \begin{pmatrix} b_1 \\ \vdots \\ b_{s'} \end{pmatrix}_{s' \times s},$$

则

$$V^* = \{\alpha \mid A\alpha \leqq 0\},$$
$$U^* = \{\beta \mid B\beta \leqq 0\}.$$

这样(P)和(D)改写为

$$(P_0'')\begin{cases} \min (\omega'^{\mathrm{T}}(AX_0) + \delta_1 \mu_0), \\ \omega'^{\mathrm{T}}(AX) - \mu'^{\mathrm{T}}(BY) + \delta_1 e^{\mathrm{T}} \mu_0 \geqq 0, \\ \mu'^{\mathrm{T}}(BY_0) = 1, \\ \mu' \geqq 0, \omega' \geqq 0, \\ \delta_1 \delta_2 (-1)^{\delta_3} \mu_0 \geqq 0 \end{cases}$$

和

$$(D_0'')\begin{cases} \max\ z, \\ (AX)\lambda - (AX_0) \leqslant 0, \\ -(BY)\lambda + z(BY_0) \leqq 0, \\ \delta_1 (e^{\mathrm{T}} \lambda + \delta_2 (-1)^{\delta_3} \lambda_{n+1}) = \delta_1, \\ \lambda \geqq 0, \lambda_{n+1} \geqq 0, \theta \in E^1, \end{cases}$$

其中

$$\omega' \in E^{m'}, \mu' \in E^{s'}, \mu_0 \in E^1, \lambda \in E^n, \lambda_{n+1} \in E^1, z \in E^1.$$

从以上的讨论可知,当凸多面锥 V 和 U 由“和形式”给出时,可以将输入数据和输出数据

$$X = (X_1, X_2, \cdots, X_n), \quad Y = (Y_1, Y_2, \cdots, Y_n)$$

变为

$$AX = (AX_1, AX_2, \cdots, AX_n), \quad BY = (BY_1, BY_2, \cdots, BY_n),$$

以数据 AX, BY 进行评价.

例 11.1.1 考虑具有两个输入($m=2$)和一个输出($s=1$)的例子,数据由表 11.1.1 给出,使用具有偏好锥的 C^2R 模型($\delta_1=1$),并且

$$W = V \times U, \quad U = E_+^1, \quad K = E_+^4,$$

其中(见图 11.1.2)

$$V=\left\{\begin{pmatrix}1\\0\end{pmatrix}\beta_1+\begin{pmatrix}l\\1\end{pmatrix}\beta_2\,\middle|\,\beta_1\geqq 0,\beta_2\geqq 0\right\},\quad l>0.$$

表 11.1.1

	1	2	3	4	
1 ⟶	1	3	3	4	
2 ⟶	10	1	3	2	
	1	1	2	1	⟶ 1

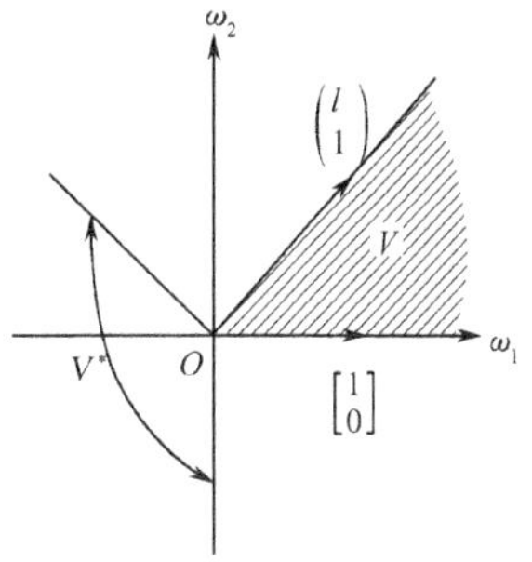

图 11.1.2

可知

$$V^*=\left\{\begin{pmatrix}\omega_1\\\omega_2\end{pmatrix}\,\middle|\,A\omega\leqslant 0\right\},$$

其中

$$A=\begin{pmatrix}1&0\\l&1\end{pmatrix}.$$

由于

$$AX=\begin{pmatrix}1&0\\l&1\end{pmatrix}\begin{pmatrix}1&3&3&4\\10&1&3&2\end{pmatrix}=\begin{pmatrix}1&3&3&4\\l+10&3l+1&3l+3&4l+2\end{pmatrix},$$

修正后的数据由表 11.1.2 给出,不难得出

(i)当 $0\leqq l<1/3$ 时,决策单元 1,2 和 3 为 DEA 有效(C^2WH);

(ii)当 $1/3\leqq l<17$ 时,决策单元 1 和 3 为 DEA 有效(C^2WH);

(iii)当 $17\leqq l$ 时,决策单元 1 为 DEA 有效(C^2WH).

由于锥 V 的选取要求满足

$$\omega_1\geqq l\omega_2,\ \omega_2\geqq 0,$$

也就说随着 l 的增大,第 1 种输入比第 2 种输入越来越重要.

表 11.1.2

	1	2	3	4	
1 ⟶	1	3	3	4	
2 ⟶	$l+10$	$3l+1$	$3l+3$	$4l+2$	
	1	1	2	1	⟶ 1

由以上分析可知,当偏好锥 V 和 U 由“和形式”给出时,可以将原始数据(X_1, X_2,…, X_n)和(Y_1, Y_2,…, Y_n)分别乘矩阵 A 和 B,化为以数据(AX_1, AX_2,…, AX_n)和(BY_1, BY_2,…, BY_n)的典型的 DEA 模型,因此,通常不具有偏好的 DEA 应用程序仍然可以用来评价具有“和形式”偏好锥的问题.然而,在很多实际问题

中,关于输入(或输出)指标之间重要性的凸多面锥往往由“交形式”给出的.例如($\omega=(\omega_1,\omega_2,\cdots,\omega_m)^{\mathrm{T}}\in E_+^m$)

$$V=\{\omega \mid \omega_1 \geqq \omega_2 \geqq \cdots \geqq \omega_m \geqq 0\}$$

或

$$V=\left\{\omega \,\middle|\, \sum_{i=1}^{l}\omega_i \geqq \sum_{i=l+1}^{m} w_i,\ \omega \geqq 0\right\}$$

或

$$V=\left\{\omega \,\middle|\, \alpha_j \leqq \frac{\omega_j}{\omega_1} \leqq \beta_j,\ j=2,3,\cdots,m\right\},$$

其中

$$0<\alpha_j<\beta_j,\quad j=2,3,\cdots,m.$$

对于“交形式”的凸多面锥 V,可以使用附录 C 中的方法,将“交形式”转化为“和形式”.

例 11.1.2 设“交形式”的多面锥为

$$V=\{\omega\in E^2 \mid -\omega_1+2\omega_2\geqq 0,\ -2\omega_1+\omega_2\geqq 0,\ \omega_1,\omega_2\geqq 0\}.$$

记

$$V^{\Delta}=\{\omega\in E^2 \mid a_1\omega\geqq 0,\ a_2\omega\geqq 0,\ \omega\geqq 0,\ e^{\mathrm{T}}\omega=1\},$$

其中

$$a_1=(a_{11},a_{12})=(-1,2),$$

$$a_2=(a_{21},a_{22})=(-2,1),$$

$$e=(1,1)^{\mathrm{T}}.$$

令

$$R^1=\{\omega \mid a_1\omega\geqq 0,\quad \omega\geqq 0,\ e^{\mathrm{T}}\omega=1\}.$$

因为 $a_{12}=2>0$,由引理 C.1.1(ii),

$$d^{11}=e_2=(0,1)^{\mathrm{T}}$$

是 R^1 的顶点.又由 $a_{11}\cdot a_{12}=-2<0$,由引理 C.1.1(i),

$$d^{12}=\left(\frac{2}{3},\frac{1}{3}\right)^{\mathrm{T}}$$

也是 R^1 的顶点,因此

$$\Lambda^1=R^1=\{D^1\lambda \mid \lambda\in E^2,\ \lambda\geqq 0,\ e^{\mathrm{T}}\lambda=1\},$$

其中

$$D^1=\begin{pmatrix} 0 & \frac{2}{3} \\ 1 & \frac{1}{3} \end{pmatrix}.$$

令

$$\begin{aligned}R^2 &= \{\omega \mid a_1\omega \geqq 0,\ a_2\omega \geqq 0,\ \omega \geqq 0,\ e^T\omega = 1\}\\ &= \{\omega \in R^1 \mid a_2\omega \geqq 0\}\\ &= \{D^1\lambda \mid (a_2D^1)\lambda \geqq 0,\ \lambda \geqq 0,\ e^T\lambda = 1\}.\end{aligned}$$

记

$$\Lambda^2 = \{\lambda \mid (a_2D^1)\lambda \geqq 0,\ \lambda \geqq 0,\ e^T\lambda = 1,\ \lambda \in E^2\},$$

$$\begin{aligned}\alpha_2 D^1 &= (-2,1)\begin{pmatrix} 0 & \frac{2}{3} \\ 1 & \frac{1}{3} \end{pmatrix}\\ &= (1,-1).\end{aligned}$$

由引理 C.1.1(ii),知

$$d^{21} = (1,0)^T$$

是 Λ^2 的顶点.再由引理 C.1.1(i),知

$$d^{22} = \left(\frac{1}{2},\frac{1}{2}\right)^T$$

是 Λ^2 的另一个顶点.于是

$$\Lambda^2 = \{D^2\lambda \mid \lambda \geqq 0,\ e^T\lambda = 1,\ \lambda \in E^2\},$$

其中

$$D^2 = \begin{pmatrix} 1 & \frac{1}{2} \\ 0 & \frac{1}{2} \end{pmatrix},$$

故

$$D^1D^2 = \begin{pmatrix} 0 & \frac{1}{3} \\ 1 & \frac{2}{3} \end{pmatrix},$$

$$V^{\Delta} = R^2 = \{D^1D^2\lambda \mid \lambda \in E^2,\ \lambda \geqq 0,\ e^T\lambda = 1\},$$

因此

$$V = \left\{ \begin{pmatrix} 0 \\ 1 \end{pmatrix}\lambda_1 + \begin{pmatrix} \frac{1}{3} \\ \frac{2}{3} \end{pmatrix}\lambda_2 \,\middle|\, \lambda_1 \geqq 0,\ \lambda_2 \geqq 0 \right\}.$$

例 11.1.3 考虑

$$V = \left\{ \omega \,\middle|\, \alpha_i \leqq \frac{\omega_i}{\omega_1} \leqq \beta_i,\ \omega_i \geqq 0,\ i = 2,3,4,\ \omega \in E_+^4 \right\},$$

其中 $\alpha_i \geqq 0, i=2,3,4$. 记

$$V^{\Delta} = \{\omega \mid \alpha_i \leqq \frac{\omega_i}{\omega_1} \leqq \beta_i, \omega_i \geqq 0, i = 2,3,4, \quad \omega_1 + \cdots + \omega_4 = 1\},$$

$$a_1 = (-\alpha_1, 1, 0, 0),$$
$$a_2 = (\beta_1, -1, 0, 0),$$
$$a_3 = (-\alpha_2, 0, 1, 0),$$
$$a_4 = (\beta_2, 0, -1, 0),$$
$$a_5 = (-\alpha_3, 0, 0, 1),$$
$$a_6 = (\beta_3, 0, 0, -1),$$

则

$$V^{\Delta} = \left\{ \omega \left| \begin{pmatrix} a_1 \\ \vdots \\ a_6 \end{pmatrix} \omega \geqq 0, \omega \geqq 0, e^{\mathrm{T}} \omega = 1 \right. \right\}.$$

因为 $a_1 = (-\alpha_1, 1, 0, 0)$,由引理 C.1.1 有

$$D^1 = \begin{pmatrix} 0 & 0 & 0 & \frac{1}{1+\alpha_1} \\ 1 & 0 & 0 & \frac{\alpha_1}{1+\alpha_1} \\ 0 & 1 & 0 & 0 \\ 0 & 0 & 1 & 0 \end{pmatrix}$$

因为

$$a_2 D^1 = \left(-1, 0, 0, \frac{\beta_1 - \alpha_1}{1+\alpha_1} \right),$$

由引理 C.1.1,

$$D^2 = \begin{pmatrix} 0 & 0 & 0 & \frac{\beta_1 - \alpha_1}{1+\beta_1} \\ 1 & 0 & 0 & 0 \\ 0 & 1 & 0 & 0 \\ 0 & 0 & 1 & \frac{1+\alpha_1}{1+\beta_1} \end{pmatrix},$$

$$D^1 D^2 = \begin{pmatrix} 0 & 0 & \frac{1}{1+\alpha_1} & \frac{1}{1+\beta_1} \\ 0 & 0 & \frac{\alpha_1}{1+\alpha_1} & \frac{\beta_1}{1+\beta_1} \\ 1 & 0 & 0 & 0 \\ 0 & 1 & 0 & 0 \end{pmatrix}.$$

因为

$$a_3 D^1 D^2 = \left[1, 0, \frac{-\alpha_2}{1+\alpha_1}, \frac{-\alpha_2}{1+\beta_1}\right],$$

由引理 C.1.1,

$$D^3 = \begin{bmatrix} 1 & 0 & \dfrac{\alpha_2}{1+\alpha_1+\alpha_2} & \dfrac{\alpha_2}{1+\beta_1+\alpha_2} \\ 0 & 1 & 0 & 0 \\ 0 & 0 & \dfrac{1+\alpha_1}{1+\alpha_1+\alpha_2} & 0 \\ 0 & 0 & 0 & \dfrac{1+\beta_1}{1+\beta_1+\alpha_2} \end{bmatrix},$$

$$D^1 D^2 D^3 = \begin{bmatrix} 0 & 0 & \dfrac{1}{1+\alpha_1+\alpha_2} & \dfrac{1}{1+\beta_1+\alpha_2} \\ 0 & 0 & \dfrac{\alpha_1}{1+\alpha_1+\alpha_2} & \dfrac{\beta_1}{1+\beta_1+\alpha_2} \\ 1 & 0 & \dfrac{\alpha_2}{1+\alpha_1+\alpha_2} & \dfrac{\alpha_2}{1+\beta_1+\alpha_2} \\ 0 & 1 & 0 & 0 \end{bmatrix}.$$

因为

$$a_4 D^1 D^2 D^3 = \left[-1, 0, \frac{\beta_2-\alpha_2}{1+\alpha_1+\alpha_2}, \frac{\beta_2-\alpha_2}{1+\beta_1+\alpha_2}\right],$$

由引理 C.1.1,

$$D^4 = \begin{bmatrix} 0 & 0 & 0 & \dfrac{\beta_2-\alpha_2}{1+\alpha_1+\beta_2} & \dfrac{\beta_2-\alpha_2}{1+\beta_1+\beta_2} \\ 1 & 0 & 0 & 0 & 0 \\ 0 & 1 & 0 & \dfrac{1+\alpha_1+\alpha_2}{1+\alpha_1+\beta_2} & 0 \\ 0 & 0 & 1 & 0 & \dfrac{1+\beta_1+\alpha_2}{1+\beta_1+\beta_2} \end{bmatrix},$$

$$D^1 D^2 D^3 D^4 = \begin{bmatrix} 0 & \dfrac{1}{1+\alpha_1+\alpha_2} & \dfrac{1}{1+\beta_1+\alpha_2} & \dfrac{1}{1+\alpha_1+\beta_2} & \dfrac{1}{1+\beta_1+\beta_2} \\ 0 & \dfrac{\alpha_1}{1+\alpha_1+\alpha_2} & \dfrac{\beta_1}{1+\beta_1+\alpha_2} & \dfrac{\alpha_1}{1+\alpha_1+\beta_2} & \dfrac{\beta_1}{1+\beta_1+\beta_2} \\ 0 & \dfrac{\alpha_2}{1+\alpha_1+\alpha_2} & \dfrac{\alpha_2}{1+\beta_1+\alpha_2} & \dfrac{\beta_2}{1+\alpha_1+\beta_2} & \dfrac{\beta_2}{1+\beta_1+\beta_2} \\ 1 & 0 & 0 & 0 & 0 \end{bmatrix}.$$

因为

$$a_5 D^1 D^2 D^3 D^4 = \left[1, \frac{-\alpha_3}{1+\alpha_1+\alpha_2}, \frac{-\alpha_3}{1+\beta_1+\alpha_2}, \frac{-\alpha_3}{1+\alpha_1+\beta_2}, \frac{-\alpha_3}{1+\beta_1+\beta_2}\right],$$

由引理 C.1.1,

$$D^5 = \begin{bmatrix} 1 & \frac{\alpha_3}{1+\alpha_1+\alpha_2+\alpha_3} & \frac{\alpha_3}{1+\beta_1+\alpha_2+\alpha_3} & \frac{\alpha_3}{1+\alpha_1+\beta_2+\alpha_3} & \frac{\alpha_3}{1+\beta_1+\beta_2+\alpha_3} \\ 0 & \frac{1+\alpha_1+\alpha_2}{1+\alpha_1+\alpha_2+\alpha_3} & 0 & 0 & 0 \\ 0 & 0 & \frac{1+\beta_1+\alpha_2}{1+\beta_1+\alpha_2+\alpha_3} & 0 & 0 \\ 0 & 0 & 0 & \frac{1+\alpha_1+\beta_2}{1+\alpha_1+\beta_2+\alpha_3} & 0 \\ 0 & 0 & 0 & 0 & \frac{1+\beta_1+\beta_2}{1+\beta_1+\beta_2+\alpha_3} \end{bmatrix},$$

$D^1 D^2 D^3 D^4 D^5 =$

$$\begin{bmatrix} 0 & \frac{1}{1+\alpha_1+\alpha_2+\alpha_3} & \frac{1}{1+\beta_1+\alpha_2+\alpha_3} & \frac{1}{1+\alpha_1+\beta_2+\alpha_3} & \frac{1}{1+\beta_1+\beta_2+\alpha_3} \\ 0 & \frac{\alpha}{1+\alpha_1+\alpha_2+\alpha_3} & \frac{\beta_1}{1+\beta_1+\alpha_2+\alpha_3} & \frac{\alpha_1}{1+\alpha_1+\beta_2+\alpha_3} & \frac{\beta_1}{1+\beta_1+\beta_2+\alpha_3} \\ 0 & \frac{\alpha_2}{1+\alpha_1+\alpha_2+\alpha_3} & \frac{\alpha_2}{1+\beta_1+\alpha_2+\alpha_3} & \frac{\beta_2}{1+\alpha_1+\beta_2+\alpha_3} & \frac{\beta_2}{1+\beta_1+\beta_2+\alpha_3} \\ 1 & \frac{\alpha_3}{1+\alpha_1+\alpha_2+\alpha_3} & \frac{\alpha_3}{1+\beta_1+\alpha_2+\alpha_3} & \frac{\alpha_3}{1+\alpha_1+\beta_2+\alpha_3} & \frac{\alpha_3}{1+\beta_1+\beta_2+\alpha_3} \end{bmatrix}.$$

最后,因为

$a_6 D^1 D^2 D^3 D^4 D^5 =$

$$\left[-1, \frac{\beta_3-\alpha_3}{1+\alpha_1+\alpha_2+\alpha_3}, \frac{\beta_3-\alpha_3}{1+\beta_1+\alpha_2+\alpha_3}, \frac{\beta_3-\alpha_3}{1+\alpha_1+\beta_2+\alpha_3}, \frac{\beta_3-\alpha_3}{1+\beta_1+\beta_2+\alpha_3}\right],$$

由引理 C.1.1,

$D^6 =$

$$\begin{bmatrix} 0 & 0 & 0 & 0 & \frac{\beta_3-\alpha_3}{1+\alpha_1+\alpha_2+\beta_3} & \frac{\beta_3-\alpha_3}{1+\beta_1+\alpha_2+\beta_3} & \frac{\beta_3-\alpha_3}{1+\alpha_1+\beta_2+\beta_3} & \frac{\beta_3-\alpha_3}{1+\beta_1+\beta_2+\beta_3} \\ 1 & 0 & 0 & 0 & \frac{1+\alpha_1+\alpha_2+\alpha_3}{1+\alpha_1+\alpha_2+\beta_3} & 0 & 0 & 0 \\ 0 & 1 & 0 & 0 & 0 & \frac{1+\beta_1+\alpha_2+\alpha_3}{1+\beta_1+\alpha_2+\beta_3} & 0 & 0 \\ 0 & 0 & 1 & 0 & 0 & 0 & \frac{1+\alpha_1+\beta_2+\alpha_3}{1+\alpha_1+\beta_2+\beta_3} & 0 \\ 0 & 0 & 0 & 1 & 0 & 0 & 0 & \frac{1+\beta_1+\beta_2+\alpha_3}{1+\beta_1+\beta_2+\beta_3} \end{bmatrix}$$

$$D^1 D^2 D^3 D^4 D^5 D^6 =$$

$$\begin{pmatrix}
\frac{1}{1+\alpha_1+\alpha_2+\alpha_3} & \frac{1}{1+\beta_1+\alpha_2+\alpha_3} & \frac{1}{1+\alpha_1+\beta_2+\alpha_3} & \frac{1}{1+\beta_1+\beta_2+\alpha_3} & \frac{1}{1+\alpha_1+\alpha_2+\beta_3} & \frac{1}{1+\beta_1+\alpha_2+\beta_3} & \frac{1}{1+\alpha_1+\beta_2+\beta_3} & \frac{1}{1+\beta_1+\beta_2+\beta_3} \\
\frac{\alpha_1}{1+\alpha_1+\alpha_2+\alpha_3} & \frac{\beta_1}{1+\beta_1+\alpha_2+\alpha_3} & \frac{\alpha_1}{1+\alpha_1+\beta_2+\alpha_3} & \frac{\beta_1}{1+\beta_1+\beta_2+\alpha_3} & \frac{\alpha_1}{1+\alpha_1+\alpha_2+\beta_3} & \frac{\beta_1}{1+\beta_1+\alpha_2+\beta_3} & \frac{\alpha_1}{1+\alpha_1+\beta_2+\beta_3} & \frac{\beta_1}{1+\beta_1+\beta_2+\beta_3} \\
\frac{\alpha_2}{1+\alpha_1+\alpha_2+\alpha_3} & \frac{\alpha_2}{1+\beta_1+\alpha_2+\alpha_3} & \frac{\beta_2}{1+\alpha_1+\beta_2+\alpha_3} & \frac{\beta_2}{1+\beta_1+\beta_2+\alpha_3} & \frac{\alpha_2}{1+\alpha_1+\alpha_2+\beta_3} & \frac{\alpha_2}{1+\beta_1+\alpha_2+\beta_3} & \frac{\beta_2}{1+\alpha_1+\beta_2+\beta_3} & \frac{\beta_2}{1+\beta_1+\beta_2+\beta_3} \\
\frac{\alpha_3}{1+\alpha_1+\alpha_2+\alpha_3} & \frac{\alpha_3}{1+\beta_1+\alpha_2+\alpha_3} & \frac{\alpha_3}{1+\alpha_1+\beta_2+\alpha_3} & \frac{\alpha_3}{1+\beta_1+\beta_2+\alpha_3} & \frac{\beta_3}{1+\alpha_1+\alpha_2+\beta_3} & \frac{\beta_3}{1+\beta_1+\alpha_2+\beta_3} & \frac{\beta_3}{1+\alpha_1+\beta_2+\beta_3} & \frac{\beta_3}{1+\beta_1+\beta_2+\beta_3}
\end{pmatrix}$$

最后得到

$$V^{\Delta} = \{ D^1 D^2 D^3 D^4 D^5 D^6 \lambda \mid \lambda \geqq 0, e^{\mathrm{T}}\lambda = 1, \lambda \in E^8 \},$$

$$V = \{ D^1 D^2 D^3 D^4 D^5 D^6 \lambda \mid \lambda \geqq 0, \lambda \in E^8 \}.$$

第二节 “偏祖锥”K 的性质及作用

考虑

$$(P)\begin{cases} \min\ (\omega^{\mathrm{T}} X_0 + \delta_1 \mu_0), \\ \omega^{\mathrm{T}} X - \mu^{\mathrm{T}} Y + \delta_1 \mu_0 e^{\mathrm{T}} \in K, \\ \mu^{\mathrm{T}} Y_0 = 1, \\ \begin{pmatrix} \omega \\ \mu \end{pmatrix} \in W, \delta_1 \delta_2 (-1)^{\delta_3} \mu_0 \geqq 0. \end{cases}$$

$$(D)\begin{cases} \max\ z, \\ \begin{pmatrix} X\lambda - X_0 \\ -Y\lambda + zY_0 \end{pmatrix} \in W^*, \\ \delta_1 e^{\mathrm{T}} \lambda + \delta_1 \delta_2 (-1)^{\delta_3} \lambda_{n+1} = \delta_1, \\ \lambda \in -K^*, \lambda_{n+1} \geqq 0. \end{cases}$$

为方便,记相应于对输入、输出“偏好锥” W 和对决策单元的“偏袒锥” K 的 DEA 有效的决策单元集合为

$$\text{DEA}(W, K),$$

则有下面的

定理 11.2.1 设 $W^1 \subset W^2 \subset E_+^{m+s}$, $K^1 \subset K^2 \subset E_+^n$,则有

$$\text{DEA}(W^1, K^1) \subset \text{DEA}(W^2, K^2).$$

证 设

$$\text{DMU}_{j_0} \in \text{DEA}(W^1, K^1),$$

则存在 ω^0, μ^0, μ_0^0,满足

$$\omega^{0\text{T}} X - \mu^{0\text{T}} Y + \delta_1 \mu_0^0 e^{\text{T}} \in K^1,$$

$$\mu^{0\text{T}} Y_0 = 1,$$

$$\begin{pmatrix} \omega^0 \\ \mu^0 \end{pmatrix} \in \text{Int } W^1, \delta_1 \delta_2 (-1)^{\delta_3} \mu_0^0 \geqslant 0,$$

且

$$\omega^{0\text{T}} X_0 + \delta_1 \mu_0^0 = 1.$$

由于

$$W^1 \subset W^2, K^1 \subset K^2,$$

故

$$\begin{pmatrix} \omega^0 \\ \mu^0 \end{pmatrix} \in \text{Int } W^1 \subset \text{Int } W^2,$$

$$\omega^{0\text{T}} X - \mu^{0\text{T}} Y + \delta_1 \mu_0^0 e^{\text{T}} \in K^1 \subset K^2,$$

因此,ω^0, μ^0, μ_0^0 也为相应于 W^2 和 K^2 的 DEA 模型

$$\begin{cases} \min (\omega^{\text{T}} X_0 + \delta_1 \mu_0), \\ \omega^{\text{T}} X - \mu^{\text{T}} Y + \delta_1 \mu_0 e^{\text{T}} \in K^2, \\ \mu^{\text{T}} Y_0 = 1, \\ \begin{pmatrix} \omega \\ \mu \end{pmatrix} \in W^2, \delta_1 \delta_2 (-1)^{\delta_3} \mu_0 \geqq 0 \end{cases}$$

的可行解.由于 DEA 模型的目标函数

$$\omega^{\text{T}} X_0 + \delta_1 \mu_0 \geqslant 1 = \omega^{0\text{T}} X_0 + \delta_1 \mu_0^0,$$

因此,DMU_{j_0}也为 DEA 有效,即

$$\text{DMU}_{j_0} \in \text{DEA}(W^2, K^2),$$

证毕.

定理 11.2.2(“作蔽”定理)

$$\mathrm{DMU}_{j_0} \in \mathrm{DEA}(W^1, K^1),$$

且相对于 W^1, K^1 的问题

$$\begin{cases} \min(\omega^{\mathrm{T}} X_0 + \delta_1 \mu_0), \\ \omega^{\mathrm{T}} X - \mu^{\mathrm{T}} Y + \delta_1 \mu_0 e^{\mathrm{T}} \in K^1, \\ \mu^{\mathrm{T}} Y_0 = 1, \\ \begin{pmatrix} \omega \\ \mu \end{pmatrix} \in W^1, \delta_1 \delta_2 (-1)^{\delta_3} \mu_0 \geqq 0 \end{cases}$$

的最优解为：ω^0, μ^0, μ_0^0.若取 K^2, W^2 满足

$$\omega^{0\mathrm{T}} X - \mu^{0\mathrm{T}} Y + \delta_1 \mu_0^0 e^{\mathrm{T}} \in K^2,$$

$$\begin{pmatrix} \omega^0 \\ \mu^0 \end{pmatrix} \in \mathrm{Int}\ W^2,$$

则

$$\mathrm{DMU}_{j_0} \in \mathrm{DEA}(W^2, K^2).$$

证 可知 ω^0, μ^0, μ_0^0 也为相应于 W^2, K^2 的可行解，且由

$$\omega^{0\mathrm{T}} X_0 + \delta_1 \mu_0^0 = 1,$$

$$\begin{pmatrix} \omega^0 \\ \mu^0 \end{pmatrix} \in \mathrm{Int}\ W^2$$

知 ω^0, μ^0, μ_0^0 也为相应于 W^2, K^2 的 DEA 模型的最优解，因此，由 DEA 有效的定义，有

$$\mathrm{DMU}_{j_0} \in \mathrm{DEA}(W^2, K^2).$$

证毕.

当 $n=2$，以及 K 为闭凸锥时（$K \subset E_+^2$），有下页 4 种可能的情形，由图 11.2.1～11.2.4 给出.

在下面定理 11.2.3 中，$R_j \cap K = \varnothing$ 的情形正如图 11.2.3 指明的，其中($j=1, 2, \cdots, n$)

$$R_j = \{k \mid k = (k_1, k_2, \cdots, k_j, \cdots, k_n)^{\mathrm{T}} \geqq 0, k \neq 0, k_j = 0\}.$$

定理 11.2.3 记 $K \subset E_+^n$，且

$$R_j = \{k \mid k = (k_1, k_2, \cdots, k_j, \cdots, k_n) \geqq 0, k \neq 0, k_j = 0\}, j = 1, 2, \cdots, n$$

若对 $j=1,2,\cdots,n$ 均有

$$R_j \cap K = \varnothing,$$

则所有的决策单元 $\mathrm{DMU}_1, \mathrm{DMU}_2, \cdots, \mathrm{DMU}_n$ 或都为 *DEA* 有效，或都不为 DEA 有效.

证 只需证明，若存在 DMU_{j_0}($1 \leqq j_0 \leqq n$)，有

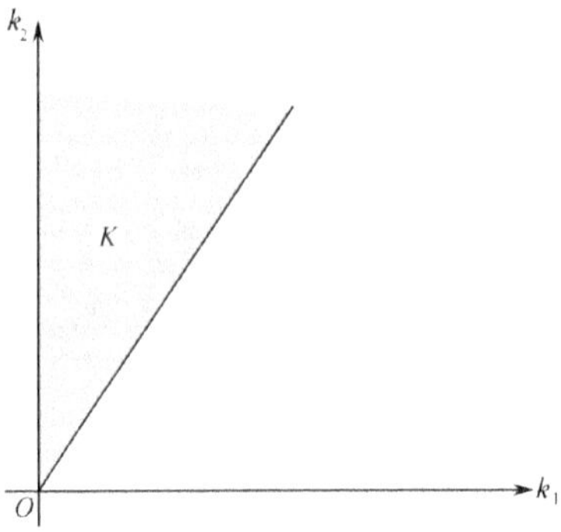

图 11.2.1

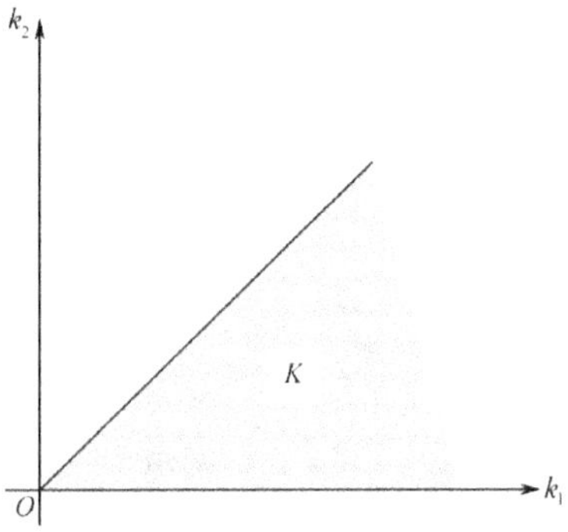

图 11.2.2

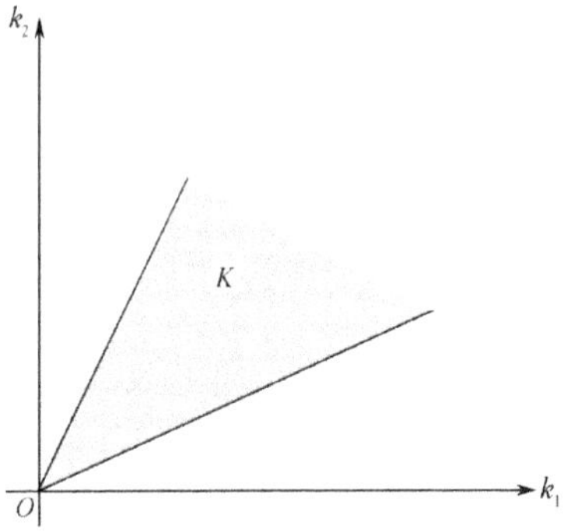

图 11.2.3

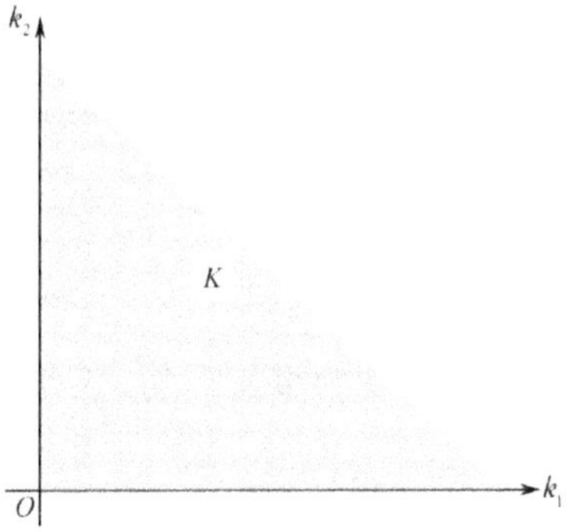

图 11.2.4

$$\mathrm{DMU}_{j_0} \in \mathrm{DEA}(\,W, K),$$

则

$$\mathrm{DEA}(\,W, K) = \{\mathrm{DMU}_1, \mathrm{DMU}_2, \cdots, \mathrm{DMU}_n\}.$$

现在,设

$$\mathrm{DMU}_{j_0} \in \mathrm{DEA}(\,W, K),$$

即存在 ω^0, μ^0, μ_0^0 满足

$$\omega^{0\mathrm{T}} X - \mu^{0\mathrm{T}} Y + \delta_1 \mu_0^0 e^{\mathrm{T}} \in K,$$

$$\mu^{0\mathrm{T}} Y_0 = 1,$$

$$\begin{bmatrix} \omega^0 \\ \mu^0 \end{bmatrix} \in \mathrm{Int}\ W, \delta_1 \delta_2 (-1)^{\delta_3} \mu_0^0 \geqq 0,$$

且

$$\omega^{0T}X_0+\delta_1\mu_0^0=1.$$

若存在 j',$1\leqslant j'\leqslant n$,$j'\neq j_0$,有

$$\omega^{0T}X_{j'}-\mu^{0T}Y_{j'}+\delta_1\mu_0^0\neq 0,$$

则

$$\begin{aligned}&\omega^{0T}\boldsymbol{X}-\mu^{0T}\boldsymbol{Y}+\delta_1\mu_0^0e^T\\&=(\omega^{0T}X_1-\mu^{0T}Y_1+\delta_1\mu_0^0,\cdots,\omega^{0T}X_{j_0}-\mu^{0T}Y_{j_0}+\delta_1\mu_0^0,\cdots,\\&\quad\omega^{0T}X_{j'}-\mu^{0T}Y_{j'}+\delta_1\mu_0^0,\cdots,\omega^{0T}X_n-\mu^{0T}Y_n+\delta_1\mu_0^0)\\&=(\omega^{0T}X_1-\mu^{0T}Y_i+\delta_1\mu_0^0,\cdots,0,\cdots,\omega^{0T}X_{j'}-\mu^{0T}Y_{j'}+\delta_1\mu_0^0,\cdots,\\&\quad\omega^{0T}X_n-\mu^{0T}Y_n+\delta_1\mu_0^0)\neq 0,\end{aligned}$$

且由

$$\omega^{0T}\boldsymbol{X}-\mu^{0T}\boldsymbol{Y}+\delta_1\mu_0^0e^T\in K$$

知

$$\omega^{0T}\boldsymbol{X}-\mu^{0T}\boldsymbol{Y}+\delta_1\mu_0^0e^T\in R_{j_0}\cap K.$$

此与

$$R_j\cap K=\varnothing(j=1,2,\cdots,n)$$

相矛盾,因此,对 $j=1,2,\cdots,n$,均有

$$\omega^{0T}X_j-\mu^{0T}Y_j+\delta_1\mu_0^0=0.$$

故所有的决策单元 DMU_1,DMU_2,…,DMU_n 都落在生产前沿面

$$L=\{(X,Y)\mid\omega^{0T}X-\mu^{0T}Y+\delta_1\mu_0^0=0\}$$

上.由定理 10.5.3 知

$$DMU_j\in DEA(W,K),j=1,2,\cdots,n$$

证毕.

例 11.2.1 考虑只有一个输入、一个输出的情形(即 $m=s=1$),且具有两个 DMU(即 $n=2$)的广义 C^2R 模型(见图 11.2.5),其输入、输出数据为

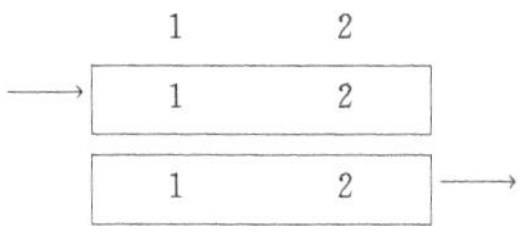

并且

$$V=E_+^1,\quad U=E_+^1,\quad W=V\times U,$$

$$K=\left\{\begin{pmatrix}k_1\\k_2\end{pmatrix}\middle|\Gamma k\geqq 0\right\},\quad\Gamma=\begin{bmatrix}2&-1\\-1&2\end{bmatrix}.$$

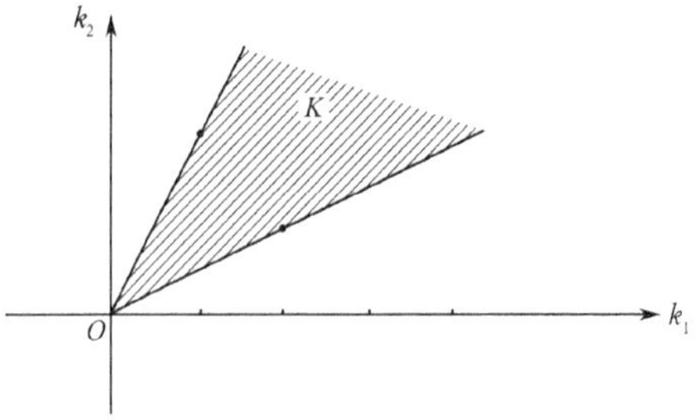

图 11.2.5

显然，$R_1\cap K=\varnothing$，$R_2\cap K=\varnothing$.

由

$$\bar{X}\Gamma=(1,2)\begin{bmatrix}2 & -1\\ -1 & 2\end{bmatrix}=(0,3),$$

$$\bar{Y}\Gamma=(1,2)\begin{bmatrix}2 & -1\\ -1 & 2\end{bmatrix}=(0,3),$$

此时的生产可能集为(见图 11.2.6)

$$T=\{(X,Y)\mid 3\lambda_2'\leqq X,3\lambda_2'\geqq Y,\lambda_1\geqq 0,\lambda_2\geqq 0\}.$$

由于此时的 DEA 模型为(C^2R)(见第十章第六节(iv))

$$(D_o''')\begin{cases}\max\ z,\\ 3\lambda_2'\leqq X_0,\\ 3\lambda_2'\geqq zY_0,\\ \lambda_2'\geqq 0,\end{cases}$$

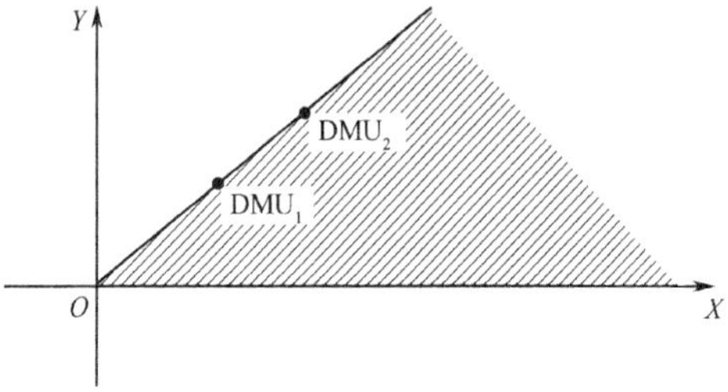

图 11.2.6

故当$(X_0,Y_0)=(1,1)$时，知最优解为

$$z_0 = 1, \lambda_2'^0 = \frac{1}{3}.$$

即 DMU_1 为 DEA 有效;同理可知 DMU_2 也为 DEA 有效.即

$$DEA(W, K) = \{DMU_1, DMU_2\}.$$

例 11.2.2 考虑广义 C^2R 模型

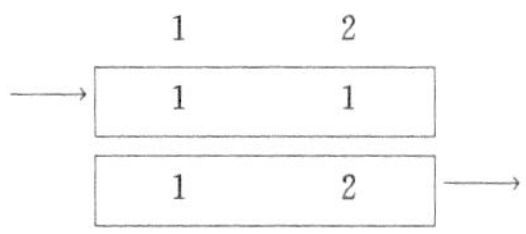

$V = U = E_+^1$,而

$$K = \left\{ \begin{pmatrix} k_1 \\ k_2 \end{pmatrix} \middle| \Gamma k \geqq 0 \right\}, \Gamma = \begin{pmatrix} 2 & -1 \\ -1 & 2 \end{pmatrix}$$

如图 11.2.5 所示.可知

$$R_1 \cap K = \varnothing, R_2 \cap K = \varnothing.$$

此时

$$X\Gamma = (1,1)\begin{pmatrix} 2 & -1 \\ -1 & 2 \end{pmatrix} = (1,1),$$

$$Y\Gamma = (1,2)\begin{pmatrix} 2 & -1 \\ -1 & 2 \end{pmatrix} = (0,3).$$

故生产可能集为(见图 11.2.7)

$$T = \{(X, Y) \mid \lambda'_1 + \lambda'_2 \leqq X, 3\lambda'_2 \geqq Y, \lambda'_1 \geqq 0, \lambda'_2 \geqq 0\}.$$

此时,DEA 模型为(C^2R)(见第十章第六节(iv))

$$(D)\begin{cases} \max z, \\ \lambda'_1 + \lambda'_2 \leqq X_0, \\ 3\lambda'_2 \geqq zY_0, \\ \lambda'_1 \geqq 0, \lambda'_2 \geqq 0. \end{cases}$$

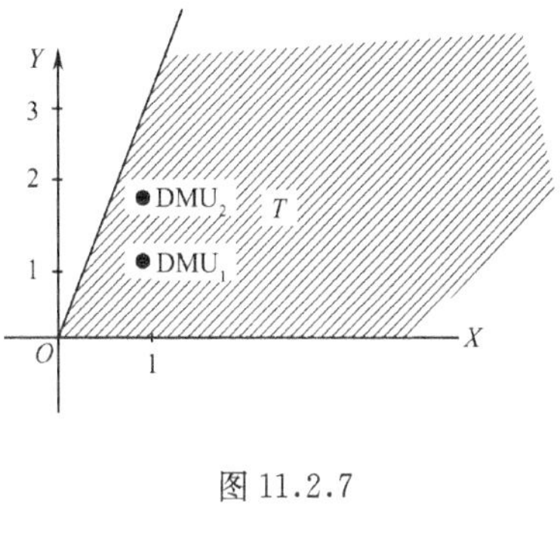

图 11.2.7

当$(X_0, Y_0) = (1,1)$时,最优解为 $z_0 = 3, \lambda_1'^0 = 0, \lambda_2'^0 = 1$.故 $DMU_1 \notin DEA(W, K)$;当$(X_0, Y_0) = (1,2)$时,最优解为

$$z_0 = \frac{3}{2}, \lambda_1'^0 = 0, \lambda_2'^0 = 1,$$

故 $DMU_2 \notin DEA(W, K)$.于是

$$\mathrm{DEA}(W, K) = \varnothing.$$

例 11.2.1 和例 11.2.2 说明,当

$$R_j \cap K = \varnothing \quad (j = 1, \cdots, n)$$

时,会出现

$$\mathrm{DEA}(W, K) = \{1, 2, \cdots, n\}$$

或

$$\mathrm{DEA}(W, K) = \varnothing.$$

即定理 11.2.3 中的两种情形都会出现.由此可知满足

$$R_j \cap K = \varnothing \quad (j = 1, \cdots, n)$$

的偏袒锥是不可取的.

当偏袒锥 K 退化成由图 11.2.8 和图 11.2.9 所示.在图 11.2.8 中偏袒于决策单元 1;在图 11.2.9 中偏袒于决策单元 3.有如下定理.

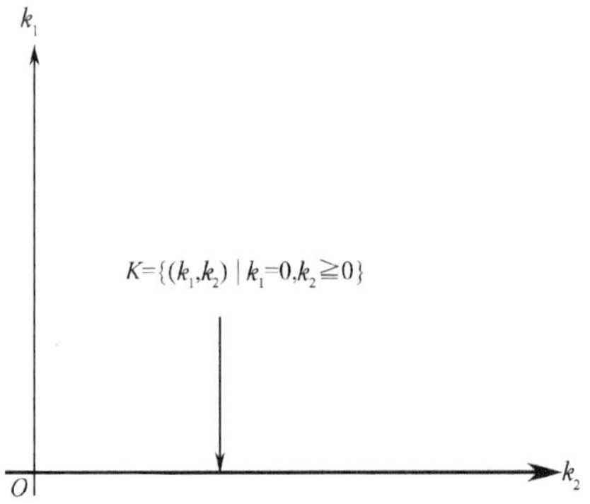

图 11.2.8

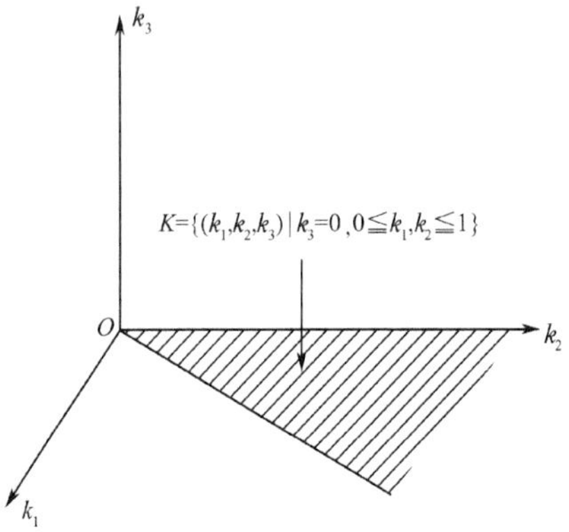

图 11.2.9

定理 11.2.4 设

$$R_{j_0}=\{k=(k_1,k_2,\cdots,k_n)\mid k_j\geqq 0, j=1,2,\cdots,n,且\ k_{j_0}=0\}.$$

若

$$K\subset R_{j_0},$$

则若存在 $j'(1\leqslant j'\leqslant n)$，使得 $\mathrm{DMU}_{j'}$ 为 DEA 有效，则 DMU_{j_0} 也必为 DEA 有效.

证 设 $\mathrm{DMU}_{j'}$ 为 DEA 有效，故存在 ω^0,μ^0,μ_0^0 满足

$$\omega^{0\mathrm{T}}X-\mu^{0\mathrm{T}}Y+\delta_1\mu_0^0 e^{\mathrm{T}}\in K,$$

$$\mu^{0\mathrm{T}}Y_{j'}=1,$$

$$\begin{pmatrix}\omega^0\\ \mu^0\end{pmatrix}\in \mathrm{Int}\ W, \delta_1\delta_2(-1)^{\delta_3}\mu_0^0\geqq 0$$

且

$$\omega^{0\mathrm{T}}X_{j'}+\delta_1\mu_0^0=1.$$

由于 $K\subset R_{j_0}$，故

$$\omega^{0\mathrm{T}}X_0-\mu^{0\mathrm{T}}Y_0+\delta_1\mu_0^0=0,$$

因此(x_0,y_0)落在生产前沿面 L 上，其中

$$L=\{(X,Y)\mid \omega^{0\mathrm{T}}X-\mu^{0\mathrm{T}}Y+\delta_1\mu_0^0=0\}.$$

由定理 10.5.3 知，DMU_{j_0}为 DEA 有效.证毕.

推论 11.2.1 若 $K\subset E_+^n$，且

$$\mathrm{DMU}_{j_0}\notin \mathrm{DEA}(W,K),$$

则对于满足下面条件的 $\hat{K}$：

$$\hat{K}\subset K, K\subset R_{j_0}=\{k=(k_1,k_2,\cdots,k_n)\mid k\geqq 0,k\neq 0,k_{j_0}=0\}$$

都有

$$\mathrm{DEA}(W,\hat{K})=\varnothing.$$

证 若 $\hat{K}$满足

$$\hat{K}\subset K, K\subset R_{j_0},$$

但

$$\mathrm{DEA}(W,\hat{K})\neq\varnothing.$$

由定理 11.2.4，则

$$\mathrm{DMU}_{j_0}\in \mathrm{DEA}(W,\hat{K}).$$

由定理 11.2.1 有

$$\mathrm{DEA}(W, \hat{K}) \subset \mathrm{DEA}(W, K),$$

故得

$$\mathrm{DMU}_{j_0} \in \mathrm{DEA}(W, K)$$

之矛盾.证毕.

第三节 “初等偏袒矩阵”构成的“偏袒锥”

在上一节中讨论了由“交形式”给出的“偏袒锥”(多面锥)

$$K = \{k \mid h\Gamma \geqq 0\}.$$

本节讨论一种由特殊的“和形式”给出的“偏袒锥”(称为“初等偏袒锥”).使用初等偏袒矩阵可以得到一些很好的性质,例如判断某些决策单元是否位于同一个生产可能集的生产前沿面上.并且利用初等偏袒锥可以给出生产前沿面的结构特征和构造出生产前沿面(见[24]).

“初等偏袒锥”是由一个或多个“初等偏袒矩阵”以“和的形式”给出的.由于“初等偏袒矩阵”是可逆的,因此不难化为由“交的形式”给出的偏袒锥.先证明一个引理.

引理 11.3.1 若 Γ 为可逆的矩阵,并且

$$K = \{\alpha\Gamma \mid \alpha \geqq 0\},$$

则

$$K = \{k \mid k\Gamma^{-1} \geqq 0\},$$

其中 Γ^{-1} 为 Γ 的逆矩阵.

证 令

$$k^0 \in \{\alpha\Gamma \mid \alpha \geqq 0\},$$

则存在 $\alpha^0 \geqq 0$,有

$$k^0 = \alpha^0\Gamma,$$

故

$$\alpha^0 = k^0\Gamma^{-1} \geqq 0,$$

因此

$$k^0 \in \{k \mid k^0\Gamma^{-1} \geqq 0\}.$$

另一方面,设

$$k^0 \in \{k \mid k\Gamma^{-1} \geqq 0\}.$$

令

$$\alpha = k^0\Gamma^{-1},$$

则 $\alpha \geqq 0$,并且

$$k^0 = \alpha\Gamma \in \{\alpha^T\Gamma \mid \alpha \geqq 0\}.$$

证毕.

以下给出一种特殊的偏袒锥 K,其构成是由一个或多个初等偏袒矩阵的乘积的形式给出的凸多面锥(称“初等偏袒锥”).记“初等偏袒矩阵”

$$\Gamma_j = \begin{bmatrix} 1 & 0 & \cdots & \cdots & 0 & \cdots & \cdots & 0 & 0 \\ 0 & 1 & \cdots & \cdots & 0 & \cdots & \cdots & 0 & 0 \\ \vdots & \vdots & & & \vdots & & & \vdots & \vdots \\ \frac{1}{2} & \frac{1}{2} & \cdots & \frac{1}{2} & 1 & \frac{1}{2} & \cdots & \frac{1}{2} & \frac{1}{2} \\ \vdots & \vdots & & \vdots & \vdots & \vdots & & \vdots & \vdots \\ 0 & 0 & \cdots & \cdots & 0 & \cdots & \cdots & 1 & 0 \\ 0 & 0 & \cdots & \cdots & 0 & \cdots & \cdots & 0 & 1 \end{bmatrix} = I^{(n)} + e_j d^j,$$

其中

$$e_j = (0,\cdots,0,\overset{j}{1},0,\cdots,0)^T \in E^n, \quad j = 1,2,\cdots,n.$$

$$d^j = \left(\frac{1}{2},\cdots,\frac{1}{2},\overset{j}{0},\frac{1}{2},\cdots,\frac{1}{2}\right) \in E^n, \quad j = 1,2,\cdots,n.$$

n 阶方阵 Γ_j 称为对决策单元 j 的初等偏袒矩阵,$j=1,2,\cdots,n$.显然有

$$d^j e_j = 0, \quad j = 1,2,\cdots,n,$$

$$d^j e_i = \frac{1}{2}, \quad 1 \leqslant i \neq j \leqslant n,$$

$$\Gamma_j^{-1} = I^{(n)} - e_j d^j, \quad j = 1,2,\cdots,n.$$

令

$$\{j_1, j_2, \cdots, j_p\} \subset \{1,2,\cdots,n\}, \quad p \geqq 1,$$

$$\Gamma = \Gamma_{j_p}\Gamma_{j_{p-1}}\cdots\Gamma_{j_2}\Gamma_{j_1}.$$

引理 11.3.2 设

$$\{j_1, j_2, \cdots, j_p\} \subset \{1,2,\cdots,n\},$$

则

(i) $\Gamma_{j_q}^{-1} = I^{(n)} - e_{j_q} d^{j_q}, 1 \leqslant q \leqslant p$;

(ii)当 $p \geqq 2$ 时,有

$$\Gamma_{j_1}^{-1}\Gamma_{j_2}^{-1}\cdots\Gamma_{j_{p-1}}^{-1}\Gamma_{j_p}^{-1}$$
$$= I^{(n)} - e_{j_p} d^{j_p} - \sum_{q=1}^{p-1} e_{j_q}\left(d^{j_q} - \sum_{r=q+1}^{p} \frac{1}{2^{r-q}} d^{j_r}\right).$$

证 由

$$\begin{aligned}\Gamma_{j_q}\Gamma_{j_q}^{-1}&=(I^{(n)}+e_{j_q}\alpha^{j_q})(I^{(n)}-e_{j_q}\alpha^{j_q})\\&=I^{(n)}-e_{j_q}\alpha^{j_q}e^{j_q}\alpha^{j_q}\\&=I^{(n)}\end{aligned}$$

知(i)成立.

现用数学归纳法证明(ii).当 $p=2$ 时,有

$$\begin{aligned}\Gamma_{j_1}^{-1}\Gamma_{j_2}^{-1}&=(I^{(n)}-e_{j_1}\alpha^{j_1})(I^{(n)}-e_{j_2}\alpha^{j_2})\\&=I^{(n)}-e_{j_1}\alpha^{j_1}-e_{j_2}\alpha^{j_2}+e_{j_1}\alpha^{j_1}e_{j_2}\alpha^{j_2}\\&=I^{(n)}-e_{j_1}\alpha^{j_1}-e_{j_2}\alpha^{j_2}+\frac{1}{2}e_{j_1}\alpha^{j_2}\\&=I^{(n)}-e_{j_2}\alpha^{j_2}-e_{j_1}\left(\alpha^{j_1}-\frac{1}{2}\alpha^{j_2}\right),\end{aligned}$$

即　$p=2$ 时,(ii)成立.

设 $p-1$ 时(ii)成立,于是有

$$\begin{aligned}&\Gamma_{j_1}^{-1}\Gamma_{j_2}^{-1}\cdots\Gamma_{j_{p-1}}^{-1}\Gamma_{j_p}^{-1}\\
&=\left[I^{(n)}-e_{j_{p-1}}\alpha^{j_{p-1}}-\sum_{q=1}^{p-2}e_{j_q}\left(\alpha^{j_q}-\sum_{r=q+1}^{p-1}\frac{1}{2^{r-q}}\alpha^{j_r}\right)\right](I^{(n)}-e_{j_p}\alpha^{j_p})\\
&=I^{(n)}-e_{j_{p-1}}\alpha^{j_{p-1}}-\sum_{q=1}^{p-2}e_{j_q}\left(\alpha^{j_q}-\sum_{r=q+1}^{p-1}\frac{1}{2^{r-q}}\alpha^{j_r}\right)-e_{j_q}\alpha^{j_p}+e_{j_{p-1}}\alpha^{j_{p-1}}e_{j_p}\alpha^{j_p}\\
&\quad+\sum_{q=1}^{p-2}e_{j_q}\left(\alpha^{j_q}e_{j_p}\alpha^{j_p}-\sum_{r=q+1}^{p-1}\frac{1}{2^{r-q}}\alpha^{j_r}e_{j_p}\alpha^{j_p}\right)\\
&=I^{(n)}-e_{j_{p-1}}\alpha^{j_{p-1}}-\sum_{q=1}^{p-2}e_{j_q}\left(\alpha^{j_q}-\sum_{r=q+1}^{p-1}\frac{1}{2^{r-q}}\alpha^{j_r}\right)-e_{j_p}\alpha^{j_p}+\frac{1}{2}e_{j_{p-1}}\alpha^{j_p}\\
&\quad+\sum_{q=1}^{p-2}e_{j_q}\left(\frac{1}{2}\alpha^{j_q}-\sum_{r=q+1}^{p-1}\frac{1}{2^{r-q+1}}\alpha^{j_p}\right)\\
&=I^{(n)}-e_{j_p}\alpha^{j_p}-\sum_{q=1}^{p-1}e_{j_q}\alpha^{j_p}+\sum_{q=1}^{p-2}e_{j_q}\sum_{r=q+1}^{p-1}\frac{1}{2^{r-q}}\alpha^{j_r}+\frac{1}{2}e_{j_{p-1}}\alpha^{j_p}+\sum_{q=1}^{p-2}e_{j_q}\left(\frac{1}{2^{p-q}}\right)\alpha^{j_p}\\
&=I^{(n)}-e_{j_p}\alpha^{j_p}-\sum_{q=1}^{p-1}e_{j_q}\alpha^{j_q}+\sum_{q=1}^{p-2}e_{j_q}\sum_{r=q+1}^{p-1}\frac{1}{2^{r-q}}\alpha^{j_r}+\sum_{q=1}^{p-1}e_{j_q}\frac{1}{2^{p-q}}\alpha^{j_p}\\
&=I^{(n)}-e_{j_p}\alpha^{j_p}-\sum_{q=1}^{p-1}e_{j_q}\alpha^{j_q}+e_{j_{p-1}}\frac{1}{2}\alpha^{j_p}+\sum_{q=1}^{p-2}e_{j_q}\sum_{r=q+1}^{p}\frac{1}{2^{r-q}}\alpha^{j_r}\\
&=I^{(n)}-e_{j_q}\alpha^{j_p}-\sum_{q=1}^{p-1}e_{j_q}\alpha^{j_q}+\sum_{q=1}^{p-1}e_{j_q}\sum_{r=q+1}^{p}\frac{1}{2^{r-q}}\alpha^{j_r}\end{aligned}$$

$$= I^{(n)} - e_{j_p}\alpha^{j_p} - \sum_{q=1}^{p-1} e_{j_q}\left(\alpha^{j_q} - \sum_{r=q+1}^{p}\frac{1}{2^{r-q}}\alpha^{j_r}\right).$$

则(ii)对 p 时成立.证毕.

引理 11.3.3 设 $k=(k_1,k_2,\cdots,k_n)\in K\subset E_+^n$, $k_i=0(1\leqslant i\leqslant n)$,且 $p\geqq 2$,则有

$$k_{j_1}=k_{j_2}=\cdots=k_{j_{p-1}}=k_{j_p}=0,$$

其中

$$K=\{\alpha^{\mathrm{T}}\Gamma_{j_p}\Gamma_{j_{p-1}}\cdots\Gamma_{j_2}\Gamma_{j_1} \mid \alpha\geqq 0,\alpha\in E^n\}$$
$$=\{k \mid k\,\Gamma_{j_1}^{-1}\Gamma_{j_2}^{-1}\cdots\Gamma_{j_{p-1}}^{-1}\Gamma_{j_p}^{-1}\geqq 0\},$$

而当 $k=1,2,\cdots,p$ 时

$$\Gamma_{j_k}=I^{(n)}+e_{j_k}\alpha^{j_k},$$

$$e_{j_k}=(0,\cdots,0,1,0,\cdots,0)^{\mathrm{T}},$$

$$a_{j_k}=\left(\frac{1}{2},\cdots,\frac{1}{2},0,\frac{1}{2},\cdots,\frac{1}{2}\right)^{\mathrm{T}}.$$

证 由引理 11.3.2,有

$$\Gamma_{j_1}^{-1}\Gamma_{j_2}^{-1}\cdots\Gamma_{j_{p-1}}^{-1}\Gamma_{j_p}^{-1}=I^{(n)}-e_{j_p}\alpha^{j_p}=\sum_{q=1}^{p-1}e_{j_q}\left(\alpha^{j_q}-\sum_{r=q+1}^{p}\frac{1}{2^{r-q}}\alpha^{j_r}\right).$$

由 $k=(k_1,k_2,\cdots,k_n)^{\mathrm{T}}\in K\subset E_+^n$,故

$$k\geqq ke_{j_p}\alpha^{j_p}+k\sum_{q=1}^{p-1}e_{j_q}\left(\alpha^{j_q}-\sum_{r=q+1}^{p}\frac{1}{2^{r-q}}\alpha^{j_r}\right)$$
$$=k_{j_q}\alpha^{j_p}+\sum_{q=1}^{p-1}k_{j_q}\left(\alpha^{j_q}-\sum_{r=q+1}^{p}\frac{1}{2^{r-q}}\alpha^{j_r}\right).$$

特别地,对于 k 的第 i 个分量,有

$$0=k_i\geqq k_{j_p}a_i^{j_p}+\sum_{q=1}^{p-1}k_{j_q}\left(a_i^{j_q}-\sum_{r=q+1}^{p}\frac{1}{2^{r-q}}a_i^{j_r}\right).\tag{1}$$

记

$$\delta_{ij}=\begin{cases}1,\text{当 } i\neq j \text{ 时},\\0,\text{当 } i=j \text{ 时},\end{cases}$$

注意

$$k_{j_q}a_i^l=\begin{cases}\frac{1}{2}k_{j_q},\text{当 } l\neq i \text{ 时},\\0,\text{当 } l=i \text{ 时}.\end{cases}$$

于是,由(1)式有

$$0\geqq\frac{1}{2}k_{j_p}\delta_{ij_p}+\frac{1}{2}\sum_{q=1}^{p-1}k_{j_q}\left(\delta_{ij_q}-\sum_{r=q+1}^{p}\frac{1}{2^{r-q}}\delta_{ir}\right),\tag{2}$$

由假设条件,当 $j_q=i$ 时, $k_{j_q}=k_i=0$,故

$$k_{j_q}\delta_{ij_q}=k_{j_q},\ q=1,\cdots,p-1.$$

由(2)式,有

$$\begin{aligned}0&\geqq \frac{1}{2}k_{j_p}\delta_{ij_p}+\frac{1}{2}\sum_{q=1}^{p-1}k_{j_q}\left(1-\sum_{r=q+1}^{p}\frac{1}{2^{r-q}}\delta_{ir}\right)\\&\geqq \frac{1}{2}k_{j_p}\delta_{ij_p}+\frac{1}{2}\sum_{q=1}^{p-1}k_{j_q}\left(1-\sum_{r=q+1}^{p}\frac{1}{2^{r-q}}\right)\\&=\frac{1}{2}k_{j_p}\delta_{ij_p}+\frac{1}{2}\sum_{q=1}^{p-1}k_{j_p}\left(1-\frac{1}{2^{r-q}}\right),\end{aligned}\tag{3}$$

由于 $k=(k_1,k_2,\cdots,k_n)\geqq 0$ 及 $1\leqq q\leqq p-1$,故

$$1-\frac{1}{2^{p-q}}>0,$$

因此由(3)式,有

$$0\geqq \frac{1}{2}k_{j_p}\delta_{ij_p}+\frac{1}{2}\sum_{q=1}^{p-1}k_{j_q}\left(1-\frac{1}{2^{p-q}}\right)\geqq 0,$$

故

$$k_{j_p}\delta_{ij_p}=0,\ k_{j_q}=0,\ q=1,2,\cdots,p-1.$$

当 $i\neq j_p$ 时,

$$0=k_{j_p}\delta_{ij_p}=k_{j_p},$$

当 $i=j_p$ 时,

$$k_{j_p}=k_i=0,$$

因此,有

$$k_{j_q}=0,\ q=1,2,\cdots,p-1,p.$$

证毕.

在综合DEA模型(P)和(D)中,令

$$\begin{aligned}K&=\{\alpha\Gamma_{j_p}\Gamma_{j_{p-1}}\cdots\Gamma_{j_2}\Gamma_{j_1}\mid \alpha\geqq 0,\alpha\in E^n\}\\&=\{k\mid k\Gamma_{j_1}^{-1}\Gamma_{j_2}^{-1}\cdots\Gamma_{j_{p-1}}^{-1}\Gamma_{j_p}^{-1}\geqq 0\},\end{aligned}$$

其中 Γ_{j_l} 为对决策单元 j_l 的“初等偏袒矩阵”,

$$l=1,2,\cdots,p.$$

K 锥表示对 $\mathrm{DMU}_{j_1},\cdots,\mathrm{DMU}_{j_p}$ 同时偏袒的锥.可知

$$\omega^{\mathrm{T}}X-\mu^{\mathrm{T}}Y+\delta_1\mu_0\in K$$

等价于

$$(\omega^{\mathrm{T}}X-\mu^{\mathrm{T}}Y+\delta_1\mu_0)\Gamma_{j_1}^{-1}\Gamma_{j_2}^{-1}\cdots\Gamma_{j_{p-1}}^{-1}\Gamma_{j_p}^{-1}\geqq 0,$$

因此(P)变为

$$(P_K)\begin{cases}\min\ (\omega^{\mathrm T}X_0+\delta_1\mu_0),\\ (\omega^{\mathrm T}\boldsymbol{X}-\mu^{\mathrm T}\boldsymbol{Y}+\delta_1\mu_0)\Gamma_{j_1}^{-1}\Gamma_{j_2}^{-1}\cdots\Gamma_{j_{p-1}}^{-1}\Gamma_{j_p}^{-1}\geqq 0,\\ \mu^{\mathrm T}Y_0=1,\\ \begin{bmatrix}\omega\\ \mu\end{bmatrix}\in W,\ \delta_1\delta_2(-1)^{\delta_3}\mu_0\geqq 0.\end{cases}$$

定理 11.3.1(偏袒定理) 考虑对 $\mathrm{DMU}_{j_1},\cdots,\mathrm{DMU}_{j_p}$ 偏袒的模型(P_k),其中

$$K=\left\{\alpha\Gamma_{j_p}\Gamma_{j_{p-1}}\cdots\Gamma_{j_2}\Gamma_{j_1}\mid\alpha\geqq 0,\alpha\in E^n\right\}$$
$$=\left\{k\mid k\Gamma_{j_1}^{-1}\Gamma_{j_2}^{-1}\cdots\Gamma_{j_{p-1}}^{-1}\Gamma_{j_p}^{-1}\geqq 0\right\}.$$

若存在 $j_0\in\{1,2,\cdots,n\}$,DMU_{j_0}是 DEA 有效的,则 $\mathrm{DMU}_{j_1},\mathrm{DMU}_{j_2},\cdots,\mathrm{DMU}_{j_p}$都为 DEA 有效,且 $\mathrm{DMU}_{j_1},\mathrm{DMU}_{j_2},\cdots,\mathrm{DMU}_{j_p}$和 DMU_{j_0}都在同一个生产前沿面上.

证 设 DMU_{j_0}为 DEA 有效,即存在 ω^0,μ^0,μ_0^0,使得

$$(\omega^{0\mathrm T}\boldsymbol{X}-\mu^{0\mathrm T}\boldsymbol{Y}+\delta_1\mu_0^0)\Gamma_{j_1}^{-1}\cdots\Gamma_{j_p}^{-1}\geqq 0,$$
$$\mu^{0\mathrm T}Y_0=1,$$
$$\begin{bmatrix}\omega^0\\ \mu^0\end{bmatrix}\in \mathrm{Int}\ W,\ \delta_1\delta_2(-1)^{\delta_3}\mu_0^0\geqq 0,$$

且

$$\omega^{0\mathrm T}X_0+\delta_1\mu_0^0=1.$$

记

$$k^0=\omega^{0\mathrm T}\boldsymbol{X}-\mu^{0\mathrm T}\boldsymbol{Y}+\delta_1\mu_0^0e^{\mathrm T},$$

此时

$$k_{j_0}^0=\omega^{0\mathrm T}X_0-\mu^{0\mathrm T}Y_0+\delta_1\mu_0^0=0.$$

又由

$$\omega^{0\mathrm T}\boldsymbol{X}-\mu^{0\mathrm T}\boldsymbol{Y}+\delta_1\mu_0^0\in K\subset E_+^n,$$

故

$$k^0=\omega^{0\mathrm T}\boldsymbol{X}-\mu^{0\mathrm T}\boldsymbol{Y}+\delta_1\mu_0^0e^{\mathrm T}\geqq 0.$$

(i) 若 $p\geqq 2$,由引理 11.3.3 有

$$k_{j_l}^0=\omega^{0\mathrm T}X_{j_l}-\mu^{0\mathrm T}Y_{j_l}+\delta_1\mu_0^0=0,$$

也即(X_{j_l}, Y_{j_l})落在生产前沿面 L 上,其中

$$L=\{(X,Y)\mid\omega^{0\mathrm T}X-\mu^{0\mathrm T}Y+\delta_1\mu_0^0=0\}.$$

由定理 10.5.3 知

$$\{\mathrm{DMU}_{j_1},\mathrm{DMU}_{j_2},\cdots,\mathrm{DMU}_{j_p}\}\in \mathrm{DEA}(W,K).$$

(ii) 若 $p=1$,即

$$k^0\Gamma_{j_1}^{-1}=k^0(I^{(n)}-e_{j_1}a^{j_1})\geqq 0,$$

于是

$$0=k_{j_0}^0\geqq k_{j_1}^0 a_{j_0}^{j_1}\geqq 0,$$

故

$$k_{j_1}^0=0,$$

即由

$$\omega^{0\mathrm{T}}X_{j_1}-\mu^{0\mathrm{T}}Y_{j_1}+\delta_1\mu_0^0=0$$

知(X_{j_1},Y_{j_1})落在生产前沿面

$$L=\{(X,Y)\mid \omega^{0\mathrm{T}}X-\mu^{0\mathrm{T}}Y+\delta_1\mu_0^0=0\}$$

上.由定理 10.5.3 知

$$\mathrm{DMU}_{j_1}\in \mathrm{DEA}(W,K).$$

由情形(i)或(ii)知

$$(X_{j_l},Y_{j_l})\in L,\ l=1,2,\cdots,p.$$

证毕.

推论 11.3.1 设

$$K=\{\alpha\Gamma_{j_p}\Gamma_{j_{p-1}}\cdots\Gamma_{j_2}\Gamma_{j_1}\mid \alpha\geqq 0,\alpha\in E^n\}$$
$$=\{k\mid k\Gamma_{j_1}^{-1}\Gamma_{j_2}^{-1}\cdots\Gamma_{j_{p-1}}^{-1}\Gamma_{j_p}^{-1}\geqq 0\},$$

若 $\mathrm{DMU}_{j_1},\mathrm{DMU}_{j_2},\cdots,\mathrm{DMU}_{j_p}$不同在生产可能集

$$T_K=\left\{(X,Y)\left|\begin{pmatrix}X\lambda-X\\-Y\lambda+Y\end{pmatrix}\in W^*,\ \begin{array}{c}\delta_1 e^{\mathrm{T}}\lambda+\delta_1\delta_2(-1)^{\delta_3}\lambda_{n+1}=\delta_1,\\ \lambda\in -K^*,\lambda_{n+1}\geqq 0\end{array}\right.\right\},$$

的生产前沿面上,则

$$\mathrm{DMU}(W,K)=\varnothing.$$

证 由定理 11.3.1,若

$$\mathrm{DMU}(W,K)\neq\varnothing,$$

则 $\mathrm{DMU}_{j_1},\mathrm{DMU}_{j_2},\cdots,\mathrm{DMU}_{j_p}$必同在一个生产前沿面上,矛盾.证毕.

推论 11.3.2 设

$$K=\{\alpha\Gamma_{j_p}\Gamma_{j_{p-1}}\cdots\Gamma_{j_2}\Gamma_{j_1}\mid \alpha\geqq 0,\alpha\in E^n\}$$
$$=\{k\mid k\Gamma_{j_1}^{-1}\Gamma_{j_2}^{-1}\cdots\Gamma_{j_{p-1}}^{-1}\Gamma_{j_p}^{-1}\geqq 0\},$$

若存在 $l(1\leqslant l\leqslant p)$,使得

$$\mathrm{DMU}_{j_l} \notin \mathrm{DEA}(W, K),$$

则

$$\mathrm{DEA}(W, K) = \varnothing.$$

证明 由定理 11.3.1 得到.证毕.

推论 11.3.3 设

$$K = \{\alpha \Gamma_{j_p} \Gamma_{j_{p-1}} \cdots \Gamma_{j_2} \Gamma_{j_1} \mid \alpha \geqq 0, \alpha \in E^n\}$$
$$= \{k \mid k \Gamma_{j_1}^{-1} \cdots \Gamma_{j_p}^{-1} \geqq 0\},$$

若存在 $l(1 \leqslant l \leqslant p)$,使得

$$\mathrm{DMU}_{j_l} \notin \mathrm{DEA}(W, E_+^n),$$

则

$$\mathrm{DEA}(W, K) = \varnothing.$$

证 由定理 11.3.1,若 $\mathrm{DEA}(W, K) \neq \varnothing$,则 $\mathrm{DMU}_{j_l} \in \mathrm{DEA}(W, K)$.由定理 11.2.1,$\mathrm{DEA}(W, K) \subset \mathrm{DEA}(W, E_+^n)$得到 $\mathrm{DMU}_{j_l} \in \mathrm{DEA}(W, E_+^n)$之矛盾.故 $\mathrm{DEA}(W, K) = \varnothing$.证毕.

定理 11.3.2 设

$$K = \{\alpha \Gamma_{j_p} \cdots \Gamma_{j_1} \mid \alpha \geqq 0, \alpha \in E^n\} = \{k \mid k \Gamma_{j_1}^{-1} \cdots \Gamma_{j_p}^{-1} \geqq 0\},$$

$$T_K = \left\{ (X, Y) \middle| \begin{pmatrix} X\lambda - X \\ -Y\lambda + Y \end{pmatrix} \in W^*, \begin{array}{c} \delta_1 e^{\mathrm{T}} \lambda + \delta_1 \delta_2 (-1)^{\delta_3} \lambda_{n+1} = \delta_1 \\ \lambda \in -K^*, \lambda_{n+1} \geqq 0 \end{array} \right\},$$

$$T_{E_+^n} = \left\{ (X, Y) \middle| \begin{pmatrix} X\lambda - X \\ -Y\lambda + Y \end{pmatrix} \in W^*, \begin{array}{c} \delta_1 e^{\mathrm{T}} \lambda + \delta_1 \delta_2 (-1)^{\delta_3} \lambda_{n+1} = \delta_1 \\ \lambda \geqq 0, \lambda_{n+1} \geqq 0 \end{array} \right\},$$

则有

(i)若 $\mathrm{DMU}_{j_1}, \mathrm{DMU}_{j_2}, \cdots, \mathrm{DMU}_{j_p}$同在生产可能集 T_K 的一个生产前沿面上,则它们也同在生产可能集 $T_{E_+^n}$ 的一个生产前沿面上,且这两个生产前沿面相同.

(ii)若 $\mathrm{DMU}_{j_1}, \mathrm{DMU}_{j_2}, \cdots, \mathrm{DMU}_{j_p}$同在生产可能集 $T_{E_+^n}$ 的一个生产前沿面上,则它们也同在生产可能集 T_K 的一个生产前沿面上,且这两个生产前沿面相同.

证 由定理 10.5.3 知 $\mathrm{DMU}_{j_1}, \mathrm{DMU}_{j_2}, \cdots, \mathrm{DMU}_{j_p}$ 都为 DEA 有效.由定理 11.3.1 知 $\mathrm{DMU}_{j_1}, \mathrm{DMU}_{j_2}, \cdots, \mathrm{DMU}_{j_p}$同在 T_K 的生产前沿面 L 上,即

$$(X_{j_l}, Y_{j_l}) \in L = \{(X, Y) \mid \omega^{0\mathrm{T}} X - \mu^{0\mathrm{T}} Y + \delta_1 \mu_0^0 e^{\mathrm{T}} = 0\}, l = 1, 2, \cdots, p,$$

其中

$$\begin{pmatrix} \omega^0 \\ \mu^0 \end{pmatrix} \in \mathrm{Int}\ W, \delta_1 \delta_2 (-1)^{\delta_3} \mu_0 \geqq 0,$$

$$\omega^{0\mathrm{T}} X - \mu^{0\mathrm{T}} Y + \delta_1 \mu_0^0 e^{\mathrm{T}} \in K.$$

由于 $K \subset E_+^n$,即

$$\omega^{0\mathrm{T}} X - \mu^{0\mathrm{T}} Y + \delta_1 \mu_0^0 e^{\mathrm{T}} \geqq 0,$$

因此,L 也为生产可能集 $T_{E_+^n}$ 的生产前沿面.(i)得证.

现在证(ii).设 $\mathrm{DMU}_{j_1}, \mathrm{DMU}_{j_2}, \cdots, \mathrm{DMU}_{j_l}$ 在生产可能集 $T_{E_+^n}$ 的生产可能集的生产前沿面 L 上,即

$$(X_{j_l}, Y_{j_l}) \in L = \{(X, Y) \mid \omega^{0\mathrm{T}} X - \mu^{0\mathrm{T}} Y + \delta_1 \mu_0^0 = 0\}, l = 1,2,\cdots, p.$$

其中

$$\begin{bmatrix} \omega^0 \\ \mu^0 \end{bmatrix} \in \mathrm{Int}\ W, \delta_1 \delta_2 (-1)^{\delta_3} \mu_0^0 \geqq 0,$$

$$\omega^{0\mathrm{T}} X - \mu^{0\mathrm{T}} Y + \delta_1 \mu_0^0 e^{\mathrm{T}} \geqq 0.$$

由引理 11.3.2 知

$$\omega^{0\mathrm{T}} X - \mu^{0\mathrm{T}} Y + \delta_1 \mu_0^0 e^{\mathrm{T}} \in k$$

等价于

$$(\omega^{0\mathrm{T}} X - \mu^{\mathrm{T}} Y + \delta_1 \mu_0^0 e^{\mathrm{T}}) - (\omega^{0\mathrm{T}} X_{j_p} - \mu^{0\mathrm{T}} Y_{j_p} + \delta_1 \mu_0^0) \alpha^{j_p}$$
$$- \sum_{q=1}^{p-1} (\omega^{0\mathrm{T}} X_{j_q} - \mu^{0\mathrm{T}} Y_{j_q} + \delta_1 \mu_0^0) \left(\alpha^{j_q} - \sum_{r=q+1}^{p} \frac{1}{2^{r-q}} \alpha^{j_r} \right) \geqq 0,$$

又由于$(X_{j_l}, Y_{j_l}) \in L$,故

$$\omega^{0\mathrm{T}} X - \mu^{0\mathrm{T}} Y + \delta_1 \mu_0^0 e^{\mathrm{T}} \in K$$

等价于

$$\omega^{0\mathrm{T}} X - \mu^{0\mathrm{T}} Y + \delta_1 \mu_0^0 e^{\mathrm{T}} \geqq 0,$$

因此 L 也为生产可能集 T_K 的生产前沿面.(ii)得证.证毕.

推论 11.3.4 设

$$K = \{\alpha \Gamma_{j_p} \cdots \Gamma_{j_1} \mid \alpha \geqq 0, \alpha \in E^n\} = \{k \mid k \Gamma_{j_1}^{-1} \cdots \Gamma_{j_p}^{-1} \geqq 0\},$$

若 $\mathrm{DMU}_{j_1}, \mathrm{DMU}_{j_2}, \cdots, \mathrm{DMU}_{j_p}$ 不同在生产可能集

$$T_{E_+^n} = \left\{ (X, Y) \left| \begin{bmatrix} X\lambda - X \\ -Y\lambda + Y \end{bmatrix} \in W^*, \begin{matrix} \delta_1 e^{\mathrm{T}} \lambda + \delta_1 \delta_2 (-1)^{\delta_3} \lambda_{n+1} = \delta_1 \\ \lambda \geqq 0, \lambda_{n+1} \geqq 0 \end{matrix} \right. \right\}$$

的生产前沿面上,则

$$\mathrm{DEA}(W, K) = \varnothing.$$

证 若 $\mathrm{DEA}(W, K) \neq \varnothing$,由定理 11.3.1 知 $\mathrm{DMU}_{j_1}, \cdots, \mathrm{DMU}_{j_l}$ 在 T_K 的某一生产前沿面上.由定理 11.3.2 知该生产前沿面也是生产可能集 E_+^n 的生产前沿面,矛盾.证毕.

由以上的讨论,我们可以利用初等偏袒锥去研究生产可能集

$$T=\left\{(X,Y)\left|\begin{pmatrix}X\lambda-X\\-Y\lambda+Y\end{pmatrix}\in W^*,\delta_1 e^{\mathrm{T}}\lambda+\delta_1\delta_2(-1)^{\delta_3}\lambda_{n+1}=\delta_1,\lambda\geqq 0,\lambda_{n+1}\geqq 0\right.\right\}$$

的结构和构造出生产前沿面(见文献[24]).

第四节 关于"偏好锥" W 和"偏袒锥" K 的例子

本书通过几个例子说明 W 锥和 K 锥的作用.对于综合 DEA 模型,相应的生产可能集为

$$\begin{aligned}T=&\left\{(X,Y)\left|\begin{pmatrix}X\lambda-X\\-Y\lambda+Y\end{pmatrix}\in W^*,\delta_1(e^{\mathrm{T}}\lambda+\delta_2(-1)^{\delta_3}\lambda_{n+1})=\delta_1,\right.\right.\\&\left.\lambda\in -K^*,\lambda_{n+1}\geqq 0\right\}\\=&\left\{(X,Y)\left|\begin{pmatrix}X\\Y\end{pmatrix}=\begin{pmatrix}X\lambda\\Y\lambda\end{pmatrix}+(-\overline{W}^*),\delta_1(e^{\mathrm{T}}\lambda+\delta_2(-1)^{\delta_3}\lambda_{n+1})=\delta_1,\right.\right.\\&\left.\lambda\in -K^*,\lambda_{n+1}\geqq 0,\right\}\end{aligned}$$

其中

$$\overline{W}^*=\{(X,Y)\mid(X,-Y)\in W^*\}.$$

由于篇幅所限,这里只讨论广义的 BC^2 模型,即 $\delta_1=1,\delta_2=0$ 的情形.此时

$$T_{BC^2}=\left\{(X,Y)\left|\begin{pmatrix}X\\Y\end{pmatrix}=\begin{pmatrix}X\lambda\\Y\lambda\end{pmatrix}+(-\overline{W}^*),e^{\mathrm{T}}\lambda=1,\lambda\in -K^*\right.\right\}.$$

为了叙述简单,在以下的例子中总取 $m=1,s=1$,即单输入和单输出的简单情形,并记

$$x=X,y=Y.$$

于是,相应的多目标问题可写为

$$(\overline{VP})\begin{cases}V-(\min x,\max y),\\(x,y)\in T_{BC^2}.\end{cases}$$

即输入目标取最小,输出目标取最大,非支配锥为 $\overline{W}^*$.

考虑由表 11.4.1 给出的具有 6 个决策单元的例子,例如 DMU_1 的输入为 5,输出为 1;DMU_2 的输入为 6,输出为 5,等等.

表 11.4.1

	1	2	3	4	5	6	
$m=1$ ⟶	5	6	10	13	17	25	
	1	5	10	13	16	18	⟶ $s=1$

取输入-输出偏好锥为

$$\boldsymbol{W}_1=\left\{\begin{pmatrix}3\\1\end{pmatrix}\beta_1+\begin{pmatrix}2\\5\end{pmatrix}\beta_2\,\middle|\,\beta_1\geqq 0,\beta_2\geqq 0\right\},$$

则有

$$\boldsymbol{W}_1^*=\left\{\begin{pmatrix}1\\-3\end{pmatrix}\beta_1+\begin{pmatrix}-5\\2\end{pmatrix}\beta_2\,\middle|\,\beta_1\geqq 0,\beta_2\geqq 0\right\},$$

$$\boldsymbol{W}^*=\left\{\begin{pmatrix}1\\3\end{pmatrix}\beta_1+\begin{pmatrix}-5\\-2\end{pmatrix}\beta_2\,\middle|\,\beta_1\geqq 0,\beta_2\geqq 0\right\},$$

$$-\boldsymbol{W}^*=\left\{\begin{pmatrix}-1\\-3\end{pmatrix}\beta_1+\begin{pmatrix}5\\2\end{pmatrix}\beta_2\,\middle|\,\beta_1\geqq 0,\beta_2\geqq 0\right\}.$$

正如图 11.4.1 和图 11.4.2 指出.

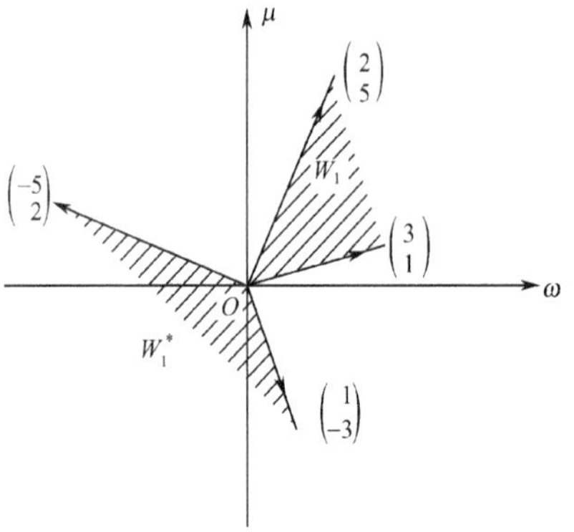

图 11.4.1

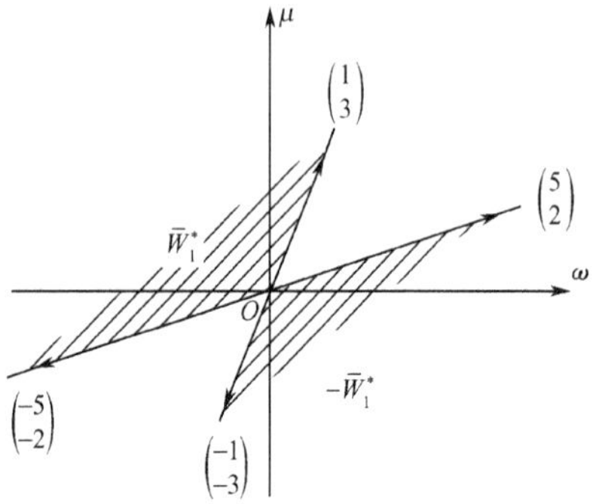

图 11.4.2

对于偏袒锥，取

$$K_1=\{\alpha\,\Gamma_5\mid\alpha\geqq 0\},\alpha\in E^6,$$

其中(表示对 DMU_5 偏袒)

$$\Gamma_5=\begin{pmatrix}1&0&0&0&0&0\\0&1&0&0&0&0\\0&0&1&0&0&0\\0&0&0&1&0&0\\\frac{1}{2}&\frac{1}{2}&\frac{1}{2}&\frac{1}{2}&1&\frac{1}{2}\\0&0&0&0&0&1\end{pmatrix}$$

则有

$$-K_1^* = \{(k_1, k_2, \cdots, k_6) \mid \Gamma_5 k \geqq 0\}$$
$$= \{(k_1, k_2, \cdots, k_6) \mid k_j \geqq 0, j = 1,2,3,4,6;$$
$$\frac{1}{2}(k_1 + k_2 + k_3 + k_4 + k_6) + k_5 \geqq 0\},$$

故生产可能集为(注意对 λ_5 没有非负限制)

$$T_1 = \left\{ (x, y) \left| \begin{pmatrix} x \\ y \end{pmatrix} = \begin{pmatrix} \sum_{j=1}^{6} x_j \lambda_j \\ \sum_{j=1}^{6} y_j \lambda_j \end{pmatrix} + (-W^*), \sum_{j=1}^{6} \lambda_j = 1, \right.\right.$$
$$\left. \frac{1}{2} \sum_{\substack{j=1 \\ j \neq 5}}^{6} \lambda_j + \lambda_5 \geqq 0, \lambda_j \geqq 0, j \neq 5 \right\}.$$

当取

$$K_2 = \{\alpha \Gamma_4 \Gamma_5 \mid \alpha \geqq 0\}, \quad \alpha \in E^6$$

时,其中

$$\Gamma_4 = \begin{pmatrix} 1 & 0 & 0 & 0 & 0 & 0 \\ 0 & 1 & 0 & 0 & 0 & 0 \\ 0 & 0 & 1 & 0 & 0 & 0 \\ \frac{1}{2} & \frac{1}{2} & \frac{1}{2} & 1 & \frac{1}{2} & \frac{1}{2} \\ 0 & 0 & 0 & 0 & 1 & 0 \\ 0 & 0 & 0 & 0 & 0 & 1 \end{pmatrix},$$

因为

$$\Gamma_5 \Gamma_4 = \begin{pmatrix} 1 & 0 & 0 & 0 & 0 & 0 \\ 0 & 1 & 0 & 0 & 0 & 0 \\ 0 & 0 & 1 & 0 & 0 & 0 \\ \frac{1}{2} & \frac{1}{2} & \frac{1}{2} & 1 & \frac{1}{2} & \frac{1}{2} \\ \frac{3}{4} & \frac{3}{4} & \frac{3}{4} & \frac{1}{2} & \frac{5}{4} & \frac{3}{4} \\ 0 & 0 & 0 & 0 & 0 & 1 \end{pmatrix},$$

故有

$$-K_2^* = \{(k_1, k_2, \cdots, k_6)^{\mathrm{T}} \mid \Gamma_4 \Gamma_5 k \geqq 0\}$$
$$= \{(k_1, k_2, \cdots, k_6)^{\mathrm{T}} \mid k_j \geqq 0, j \neq 4,5;$$
$$\frac{1}{2} \sum_{\substack{j=1 \\ j \neq 4}}^{6} k_j + k_4 \geqq 0; \frac{3}{4} \sum_{\substack{j=1 \\ j \neq 4,5}}^{6} k_j + \frac{1}{2} k_4 + \frac{5}{4} k_5 \geqq 0\}.$$

相应的生产可能集为(注意对 λ_4,λ_5 没有非负限制)

$$T_2=\left\{(x,y)\left|\begin{bmatrix}x\\y\end{bmatrix}=\begin{bmatrix}\sum_{j=1}^{6}x_j\lambda_j\\\sum_{j=1}^{6}y_j\lambda_j\end{bmatrix}+(-\overline{W}^*),\sum_{j=1}^{6}\lambda_j=1,\lambda_j\geqq 0,j\neq 4,5;\right.\right.$$

$$\left.\frac{1}{2}\sum_{\substack{j=1\\j\neq 4}}^{6}\lambda_j+\lambda_4\geqq 0;\frac{3}{4}\sum_{\substack{j=1\\j\neq 4,5}}^{6}\lambda_j+\frac{1}{2}\lambda_4+\frac{5}{4}\lambda_5\geqq 0\right\}.$$

例 11.4.1　令

$$W=E_+^2,\quad K=E_+^6,$$

即对输入和输出没有偏好,对决策单元也没有偏袒. 此时(见图 11.4.3)

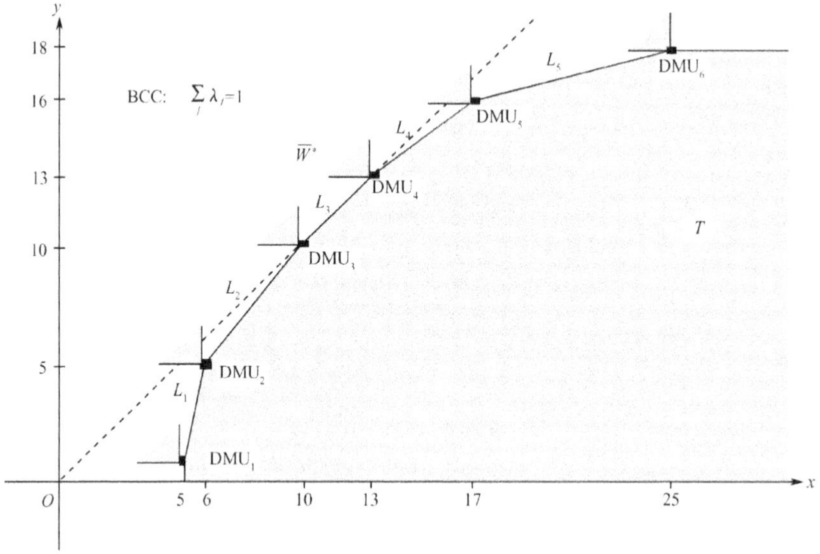

图 11.4.3

$$\overline{W}^*=\{(x,y)^{\mathrm{T}}\mid x\leqq 0,y\geqq 0\}.$$

在图 11.4.3 中,生产可能集的有效前沿面为

$$L_1=\{(x,y)\mid 4x-y-19=0\},$$

$$L_2=\{(x,y)\mid 5x-4y-10=0\},$$

$$L_3=\{(x,y)\mid x-y=0\},$$

$$L_4=\{(x,y)\mid 3x-4y+13=0\},$$

$$L_5=\{(x,y)\mid x-4y+47=0\}.$$

由图 11.4.3 可知,决策单元

$$DMU_1,DMU_2,DMU_3,DMU_4,DMU_5,DMU_6$$

都为 DEA 有效.

例 11.4.2　令

$$W=W_1,\ K=E_+^6.$$

即对输入和输出重要性的偏好锥为 W_1,而对决策单元没有偏袒.此时偏袒锥 W_1 和相应于多目标($\overline{VP}$)的非支配锥 W_1^* 如图 11.4.1 和图 11.4.2 所示.图 11.4.4 中,有 5 个有效前沿面,其中有效前沿面 L_2,L_3,L_4 如例 11.4.1 所述;而生产前沿面

$$L_0=\{(x,y)\mid 3x-y-13=0\},$$
$$L_6=\{(x,y)\mid 3x-y-31=0\}.$$

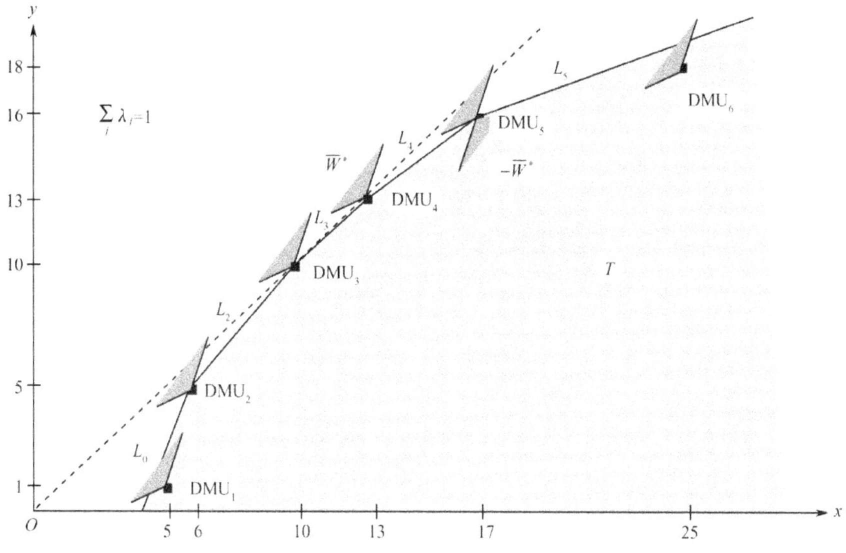

图 11.4.4

由图 11.4.4 知,决策单元

$$DMU_2,DMU_3,DMU_4,DMU_5$$

为 DEA 有效.

例 11.4.3　令

$$W=E_+^2,\ K=K_1=\{\alpha\Gamma_5\mid \alpha\geqq 0\},$$

即对输入和输出的重要性无偏好，而对决策单元 DMU_5 有偏袒. 此时相应的生产可能集为

$$T_1 = \left\{ (x, y) \left| \begin{array}{l} \sum_{j=1}^{6} x_j \lambda_j \leqq x, \sum_{j=1}^{6} \lambda_j = 1, \\ \sum_{j=1}^{6} y_j \lambda_j \geqq y, \frac{1}{2} \sum_{\substack{j=1 \\ j \neq 5}}^{6} \lambda_j + \lambda_5 \geqq 0, \lambda_j \geqq 0, j \neq 5 \end{array} \right. \right\}.$$

注意，由于在 T_1 的定义中对 λ_5 没有非负限制，相对于例 11.4.1 的生产可能集 T 而言(见图 11.4.3)，生产可能集 T_1 的有效前沿面由 DMU_5 向 DMU_6 方向延伸，即图 11.4.5 中的 L_5；同时，由 DMU_5 向 DMU_4 方向延伸，即图中的 L_4. 此时生产可能集 T_1 的有效前沿面为 L_4 和 L_5，从而可知，决策单元

$$DMU_4, DMU_5, DMU_6$$

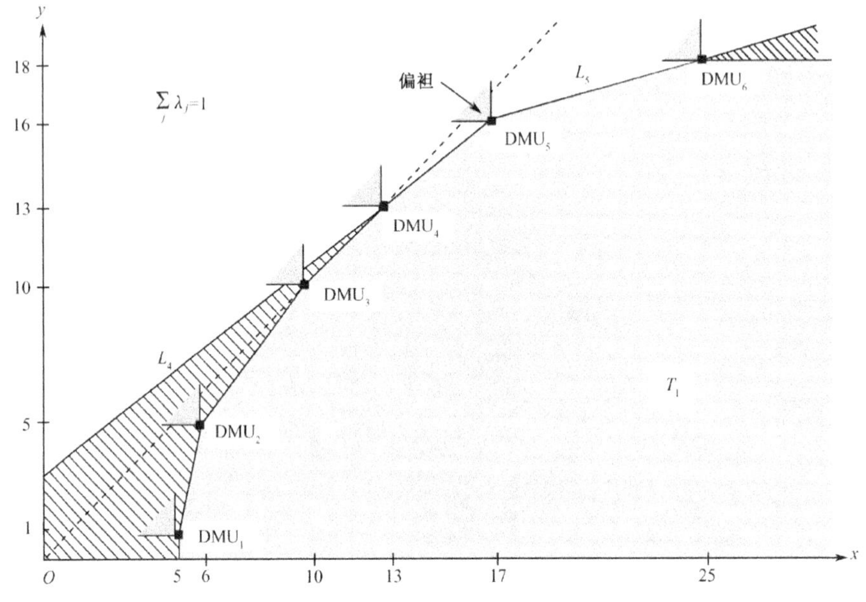

图 11.4.5

为 DEA 有效. 可以看出，当对 DMU_5 进行偏袒时，与 DMU_5 在同一个有效前沿面 L_4 上的 DMU_4 以及与 DMU_5 在同一个有效前沿面 L_5 上的 DMU_6 为 DEA 有效.

例 11.4.4　令

$$W = W_1, K = K_1 = \{\alpha \Gamma_5 \mid \alpha \geqq 0\},$$

即对输入和输出的重要性有偏好，而对决策单元 DMU_5 有偏袒. 此时的生产可能

集 T_1 如图 11.4.6 所示,有效前沿面为 L_4 和 L_6,决策单元

$$\mathrm{DMU}_4, \mathrm{DMU}_5$$

为 DEA 有效(在本例中,取 $W = W_1$, $K = K_1$,实际上是综合了例 11.4.2 和例 11.4.3).

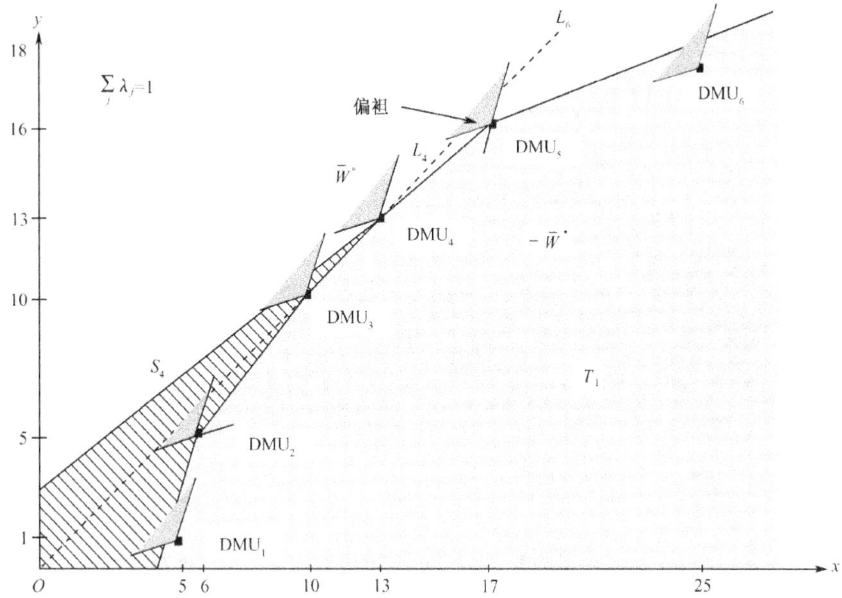

图 11.4.6

例 11.4.5　令

$$W = E_+^2,\ K = K_2 = \{\alpha\, \Gamma_5 \Gamma_4 \mid \alpha \geqq 0\},$$

即对输入和输出无偏好,而对 DMU_4 和 DMU_5 偏袒.此时生产可能集为(注意,对 λ_4 和 λ_5 没非负限制)

$$T_2 = \left\{ (x, y) \left| \begin{array}{l} \sum\limits_{j=1}^{6} x_j \lambda_j \leqq x, \sum\limits_{j=1}^{6} \lambda_j = 1, \dfrac{1}{2} \sum\limits_{\substack{j=1 \\ j \neq 4}}^{6} \lambda_j + \lambda_4 \geqq 0, \\ \sum\limits_{j=1}^{6} y_j \lambda_j \geqq y, \lambda_j \geqq 0, j \neq 4,5, \dfrac{3}{4} \sum\limits_{\substack{j=1 \\ j \neq 4,5}}^{6} \lambda_j + \dfrac{1}{2}\lambda_4 + \dfrac{5}{4}\lambda_5 \geqq 0 \end{array} \right. \right\},$$

如图 11.4.7 所示,有效前沿面为 L_4.决策单元

$$\mathrm{DMU}_4, \mathrm{DMU}_5$$

为 DEA 有效.可以看出,对 DMU_4 和 DMU_5 同时进行偏袒时,与这个决策单元同在一个有效前沿面上的决策单元才是 DEA 有效的.

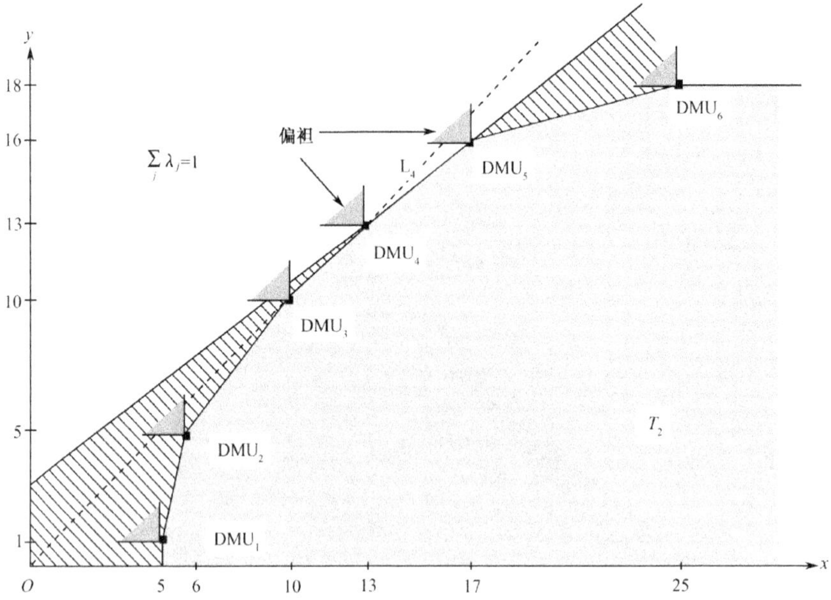

图 11.4.7

当取 $\delta_1, \delta_2, \delta_3$ 为其他的参数值时，可得到具有偏好结构(锥结构)的 DEA 模型 C^2R,FG 和 ST，并且可以给出相关的图例，见文献[10].

利用初等偏袒锥可以给出生产可能集的生产前沿面的结构.这里只用对于 BC^2 模型的生产可能集的例子说明构造方法，一般性的研究见[24],[50].

例 11.4.6　考虑由表 11.4.2 给出的具有一个输入、一个输出和 5 个决策单元的例子.并且取 $W = E_+^2$.此时

$$T_{BC^2} = \left\{ \begin{pmatrix} 3 \\ 1 \end{pmatrix} \lambda_1 + \begin{pmatrix} 4 \\ 4 \end{pmatrix} \lambda_2 + \begin{pmatrix} 6 \\ 6 \end{pmatrix} \lambda_3 + \begin{pmatrix} 7 \\ 7 \end{pmatrix} \lambda_4 + \begin{pmatrix} 12 \\ 9 \end{pmatrix} \lambda_5 \;\middle|\; \sum_{j=1}^{5} \lambda_j = 1, \right.$$

$$\left. \lambda_j \geqq 0, j = 1, \cdots, 5 \right\}.$$

表 11.4.2

	1	2	3	4	5	
1 →	3	4	6	7	12	
	1	4	6	7	9	→ 1

由图 11.4.8,可知上面 5 个决策单元都为 DEA 有效.

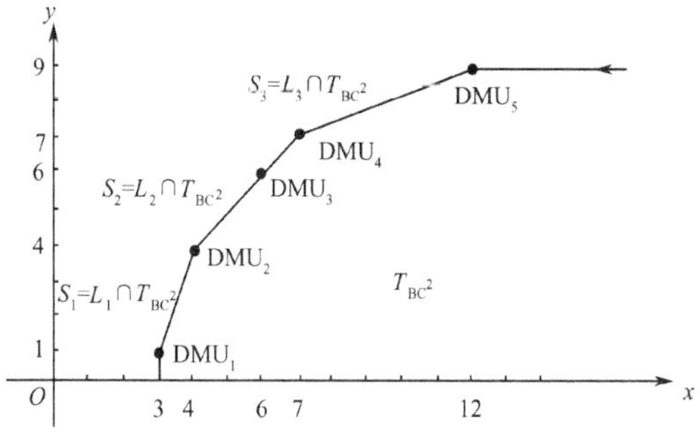

图 11.4.8

图 11.4.8 中 L_1, L_2 和 L_3 都为生产可能集 T_{BC^2}的有效面; S_1, S_2 和 S_3 为 T_{BC^2}的生产前沿面,其中

$$L_1=\{(x,y)\mid 3x-y-8=0\},$$
$$L_2=\{(x,y)\mid x-y=0\},$$
$$L_3=\{(x,y)\mid 2x-5y+21=0\}.$$

由定理 11.3.1 不难看出,当我们选取对某些个决策单元偏袒的"偏袒锥"时,当且仅当它们都位于同一个生产前沿面上时,它们都为 DEA 有效.用此性质可以求出位于同一生产前沿面上的决策单元,同时可利用线性规划(P_K)求出生产可能集的有效面

$$L=\{(x,y)\mid \omega^{0\mathrm{T}}x-\mu^{0\mathrm{T}}y+\mu_0^0=0\},$$

其中 ω^0, μ^0, μ_0^0 为(P_K)的最优解.

在我们的例子中,取(对 DMU$_j$ 偏袒)

$$\Gamma_j^{-1}=I^{(5)}-e_j a^{(j)},\ j=1,2,\cdots,5.$$

步骤如下:

(i) 取 K_1 为对 DMU$_1$ 偏袒,即有

$$(P_{K_1})\begin{cases}\min\ (\omega^{\mathrm{T}}X_{j_0}+\mu_0)\\(\omega^{\mathrm{T}}X-\mu^{\mathrm{T}}Y+\mu_0 e^{\mathrm{T}})\Gamma_1^{-1}\geqq 0,\\\mu^{\mathrm{T}}Y_{j_0}=1\\\omega\geqq 0,\mu\geqq 0,\mu_0\in E^1\end{cases}$$

其中($j_0=2,3,4,5$)

$$\Gamma_1^{-1}=\begin{bmatrix}1&0&0&0&0\\0&1&0&0&0\\0&0&1&0&0\\0&0&0&1&0\\0&0&0&0&1\end{bmatrix}-\begin{bmatrix}1\\0\\0\\0\\0\end{bmatrix}\begin{bmatrix}0&\frac{1}{2}&\frac{1}{2}&\frac{1}{2}&\frac{1}{2}&\frac{1}{2}\end{bmatrix}$$

$$=\begin{bmatrix}1&-\frac{1}{2}&-\frac{1}{2}&-\frac{1}{2}&-\frac{1}{2}\\0&1&0&0&0\\0&0&1&0&0\\0&0&0&1&0\\0&0&0&0&1\end{bmatrix}.$$

对 $j_0=2,3,4,5$,求解(P_{K_1}).可知,只有当 $j_0=2$ 时 DMU_2 为 DEA 有效.因此 DMU_1,DMU_2 位于同一个生产前沿面上.再取 $K_{1,2}$为同时对 DMU_1 和 DMU_2 偏袒,有

$$(P_{K_{1,2}})\begin{cases}\min(\omega^T X_1+\mu_0),\\(\omega^T X-\mu^T Y+\mu_0 e^T)\Gamma_1^{-1}\Gamma_2^{-1}\geqq 0,\\\mu^T Y_1=1,\\\omega\geqq 0,\mu\geqq 0,\mu_0\in E^1\end{cases}$$

知最优解为

$$\omega^0=3,\mu^0=1,\mu^0=-8,$$

故得到有效面

$$L_1=\{(x,y)\mid 3x-y-8=0\}.$$

(ii) 取 K_2 为对 DMU_2 偏袒,即有

$$(P_{K_2})\begin{cases}\min(\omega^T X_{j_0}+\mu_0),\\(\omega^T X-\mu^T Y+\mu_0 e^T)\Gamma_2^{-1}\geqq 0,\\\mu^T Y_{j_0}=1,\\\omega\geqq 0,\mu\geqq 0,\mu_0\in E^1.\end{cases}$$

对 $j_0=3,4,5$,求(P_{K_2}).知 DMU_3,DMU_4 为 DEA 有效.因此 DMU_2,DMU_3 同在一个生产前沿面上;同时 DMU_2 和 DMU_4 同在一个生产前沿面上.

取 $K_{2,3}$为同时对 DMU_2 和 DMU_3 偏袒,有

$$(P_{K_{2,3}})\begin{cases}\min\,(\omega^{\mathrm{T}}X_{j_0}+\mu_0),\\(\omega^{\mathrm{T}}X-\mu^{\mathrm{T}}Y+\mu_0e^{\mathrm{T}})\Gamma_2^{-1}\Gamma_3^{-1}\geqq 0,\\\mu^{\mathrm{T}}Y_{j_0}=1,\\\omega\geqq 0,\mu\geqq 0,\mu_0\in E^1.\end{cases}$$

对 $j_0=4,5$,求解($P_{K_{2,3}}$),可知只有 DMU_4 为 DEA 有效,因此 DMU_2,DMU_3 和 DMU_4 同在一个生产前沿面上.

取 $K_{2,3,4}$为同时对 DMU_2,DMU_3,DMU_4 偏袒,有

$$(P_{K_{2,3,4}})\begin{cases}\min\,(\omega^{\mathrm{T}}X_2+\mu_0),\\(\omega^{\mathrm{T}}X-\mu^{\mathrm{T}}Y+\mu_0e^{\mathrm{T}})\Gamma_2^{-1}\Gamma_3^{-1}\Gamma_4^{-1}\geqq 0,\\\mu^{\mathrm{T}}Y_2=1,\\\omega\geqq 0,\mu\geqq 0,\mu_0\in E^1\end{cases}$$

知最优解为

$$\omega^0=1,\mu^0=1,\mu_0^0=0,$$

故得到有效面

$$L_2=\{(x,y)\mid x-y=0\}.$$

(iii)取 K_3 为对 DMU_3 偏袒,有相应的线性规划(P_{K_3}),其中 $j_0=5$,求解(P_{K_5}),知 DMU_5 不为 DEA 有效,因此 DMU_3 与 DMU_5 不在同一个生产前沿面上.

(iv) 取 K_4 为对 DMU_4 偏袒,有相应的线性规划(P_{K_4}),其中 $j_0=5$,求解(P_{K_4}),知 DMU_5 为 DEA 有效,因此 DMU_4 和 DMU_5 同在一个生产前沿面上.

取 $K_{4,5}$为同时对 DMU_4 和 DMU_5 偏袒,有相应的线性规划($P_{K_{4,5}}$),其中 $j_0=4$,求解($P_{K_{4,5}}$),知最优解为

$$\omega^0=2,\mu^0=5,\mu_0^0=21.$$

故得到有效面

$$L_3=\{(x,y)\mid 2x-5y+21=0\}.$$

综上,生产可能集 T_{BC^2}有 3 个有效面和对应的生产前沿面:

(1) L_1:DMU_1 和 DMU_2 位于有效面 L_1 上,并且生产前沿面为

$$S_1=L_1\cap T_{BC^2}=\left\{\begin{pmatrix}3\\1\end{pmatrix}\lambda_1+\begin{pmatrix}4\\4\end{pmatrix}\lambda_2\,\middle|\,\lambda_1+\lambda_2=1,\lambda_1\geqq 0,\lambda_2\geqq 0\right\};$$

(2) L_2:DMU_2,DMU_3 和 DMU_4 位于有效面 L_2 上,并且生产前沿面为

$$S_2=L_2\cap T_{BC^2}=\left\{\begin{pmatrix}4\\4\end{pmatrix}\lambda_1+\begin{pmatrix}6\\6\end{pmatrix}\lambda_2+\begin{pmatrix}7\\7\end{pmatrix}\lambda_3\,\middle|\,\lambda_1+\lambda_2+\lambda_3=1,\lambda_j\geqq 0,j=1,2,3\right\};$$

(3) L_3:DMU$_4$ 和 DMU$_5$ 位于有效面 L_3 上,并且生产前沿面为

$$S_3 = L_3 \cap T_{BC^2} = \left\{ \begin{pmatrix} 7 \\ 7 \end{pmatrix} \lambda_1 + \begin{pmatrix} 12 \\ 9 \end{pmatrix} \lambda_2 \,\middle|\, \lambda_1 + \lambda_2 = 1, \lambda_1 \geqq 0, \lambda_2 \geqq 0 \right\}.$$

附录 A　凸集，锥，凸锥，极锥和锐锥

本附录给出有关凸集、锥、凸锥、极锥和锐锥的定义及基本性质．由于篇幅所限，基本上不给出严格的证明（证明见文献[48]的第一章）．

第一节　凸集、锥和凸锥

在 n 维欧化空间 E^n 中，给定集合 $S\subset E^n$，记

$$x=(x_1, x_2, \cdots, x_n)^{\mathrm{T}}.$$

定义 A.1.1　集合 $S\subset E^n$，若对 $\forall\, x\in S$，$\forall\, y\in S$，及任意数 $\lambda\in[0,1]$，均有

$$\lambda x+(1-\lambda)y\in S,$$

则称 S 为凸集．

定义 A.1.2　集合 $S\subset E^n$，若对 $\forall\, x\in S$ 及任意数 $\alpha\geqq 0$，均有 $\alpha x\in S$，则称 S 为锥．

定义 A.1.3　集合 $S\subset E^n$，若对 $\forall\, x\in S$，$\forall\, y\in S$，及任意 $\alpha\geqq 0$，$\beta\geqq 0$，均有

$$\alpha x+\beta y\in S,$$

则称 S 为凸锥．

不难证明如下定理．

定理 A.1.1　设 $S\subset E^n$，则

(i) 集合 S 为凸锥的充分必要条件是：S 为凸集，也为锥；

(ii) 集合 S 为凸集的充分必要条件是：对 $\forall\, x^i\in S$，及任意 $\lambda_i\geqq 0$，$i=1,\cdots,k$，$\sum\limits_{i=1}^{k}\lambda_i=1$，有

$$\sum_{i=1}^{k}\lambda_i x^i\in S;$$

(iii) 集合 S 为凸锥的充分必要条件是：对 $\forall\, x^i\in S$，及任意 $\alpha_i\geqq 0$，$i=1,\cdots,k$，有

$$\sum_{i=1}^{k}\alpha_i x^i\in S.$$

记

Int $S=\{x\mid \exists\, N_\delta(x)$，使得 $N_\delta(x)\subset S\}$，称它为 S 的内点的集合；

cl S＝集合 S 的闭包．

不难证明如下的两个定理.

定理 A.1.2　若 S 为凸集,则

(i)Int S 为凸集;

(ii)cl S 为凸集;

(iii)若 Int $S\neq\varnothing$,则 cl Int $S=$cl S.

定理 A.1.3　若 S 为凸锥,则

(i)cl S 为凸锥;

(ii)设 $x^0\in$Int S,则

$$x^0+S\subset \text{Int } S;$$

(iii) 设 $x^0\in$Int S, $\alpha>0$,则

$$\alpha x^0\in \text{Int } S;$$

(iv) 集合

$$\text{Int } S\cup\{0\}$$

为凸锥.

第二节　极锥和锐锥

极锥和锐锥的概念,在最优化理论中是十分重要的.本节中定义的极锥是使用"≦"来定义的,有时也称为负极锥;锐锥的概念和性质是与极锥密切相关的.

定义 A.2.1　设 $S\subseteq E^n$,记

$$S^*=\{x\mid x^{\mathrm{T}}y\leqq 0,\forall\, y\in S\},$$

则称 S^* 为集合 S 的极锥.

不难看出,对任意集合 S,它的极锥 S^* 为闭凸锥.特别,若 $S=\varnothing$,则 $S^*=E^n$;若

$$S=E^n_+=\{x\mid x\in E^n,x\geqq 0\},$$

则

$$S^*=E^n_-=\{x\mid x\in E^n,x\leqq 0\}.$$

由极锥的定义,直接可得到如下的定理.

定理 A.2.1

(i) 设 S_1,S_2 为任意集合,且 $S_1\subset S_2$,则

$$S_1^*\supset S_2^*;$$

(ii) 设 S 为任意集合,则

$$S\subset S^{**};$$

(iii) 若 S 为凸集,且 Int $S\neq\varnothing$,则

$$(\text{Int } S)^* = S^* = (\text{cl } S)^*.$$

由定理 A.2.1 (ii)及凸集分离定理可得到如下的定理.

定理 A.2.2　若 S 为闭凸锥,则

$$S^{**} = S.$$

下面给出锐锥的定义和与其相关的性质,以及锐锥的充分必要条件.

定义 A.2.2　设 S 为锥,$S \neq \varnothing$,如果存在开半空间

$$H = \{x \mid a^{\mathrm{T}} x < 0\}, a \in E^n, a \neq 0,$$

使得

$$\text{cl } S \subset H \cup \{0\},$$

则称 S 为锐锥.

下面的定理是很重要的,由它可以得出锐锥的充分必要条件(见定理 A.2.4).

定理 A.2.3　(i) 若 S 为闭集,且 $\text{Int } S^* \neq \varnothing$,则

$$\text{Int } S^* = \{x \mid x^{\mathrm{T}} y < 0, \forall y \in S \setminus \{0\}\};$$

(ii) 若 S 为闭凸锥,且 $\text{Int } S \neq \varnothing$,则

$$\text{Int } S = \{x \mid x^{\mathrm{T}} y < 0, \forall y \in S^* \setminus \{0\}\}.$$

定理 A.2.4　S 为锐锥的充分必要条件是

$$\text{Int } S^* \neq \varnothing.$$

定理 A.2.5　设 S 为闭凸锥,且 $\text{Int } S \neq \varnothing$,则

$$S^* \cap (-S^*) = \{0\}.$$

推论 A.2.1　设 S 为闭凸锥,且 $\text{Int } S \neq \varnothing$,若

$$x \in S^* \setminus \{0\}, y \in S^*,$$

则

$$x + y \in S^* \setminus \{0\}$$

证　由于 S^* 为凸锥,故

$$x + y \in S^*.$$

只待证 $x + y \neq 0$.

实际上,若 $x + y = 0$,则(由 $y \in S^*$)

$$x = -y, -y \in -S^*,$$

于是

$$x \in S^*, x \in -S^*,$$

因 $\text{Int } S \neq \varnothing$,由定理 A.2.5,知 $x = 0$,此与 $x \in S^* \setminus \{0\}$相矛盾.故有

$$x + y \in S^* \setminus \{0\}.$$

证毕.

第三节　凸多面体和凸多面锥

凸多面体是由有限多个线性等式或线性不等式所限定的 E^n 中的集合.不失一般性,考虑由不等式形式给出的凸多面体(称为"交形式")

$$R=\{x \mid a_i x \geqq b_i, i=1,\cdots,m; x \geqq 0\},$$

其中　$a_i^{\mathrm{T}} \in E^n, i=1,\cdots,m, x=(x_1,\cdots,x_n)^{\mathrm{T}} \in E^n$.

为方便,记

$$a_{m+j}=(0,\cdots,0,\overset{i}{1},0,\cdots,0), j=1,\cdots,n,$$

$$b_{m+j}=0,\quad j=1,2,\cdots,n.$$

则

$$R=\{x \mid a_i x \geqq b_i, i=1,\cdots,m,m+1,\cdots,m+n\}.$$

定义 A.3.1　设

$$x^0 \in R=\{x \mid a_i x \geqq b, i=1,\cdots,m,m+1,\cdots,m+n\}$$

若存在 $i_1,i_2,\cdots,i_n$,有

$$i_l \in \{1,2,\cdots,m+n\}, l=1,2,\cdots,n,$$

使得 x^0 为下面线性方程组的惟一解

$$a_{i_l} x=b_{i_l},\quad l=1,2,\cdots,n,$$

则称 x^0 为 R 的0-维面.

定义 A.3.2　设 $S \subset E^n$ 为闭集,$x^0 \in S$.若不存在 $y^1 \in S, y^2 \in S, y^1 \neq y^2$,以及 $\lambda \in (0,1)$,使得

$$x^0=\lambda y^1+(1-\lambda) y^2,$$

则称 x^0 为 S 的极点.

对于凸多面体 R,有如下定理(见文献[48]第一章).

定理 A.3.1　设 $x^0 \in R$,则 x^0 为 R 的0-维面的充分必要条件是:x^0 为 R 的极点.

由定义 A.3.1,可知凸多面体 R 最多有有限多个极点.设 $x^1,x^2,\cdots,x^k$ 为 R 的极点,则有如下的凸多面体分解定理(见文献[48]的第三章)

定理 A.3.2　(凸多面体第一分解定理)　对凸多面体 R,有

$$R=R^{\Delta}+R^{\angle}$$

其中(称 R^{Δ} 为 R 的所有极点 $x^1,x^2,\cdots,x^k$ 的凸组合)

$$R^{\Delta}=\left\{\sum_{i=1}^{k} \alpha_i x^i \,\middle|\, \alpha_i \geqq 0, i=1,\cdots,k; \sum_{i=1}^{a} \alpha_i=1\right\}$$

以及(称 $R^{\angle}$ 为与 R 对应的凸多面锥)

$$R^{\angle}=\{x\mid a_i x\geqq 0,i=1,\cdots,m;x\geqq 0\}.$$

(不难看出，$R^{\angle}$为有界闭集，$R^{\triangle}$为闭凸锥).

对于一般的凸锥，有如下的关于极方向的定义.

定义 A.3.3　设 $S\subset E^n$ 为凸锥. $y^0\in S$, $y^0\neq 0$. 若不存在 $y^1\in S$, $y^2\in S$, $y^1\neq 0$, $y^2\neq 0$，且 y^1 和 y^2 不在同一方向上(即不存在数 $\alpha>0$，有 $y^1=\alpha y^2$)，以及 $\beta_1>0$, $\beta_2>0$，使得

$$y^0=\beta_1 y^1+\beta_2 y^2$$

则称 y^0 为凸锥 S 的极方向.

考虑有界凸多面体

$$\hat{R}^{\angle}=\{x\mid a_i x\geqq 0,i=1,\cdots,m,x\geqq 0,e^{\mathrm{T}}x=1\},$$

其中

$$e=(1,1,\cdots,1)^{\mathrm{T}}\in E^n.$$

可见

$$R^{\angle}=\{x\mid a_i x\geqq 0,i=1,\cdots,m,x\geqq 0\}$$

存在非 0 的 x 的充分必要条件是：$\hat{R}^{\angle}\neq\varnothing$. 并且有如下引理.

引理 A.3.1　设 $R^{\angle}\neq\{0\}$，有

(i) 若 x^0 为 $\hat{R}^{\angle}$的极点，则 x^0 为 $R^{\angle}$的极方向；

(ii) 若 y^0 为 $\hat{R}^{\angle}$的极方向，令

$$x^0=\frac{y^0}{e^{\mathrm{T}}y^0},$$

则 x^0 为 $\hat{R}^{\angle}$的极点.

由此可得到凸多面体第二分解定理.

定理 A.3.3　设

$$R=\{x\mid a_i x\geqq b_i,i=1,\cdots,m,x\geqq 0\}\neq\varnothing.$$

则

(i) 当 R 为有界时，有

$$R=R^{\Delta}=\left\{\sum_{i=1}^{k}\alpha_i x^i\,\middle|\,\alpha_i\geqq 0,i=1,\cdots,k,\sum_{i=1}^{k}\alpha_i=1\right\}.$$

(ii)当 R 为无界时，有

$$R=R^{\Delta}+\left\{\sum_{i=1}^{k'}\beta_i y^i\,\middle|\,\beta_i\geqq 0,i=1,\cdots,k'\right\},$$

其中 $x^1,x^2,\cdots,x^k$ 为 R 的全部极点；$y^1,y^2,\cdots,y^{k'}$ 为 $R^{\angle}$ 的全部极方向.

对于如下标准形式的凸多面体

$$R = \{ x \mid A x = b, x \geqq 0 \},$$

由线性规划理论可知，x^0 为 R 的基础可行解的充要条件是：x^0 为 R 的极点，在附录 C 中，我们将用到此结果．

附录 B　Tucker 型定理与线性规划对偶理论

本附录讨论齐次线性不等式组的存在性定理(Tucker 定理)和某些择一定理.在此基础上,讨论线性规划的对偶理论,包括“对偶定理”,“松紧定理”,“紧松定理”和最优解存在性定理(参见文献[48],[84]).

第一节　线性规划对偶定理和松紧定理

考虑对称形式的对偶规划(LP)和(LD)

$$(LP)\begin{cases} \min\ c^{\mathrm{T}}x, \\ Ax \geqq b, \quad x \geqq 0 \end{cases}$$

$$(LD)\begin{cases} \max\ u^{\mathrm{T}}b, \\ u^{\mathrm{T}}A \leqq c^{\mathrm{T}}, u \geqq 0 \end{cases}$$

定理 B.1.1(弱对偶定理)　若 x 和 u 分别为(LP)和(LD)的可行解,则有

$$c^{\mathrm{T}}x \geqq u^{\mathrm{T}}b.$$

证　由

$$Ax \geqq b, \quad u \geqq 0,$$
$$u^{\mathrm{T}}A \leqq c^{\mathrm{T}}, \quad x \geqq 0,$$

则有

$$u^{\mathrm{T}}b \leqq u^{\mathrm{T}}Ax \leqq c^{\mathrm{T}}x.$$

证毕.

推论 B.1.1　若 $\bar{x}$ 和 $\bar{u}$ 分别为(LP)和(LD)的可行解,且有

$$c^{\mathrm{T}}\bar{x} = \bar{u}^{\mathrm{T}}b,$$

则 $\bar{x}$ 和 $\bar{u}$ 分别为(LP)和(LD)的最优解.

证　设 x 为(LP)的任意可行解, u 为(LD)的任意可行解,由弱对偶定理 B.1.1 有

$$c^{\mathrm{T}}x \geqq \bar{u}^{\mathrm{T}}b = c^{\mathrm{T}}\bar{x} \geqq u^{\mathrm{T}}b,$$

因此对(LP)的任意可行解 x 和(LD)的任意可行解 u;有

$$c^{\mathrm{T}}x \geqq c^{\mathrm{T}}\bar{x},$$
$$\bar{u}^{\mathrm{T}}b \geqq u^{\mathrm{T}}b,$$

因此 $\bar{x}$ 和 $\bar{u}$ 分别为(LP)和(LD)的最优解.证毕.

定理 B.1.2(对偶定理)　若(LP)和(LD)之一存在最优解,则另一个规划也

存在最优解,且二者的最优值相等.

证　因为(LP)和(LD)互为对偶(即(LD)的对偶为(LP)),只证:若(LP)有最优解 $\bar{x}$,则(LD)也有最优解 $\bar{u}$,并且有 $c^{\mathrm{T}}\bar{x}=\bar{u}^{\mathrm{T}}b$.

现用 Kuhn-Tucker 定理证明之(见文献[78]).令

$$\varphi(x,u)=c^{\mathrm{T}}x-u^{\mathrm{T}}(Ax-b)$$

由 $\bar{x}$ 为(LP)的最优解,故存在 $\bar{u}$,使得 $\bar{x},\bar{u}$ 满足(KT)条件,即有

$$\varphi_x(\bar{x},\bar{u})=c^{\mathrm{T}}-\bar{u}^{\mathrm{T}}A\geqq 0,\bar{u}\geqq 0,$$

$$\varphi_x(\bar{x},\bar{u})\bar{x}=(c^{\mathrm{T}}-\bar{u}^{\mathrm{T}}A)\bar{x}=0,$$

$$\varphi_u(\bar{x},\bar{u})=-(A\bar{x}-b)\leqq 0,\bar{u}\geqq 0,$$

$$\bar{u}^{\mathrm{T}}\varphi_n(\bar{x},\bar{u})=-\bar{u}^{\mathrm{T}}(A\bar{x}-b)=0.$$

即有

$$A\bar{x}\geqq b,\quad \bar{x}\geqq 0,$$

$$\bar{u}^{\mathrm{T}}A\leqq c^{\mathrm{T}},\bar{u}\geqq 0,$$

并且

$$c^{\mathrm{T}}\bar{x}=\bar{u}^{\mathrm{T}}A\bar{x}=\bar{u}^{\mathrm{T}}b.$$

由推论 B.1.1,知 $\bar{u}$ 为(LD)的最优解.证毕.

推论 B.1.2　设 x^* 为(LP)的任意最优解,u^* 为(LD)的任意最优解,则必有

$$c^{\mathrm{T}}x^*=u^{*\mathrm{T}}b.$$

证　因 x^* 为(LP)的最优解,由对偶定理 B.1.2,知(LD)存在一个最优解 u^{**},有

$$c^{\mathrm{T}}x^*=u^{**\mathrm{T}}b,$$

由弱对偶定理 B.1.1　有

$$c^{\mathrm{T}}x^*\geqq u^{*\mathrm{T}}b,$$

故

$$u^{**\mathrm{T}}b=c^{\mathrm{T}}x^*\geqq u^{*\mathrm{T}}b.$$

因为 u^* 和 u^{**} 都为(LD)的最优解,故

$$u^{**\mathrm{T}}b=u^{*\mathrm{T}}b.$$

因此

$$c^{\mathrm{T}}x^*=u^{*\mathrm{T}}b.$$

证毕.

为方便,记

$$A=(P_1,P_2,\cdots,P_n)=\begin{pmatrix}a_1\\a_2\\\vdots\\a_m\end{pmatrix},$$

$$c=(c_1,c_2,\cdots,c_n)^{\mathrm{T}},$$
$$b=(b_1,b_2,\cdots,b_m)^{\mathrm{T}},$$
$$x=(x_1,x_2,\cdots,x_n)^{\mathrm{T}}$$
$$u=(u_1,u_2,\cdots,u_m)^{\mathrm{T}}.$$

(LP)和(LD)可以写为

$$(LP)\begin{cases}\min\ \sum_{j=1}^{n}c_jx_j,\\ a_i\,x\geqq b_i,\ i=1,\cdots,m,\\ x_j\geqq 0,\ j=1,\cdots n\end{cases}$$

和

$$(D)\begin{cases}\max\ \sum_{i=1}^{m}u_ib_i,\\ u^{\mathrm{T}}P_j\leqq c_j,\ j=1,\cdots,n,\\ u_i\geqq 0,\ i=1,\cdots,m.\end{cases}$$

定理 B.1.3(松紧定理)　考虑(LP)和(LD),有

(i) 设 $\bar{x}$ 为(LP)的最优解,若对某 $i_0(1\leqq i_0\leqq m)$有 $a_{i_0}\bar{x}>b_{i_0}$,则对(LD)的任意最优解 $\bar{u}$,都有 $\bar{u}_{i_0}=0$;

(ii)设 $\bar{x}$ 为(LP)的最优解,若对某 $j_0(1\leqq j_0\leqq n)$有 $\bar{x}_{j_0}>0$,则对(LD)的任意最优解 $\bar{u}$,都有 $\bar{u}^{\mathrm{T}}P_{j_0}=c_{j_0}$;

(iii)设 $\bar{u}$ 为(LD)的最优解,若对某 $j_0(1\leqq j_0\leqq n)$有 $\bar{u}^{\mathrm{T}}P_{j_0}<c_{j_0}$,则对($LP$)的任意最优解 $\bar{x}$ 都有 $\bar{x}_{j_0}=0$;

(iv)设 $\bar{u}$ 为(LD)的最优解,若对某 $i_0(1\leqq i_0\leqq m)$有 $\bar{u}_{i_0}>0$,则对(LP)的任意最优解 $\bar{x}$ 都有 $a_{i_0}\bar{x}=b_{i_0}$.

证　对于(LP)和(LD)的最优解 $\bar{x}$ 和 $\bar{u}$,由推论 B.1.2,有

$$c^{\mathrm{T}}\bar{x}=\bar{u}^{\mathrm{T}}b.$$

由于

$$A\bar{x}\geqq b,\ \bar{x}\geqq 0$$
$$\bar{u}^{\mathrm{T}}A\leqq c^{\mathrm{T}},\ \bar{u}\geqq 0,$$

知

$$c^{\mathrm{T}}\bar{x}\geqq\bar{u}^{\mathrm{T}}A\bar{x}\geqq\bar{u}^{\mathrm{T}}b=c^{\mathrm{T}}\bar{x}$$

于是得到

$$(\bar{u}^{\mathrm{T}}A-c)\bar{x}=0,$$
$$\bar{u}^{\mathrm{T}}(A\bar{x}-b)=0.$$

上述条件(称为互补条件)等价于

$$(\bar{u}^{\mathrm{T}}P_j - c_j)\bar{x}_j = 0, \quad j = 1,\cdots,n,$$

$$\bar{u}_i(a_i\bar{x} - b_i) = 0, \quad i = 1,\cdots,n.$$

由此立刻得到结论(i)～(iv).证毕.

第二节　线性齐次不等式组的Tucker型定理

考虑一对齐次线性不等式对偶组

$$\begin{cases} (\mathrm{I}) & Ax \geqq 0, \\ (\mathrm{II}) & u^{\mathrm{T}}A = 0, u \geqq 0. \end{cases}$$

有如下引理和定理.

引理B.2.1　齐次线性不等式对偶组(Ⅰ)和(Ⅱ)分别存在 x^1 和 $u^1=(u_1^1, u_2^1,\cdots,u_m^1)^{\mathrm{T}}$,满足($a_1$ 为 A 的第一行)

$$a_1x^1 + u_1^1 > 0.$$

证　考虑闭凸锥(S 为闭集,见文献[48])

$$S = \left\{ \sum_{i=2}^{m} a_i^{\mathrm{T}}u_i \,\middle|\, u_i \geqq 0, i = 2,3,\cdots,m \right\}$$

分两种情况:

(a) $-a_1^{\mathrm{T}} \in S$.即存在 $u_i^1 \geqq 0, i=2,\cdots,m$,有

$$-a_1^{\mathrm{T}} = \sum_{i=2}^{m} a_i^{\mathrm{T}}u_i^1,$$

记

$$u^1 = (1, u_2^1,\cdots,u_m^1)^{\mathrm{T}},$$

令

$$x^1 = 0,$$

可知 x^1 称 u^1 分别满足(Ⅰ)和(Ⅱ),此时

$$a_1x^1 + u_1^1 = 1 > 0.$$

(b) $-a_1^{\mathrm{T}} \notin S$.由凸集分离定理,存在 $x^1 \neq 0$,有(x^1 为分离平面的法向)

$$x^{1\mathrm{T}}(-a_1^{\mathrm{T}}) < 0 \leqq x^{1\mathrm{T}}y, \forall y \in S.$$

由 $a_i^{\mathrm{T}} \in S, i=2,3,\cdots,m$,故

$$-a_1x^1 < 0 \leqq a_ix^1, \quad i = 2,3,\cdots,m.$$

即

$$a_1x^1 > 0, a_ix^1 \geqq 0, i = 2,3,\cdots,m.$$

令

$$u^1 = 0,$$

可知 x^1, u^1 分别满足(Ⅰ)和(Ⅱ),此时

$$a_1 x^1 + u_1^1 = a_1 x^1 > 0.$$

证毕.

定理 B.2.1 （Tucker 定理）　齐次线性不等式对偶组(Ⅰ)和(Ⅱ)分别存在 x^* 和 u^*,满足

$$Ax^* + u^* > 0$$

证　由引理 B.2.1,对任意 $i(i=1,2,\cdots,m)$,都存在 x^i, u^i 分别满足(Ⅰ),(Ⅱ),并且有

$$a_i x^i + u_i^i > 0,$$

其中

$$u^i = (u_1^i, \cdots, u_{i-1}^i, u_i^i, u_{i+1}^i, \cdots, u_m^i)^{\mathrm{T}}.$$

令

$$x^* = \sum_{i=1}^m x^i, \quad u^* = \sum_{i=1}^m u^i,$$

则

$$Ax^* = \sum_{i=1}^m Ax^i \geqq 0,$$

$$u^{*\mathrm{T}} A = \sum_{i=1}^m u^{i\mathrm{T}} A = 0, u^* \geqq 0.$$

此时

$$Ax^* + u^* = \begin{pmatrix} a_1 \sum\limits_{i\neq 1} x^i + \sum\limits_{i\neq 1} u_1^i + (a_1 x^1 + u_1^1) \\ a_2 \sum\limits_{i\neq 2} x^i + \sum\limits_{i\neq 2} u_2^i + (a_2 x^2 + u_2^2) \\ \vdots \\ a_m \sum\limits_{i\neq m} x^i + \sum\limits_{i\neq m} u_m^i + (a_m x^m + u_m^m) \end{pmatrix} > 0.$$

证毕.

定理 B.2.2　考虑具有对称形式的齐次线性不等式对偶组

(Ⅰ)′ $Ax \geqq 0, x \geqq 0$;

(Ⅱ)′ $u^{\mathrm{T}} A \leqq 0, u \geqq 0$.

齐次线性不等式对偶组(Ⅰ)′和(Ⅱ)′分别存在 x^* 和 u^*,满足

$$Ax^* + u^* > 0,$$

$$-u^{*\mathrm{T}} A + x^{*\mathrm{T}} > 0.$$

证　(Ⅰ)′等价于

记　(Ⅰ) $\begin{pmatrix} A \\ I \end{pmatrix} x \geqq 0;$

(Ⅱ) $(u^{\mathrm{T}}, v^{\mathrm{T}})\begin{pmatrix} A \\ I \end{pmatrix} = 0,\ u \geqq 0,\ v \geqq 0.$

由 Tucker 定理 B.2.1,(Ⅰ)和(Ⅱ)分别存在 x^* 和 u^*, v^*,满足

$$\begin{pmatrix} A \\ I \end{pmatrix} x^* + \begin{pmatrix} u^* \\ v^* \end{pmatrix} > 0.$$

即

$$Ax^* \geqq 0,\ x^* \geqq 0,$$
$$u^{*\mathrm{T}}A + v^{*\mathrm{T}} = 0,\ u^* \geqq 0,\ v^* \geqq 0,$$
$$Ax^* + u^* > 0,$$
$$x^* + v^* > 0$$

由

$$u^{*\mathrm{T}}A = -v^{*\mathrm{T}} \leqq 0,$$

故 x^*, u^* 分别满足(Ⅰ)′和(Ⅱ)′,且有

$$Ax^* + u^* > 0,$$
$$-u^{*\mathrm{T}}A + x^{*\mathrm{T}} > 0.$$

证毕.

定理 B.2.3　设 B 为反对称矩阵,即 $B = -B^{\mathrm{T}}$,则必存在 x^*,满足

$$Bx^* \geqq 0,\quad x^* \geqq 0$$

并且

$$Bx^* + x^* > 0.$$

证　考虑齐次线性不等式对偶组

(Ⅰ)″　$Bx \geqq 0,\quad x \geqq 0;$

(Ⅱ)″　$y^{\mathrm{T}}B \leqq 0,\quad y \geqq 0.$

由定理 B.2.2,(Ⅰ)″和(Ⅱ)″分别存在 $\bar{x}$ 和 $\bar{y}$,满足

$$B\bar{x} \geqq 0,\ \bar{x} \geqq 0,$$
$$\bar{y}^{\mathrm{T}}B \leqq 0,\ \bar{y} \geqq 0,$$

并且

$$B\bar{x} + \bar{y} > 0.$$
$$-\bar{y}^{\mathrm{T}}B + \bar{x}^{\mathrm{T}} > 0.$$

注意到

$$B\bar{y} = -B^{\mathrm{T}}\bar{y} = -(\bar{y}^{\mathrm{T}}B)^{\mathrm{T}} \geqq 0,$$

故 $\bar{y}$ 满足

$$B\bar{y} \geqq 0,\ \bar{y} \geqq 0,$$
$$B\bar{y} + \bar{x} > 0.$$

令

$$x^{*}=\bar{x}+\bar{y},$$

则有

$$\begin{aligned}Bx^{*}&=B\bar{x}+B\bar{y}\geqq 0,\\x^{*}&=\bar{x}+\bar{y}\geqq 0,\\Bx^{*}+x^{*}&=B(\bar{x}+\bar{y})+(\bar{x}+\bar{y})\\&=(B\bar{x}+\bar{y})+(B\bar{y}+\bar{x})>0.\end{aligned}$$

证毕.

第三节　线性规划最优解存在性定理和紧松定理

考虑线性规划

$$(LP)\quad\begin{cases}\min\ c^{\mathrm{T}}x,\\Ax\geqq b,\ x\geqq 0\end{cases}$$

和

$$(LD)\quad\begin{cases}\max\quad u^{\mathrm{T}}b,\\u^{\mathrm{T}}A\leqq c^{\mathrm{T}},\ u\geqq 0.\end{cases}$$

定理 B.3.1(存在性定理)　若线性规划(LP)和(LD)都存在可行解,则(LP)和(LD)都存在最优解 $\bar{x}$ 和 $\bar{u}$,有

$$c^{\mathrm{T}}\bar{x}=\bar{u}^{\mathrm{T}}b.$$

证　考虑齐次线性不等式

$$\begin{cases}-A^{\mathrm{T}}u+ct\geqq 0,\\Ax-bt\geqq 0,\\-c^{\mathrm{T}}x+b^{\mathrm{T}}u\geqq 0,\\x\geqq 0,u\geqq 0,t\geqq 0\end{cases}$$

写成矩阵形式,有

$$\begin{pmatrix}0&-A^{\mathrm{T}}&c\\A&0&-b\\-c^{\mathrm{T}}&b^{\mathrm{T}}&0\end{pmatrix}\begin{pmatrix}x\\u\\t\end{pmatrix}\geqq 0,\quad\begin{pmatrix}x\\u\\t\end{pmatrix}\geqq 0.$$

由于系数矩阵

$$\begin{pmatrix}0&-A^{\mathrm{T}}&c\\A&0&-b\\-c^{\mathrm{T}}&b^{\mathrm{T}}&0\end{pmatrix}$$

为反对称矩阵,由定理 B.2.3,存在 x^{*},u^{*},t^{*} 满足

$$\begin{pmatrix} 0 & -A^{\mathrm{T}} & c \\ A & 0 & -b \\ -c^{\mathrm{T}} & b^{\mathrm{T}} & 0 \end{pmatrix}\begin{pmatrix} x^* \\ u^* \\ t^* \end{pmatrix} \geqq 0, \quad \begin{pmatrix} x^* \\ u^* \\ t^* \end{pmatrix} \geqq 0$$

且有

$$\begin{pmatrix} 0 & -A^{\mathrm{T}} & c \\ A & 0 & -b \\ -c^{\mathrm{T}} & b^{\mathrm{T}} & 0 \end{pmatrix}\begin{pmatrix} x^* \\ u^* \\ t^* \end{pmatrix} + \begin{pmatrix} x^* \\ u^* \\ t^* \end{pmatrix} > 0.$$

也即

$$\begin{cases} u^{*\mathrm{T}} A \leqq c^{\mathrm{T}} t^*, \\ A x^* \geqq b t^*, \\ c^{\mathrm{T}} x^* \leqq u^{*\mathrm{T}} b, \\ x^* \geqq 0, u^* \geqq 0, t^* \geqq 0, \end{cases} \tag{1}$$

并且

$$\begin{cases} -u^{*\mathrm{T}} A + c^{\mathrm{T}} t^* + x^{*\mathrm{T}} > 0, \\ A x^* - b t^* + u^* > 0, \\ -c^{\mathrm{T}} x^* + b^{\mathrm{T}} u^* + t^* > 0. \end{cases} \tag{2}$$

分两种情况讨论:

情况(a) $t^* = 0$.由(1),有

$$A x^* \geqq 0, \quad x^* \geqq 0,$$

此时必有

$$c^{\mathrm{T}} x^* \geqq 0 \tag{3}$$

(因为,若 $c^{\mathrm{T}} x^* < 0$,取(LP)的任意可行解 x^0,则对 $\forall\ \alpha \geqq 0$,有

$$A(x^0 + \alpha x^*) = A x^0 + \alpha A x^* \geqq b,$$
$$x^0 + \alpha x^* \geqq 0,$$

因此,对 $\forall\ \alpha \geqq 0$, $x^0 + \alpha x^*$ 都为(LP)的可行解;由(LD)存在可行解 u^0,由弱对偶定理,知对 $\forall\ \alpha \geqq 0$,有

$$c^{\mathrm{T}}(x^0 + \alpha x^*) \geqq u^{0\mathrm{T}} b,$$

但当 $\alpha \to +\infty$时,却有

$$c^{\mathrm{T}}(x^0 + \alpha x^*) = c^{\mathrm{T}} x^0 + \alpha c^{\mathrm{T}} x^* \to -\infty$$

矛盾.

类似地,由(1),有

$$u^{*\mathrm{T}} A \leqq 0, u^* \geqq 0,$$

此时必有

$$u^{*\mathrm{T}} b \leqq 0. \tag{4}$$

由(3),(4)有

$$c^{\mathrm{T}} x^{*} \geqq 0 \geqq u^{*\mathrm{T}} b. \tag{5}$$

但由(2)却有

$$u^{*\mathrm{T}} b > c^{\mathrm{T}} x^{*}$$

此与(5)矛盾,因此情况(a)不可能出现.

情况(b)　$t^{*}>0$.令

$$\bar{x}=\frac{x^{*}}{t^{*}}, \quad \bar{u}=\frac{u^{*}}{t^{*}}.$$

由(1),有

$$\bar{u}^{\mathrm{T}} A \leqq c^{\mathrm{T}}, \bar{u} \geqq 0,$$
$$A \bar{x} \geqq b, \bar{x} \geqq 0,$$
$$c^{\mathrm{T}} \bar{x} \leqq \bar{u}^{\mathrm{T}} b.$$

即 $\bar{x}, \bar{u}$ 分别为(LP)和(LD)的可行解.再由弱对偶定理,有

$$c^{\mathrm{T}} \bar{x} \geqq \bar{u}^{\mathrm{T}} b.$$

故

$$c^{\mathrm{T}} \bar{x}=\bar{u}^{\mathrm{T}} b.$$

由推论 B.1.1,$\bar{x}, \bar{u}$ 分别为(LP)和(LD)的最优解.证毕.

定理 B.3.2(紧松定理)　设(LP)和(LD)都存在最优解,则有

(i) 如果对于(LP)的任意最优解 $\bar{x}$,都有 $\bar{x}_{j_0}=0$(称 j_0 对(LP)是紧的),那么必存在(LD)的某个最优解 $\bar{u}$,使得(称 j_0 对(LD)是松的)

$$\bar{u}^{\mathrm{T}} P_{j_0}<c_{j_0}.$$

(ii) 如果对于(LP)的任意最优解 $\bar{x}$,都有 $a_{i_0} \bar{x}=b_{i_0}$(称 i_0 对(LP)是紧的),那么必存在(LD)的某个最优解 $\bar{u}$,使得(称 i_0 对(LD)是松的)

$$\bar{u}_{i_0}>0;$$

(iii) 如果对于(LD)的任意最优解 $\bar{u}$,都有 $\bar{u}^{\mathrm{T}} P_{j_0}=c_{j_0}$(称 j_0 对(LD)是紧的),那么必存在(LP)的某个最优解 $\bar{x}$,使得(称 j_0 对(LP)是松的)

$$\bar{x}_{j_0}>0.$$

(iv) 如果对于(LD)的任意最优解 $\bar{u}$,都有 $\bar{u}_{i_0}=0$(称 i_0 对(LD)是紧的),那么必存在(LP)的某个最优解 $\bar{x}$,使得(称 i_0 对(LP)是松的)

$$a_{i_0} \bar{x}>b_{i_0}.$$

证　由定理 B.3.1 的证明可知存在(LP)的最优解 $\bar{x}$ 和(LD)的最优解 $\bar{u}$,有(由(2)得到)

$$(-\bar{u}^{\mathrm{T}} A+c^{\mathrm{T}})+\bar{x}^{\mathrm{T}}>0,$$

$$(A\bar{x}-b)+\bar{u}>0.$$

写成分量形式，有

$$(c_j-\bar{u}^{\mathrm{T}}P_j)+\bar{x}_j>0, j=1,\cdots,n.$$

$$(a_i\bar{x}-b_i)+\bar{u}_i>0, i=1,\cdots,m.$$

若对(LP)的任意最优解 $\bar{x}$，都有 $\bar{x}_{j_0}=0$，则(LD)的最优解 $\bar{u}$，有

$$c_{j_0}-\bar{u}^{\mathrm{T}}P_{j_0}>0.$$

结论(i)得证；

若对(LP)的任意最优解 $\bar{x}$，都有 $a_{i_0}\bar{x}=b_{i_0}$，则(LD)的最优解 $\bar{u}$ 满足

$$\bar{u}_{i_0}>0$$

结论(ii)得证.

类似地可以证明结论(iii)和结论(iv).证毕.

对于形式上不为对称的线性规划问题，可先将其化为对称形式的线性规划，然后利用对称形式的存在性定理和紧松定理，最后得到相应的存在性定理和紧松定理.下面给出具有一般形式的线性规划问题的相应定理.考虑线性规划问题

$$(LP)'\begin{cases}\min\,(c_{\mathrm{I}}^{\mathrm{T}}x_{\mathrm{I}}+c_{\mathrm{II}}^{\mathrm{T}}x_{\mathrm{II}}),\\ A_{\mathrm{I\,I}}x_{\mathrm{I}}+A_{\mathrm{I\,II}}x_{\mathrm{II}}\geqq b_{\mathrm{I}},\\ A_{\mathrm{II\,I}}x_{\mathrm{I}}+A_{\mathrm{II\,II}}x_{\mathrm{II}}=b_{\mathrm{II}},\\ x_{\mathrm{I}}\geqq 0,\ x_{\mathrm{II}}\text{ 没有限制}.\end{cases}$$

其对偶规划为

$$(LD)'\begin{cases}\max\,(u_{\mathrm{I}}^{\mathrm{T}}b_{\mathrm{I}}+u_{\mathrm{II}}^{\mathrm{T}}b_{\mathrm{II}})\\ u_{\mathrm{I}}^{\mathrm{T}}A_{\mathrm{I\,I}}+u_{\mathrm{II}}^{\mathrm{T}}A_{\mathrm{II\,I}}\geqq c_{\mathrm{I}}^{\mathrm{T}},\\ u_{\mathrm{I}}^{\mathrm{T}}A_{\mathrm{I\,II}}+u_{\mathrm{II}}^{\mathrm{T}}A_{\mathrm{II\,II}}=c_{\mathrm{II}}^{\mathrm{T}},\\ u_{\mathrm{I}}\geqq 0,\ u_{\mathrm{II}}\text{ 没有限制}\end{cases}$$

(对一般形式的线性规划的对偶关系由表B.3.1给出).

记

$$A=\left(\begin{array}{c|c}A_{\mathrm{I\,I}} & A_{\mathrm{I\,II}}\\ \hline A_{\mathrm{II\,I}} & A_{\mathrm{II\,II}}\end{array}\right)=\left(\begin{array}{c}a_1\\ \vdots\\ a_{m'}\\ \hline a_{m'+1}\\ \vdots\\ a_m\end{array}\right)=(P_1,\cdots,P_{n'}\mid P'_{n+1},\cdots,P_n),$$

$$b^{\mathrm{T}}=(b_{\mathrm{I}}^{\mathrm{T}}\mid b_{\mathrm{II}}^{\mathrm{T}})=(b_1,\cdots,b_{m'}\mid b_{m'+1},\cdots,b_m),$$

$$c^{\mathrm{T}}=(c_{\mathrm{I}}^{\mathrm{T}}\mid c_{\mathrm{II}}^{\mathrm{T}})=(c_1,\cdots,c_{n'}\mid c_{n'+1},\cdots,c_n),$$

$$x^{\mathrm{T}}=(x_{\mathrm{I}}^{\mathrm{T}}\mid x_{\mathrm{II}}^{\mathrm{T}})=(x_1,\cdots,x_{n'}\mid x_{n'+1},\cdots,x_n),$$

$$u^{\mathrm{T}}=(u_{\mathrm{I}}^{\mathrm{T}}\mid u_{\mathrm{II}}^{T})=(u_1,\cdots,u_{m'}\mid u_{m'+1},\cdots,u_m).$$

则有如下的定理.

定理 B.3.3(存在性定理)　若$(LP)'$和$(LD)'$都存在可行解,则$(LP)'$和$(LD)'$都存在最优解,并且最优值相等.

定理 B.3.4　(紧松定理)　设$(LP)'$和$(LD)'$都存在最优解,则有

(i) 若$(LP)'$的任意最优解 $\bar{x}$,都有 $\bar{x}_{j_0}=0(1\leqq j_0\leqq n')$,则$(LD)'$存在某个最优解 $\bar{u}$,有

$$\bar{u}^{\mathrm{T}}P_{j_0}<c_{j_0};$$

(ii) 若$(LP)'$的任意最优解 $\bar{x}$,都有 $a_{i_0}\bar{x}=b_i.(1\leqq i_0\leqq m')$,则$(LD)'$存在某个最优解 $\bar{u}$,有

$$\bar{u}_{i_0}>0;$$

(iii) 若$(LD)'$的任意最优解 $\bar{u}$,都有 $\bar{u}^{\mathrm{T}}P_{j_0}=c_{j_0}(1\leqq j_0\leqq n')$,则$(LP)'$存在某个最优解 $\bar{x}$,有

$$\bar{x}_{j_0}>0$$

(iv) 若$(LD)'$的任意最优解 $\bar{u}$,都有 $\bar{u}_{i_0}=0(1\leqq i_0\leqq m')$,则$(LP)'$必存在某个最优解 $\bar{x}$,有

$$a_{i_0}\bar{x}>b_{i_0}.$$

表 B.3.1

		$\geqq 0$	没限制		
		x_{I}	x_{II}		
$0\leqq$	u_{I}	$A_{\mathrm{I\,I}}$	$A_{\mathrm{I\,II}}$	$\geqq$	b_{I}
没限制	u_{II}	$A_{\mathrm{II\,I}}$	$A_{\mathrm{II\,II}}$	$=$	b_{II}
		$\geqq$	$\parallel$		
		$c_{\mathrm{I}}^{\mathrm{T}}$	$c_{\mathrm{II}}^{\mathrm{T}}$		

附录C “交形式”的凸多面锥与“和形式”的凸多面锥的相互转换方法

考虑下面形式的凸多面锥(它为闭锥)

$$P=\{x \mid a_i x \geqq 0, i=1,\cdots,m\},$$

其中

$$a_i^{\mathrm{T}} \in E^n, a_i \neq 0, i=1,2,\cdots,m,$$

$$x=(x_1, x_2,\cdots,x_n)^{\mathrm{T}} \in E^n$$

上面的 P 称为“交形式”的凸多面锥,它是由 m 个过原点的闭半空间相交形式给出的

$$a_i x \geqq 0, i=1,\cdots,m.$$

如果给定 E^n 中的 k 个点

$$d^j, j=1,2,\cdots,k,$$

令

$$Q=\left\{\sum_{j=1}^{k} d^j\lambda_j \,\middle|\, \lambda_j \geqq 0, j=1,\cdots,n\right\}$$

不难看出 Q 为闭凸锥.因为是由有限多个(k 个)点生成的,我们称 Q 为“和形式”的凸多面锥.

所谓“交形式”向“和形式”的凸多面锥之间的转换,是指由给定的 a_i, $i=1,\cdots,m$,求出 d^j, $j=1,\cdots,k$,即由 P 的表示形式(“交形式”)表示成 Q 的形式(“和形式”);反之,则 Q 的形式表示出 P 的形式(即由给定的 d^j, $j=1,\cdots,k$,求出 a_i, $i=1,\cdots,m$),称为凸多面锥由“和形式”向“交形式”的转换.

本附录给出的方法,实际上可用来求凸多面体的全部极点,以及由和形式给出的凸多面体转化为由交形式给出的凸多面体.本节给出的对凸多面锥两种形式的相互转换方法只是一种特例而已.本附录取材于参考文献[49],[51],[52],详细的讨论见文献[48]中的第四章.

第一节 一个简单的场合

为了说明我们的方法,从一个最简单的情况开始叙述,考虑有界的凸多面体

$$P=\{x \mid cx \geqq 0, e^{\mathrm{T}} x=1, x \geqq 0\}$$

其中

$$c=(c_1,c_2,\cdots,c_n)^{\mathrm{T}}\in E^n,$$

$$e=(1,1,\cdots,1)^{\mathrm{T}}\in E^n.$$

由附录 A 中的定理 A.3.3,因 P 为有界凸多面体,它可以表示为全部顶点的凸组合.由于(P)的特殊形式,很容易判定它的顶点.

引理 C.1.1 设

$$P=\{x \mid cx\geqq 0, e^{\mathrm{T}}x=1, x\geqq 0\},$$

其中

$$c=(c_1,c_2,\cdots,c_n)^{\mathrm{T}}.$$

$$e=(1,1,\cdots,1)^{\mathrm{T}}\in E^n.$$

则

(i) 若 $c_kc_l<0, c_k\neq c_l, 1\leqq k<l\leqq n$,

则

$$d=\left(0,\cdots,0,\frac{c_l}{c_l-c_k},0,\cdots,0,\frac{-c_k}{c_l-c_k},0,\cdots,0\right)^{\mathrm{T}}\in E^n$$

为 P 的顶点,其中$\frac{c_l}{c_l-c_k}$和$\frac{-c_k}{c_l-c_k}$分别为 d 的第 k 个和第 l 个分量;

(ii) 若 $c_k\geqq 0, 1\leqq k\leqq n$,则

$$d=e_k=(0,\cdots,0,\overset{k}{1},0,\cdots,0)^{\mathrm{T}}\in E^n$$

为 P 的顶点.

证 线性不等式组

$$cx\geqq 0, e^{\mathrm{T}}x=1, x\geqq 0$$

等价于如下标准形式的不等式组

$$\begin{pmatrix} 1, & 1, & \cdots, & 1, & 0 \\ c_1, & c_2, & \cdots, & c_n, & -1 \end{pmatrix}\begin{pmatrix} x_1 \\ \vdots \\ x_n \\ z \end{pmatrix}=\begin{pmatrix} 1 \\ 0 \end{pmatrix}, x\geqq 0, z\geqq 0.$$

分两种情况讨论.

若 $c_kc_l<0, c_k\neq c_l, 1\leqq k\leqq l\leqq n$,

则

$$\begin{vmatrix} 1 & 1 \\ c_k & c_l \end{vmatrix}=c_l-c_k\neq 0,$$

且

$$\begin{pmatrix}1 & 1\\ c_k & c_l\end{pmatrix}^{-1}\begin{pmatrix}1\\0\end{pmatrix}=\begin{pmatrix}\dfrac{c_l}{c_l-c_k}\\ \dfrac{-c_k}{c_l-c_k}\end{pmatrix}>0,$$

因此

$$d=\left(0,\cdots,0,\frac{c_l}{c_l-c_k},0,\cdots,0,\frac{-c_k}{c_l-c_k},0,\cdots,0\right)\in E^n$$

为 P 的极点；

若 $c_k\geqq 0,1\leqq k\leqq n$,则

$$\begin{pmatrix}1 & 0\\ c_k & -1\end{pmatrix}^{-1}\begin{pmatrix}1\\0\end{pmatrix}=\begin{pmatrix}1\\c_k\end{pmatrix}\geqq 0,$$

故

$$d=e_k=(0,\cdots,0,\overset{k}{1},0,\cdots,0)^{\mathrm{T}}\in E^n$$

为 P 的极点.证毕.

由上面的引理C.1.1可知,可以通过列举的方法求得 P 的全部极点.即考查 n 个数 $c_1,c_2,\cdots,c_n$,如果第 k 个和第 l 个符号相反,即 $c_kc_l<0$,且 $c_k\neq c_l,1\leqq k<l\leqq n$,则

$$d=\left(0,\cdots,0,\frac{c_l}{c_l-c_k},0,\cdots,0,\frac{-c_k}{c_l-c_k},0,\cdots,0\right)^{\mathrm{T}}\in E^n$$

为 P 的极点;再检验 c_k 的符号,若 $c_k\geqq 0$,则

$$d=e_k=(0,\cdots,0,1,0,\cdots,0)^{\mathrm{T}}\in E^n$$

为 P 的极点.若通过列举,得到 P 的极点

$$d^1,d^2,\cdots,d^{k'},$$

则

$$P=\{D\lambda\mid\lambda\geqq 0,e^{\mathrm{T}}\lambda=1\},$$

其中

$$D=(d^1,d^2,\cdots,d^{k'})\text{ 为 } n\times k' \text{ 矩阵}.$$
$$e=(1,1,\cdots,1)^{\mathrm{T}}\in E^{k'},$$
$$\lambda=(\lambda_1,\lambda_2,\cdots,\lambda_k)^{\mathrm{T}}\in E^{k'}.$$

第二节 凸多面锥由“交形式”向“和形式”的转换方法

考虑凸多面锥(不失一般性)

$$P=\{x\mid a_i x\geqq 0,i=1,\cdots,m,x\geqq 0\}$$

记(这里 $e=(1,\cdots,1)^{\mathrm{T}}\in E^n$)

$$\hat{P}=\{x \mid a_i x \geqq 0, i=1,\cdots,m, e^{\mathrm{T}} x=1, x \geqq 0\}$$

由附录 A,P 的极方向与 $\hat{P}$的极点是"等价的"(见引理 A.3.1).

记[①]

$$P^1=\{x \mid a_1 x \geqq 0, e^{\mathrm{T}} x=1, x \geqq 0\}$$

这是一个简单场合,由第一节有

$$P^1=\{D'\lambda \mid e^{\mathrm{T}} \lambda=1, \lambda \geqq 0, \lambda \in E^{k_1}\}$$

其中

$$D^1=(d^{11}, d^{12}, \cdots, d^{1k_1}), n \times k_1 \text{ 阶矩阵},$$

而 $d^{11}, d^{12}, \cdots, d^{1k_1}$为 P^1 的全部极点.为方便统一处理,记

$$k_0=n, \Lambda^1=P^1.$$

考虑

$$P^2=\{x \mid a_1 x \geqq 0, a_2 x \geqq 0, e^{\mathrm{T}} x=1, x \geqq 0\}.$$

则有

$$\begin{aligned} P^2 &= \{x \mid a_2 x \geqq 0, x \in P^1\} \\ &= \{D^1 \lambda \mid a_2 D^1 \lambda \geqq 0, e^{\mathrm{T}} \lambda=1, \lambda \geqq 0, \lambda \in E^{k_1}\} \end{aligned}$$

记

$$\Lambda^2=\{\lambda \mid (a_2 D^1) \lambda \geqq 0, e^{\mathrm{T}} \lambda=1, \lambda \geqq 0, \lambda \in E^{k_1}\},$$

这又是一个简单场合,由第一节有

$$\Lambda^2=\{D^2 \lambda \mid e^{\mathrm{T}} \lambda=1, \lambda \geqq 0, \lambda \in E^{k_2}\}$$

其中

$$D^2=(d^{21}, d^{22}, \cdots, d^{2k_2}), k_1 \times k_2 \text{ 阶矩阵}$$

而 $d^{21}, d^{22}, \cdots, d^{2k_2}$为 Λ^2 的全部极点.于是

$$\begin{aligned} P^2 &= \{D^1 \lambda \mid (a_2 D^1) \lambda \geqq 0, e^{\mathrm{T}} \lambda=1, \lambda \geqq 0, \lambda \in E^{k_1}\} \\ &= \{D^1 \lambda \mid \lambda \in \Lambda^2\} \\ &= \{D^1 D^2 \lambda \mid e^{\mathrm{T}} \lambda=1, \lambda \geqq 0, \lambda \in E^{k_2}\} \end{aligned}$$

考虑

$$P^3=\{x \mid a_1 x \geqq 0, a_2 x \geqq 0, a_3 x \geqq 0, e^{\mathrm{T}} \lambda=1, x \geqq 0\}$$

则有

$$P^3=\{x \mid a_3 x \geqq 0, x \in P^2\}$$

① 为了书写方便,本节中统一用 λ 表示与 $e=(1,\cdots,1)^{\mathrm{T}}$ 同维数的向量,而 λ 和 e 的维数将在具体表达式中注明.

$$= \{ D^1 D^2 \lambda \mid (a_3 D^1 D^2)\lambda \geqq 0, e^{\mathrm{T}}\lambda = 1, \lambda \geqq 0, \lambda \in E^{k_2} \}.$$

记

$$\Lambda^3 = \{ \lambda \mid (a_3 D^1 D^2)\lambda \geqq 0, e^{\mathrm{T}}\lambda = 1, \lambda \geqq 0, \lambda \in E^{k_2} \},$$

对这一简单场合,由第一节有

$$\Lambda^3 = \{ D^3 \lambda \mid e^{\mathrm{T}}\lambda = 1, \lambda \geqq 0, \lambda \in E^{k_3} \},$$

其中

$D^3 = (d^{31}, d^{32}, \cdots, d^{3k_3})$, $k_2 \times k_3$ 阶矩阵,而 $d^{31}, d^{32}, \cdots, d^{3k_3}$为 Λ^3 的全部极点,于是

$$\begin{aligned} P^3 &= \{ D^1 D^2 \lambda \mid (a_3 D^1 D^2)\lambda \geqq 0, e^{\mathrm{T}}\lambda = 1, \lambda \geqq 0, \lambda \in E^{k_2} \} \\ &= \{ D^1 D^2 \lambda \mid \lambda \in \Lambda^3 \} \\ &= \{ D^1 D^2 D^3 \lambda \mid e^{\mathrm{T}}\lambda = 1, \lambda \geqq 0, \lambda \in E^{k_3} \}. \end{aligned}$$

一般地,若

$$P^l = \{ D^1 D^2 \cdots D^l \lambda \mid e^{\mathrm{T}}\lambda = 1, \lambda \geqq 0, \lambda \in E^{k_l} \},$$

其中

$D^s = (d^{s1}, d^{s2}, \cdots, d^{sk_s})$, $k_{s-1} \times k_s$ 阶矩阵$(s=1,2,\cdots,l)$而 $d^{s1}, d^{s2}, \cdots, d^{sk_s}$为 Λ^s 的全部极点,这里

$$\Lambda^s = \{ \lambda \mid (a_s D^1 D^2 \cdots D^{s-1})\lambda \geqq 0, e^{\mathrm{T}}\lambda = 1, \lambda \geqq 0, \lambda \in E^{k_{s-1}} \}$$

考虑

$$P^{l+1} = \{ x \mid a_i x \geqq 0, i = 1, \cdots, l, l+1, e^{\mathrm{T}} x = 1, x \geqq 0 \},$$

则有

$$\begin{aligned} P^{l+1} &= \{ x \mid a_{l+1} x \geqq 0, x \in P^l \} \\ &= \{ D^1 D^2 \cdots D^l \lambda \mid (a_{l+1} D^1 D^2 \cdots D^l)\lambda \geqq 0, e^{\mathrm{T}}\lambda = 1, \lambda \geqq 0, \lambda \in E^{k_l} \}. \end{aligned}$$

记

$$\Lambda^{l+1} = \{ \lambda \mid (a_{l+1} D^1 D^2 \cdots D^l)\lambda \geqq 0, e^{\mathrm{T}}\lambda = 1, \lambda \geqq 0, \lambda \in E^{k_l} \}.$$

对这一简单场合,由第一节有

$$\Lambda^{l+1} = \{ D^{l+1} \lambda \mid e^{\mathrm{T}}\lambda = 1, \lambda \geqq 0, \lambda \in E^{k_{l+1}} \},$$

其中

$D^{l+1} = (d^{l+1\,1}, d^{l+1\,2}, \cdots, d^{l+1\,k_{l+1}})$, $k_l \times k_{l+1}$阶矩阵,而 $d^{l+1\,1}, d^{l+1\,2}, \cdots, d^{l+1\,k_{l+1}}$为 Λ^{l+1}的全部极点,于是

$$\begin{aligned} P^{l+1} &= \{ x \mid a_i x \geqq 0, i = 1, \cdots, l, l+1, e^{\mathrm{T}} x = 1, x \geqq 0 \} \\ &= \{ D^1 D^2 \cdots D^l \lambda \mid (a_{l+1} D^1 D^2 \cdots D^l)\lambda \geqq 0, e^{\mathrm{T}}\lambda = 1, \lambda \geqq 0, \lambda \in E^{k_l} \} \\ &= \{ D^1 D^2 \cdots D^l \lambda \mid \lambda \in \Lambda^{l+1} \} \\ &= \{ D^1 D^2 \cdots D^l D^{l+1} \lambda \mid e^{\mathrm{T}}\lambda = 1, \lambda \geqq 0, \lambda \in E^{k_{l+1}} \}. \end{aligned}$$

由上述步骤，最后得到

$$\begin{aligned}\hat{P} &= P^m \\ &= \{x \mid a_i x \geqq 0, i = 1, \cdots, m, e^{\mathrm{T}} x = 1, x \geqq 0\} \\ &= \{D^1 D^2 \cdots D^m \lambda \mid e^{\mathrm{T}} \lambda = 1, \lambda \geqq 0, \lambda \in E^{k_m}\},\end{aligned}$$

其中

$$D^s = (d^{s1}, d^{s2}, \cdots, d^{s k_s}), k_{s-1} \times k_s \text{ 阶矩阵}.$$

于是，对于凸多面锥

$$\begin{aligned}P &= \{x \mid a_i x \geqq 0, i = 1, \cdots, m, x \geqq 0\} \\ &= \{D^1 D^2 \cdots D^m \lambda \mid \lambda \geqq 0, \lambda \in E^{k_m}\}.\end{aligned}$$

这是凸多面锥 P 的“和形式”.

第三节 凸多面锥由“和形式”向“交形式”的转换方法

考虑“和形式”的凸多面锥

$$Q = \left\{ \sum_{j=1}^{k} d^j \lambda_j \middle| \lambda \geqq 0, \lambda \in E^k \right\}, d^j \in E^n, j = 1, \cdots, k,$$

其中

$$\lambda = (\lambda_1, \lambda_2, \cdots, \lambda_k)^{\mathrm{T}} \in E^k.$$

记

$$S = \{x \mid d^{j\mathrm{T}} x \geq 0, j = 1, \cdots, k\},$$

S 是一个由交形式给出的凸多面锥.由第二节将凸多面锥由“交形式”转化为“和形式”的方法(可将 $x = x' - x''$, $x' \geqq 0$, $x'' \geqq 0$ 化为第二节的形式)，有

$$S = \left\{ \sum_{i=1}^{m} a_i^{\mathrm{T}} \mu_i \middle| \mu_i \geqq 0, i = 1, \cdots, m \right\}.$$

由凸集分离定理，可以证明下面的定理.

定理 C.3.1 给定“和形式”的凸多面锥

$$Q = \left\{ \sum_{j=1}^{k} d^j \lambda_j \middle| \lambda_j \geqq 0, j = 1, \cdots, k \right\}.$$

记

$$S = \{x \mid d^{j\mathrm{T}} x \geqq 0, j = 1, \cdots, k\},$$

如果凸多面锥 S 的“和形式”为

$$S = \left\{ \sum_{i=1}^{m} a_i^{\mathrm{T}} \mu_i \mid \mu_i \geqq 0, i = 1, \cdots, m \right\} \ (a_i \neq 0, i = 1, \cdots, m),$$

则

$$Q=\{x \mid a_i x \geqq 0, i=1,\cdots,m\}.$$

记

$$I=\{i \mid \exists j(1 \leqq j \leqq k),\text{使得 } a_i d^j=0, 1 \leqq i \leqq m\}.$$

下面的定理可用来去掉“交形式”中多余的不等式.

定理 C.3.2 记

$$\hat{P}=\{x \mid a_i x \geqq 0, i \in I\},$$

若

$$\operatorname{rank}\{d^1, d^2, \cdots, d^k\}=n$$

则

$$Q=\hat{P}.$$

附录 D　具有锥结构的线性规划对偶定理

本附录研究具有锥结构的线性规划

$$(P)\quad \begin{cases} \min\ c^{\mathrm{T}}x, \\ Ax-b\in K \end{cases}$$

和它的对偶规划

$$(D)\quad \begin{cases} \max\ u^{\mathrm{T}}b, \\ u^{\mathrm{T}}A-c^{\mathrm{T}}=0, \\ u\in -K^{*}, \end{cases}$$

其中

$$K\subset E^{m}\text{，为闭凸锥，且 } \mathrm{Int}\ K\neq\varnothing .$$

由于 K 为闭凸锥，故(P)和(D)均为非线性规划，因此对偶定理需在某些约束规格条件之下成立．以下各节分别讨论与约束规格有关的几个集合，约束规格，以及对偶定理(见文献[77]，[78]，[85]～[87]，以及文献[9]的附录．详细证明见文献[48]的第八章．有关 DEA 的其他文献见[88]～[100])．

第一节　与约束规格有关的几个集合

设 $K\subseteq E^{m}_{+}$，为闭凸锥，且 Int $K\neq\varnothing$；而

$$x=(x_1,x_2,\cdots,x_n)^{\mathrm{T}}\in E^{n}.$$

记

$$R=\{x\mid Ax-b\in K\}\text{，为}(P)\text{ 的约束集；}$$

$$K^{0}=\mathrm{Int}\ K\text{，为 } K \text{ 的内点集，且 } K^{0}\neq\varnothing\text{；}$$

$$I_1(K^{0},A\bar{x}-b)=\{u-\alpha(A\bar{x}-b)\mid u\in K^{0},\alpha\in E^{1},\alpha\geqq 0\},$$

其中

$$\bar{x}\in R=\{x\mid Ax-b\in K\};$$

$$I_2(K^{0},A\bar{x}-b)=\mathrm{cl}\quad I_1(K^{0},A\bar{x}-b);$$

$$L_1(\bar{x})=\{y\mid Ay\in I_1(K^{0},A\bar{x}-b)\};$$

$$L_2(\bar{x})=\{y\mid Ay\in I_2(K^{0},A\bar{x}-b)\};$$

$$D(\bar{x})=\{-A^{\mathrm{T}}u\mid u\in -K^{*},u^{\mathrm{T}}(A\bar{x}-b)=0\};$$

$$T(R,\bar{x})=\{y\mid \exists\, x^k\in R, \text{以及 } \alpha_k\geqq 0, \text{使得} \lim_{k\to\infty}\alpha_k(x^k-\bar{x})=y\}.$$

有如下性质(见[48]中第八章第一节)：

(i) 若 K 为闭凸锥,则 R 为闭凸集；

(ii) $I_1(K^0, A\bar{x}-b)$为开凸集,并且集合

$$I_1(K^0, A\bar{x}-b)\cup\{0\}$$

为凸锥；

(iii) $K^0\subset I_1(K^0, A\bar{x}-b)$；

(iv) $I_2(K^0, A\bar{x}-b)$为闭凸锥；

(v) $L_1(\bar{x})$为凸集；$L_2(\bar{x})$为闭凸锥；

(vi) $D(\bar{x})$为凸锥；

(vii) $T(R,\bar{x})$为锥.

上述一些集合有如下关系

$$L_1(\bar{x})\subset T(R,\bar{x})\subset L_2(\bar{x});$$

$$L_2(\bar{x})=D(\bar{x})^*.$$

于是(见定理 A.2.1)有如下定理.

定理 D.1.1

$$L_1(\bar{x})^*\supset T(R,\bar{x})^*\supset L_2(\bar{x})^*=D(\bar{x})^{**}.$$

第二节 约束规格

约束规格是保证对偶定理成立的一些充分条件.有以下 4 种约束规格.

CQ1 (广义 Slater 内点条件) 集合 $\{x\mid Ax-b\in K^0\}\neq\varnothing$；

CQ2 $L_1(\bar{x})\neq\varnothing$；

CQ3 $L_1(\bar{x})^*\subset L_2(\bar{x})^*$；

CQ4 $T(R,\bar{x})^*\subset L_2(\bar{x})^*$.

定理 D.1.2

$$CQ1\Rightarrow CQ2\Rightarrow CQ3\Rightarrow CQ4$$

(其证明见文献[48]中第八章第二节).

第三节 对偶定理

考虑一对具有锥结构的规划问题(P),(D)：

$$(P)\begin{cases}\min\ c^{\mathrm{T}}x,\\ Ax-b\in K.\end{cases}$$

其中

$$K \subseteq E_{+}^{m}, \text{为闭凸锥,且}$$

$$K^{0} = \operatorname{Int} K \neq \varnothing,$$

以及(P)的对偶规划问题

$$(D)\begin{cases} \max\ u^{\mathrm{T}} b, \\ u^{\mathrm{T}} A - c^{\mathrm{T}} = 0, \\ u \in -K^{*}. \end{cases}$$

不难看出(P)和(D)是互为对偶的,即(D)的对偶规划为(P).

假设约束规格 CQ4 成立(注意:这是第二节中讨论的最弱的约束规格).

定理 D.3.1(弱对偶定理) 若 x 和 n 分别为(P)和(D)的可行解,则

$$c^{\mathrm{T}} x \geqq u^{\mathrm{T}} b.$$

证 由于 x 为(P)的可行解,故

$$Ax - b \in K.$$

又由于 u 为(D)的可行解,故

$$u^{\mathrm{T}} A = c^{\mathrm{T}}, u \in -K^{*},$$

于是

$$u^{\mathrm{T}}(Ax - b) \geqq 0,$$
$$(u^{\mathrm{T}} A - c^{\mathrm{T}}) x = 0,$$

故

$$c^{\mathrm{T}} x = u^{\mathrm{T}} A x \geqq u^{\mathrm{T}} b.$$

证毕.

引理 D.3.1 设 $\bar{x}$ 为(P)的最优解,则

$$-c \in T(R, \bar{x})^{*}.$$

证 只需证明:$\forall\ y \in T(R, \bar{x})$有

$$-c^{\mathrm{T}} y \leqq 0.$$

现在,任取 $y \in T(R, \bar{x})$,则存在 $x^{k} \in R$, $\alpha_k \geqq 0$,使得

$$\lim_{k \to \infty} \alpha_k (x^{k} - \bar{x}) = y.$$

因为 $\bar{x}$ 为(P)的最优解,故

$$c^{\mathrm{T}} x^{k} \geqq c^{\mathrm{T}} \bar{x},$$

因此

$$-c^{\mathrm{T}}[\alpha_k (x^{k} - \bar{x})] \leqq 0.$$

令 $k \to \infty$,得到

$$-c^{\mathrm{T}} y \leqq 0,$$

即

$$-c \in T(R,\bar{x})^*.$$

证毕.

定理 D.3.2　(对偶定理)　设 $\bar{x}$ 为(P)的最优解,且约束规格 $CQ4$ 成立.若集合 $D(\bar{x})$为闭集,则对偶规划(D)存在最优解 $\bar{u}$,并且有

$$c^{\mathrm{T}}\bar{x} = \bar{u}^{\mathrm{T}}b.$$

证　因为 $\bar{x}$ 为(P)的最优解,由引理 D.3.1,有

$$-c \in T(R,\bar{x})^*.$$

由于约束规格 $CQ4$ 成立,故

$$T(R,\bar{x})^* = L_2(\bar{x})^*.$$

由第一节知

$$L_2(\bar{x}) = D(\bar{x})^*,$$

故

$$-c \in T(R,\bar{x})^* = L_2(\bar{x})^* = D(\bar{x})^{**}.$$

因为 $D(\bar{x})$为闭集,因此 $D(\bar{x})$为闭凸锥,由定理 A.2.2,知

$$D(\bar{x})^{**} = D(\bar{x}).$$

于是

$$-c \in D(\bar{x}) = \{-A^{\mathrm{T}}u \mid u \in -K^*, u^{\mathrm{T}}(A\bar{x}-b)=0\},$$

即存在 $\bar{u}$,满足

$$-c = -A^{\mathrm{T}}\bar{u},$$

$$\bar{u} \in -K^*, \bar{u}^{\mathrm{T}}(A\bar{x}-b)=0.$$

因此 $\bar{u}$ 满足(即 $\bar{u}$ 为(D)的可行解)

$$\bar{u}^{\mathrm{T}}A = c^{\mathrm{T}}, \bar{u} \in -K^*,$$

并且

$$c^{\mathrm{T}}\bar{x} = \bar{u}^{\mathrm{T}}A\bar{x} = \bar{u}^{\mathrm{T}}b.$$

由弱对偶定理(定理 D.3.1),对(D)的任意可行解 u,有

$$c^{\mathrm{T}}\bar{x} \geqq u^{\mathrm{T}}b,$$

故有

$$\bar{u}^{\mathrm{T}}b = c^{\mathrm{T}}\bar{x} \geqq u^{\mathrm{T}}b.$$

即 $\bar{u}$ 为(D)的最优解.证毕.

参 考 文 献

[1] Charnes A, Cooper W W and Rhodes E. Measuring the efficiency of decision making units. European Journal of Operational Research, 1978, 2: 429～444

[2] Seiford L M. Data envelopment analysis: The Evolution of State of the Art(1978～1995), Journal of Production Analysis, 1996, 7: 99～137

[3] 魏权龄等.数据包络分析(DEA)文献索引(1986.4～1999.12). 中国人民大学数学系.中国人民大学运筹学与数量经济研究所,(http://ORME.RUC.EDU.CN)2000.1

[4] Banker R D, Charnes A and Cooper W W. Some models for estimating technical and scale inefficiencies in data envelopment analysis. Management Science, 30.1984.9: 1078～1092

[5] Fare R and Grosskopf S. A nonparametric cost approach to scale efficiency. Journal of Economics. 1985.87: 594～604

[6] Seiford L M and Thrall R M. Recent development in DEA. The mathematical programming approach to frontier analysis. Journal of Econometrics. 1990, 46: 7～38

[7] Charnes A, Cooper W W, Golary B, Seiford L M and Stutz J. Foundation of data envelopment analysis for pareto-koopmans efficient empirical production functions. Journal of Econometrics (Netherlands), 30(1/2)(1985), 91～107

[8] Charnes A, Cooper W W and Wei Q L. A semi-infinite multicriteria programming approach to data envelopment analysis with many decision-making units. Center for Cybernetic Studies Report, CCS 551, Sep.1986

[9] Charnes A, Cooper W W, Wei Q L and Huang Z M. Cone ratio data envelopment analysis and multi-objective programming. International Journal of Systems Science, 20 (19897), 1099～1118

[10] Yu G, Wei Q L and Brockett P. A Generalized data envelopment analysis model. Annals of Operations Research, 1996, 66: 47～89

[11] Charnes A, Cooper W W, Seiford L, Lawrence M and Stutz J. Invariant multiplicative efficiency and piecewise Cobb-Douglas envelopment. Operations Research Letter, 1983, 2: 38～49

[12] Sengupta J K. Data envelopment analysis for efficiency measurement in the stochastic case. Computers and Operations Research, 1987, 14: 541～554

[13] Land K C, Lovell C A K and Thore S. Chance constrained data envelopment analysis. Managerial and Decision Economics, 1993, 14: 117～129

[14] Huang Z M and Li S X. Dominance stochastic model in data envelopment analysis. European Journal of Operational Research, 1996, 95: 390～403

[15] Banker R D and Morey R C. Efficiency analysis for exogenously fixed inputs and outputs. Operation Research, 1986, 34: 513～520

[16] Zhang X and Cui J. A project evaluation systems in the state economic information of China. Presented at IFORS'96 Conference Vancouver, 1996

[17] Wei Q L Zhang J and Zhang X. An inverse DEA model for input/output estimate. European Journal of Operational Research, 2000, 121: 151～163

[18] H Yan, Wei O L and Hao G. DEA models for resource reallocation and production input/output estimation. European Journal of Operational Research, 2002, 136: 19～31

[19] 周泽昆,陈珽.评价管理效率的一种新方法.系统工程,1986,4:4

[20] 魏权龄. 评价相对有效性的 DEA 方法——运筹学的新领域. 北京:中国人民大学出版社, 1988

[21] Phillips J Y and Rousseau J J. Systems and Management Science by Extremal Methods. Kluwer Academic Publishers, 1992

[22] Charnes A, Cooper W W, Lewin A Y and Seiford L M. Data Envelopment Analysis. Boston: Kluwer Academic Publisher, 1994

[23] Cooper W W, Seiford L M and Tone K. Data Enverlopment Analysis. Kluwer Academic Publisher, Boston, Dordrecht, London, 2000

[24] Yu G, Wei Q L, P Brockett and Zhou L. Construction of all DEA efficient surfaces of the production possibility set under the generalized data envelopment analysis model. European Journal of Operational Research, 1996, 95: 491～510

[25] Charnes A, Cooper W W. Programming with linear fractional functional. Naval Research Logistics Quarterly, 1962, 9: 181～185

[26] Shephard R W. Theory of Cost and Production Functions. Princeton: Princeton University Press, 1970

[27] Shephard R W. Cost and Production Functions. Princeton: Princeton University Press, 1953

[28] Farrell M J. The measurement of productive efficiency. Journal of the Royal Statistical Society, Series A, 1957, 120: 253～281

[29] Wei Q L, Yu G and J Lu S. A necessary and sufficient conditions for return to scale properties in generalized data Envelopment analysis models. Chinese Science, 45, 2002, 5: 503～517

[30] Wei Q L and Yan H. Congestion and return to scale in data envelopment analysis. European Journal of Operational Research, 2003, 145

[31] Charnes A. Optimality and degeneracy in linear programming. Econometrica, 1952, 20: 160～170

[32] Charnes A and Cooper W W. Management models and industrial applications of linear programming(Ⅰ),(Ⅱ). John Wiley and Sons, INC. New York and London, 1961

[33] 应玫茜,徐瑞恩,魏权龄. 数学规划的稳定性 . 数学学报,1975, 18:123～135

[34] Ali A I. Data envelopment analysis: computational issues. Computers, Environment and Urban Systems, 1990, 14: 157～165

[35] 中国人民大学运筹学与数量经济研究所. 多指标综合评价软件系统. 系统工程理论与实践,1993,13:79～80

[36] Wei Q L, H Yan and Hao G. Characteristics and construction method of surface and weak suface of DEA production possibility. Hong Kong Polytechnic University, Research Report of

Department of Management, May, 2000

[37] Varian H R. Microeconomic Analysis. W. W. Norton & Company, Inc. 1978

[38] Colell A M, Whinston M D and Green J R. Microeconomic Theory. New York: Oxford University Press, 1995

[39] 李楚霖,林少宫. 微观经济的数理分析导引. 华中工学院出版社,1985

[40] 高鸿业,吴易风,刘凤良. 研究生用西方经济学(微观部分,第二版). 北京:经济科学出版社,2000

[41] Bancker R D. Estimating most productive scale size using data envelopment analysis. European Journal of Operational Research, 1984, 17: 35～44

[42] 魏权龄. 输入和输出 DEA 模型中,弱 DEA 有效与弱 Pareto 之间的等价性. 系统工程理论与实践,22,2002,17,72～80

[43] 魏权龄,刘起运,胡显佑. 数量经济学.北京:中国人民大学出版社,1998

[44] 魏权龄,胡显佑,严颖. 运筹学通论. 北京:中国人民大学出版社,2001

[45] 魏权龄,卢刚,岳明. 关于综合 DEA 模型中的 DEA 有效决策单元集合的几个恒等式. 系统科学与数学,9,1989,3,282～288

[46] 魏权龄,李宏余. 决策单元的变更对 DEA 有效性的影响. 北京航空航天大学学报,1991,1,85～97

[47] 魏权龄,吴海东,岳明. 综合模型 DEA 中增减决策单元与 DEA 有效性. 中国管理科学,1,1992,1,26～35

[48] 魏权龄,阎洪. 广义最优化理论和模型. 北京:科学出版社,2003

[49] Wei Q L and Yan H. A method of transferring polyhedron between the intersection-form and the Sum-Form. Computers and Mathematics with Applications, 41, 2001, 1327～1342

[50] Wei Q L and Yu G. Analyzing the properties of K-cone in generalized data envelopment analysis model. Journal of Econometrics, 80, 1997, 63～84

[51] Wei Q L and Yan H. An algebra-based vertex identification process on polytopes. Beijing Mathematics, 3, 1997, 2, 40～48

[52] Yan H and Wei Q L. A method of transferring cones of intersection-form to cones of sum-form and its applications in DEA models. International. Journal of System Science, 31, 2000, 5, 629～638

[53] Wei Q L. Data envelopment analysis. Chinese Science Bulletin, 46(2001), 1321～1332(或见:魏权龄. 数据包络分析(DEA). 科学通报,45,2000,17,1793～1808

[54] Wei Q L and Yan H. Congestion in additive data envelopment analysis. Hong Kong Polytechnic University, Research Report of Department of Management, May, 2002

[55] Banker R D. A game theoretic approach to measuring efficiency. European Journal of Operations Research, 5, 1980, 262～268

[56] Banker R D, Charnes A, Cooper W W and Clarke R. Constrained game formulations for data envelopment analysis. European Journal of Operational Research, 5, 1989, 262～266

[57] Charnes A, Cooper W W, Wei Q L and Yue M. Compositive data envelopment analysis and

multi-objective programming. Center for Cybernetic Studies Report, CCS 633, June 1989

[58] Charnes A, Cooper W W and Wei Q L. A two-person zero-sum semi-infinite game model and DEA with infinitely many decision making units. Center for Cybernetic Studies Report, CCS 572,1986

[59] 魏权龄,白薇. 具有锥结构的二人半无限零和对策与 DEA 模型 CCWY. 北京航空航天大学学报,4,1989,4,49～58

[60] Hao G, Wei Q L and Yan H. The generalized DEA model and the convex cone constrained game. European Journal of Operational Research,126,2000,515～525

[61] Rousseau J J and Semple J H. Two-person ration efficiency games. Management Science, 41,1995,435～441

[62] Semple J. Constrain ed games for evaluating organizational. performance. European Journal of Operational Research,96,1996,103～112

[63] Hao G, Wei Q L and Yan H. A game theoretical model of DEA efficiency. Journal of Operational Research Society,51,2000,1～11

[64] 魏权龄,胡显佑,肖志杰. DEA 方法与前沿生产函数. 经济数学,1988,5,1～13

[65] 魏权龄,肖志杰. 生产函数与综合 DEA 模型 C^2WY. 系统科学与数学,11,1991,1,43～51

[66] 魏权龄,肖志杰. 数据包络与边际分析. 中国管理科学,2,1993,1～6

[67] 魏权龄,Sun D B,肖志杰. DEA 方法与技术进步评估. 系统工程学报,6,1991,2,1～11

[68] 魏权龄,李其荣,肖志杰. 估计技术进步滞后及超前年限的要素增长型 DEA 模型. 数量经济技术经济研究,1991,3,28～34

[69] 肖志杰. 估计技术进步的 DEA 模型. 中国管理科学和系统科学会议录,中国科技文献出版社,1991

[70] Wei Q L, Sun B and Xiao Z J. Measuring technical progress with data envelopment analysis. European Journal of Operation Research,80,1995,691～702

[71] Wei Q L. Evaluation of technological progress by DEA method. Productivity, Efficiency and Reform In China's Economy(Edited by Kai-yuen Tsui, Tien-tung Hsueh and Thomas G. Rawski), Hong Kong Institute of Asia-Pacific Studies, The Chinese University of Hong Kong, 311～329,1995.或见:李京文主编. 技术进步评估的 DEA 方法. 中国生产率变动趋势的研究,社会科学文献出版社,1993,382～394

[72] Wei Q L and Chiang W C. An integral method for the measurement of technological progress and data envelopment analysis. Journal of Systems Science and Systems Engineering,5,1996,1, 75～86

[73] Wei Q L and Chiang W C. The production frontier of DEA and its applications in microeconomics. Proceedings of the Second International Conference on Systems Science and Systems Engineering, International Academic Publishers,1993,107～112

[74] Huang Z M, Sun D B and Wei Q L. Theories and applications of the compositive data envelopment analysis model with cone structure. SCI-TECH Information Services,1995,57～73

[75] 韩松,魏权龄. 资源配置的非参数 DEA 模型. 系统工程理论与实践,22,2002,59~64
[76] 史树中. 数学与经济. 长沙:湖南教育出版社,1990
[77] 马仲蕃,魏权龄,赖炎连. 数学规划讲义.北京:中国人民大学出版社,1981
[78] 魏权龄,王日爽,徐兵. 数学规划引论.北京:北京航空航天大学出版社,1991
[79] 史树中. 诺贝尔经济奖与数学.北京:清华大学出版社,2002
[80] 斯蒂格里茨. 社会主义向何处去.长春:吉林人民出版社,1999
[81] Dantzig G B. Linear Programming and Extension. Princeton University Press,1963
[82] Yu P L. Cone convexity,cone extreme points and nondominated solutions in decision problems with multiobjective. Journal of Optimization Theory and Application,14,1974,319~377
[83] Charnes A, Cooper W W, Sun D B and Huang Z M. Polyhedral cone-ratio DEA models with an illustrative application to large commercial banks. Journal of Econometrics,46,1990,73~91
[84] Mangasarian Q L. Nonlinear Programming. New York:McGraw-Hill,1969
[85] 应玫茜,魏权龄. 非线性规划及其理论. 北京:中国人民大学出版社,1994
[86] Charnes A, cooper W W,Wei Q L and Huang Z M. Fundamental theorems of non-dominated solutions associated with cone in normed linear spaces. Journal of Mathematical Analysis and Applications,150,1990,54~78
[87] Cooper W W, Wei Q L and Yu G. Using displaced cone representations in DEA models for non-dominated solutions in multi-objective programming. Journal of Systems Science and Mathematical Sciences,10,1997,41~49
[88] Wei Q L, Yan H and Hao G. Aligning DEA efficiency assessment with an organization's standards. Hong Kong Polytechnic University, Research Report of Department of Management, March 2002
[89] 胡汉辉. 有效还是非有效——非参数的最佳效率前沿面估计. 东南大学出版社,1998
[90] 吴文江. 数据包括分析及其应用. 北京:中国统计出版社,2002
[91] 扬印生,李树根,郝海. 数据包括分析(DEA)的研究进展. 吉林工业大学学报,24,1994,4,111~118
[92] 马占新. 数据包括分析方法的研究进展. 系统工程与电子技术,24,2002,3,42~46
[93] 魏权龄,岳明. DEA 概论与 C^2R 模型——数据包络分析(一). 系统工程理论与实践,1989,1,58~69
[94] 魏权龄,崔宇刚. 评价相对有效性的几个重要 DEA 模型——数据包络分析(二). 系统工程理论与实践,1989,2,55~68
[95] 魏权龄,卢刚. DEA 方法与模型的应用——数据包络分析(三). 系统工程理论与实践,1989,3,67~75
[96] 魏权龄,岳明. 综合 DEA 模型 C^2WY——数据包络分析(四). 系统工程理论与实践,1989,4,75~80
[97] 韩松. 带有随机因素的逆 DEA 模型. 数学的实践与认识,33,2003,3,23~29
[98] 魏权龄,崔宇刚,肖志杰. 使用 DEA 方法对全国性学会组织进行效益评价的分析. 统计数

据分析和系统分析学术会议论文集，学术期刊出版社，1989，74～84
[99] 魏权龄，卢刚，蒋一清，盛景烨．DEA 方法在企业经济效益评价中的应用．统计研究，1989，2，58～62
[100] 史健，魏权龄．DEA 方法在卫生经济中的应用．数学的实践与认识，34，2004，4，59～66

《现代数学基础丛书》已出版书目

1 数理逻辑基础(上册) 1981.1 胡世华 陆钟万 著
2 数理逻辑基础(下册) 1982.8 胡世华 陆钟万 著
3 紧黎曼曲面引论 1981.3 伍鸿熙 吕以辇 陈志华 著
4 组合论(上册) 1981.10 柯 召 魏万迪 著
5 组合论(下册) 1987.12 魏万迪 著
6 数理统计引论 1981.11 陈希孺 著
7 多元统计分析引论 1982.6 张尧庭 方开泰 著
8 有限群构造(上册) 1982.11 张远达 著
9 有限群构造(下册) 1982.12 张远达 著
10 测度论基础 1983.9 朱成熹 著
11 分析概率论 1984.4 胡迪鹤 著
12 微分方程定性理论 1985.5 张芷芬 丁同仁 黄文灶 董镇喜 著
13 傅里叶积分算子理论及其应用 1985.9 仇庆久 陈恕行 是嘉鸿 刘景麟 蒋鲁敏 编
14 辛几何引论 1986.3 J.柯歇尔 邹异明 著
15 概率论基础和随机过程 1986.6 王寿仁 编著
16 算子代数 1986.6 李炳仁 著
17 线性偏微分算子引论(上册) 1986.8 齐民友 编著
18 线性偏微分算子引论(下册) 1992.1 齐民友 徐超江 编著
19 实用微分几何引论 1986.11 苏步青 华宣积 忻元龙 著
20 微分动力系统原理 1987.2 张筑生 著
21 线性代数群表示导论(上册) 1987.2 曹锡华 王建磐 著
22 模型论基础 1987.8 王世强 著
23 递归论 1987.11 莫绍揆 著
24 拟共形映射及其在黎曼曲面论中的应用 1988.1 李 忠 著
25 代数体函数与常微分方程 1988.2 何育赞 萧修治 著
26 同调代数 1988.2 周伯壎 著
27 近代调和分析方法及其应用 1988.6 韩永生 著
28 带有时滞的动力系统的稳定性 1989.10 秦元勋 刘永清 王 联 郑祖庥 著
29 代数拓扑与示性类 1989.11 [丹麦] I. 马德森 著
30 非线性发展方程 1989.12 李大潜 陈韵梅 著

31　仿微分算子引论　1990.2　陈恕行　仇庆久　李成章　编
32　公理集合论导引　1991.1　张锦文　著
33　解析数论基础　1991.2　潘承洞　潘承彪　著
34　二阶椭圆型方程与椭圆型方程组　1991.4　陈亚浙　吴兰成　著
35　黎曼曲面　1991.4　吕以辇　张学莲　著
36　复变函数逼近论　1992.3　沈燮昌　著
37　Banach 代数　1992.11　李炳仁　著
38　随机点过程及其应用　1992.12　邓永录　梁之舜　著
39　丢番图逼近引论　1993.4　朱尧辰　王连祥　著
40　线性整数规划的数学基础　1995.2　马仲蕃　著
41　单复变函数论中的几个论题　1995.8　庄圻泰　杨重骏　何育赞　闻国椿　著
42　复解析动力系统　1995.10　吕以辇　著
43　组合矩阵论(第二版)　2005.1　柳柏濂　著
44　Banach 空间中的非线性逼近理论　1997.5　徐士英　李　冲　杨文善　著
45　实分析导论　1998.2　丁传松　李秉彝　布　伦　著
46　对称性分岔理论基础　1998.3　唐　云　著
47　Gel'fond-Baker 方法在丢番图方程中的应用　1998.10　乐茂华　著
48　随机模型的密度演化方法　1999.6　史定华　著
49　非线性偏微分复方程　1999.6　闻国椿　著
50　复合算子理论　1999.8　徐宪民　著
51　离散鞅及其应用　1999.9　史及民　编著
52　惯性流形与近似惯性流形　2000.1　戴正德　郭柏灵　著
53　数学规划导论　2000.6　徐增堃　著
54　拓扑空间中的反例　2000.6　汪　林　杨富春　编著
55　序半群引论　2001.1　谢祥云　著
56　动力系统的定性与分支理论　2001.2　罗定军　张　祥　董梅芳　著
57　随机分析学基础(第二版)　2001.3　黄志远　著
58　非线性动力系统分析引论　2001.9　盛昭瀚　马军海　著
59　高斯过程的样本轨道性质　2001.11　林正炎　陆传荣　张立新　著
60　光滑映射的奇点理论　2002.1　李养成　著
61　动力系统的周期解与分支理论　2002.4　韩茂安　著
62　神经动力学模型方法和应用　2002.4　阮　炯　顾凡及　蔡志杰　编著
63　同调论——代数拓扑之一　2002.7　沈信耀　著
64　金兹堡-朗道方程　2002.8　郭柏灵　黄海洋　蒋慕容　著

65　排队论基础　2002.10　孙荣恒　李建平　著
66　算子代数上线性映射引论　2002.12　侯晋川　崔建莲　著
67　微分方法中的变分方法　2003.2　陆文端　著
68　周期小波及其应用　2003.3　彭思龙　李登峰　谌秋辉　著
69　集值分析　2003.8　李　雷　吴从炘　著
70　强偏差定理与分析方法　2003.8　刘　文　著
71　椭圆与抛物型方程引论　2003.9　伍卓群　尹景学　王春朋　著
72　有限典型群子空间轨道生成的格(第二版)　2003.10　万哲先　霍元极　著
73　调和分析及其在偏微分方程中的应用(第二版)　2004.3　苗长兴　著
74　稳定性和单纯性理论　2004.6　史念东　著
75　发展方程数值计算方法　2004.6　黄明游　编著
76　传染病动力学的数学建模与研究　2004.8　马知恩　周义仓　王稳地　靳　祯　著
77　模李超代数　2004.9　张永正　刘文德　著
78　巴拿赫空间中算子广义逆理论及其应用　2005.1　王玉文　著
79　巴拿赫空间结构和算子理想　2005.3　钟怀杰　著
80　脉冲微分系统引论　2005.3　傅希林　闫宝强　刘衍胜　著
81　代数学中的 Frobenius 结构　2005.7　汪明义　著
82　生存数据统计分析　2005.12　王启华　著
83　数理逻辑引论与归结原理(第二版)　2006.3　王国俊　著
84　数据包络分析　2006.3　魏权龄　著
85　代数群引论　2006.9　黎景辉　陈志杰　赵春来　著
86　矩阵结合方案　2006.9　王仰贤　霍元极　麻常利　著
87　椭圆曲线公钥密码导引　2006.10　祝跃飞　张亚娟　著
88　椭圆与超椭圆曲线公钥密码的理论与实现　2006.12　王学理　裴定一　著
89　散乱数据拟合的模型、方法和理论　2007.1　吴宗敏　著
90　非线性演化方程的稳定性与分歧　2007.4　马　天　汪宁宏　著
91　正规族理论及其应用　2007.4　顾永兴　庞学诚　方明亮　著
92　组合网络理论　2007.5　徐俊明　著
93　矩阵的半张量积:理论与应用　2007.5　程代展　齐洪胜　著
94　鞅与 Banach 空间几何学　2007.5　刘培德　著
95　非线性常微分方程边值问题　2007.6　葛渭高　著
96　戴维-斯特瓦尔松方程　2007.5　戴正德　蒋慕蓉　李栋龙　著
97　广义哈密顿系统理论及其应用　2007.7　李继彬　赵晓华　刘正荣　著
98　Adams 谱序列和球面稳定同伦群　2007.7　林金坤　著

99 矩阵理论及其应用 2007.8 陈公宁 编著
100 集值随机过程引论 2007.8 张文修 李寿梅 汪振鹏 高 勇 著
101 偏微分方程的调和分析方法 2008.1 苗长兴 张 波 著
102 拓扑动力系统概论 2008.1 叶向东 黄 文 邵 松 著
103 线性微分方程的非线性扰动(第二版) 2008.3 徐登洲 马如云 著
104 数组合地图论(第二版) 2008.3 刘彦佩 著
105 半群的 S-系理论(第二版) 2008.3 刘仲奎 乔虎生 著
106 巴拿赫空间引论(第二版) 2008.4 定光桂 著
107 拓扑空间论(第二版) 2008.4 高国士 著
108 非经典数理逻辑与近似推理(第二版) 2008.5 王国俊 著
109 非参数蒙特卡罗检验及其应用 2008.8 朱力行 许王莉 著
110 Camassa-Holm 方程 2008.8 郭柏灵 田立新 杨灵娥 殷朝阳 著
111 环与代数(第二版) 2009.1 刘绍学 郭晋云 朱 彬 韩 阳 著
112 泛函微分方程的相空间理论及应用 2009.4 王 克 范 猛 著
113 概率论基础(第二版) 2009.8 严士健 王隽骧 刘秀芳 著
114 自相似集的结构 2010.1 周作领 瞿成勤 朱智伟 著
115 现代统计研究基础 2010.3 王启华 史宁中 耿 直 主编
116 图的可嵌入性理论(第二版) 2010.3 刘彦佩 著
117 非线性波动方程的现代方法(第二版) 2010.4 苗长兴 著
118 算子代数与非交换 L_p 空间引论 2010.5 许全华 吐尔德别克 陈泽乾 著
119 非线性椭圆型方程 2010.7 王明新 著
120 流形拓扑学 2010.8 马 天 著
121 局部域上的调和分析与分形分析及其应用 2011.4 苏维宜 著
122 Zakharov 方程及其孤立波解 2011.6 郭柏灵 甘在会 张景军 著
123 反应扩散方程引论(第二版) 2011.9 叶其孝 李正元 王明新 吴雅萍 著
124 代数模型论引论 2011.10 史念东 著
125 拓扑动力系统——从拓扑方法到遍历理论方法 2011.12 周作领 尹建东 许绍元 著
126 Littlewood-Paley 理论及其在流体动力学方程中的应用 2012.3 苗长兴 吴家宏 章志飞 著
127 有约束条件的统计推断及其应用 2012.3 王金德 著
128 混沌、Mel'nikov 方法及新发展 2012.6 李继彬 陈凤娟 著
129 现代统计模型 2012.6 薛留根 著
130 金融数学引论 2012.7 严加安 著
131 零过多数据的统计分析及其应用 2013.1 解锋昌 韦博成 林金官 著

132　分形分析引论　2013.6　胡家信　著
133　索伯列夫空间导论　2013.8　陈国旺　编著
134　广义估计方程估计方程　2013.8　周　勇　著
135　统计质量控制图理论与方法　2013.8　王兆军　邹长亮　李忠华　著
136　有限群初步　2014.1　徐明曜　著
137　拓扑群引论(第二版)　2014.3　黎景辉　冯绪宁　著
138　现代非参数统计　2015.1　薛留根　著